机械制造工程训练全程指导

孙永吉　主　编

张红梅　王栋梁　副主编

孙　伟　代世明　郭志源　参　编

徐创文　主　审

電子工業出版社

Publishing House of Electronics Industry

北京・BEIJING

内 容 简 介

本教材根据教育部高等学校工程训练教学指导委员会、国家级实验教学示范中心工程训练学科组制定的工程训练课程标准的教学基本要求，结合金工系列课程教学改革与实验教学示范中心建设，适应教育部关于高等教育改革中明确要推动地方本科高校向应用技术型高校转型发展的要求，以满足应用技术型人才机械制造工程实践能力培养为目的组织编写教材内容，侧重实践性、综合性和创新性，注重工程训练、突出能力培养、引导创新意识的形成。

本书共 17 章，内容包括机械制造工程训练基础知识、工程材料基础知识、切削加工基础知识、铸造、焊工、钳工、车工、铣工、刨工、磨工、先进制造基础知识、CAD/CAM、虚拟制造基础知识、数控车削、数铣及加工中心、电火花线切割、产品开发与创新等。

本书可作为普通高等学校机械类、近机械类和非机专业的工程训练教材，也可供从事机械制造的工程技术人员、操作工参考。

图书在版编目（CIP）数据

机械制造工程训练全程指导 / 孙永吉主编. —北京：电子工业出版社，2015.8
普通高等教育机械类应用型人才及卓越工程师培养规划教材
ISBN 978-7-121-26067-4

Ⅰ. ①机… Ⅱ. ①孙… Ⅲ. ①机械制造工艺－高等学校－教学参考资料 Ⅳ. ①TH16

中国版本图书馆 CIP 数据核字（2015）第 100109 号

策划编辑：李　洁
责任编辑：张　京
印　　刷：三河市鑫金马印装有限公司
装　　订：三河市鑫金马印装有限公司
出版发行：电子工业出版社
　　　　　北京市海淀区万寿路 173 信箱　邮编　100036
开　　本：787×1 092　1/16　印张：18.5　字数：473.6 千字
版　　次：2015 年 8 月第 1 版
印　　次：2024 年 8 月第 15 次印刷
定　　价：36.00 元

凡所购买电子工业出版社图书有缺损问题，请向购买书店调换。若书店售缺，请与本社发行部联系，联系及邮购电话：（010）88254888。

质量投诉请发邮件至 zlts@phei.com.cn，盗版侵权举报请发邮件至 dbqq@phei.com.cn。

服务热线：（010）88258888。

前言

<<<<<< PREFACE

随着现代科学技术的迅猛发展，21 世纪的高科技产品无一不是科学与技术、多学科综合应用的结果，整个社会对人才的需求发生着深刻的变化，社会既需要理论型人才，也需要上手快、动手能力强的应用型人才。为了适应时代的要求，加强应用型人才的培养迫在眉睫。

“工程训练”是一种以工程环境为背景、以工程内容为载体、以实际操作为手段的实践性训练。这种训练既有别于学校的“第一课堂”教学，又有别于工厂的“生产实习”，它是以真实的工厂生产过程为基础，通过“真刀真枪”来训练学生工程实践能力和创新意识的过程。在工程训练的实践教学中，逐步实现由传统的金工实习向现代工程训练的教学方向转化，由单一技能训练向集成技术训练方向转化，由操作技能训练向技能与管理、技能与创新实践相结合的方向转化。

本书根据教育部高教司高校应用人才培养的文件精神和教育部高等学校工程训练教学指导委员会、国家级实验教学示范中心工程训练学科组制定的工程训练课程标准的教学基本要求，以及社会对应用型人才的需求，本着“突出技能，重在实用”的指导思想，结合工程训练的具体情况、教学实践、教学经验和省级教学成果编写。本书具有以下特点。

（1）章节安排按现代制造逻辑流程推出。从工程材料及切削加工基本理论学习到热加工、冷加工再到先进制造及产品创新，并以此为主线开展不同工种的实操训练。

（2）章节内容组织按学习要点、学习案例、任务分析、相关知识、知识链接展开，简明扼要、贴近实际、循序渐进、由浅入深。

（3）在编写过程中采用国家新标准，力求取材新颖、结合实际，根据工程训练模式的改变，增加了新材料、新工艺和新技术等学习内容。

全书共 17 章，由孙永吉担任主编并统稿，张红梅、王栋梁担任副主编，孙伟、代世明、郭志源参与了部分章节的编写工作。孙永吉编写了第 1 章、第 2 章、第 3 章、第 4 章、第 5 章、第 16 章、第 17 章；张红梅编写了第 6 章、第 7 章、第 15 章；王栋梁编写了第 8 章、第 9 章、第 10 章、第 12 章、第 13 章；孙伟、郭志源、代世明编写了第 11 章、第 14 章。兰州工业学院徐创文教授担任本教材的主审。本书配有课件，可登录华信教育资源网（www.hxedu.com.cn）注册后免费下载。

本书在编写过程中参考了许多有关的教材和资料，吸取了许多兄弟院校多年教学改革的经验和成果，在此一并致以谢意。

由于编者水平所限，时间仓促，书中不当之处在所难免，望读者批评指正。

编　者

目录

<<<<<< CONTENTS

第5章 焊工训练与实践

第6章 钳工训练与实践

第7章 车工训练与实践

第8章　铣工训练与实践

第9章　刨工训练与实践

第10章　磨工训练与实践

第11章　先进制造基础知识

第 12 章　CAD/CAM 训练与实践

第 13 章　虚拟制造基础知识

第 14 章　数控车削训练与实践

第 15 章　数铣及加工中心训练与实践

第 16 章　电火花线切割训练与实践

第 17 章　产品开发与创新

第 1 章　机械制造工程训练基础知识

学习要点

（1）机械制造工程训练的重要性；
（2）机械制造工程训练的任务；
（3）机械制造工程训练的内容；
（4）机械制造工程训练的安全要求。

学习案例

（1）机械制造技术的重要性；
（2）机械制造工程训练的重要内容。

任务分析

（1）了解机械制造的重要性；
（2）熟悉机械制造工程训练的任务；
（3）熟悉机械制造工程训练的安全要求。

知识链接

一、机械制造技术在国民经济中的地位

机械制造工业为人类的生存、生产和生活提供了各种设备，是国民经济中极其重要的基础产业。机械制造技术在现代科学技术发展与工业革命进程中发挥着十分重要的作用，而机械制造技术本身也在现代科学技术发展与工业革命进程中不断获得发展与进步。在传统制造技术与常规加工方法的基础上，机械制造新材料、新技术与新工艺不断涌现。近年来，随着世界工业的高速发展和科技水平的飞速提高，世界各国都把提高产业竞争力、发展高新技术和抢占未来经济制高点作为科技工作的主攻方向，对机械制造技术提出了更高的要求。

新中国成立以来，我国的机械工业得到了迅速发展，在全国范围内建立起了强大的机械工业体系。改革开放以来，我国正在由制造大国向制造强国迈进，一些领域正在赶超世界先进水平。

二、本课程的性质和任务

机械制造工程训练是一门重要的基础课程，是学习“材料成形工艺基础”、“机械制造工艺基础”与其他后续课程必不可少的先修课程，也是学生建立机械制造生产过程的概念、获得机械制造基本知识的重要实践教学环节。

本课程是在工程训练中心或校办实习工厂内进行的，在实习指导教师的指导下，让学生进行独立的实践操作，将学习基本工艺理论、基本工艺知识与基本工艺实践有机地结合起来，在获得机械制造工程基本知识的同时，提高工艺实践操作技能。

（1）了解现代机械制造的一般过程和基本知识，熟悉机械零件的常用加工方法。

（2）对简单零件具有初步选择加工方法和进行工艺分析的能力，在主要工种方面应有独立完成简单零件加工制造的操作技能。

（3）接受基本工程素质教育。充分利用工程训练中心的良好条件，通过训练，培养大学生的综合工程素质、创新精神、理论联系实际的科学作风及工程技术人员所应具有的一些基本素质。

三、机械制造工艺过程和工程实践的内容

机械制造工艺过程实质上是一个原材料向产品或零件转变的过程，通常将原材料用成形的方法制成毛坯，再经机械加工（或特种加工）得到符合技术要求的零件，最后将各种零件装配成机器。中间还要穿插不同的热处理和表面处理，整个过程还要进行检测和控制。因此，机械制造工艺过程包括毛坯成形、切削加工、热处理、表面处理、检测和质量监控及装配等环节。

（1）原材料：原材料主要是以钢铁为主的金属材料，近年来各种特种合金、粉末合金、工程塑料、工业陶瓷、橡胶和复合材料等的应用比例也在不断扩大。

（2）毛坯成形：即采用铸造、锻压、焊接及非金属材料成形等方法将原材料加工成具有一定形状和尺寸的毛坯的过程。

（3）切削加工和特种加工：即采用车削、铣削、磨削和特种加工等方法，逐步改变毛坯的形态（形状、尺寸及表面质量），使其成为合格零件的过程。近年来，部分和少量精加工已逐渐被毛坯的精密成形所取代。

（4）材料的改性处理：通常指热处理及电镀、热喷涂等表面处理工艺，用以改变零件的整体、局部或表面的组织及性能。材料的成形加工通常也兼有材料改性的功能。

（5）检测和质量监控：指为保证工艺过程的正确实施和产品质量而使用的一切质量控制措施。检测和质量监控贯穿于机械制造工艺全过程。

（6）装配：即按规定的技术要求，将零件或部件进行组装和连接，使之成为成品的工艺过程，包括零件的固定、连接、调整、检验和试验等工作。

机械制造工程实践的内容根据不同的加工方法分为铸造、锻压、焊接、热处理、车削、铣削、磨削、钳工及特种加工等若干工种。选择一些有代表性的典型零件，让学生进行全部或部分加工操作，并配以现场教学、专题讲座、电化教学、综合训练、实验、参观、课堂讨论和实习报告等方式和手段，丰富教学内容，完成实践教学基本要求。

四、工程训练安全要求

（1）安全是搞好实习的重要保证，下厂前由工厂进行安全教育，下厂后再由实习指导教师结合各工种特点讲解安全操作规程。

（2）实习期间必须严格遵守操作规程，未经实习指导老师的许可，不得启动及扳动任何非自用的机床、设备、电器工具、量具和附件等；操作机床时要在指导教师的指导下进行，出现事故立即停车，保护现场并及时报告。

（3）实习时必须穿好工作服，按各实习工种安全要求穿戴防护用品；不准穿凉鞋、拖鞋、高跟鞋、裙子、短裤、短袖衫进入车间，女学生必须戴工作帽，并将长发纳入帽内。工作时要严肃认真，精神集中，不嬉笑、打闹、喧哗，不准阅读书刊和收听广播，确保人身及设备安全。

（4）不准攀登吊车、墙梯和任何设备，不准在吊车吊运物体的运行线上行走或停留，不准在实习区内追逐和吸烟等。

（5）离开机床时要停机、停电。下班后要请指导老师检查设备情况。

（6）多人公用一台机床时，要特别注意，每次只能一人操作。

（7）工件、材料、工具、量具等摆放和使用要符合要求。

（8）学生因不听指挥或违反安全操作规程损坏设备的，工、卡、量具等必须照价赔偿，并视情节轻重、态度好坏给予必要的处分。

第2章　工程材料基础知识

学习要点

（1）了解常用金属材料、非金属材料及复合材料；
（2）了解钢的热处理方法。

学习案例

（1）常用材料；
（2）热处理。

任务分析

（1）了解金属材料的力学性能；
（2）了解常用金属材料、非金属材料及复合材料。

相关知识

项目一 常用金属材料；
项目二 非金属材料及复合材料；
项目三 钢的热处理。

知识链接

项目一　常用金属材料

金属材料来源丰富，并具有优良的使用性能和加工性能，是机械工程中应用最普遍的材料，常用来制造机械设备、工具、模具，并广泛应用于工程结构中。

金属材料大致可分为黑色金属和有色金属两大类。黑色金属通常指钢和铸铁；有色金属是指黑色以外的金属及其合金，如铜合金、铝及铝合金等。

一、钢

钢分为碳素钢（简称碳钢）和合金钢两大类。

碳钢是指含碳量小于 2.11%并含有少量硅、锰、硫、磷等杂质的铁碳合金。工业用碳钢的含碳量一般为 0.05%～1.35%。

为了提高钢的力学性能、工艺性能或某些特殊性能（如耐腐蚀性、耐热性、耐磨性等），冶炼时有目的地加入一些合金元素（如 Mn、Si、Cr、Ni、Mo、W、V、Ti 等），这种钢称为合金钢。

合金钢的分类方法有多种，常见的有以下两种。

（1）按用途分类，分为三类：

① 合金结构钢，用于制造各种性能要求更高的机械零件和工程构件；

② 合金工具钢，用于制造各种性能要求更高的刃具、量具和模具；

③ 特殊性能钢，具有特殊物理和化学性能的钢，如不锈钢、耐热钢、耐磨钢等。

（2）按合金元素总含量多少分类，分为三类：

① 低合金钢，合金元素总含量小于 5%；

② 中合金钢，合金元素总含量为 5%～10%；

③ 高合金钢，合金元素总含量大于 10%。

二、铸铁

铸铁是含碳量大于 2.11%的铁碳合金，它含有比碳钢更多的硅、锰、硫、磷等杂质。工业上常用的铸铁含碳量为 2.5%～4.0%。

根据铸铁中碳的存在形式不同，铸铁可分为白口铸铁和灰口铸铁两大类。

项目二　非金属材料及复合材料

非金属材料是指除金属材料和复合材料以外的其他材料。由于非金属材料的原料来源广泛，成型工艺简单，并具有金属材料所不及的某些特殊性能，所以应用日益广泛。目前已成为机械工程材料中不可缺少的、独立的组成部分。机械中常用的非金属材料有高分子材料、陶瓷材料等。非金属材料和复合材料具有许多金属材料所不具备的性能，如耐蚀性、耐热性、密度小等。

一、塑料

塑料是以树脂为主要成分，加入一些用来改善使用性能和工艺性能的添加剂而制成的。

（1）按树脂在加热和冷却时所表现出的性能，将塑料分为热塑性塑料和热固性塑料两种。

热塑性塑料的分子结构主要是链状的线形结构，其特点是加热时软化，可塑造成型，冷却后则变硬，此过程可反复进行，其基本性能不变。这类塑料有较高的力学性能，且成型工艺简便，生产率高，可直接注射、挤出、吹塑成型。但耐热性、刚性较差，使用温度小于 120℃。

热固性塑料的分子结构为体形，其特点是初加热时软化，可塑制成型，冷凝固化后成为坚硬的制品，若再加热，则不软化，不溶于溶剂中，不能再成型。这类塑料具有抗蠕变性强、受压不易变形、耐热性较高等优点，但强度低，成型工艺复杂，生产率低。

（2）按塑料的应用范围分为通用塑料和工程塑料两种。

通用塑料是指产量大（占总产量的 75%以上）、用途广、通用性强、价格低的一类塑料，主要用来制作生活用品、包装材料和一般小型零件。

工程塑料是指具有优异的力学性能（强度、刚性、韧性）、绝缘性、化学性能、耐热性和尺寸稳定性的一类塑料。与通用塑料相比，工程塑料的产量较小，价格较高，主要用于制作机械零件和工程结构件。

二、橡胶材料

橡胶是以生胶为主要原料，加入适量配合剂而制成的高分子材料。生胶是指未加配合剂的天然胶或合成胶，它也是将配合剂和骨架材料粘成一体的黏结剂。橡胶制品的性能主要取决于生胶的性能。

配合剂是指为改善和提高橡胶制品性能而加入的物质，如硫化剂、活性剂、软化剂、填充剂、防老剂和着色剂等。

骨架材料可提高橡胶承载能力、减少制品变形。常用的骨架材料有金属丝、纤维织物等。橡胶弹性大，最大伸长率可达800%～1000%，外力去除后能迅速恢复原状；吸振能力强；耐磨性、隔声性、绝缘性好；可积储能量；有一定的耐蚀性和足够的强度。

按原料来源不同，分为天然橡胶和合成橡胶。天然橡胶是指橡胶树上流出的胶乳经加工制成的固态生胶；合成橡胶是指用石油、天然气、煤和农副产品为原料制成的高分子化合物。

三、陶瓷材料

陶瓷材料是人类最早使用的材料之一。现代陶瓷材料是用粉末冶金法生产的无机非金属材料，应用十分广泛。

陶瓷按原料不同，分为普通陶瓷（传统陶瓷）和特种陶瓷（近代陶瓷）；按用途不同，分为工业陶瓷和日用陶瓷。

普通陶瓷以天然的硅酸盐矿物（如黏土、长石、石英等）为原料。这类陶瓷又称硅酸盐陶瓷，如日用陶瓷、绝缘陶瓷、建筑陶瓷、化工陶瓷等，均属于这类陶瓷。

特殊陶瓷的原料是人工提炼的，即纯度较高的金属氧化物、碳化物、氮化物等化合物。这类陶瓷具有一些独特的性能，可满足工程结构的特殊需要。属于这类陶瓷的有压电陶瓷、高温陶瓷和高强度陶瓷等。

四、复合材料

由两种或两种以上性质不同的物质，经人工制成的多相固体材料称为复合材料。它具有各组成材料的优点，能获得单一材料无法具备的优良综合性能。例如，混凝土性脆、抗压强度高，钢筋性韧、抗拉强度高，为使性能取长补短，制成了钢筋混凝土。

常用的复合材料有层叠复合材料和颗粒复合材料。层叠复合材料是由两层或两层以上不同材料复合而成的。用层叠法增强的复合材料可使强度、刚度、耐磨、耐蚀、绝热、隔声、减轻自重等性能分别得到改善。

颗粒复合材料是由一种或多种材料的颗粒均匀分散在基体材料内所组成的材料。颗粒复合材料的增强原理是利用大小适宜的增强粒子呈高度弥散分布在基体中，以阻止基体塑性变形的位错运动（金属材料）或分子链的运动（高分子材料）。增强粒子直径的大小直接影响增强效果。

增强粒子直径太小则形成固溶体，增强粒子直径太大易引起应力集中，都会降低增强效果。金属增强粒子直径在 0.01～0.1μm 范围内增强效果最好。

项目三　钢的热处理

热处理就是通过对固态金属的加热、保温和冷却，来改变金属的显微组织及其形态，从而提高或改善金属的机械性能的一种方法。铸造、锻压、焊接的目的是使零件成形或改变其形状，而热处理的目的是改变金属材料的组织和性能，而不要求改变零件的形状和尺寸。各种机械零件中，大多数或绝大多数都要经过热处理才能投入使用。钢的热处理对提高和改善零件的机械性能发挥着十分重要的作用。

热处理方法很多，常用的有退火、正火、淬火、回火和表面热处理等。热处理既可作为预先热处理以消除上一道工序所遗留的某些缺陷，为下一道工序准备好条件；也可作为最终热处理，进一步改善材料的性能，从而充分发挥材料的潜力，达到零件的使用要求。因此，不同的热处理工序常穿插在零件制造过程的各个热、冷加工工序中进行。

任何一种热处理的工艺过程都包括下列三个步骤。

（1）以一定的速度把零件加热到规定的温度。这个温度范围根据不同的金属材料、不同的热处理要求而定。

（2）在此温度下保温，使工件全部或局部热透。

（3）以某种速度把工件冷却下来。

钢的热处理工艺曲线如图 2-1 所示。通过控制加热温度和冷却速度，可以在很大范围内改变金属材料的性能。

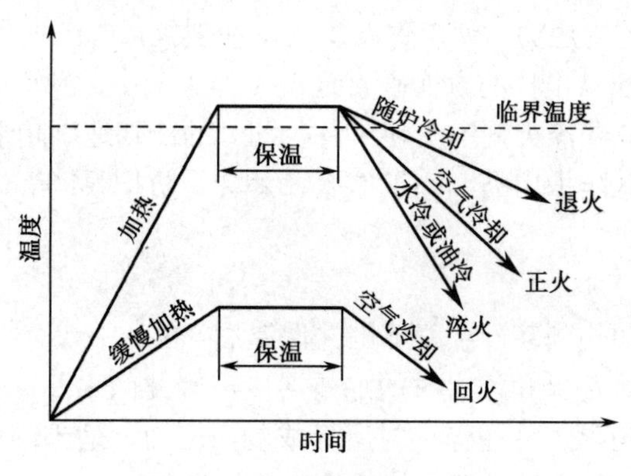

图 2-1　钢的热处理工艺曲线

1. 退火

退火是把工件加热到适当的温度（对碳钢一般加热至 780～900℃），保温一定时间后随炉子降温而冷却的热处理方法。

工具钢和某些重要结构零件的合金钢有时硬度较高，铸、锻、焊后的毛坯有时硬度不均匀，存在着内应力。为了便于切削加工，并保持加工后的精度，常对工件施以退火处理。

退火后的工件硬度较低，消除了内应力，同时还可以使材料的内部组织均匀细化，为进行下一步热处理（淬火等）做好准备。

加热时温度控制应准确。温度过低达不到退火目的，温度过高又会造成过热、过烧、氧化、脱碳等缺陷。操作时还应注意零件的放置方法，退火的主要目的是消除内应力时更应注意。例如，对于细长工件的稳定尺寸退火，一定要在井式炉中垂直吊置，以防止工件由于自身重力而引起的变形。

操作时还应注意不要触碰电阻丝，以免短路。为保证安全，应安装炉门开启断电装置，装炉和取出工件时能自行断电。

2．正火

将工件放到炉中加热到适当温度，保温后出炉空冷的热处理方法叫正火。正火实质上是退火的另一种形式，其作用与退火相似。与退火不同之处是加热（对碳钢而言，一般加热至800～930℃）和保温后，放在空气中冷却而不是随炉冷却。由于冷却速度比退火快，因此，正火工件获得的组织比较细密，比退火工件的强度和硬度稍高，而塑性和韧性稍低。但这一点对于一般低碳钢而言差别并不明显，对于中碳钢零件而言有时由于正火后的硬度适中，更适合切削加工。又由于正火冷却时不占炉子，还可使生产效率提高，成本降低。所以一般低碳和中碳结构钢等多用正火代替退火。

3．淬火

淬火是将工件加热到适当的温度（对碳钢一般加热到760～820℃），保温后在水中或油中快速冷却的热处理方法。工件经淬火后可获得高硬度的组织，因此淬火可提高钢的强度和硬度。但工件淬火后脆性增加、内部产生很大的内应力，使工件变形甚至开裂。所以，工件淬火后一般都要及时进行回火处理，并在回火后获得适度的强度和韧性。

淬火操作时要注意工件浸入淬火剂的方法。如果浸入方式不正确，可能使工件各部分的冷却速度不一致而造成很大的内应力，使工件发生变形和裂纹，或产生局部淬不硬等缺陷。例如，钻头、轴杆类等细长工件应以吊挂的方式垂直地浸入淬火液中；薄而平的工件（圆盘铣刀等）不能平着放入而必须立着放入淬火剂中；使工件各部分的冷却速度趋于一致。

淬火操作时还必须穿戴防护用品，如工作服、手套、防护眼镜等，以防淬火液飞溅伤人。

4．回火

将淬火后的工件重新加热到某一温度范围并保温后，在油中或空气中冷却的操作称为回火。回火的温度大大低于退火、正火和淬火时的加热温度，因此回火并不使工件材料的组织发生转变。回火的目的是减小或消除工件在淬火时所形成的内应力，适当降低淬火钢的硬度，减小脆性，使工件获得较好的强度和韧性，即较好的综合机械性能。

根据回火温度不同，回火操作可分为低温回火、中温回火和高温回火。

（1）低温回火。回火温度为150～250℃。低温回火可以部分消除淬火造成的内应力，适当地降低钢的脆性，提高韧性，同时工件仍保持高硬度。低温回火一般多用于工具、量具。

（2）中温回火。回火温度为300～450℃。淬火工件经中温回火后，可消除大部分内应力，硬度有较大的下降，但是具有一定的韧性和弹性。一般用于处理热锻模、弹簧等。

（3）高温回火。回火温度为500～650℃。高温回火可以消除绝大部分因淬火产生的内应刀，硬度也有显著的下降，塑性有较大的提高，使工件具有高强度和高韧性等综合机械性能。淬火后再加高温回火，通常称为调质处理。要求具有较高综合机械性能的重要结构零件，如汽车车轴、坦克的扭力轴等，一般都要经过调质处理。用于调质处理的钢多为中碳优质结构钢和中碳低合金结构钢。也把用于调质处理的钢称为调质钢。

5．表面热处理

有些零件如齿轮、销轴等，使用时希望它的心部保持一定的韧性，又要求表面层具有耐磨性、抗蚀性、抗疲劳性。这些性能可通过表面热处理来得到。表面热处理按处理工艺特点可分为表面淬火和表面化学热处理两大类。

（1）表面淬火。钢的表面淬火是通过快速加热，将钢件表面层迅速加热到淬火温度；然后快速冷却下来的热处理工艺。通常钢件在表面淬火前均进行正火或调质处理，表面淬火后应进行低温回火。这样，不仅可以保证其表面的高硬度和高耐磨性，而且可以保证心部的强度和韧性。

按照加热方法不同，表面淬火分为火焰淬火和高频感应加热表面淬火（简称高频淬火）。火焰表面淬火简单易行，但难以保证质量，这种方法现在使用不多。而高频淬火质量好，生产率高，可以使全部淬火过程机械化、自动化，适用于成批及大量生产，因此被广泛使用。

（2）表面化学热处理。化学热处理就是将钢件在活性介质中加热一定时间，使某些金属元素（碳、氮、铝、铬等）渗透零件表层，改变零件表层的化学成分和组织，以提高零件表面的硬度、耐磨性、耐热性和耐蚀性等。常用的化学热处理有渗碳、渗氮、氰化（碳、氮共渗）及渗入金属元素等方法。

第 3 章　切削加工基础知识

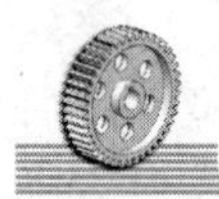

学习要点

（1）掌握金属切削加工基本理论；

（2）掌握刀具角度及其功用，熟知刀具材料应具备的性能和常用刀具材料；

（3）了解夹具的类型，各种类型夹具的特点、应用等；

（4）了解常用量具的构成并掌握其使用方法；

（5）具有制定机械加工工艺规程、拟定简单零件加工工艺的能力。

学习案例

图 3-1 为车床溜板箱中的一根传动轴，工件材料为 45 钢，两端轴颈淬火硬度为 40～45HRC。试制定其机械加工工艺过程。

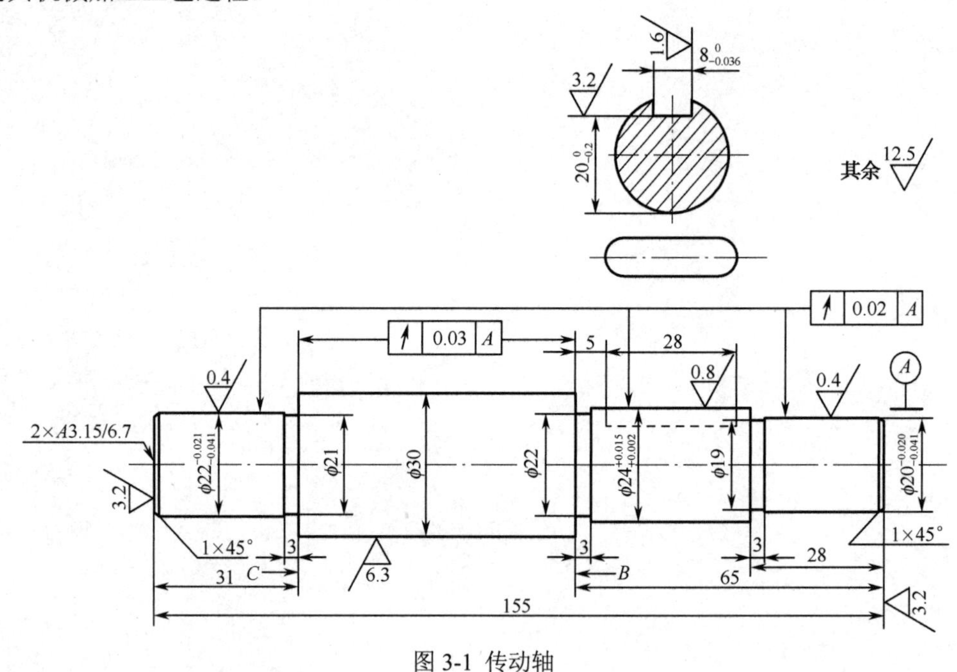

图 3-1　传动轴

任务分析

该零件各加工面均有一定的尺寸精度、位置精度和粗糙度要求。轴上的键槽，可在立式铣床上使用键槽铣刀铣出。其余各加工表面，根据技术要求，可采用粗车—半精车—粗磨—精磨的加工顺序。

相关知识

项目一 切削加工理论；
项目二 切削刀具；
项目三 机床夹具；
项目四 常用量具；
项目五 机械加工工艺。

知识链接

项目一 切削加工理论

【知识准备】

金属切削加工是用金属切削刀具切除工件上多余的金属材料，使其形状、尺寸精度及表面精度达到图纸要求的一种机械加工方法。机械零件的形状很多，它们的表面都是由圆柱面、圆锥面、平面和各种成形面组成的。各种形状的表面是以直线（或曲线）为母线、以曲线（或直线）为运动轨迹所形成的面，如图 3-2 所示。

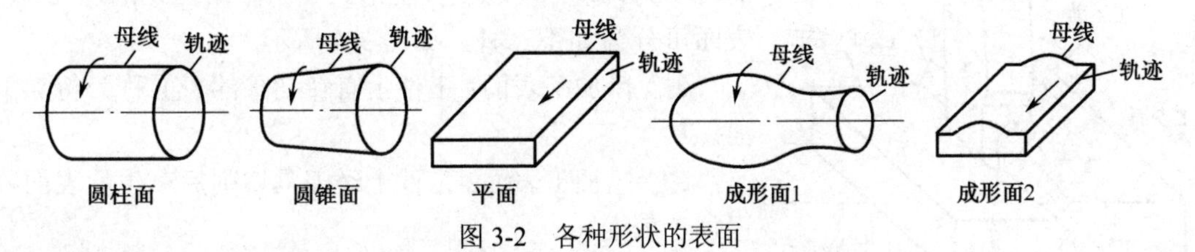

图 3-2 各种形状的表面

一、切削运动

要加工出以上这些表面，就要求刀具与工件之间必须有一定的相对运动，即切削运动。切削运动包括主运动和进给运动。在切削运动中，主运动的速度最高，消耗的功率也最大，使被切削的金属层不断投入切削的运动称为进给运动。

由于金属切削加工方式的不同，这两种运动的表现形式也不相同。如图 3-3 所示为几种主要切削加工的运动形式。

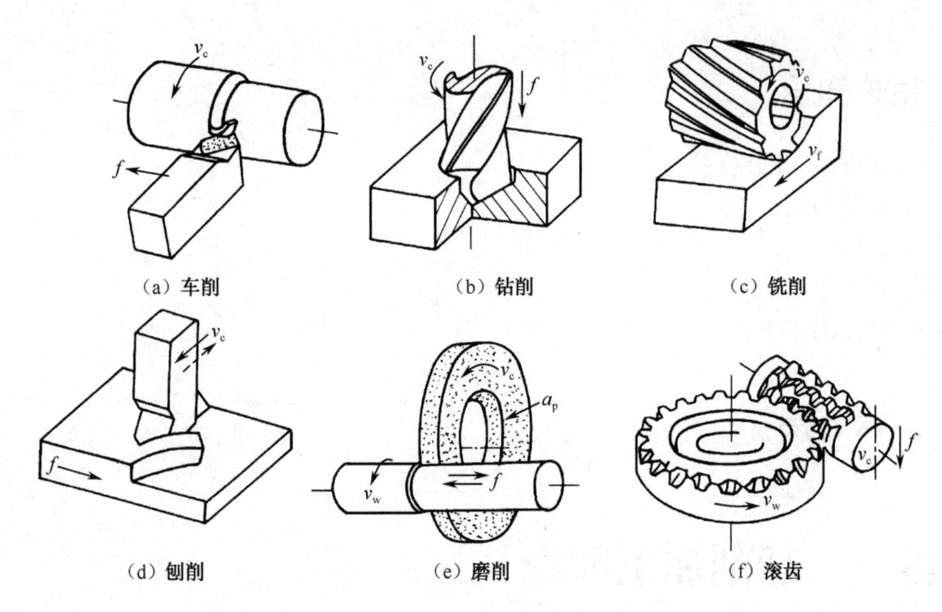

图 3-3　主要切削加工的运动形式

二、切削时的工件表面

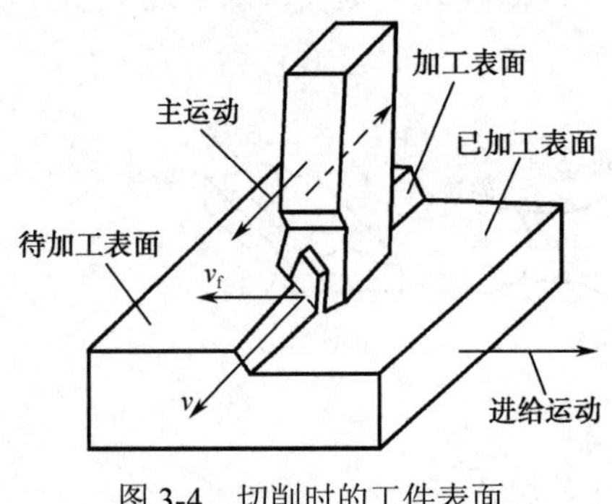

图 3-4　切削时的工件表面

在切削过程中，工件上的多余金属层不断地被刀具切除而转变为切屑，同时工件上形成 3 个不断变化的表面，这些表面可分为如下三种，如图 3-4 所示。

（1）待加工表面：工件上有待切除的表面称为待加工表面。

（2）已加工表面：工件上经刀具切削后产生的表面称为已加工表面。

（3）加工表面：主切削刃正在切削的表面，它在切削过程中不断变化，是待加工表面与已加工表面的连接表面。

三、切削要素

切削要素是指切削用量要素和切削层尺寸要素。切削用量要素包括切削速度 v_c、进给量 f 和背吃刀量 a_p，如图 3-5 所示。

1．切削速度 v_c

切削速度是刀具切削刃上选定点相对于工件的主运动的瞬时速度（线速度），用符号 v_c 表示，单位为 m/s 或 m/min。

若主运动为旋转运动，切削速度为其最大的线速度，即

$$v_c=\pi dn/1000\times60\text{m/s}$$

或

$$v_c=\pi dn/1000\text{m/min}$$

式中，d——待加工表面或刀具的最大直径，mm；

n——工件或刀具转数，r/min。

若主运动为往复直线运动（如刨削、插削），则以其平均速度作为切削速度：

$$v_c=2Ln_r/1000\times60\text{m/s}$$

或

$$v_c=2Ln_r/1000\text{m/min}$$

式中，L——刀具或工件作往复直线运动的行程长度，mm；

n_r——刀具或工件每分钟往复次数，dstr/min（双行程/分）。

2．进给量 f

（1）进给量 f。进给量是刀具在进给运动方向上相对于工件的位移量，用刀具或工件每转（主运动为旋转运动时）或双行程（主运动为直线运动时）的位移量来表达，符号是 f，单位为 mm/r 或 mm/双行程。

（2）进给速度 v_f。是刀具切削刃上选定点相对工件进给运动的瞬时速度。进给速度用符号 v_f 表示，单位是 mm/min。

（3）每齿进给量 f_z。对于多齿刀具（如铣刀），每转或每行程中每齿相对于工件在进给运动方向上的位移量称为每齿进给量 f_z，单位为 mm/齿。

进给速度 v_f 与进给量 f 之间的关系是：$v_f=fn_0=f_zzn_0$。即表示铣削进给运动的进给量可用每齿进给量 f_z（mm/齿）、每转进给量 f（mm/r）或进给速度 v_f（mm/min）来表示。

3．背吃刀量

已加工表面和待加工表面之间的垂直距离，用 a_p 表示，单位为 mm。

$$a_p=\frac{d_w-d_m}{2}$$

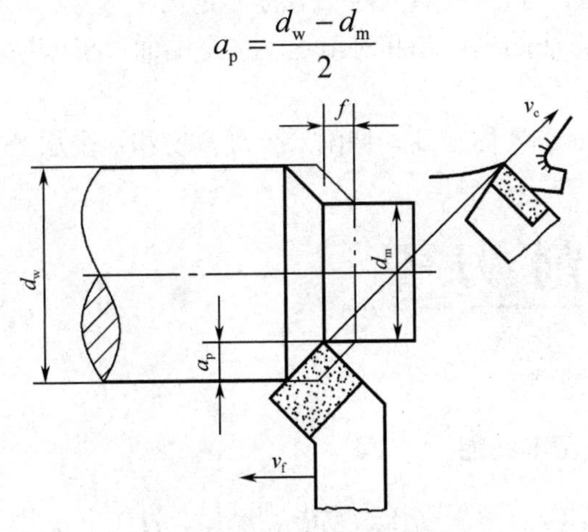

图 3-5　车削时的切削用量

切削层是指切削过程中，由刀具在切削部分的一个单一动作（或指切削部分切过工件的一个单程，或指只产生一圈过渡表面的动作）所切除的工件材料层。通过切削刃基点并垂直于该点主运动方向的平面称为切削层尺寸平面（图 3-6 中的 *ABCD* 截面）。

（1）切削层公称厚度 h_D。

切削层公称厚度 h_D 是垂直于过渡表面测量的切削层尺寸，即相邻两过渡表面之间的距离。它反映了切削刃单位长度上的切削负荷。车外圆时，若车刀主切削刃为直线，则 $h_D=f\sin\kappa_r$，单位为 mm（κ_r 是刀具主偏角）。

（2）切削层公称宽度 b_D。

切削层公称宽度 b_D 是沿过渡表面测量的切削层尺寸。它反映了切削刃参加切削的工作长度。当车刀主切削刃为直线时，外圆车削的切削层公称宽度为 $b_D=a_p/\sin\kappa_r$，单位为 mm。

（3）切削层公称横截面积 A_D。

在切削层尺寸平面内切削层的实际横截面积称作切削层公称横截面积，$A_D=h_Db_D=a_pf$，单位为 mm^2。

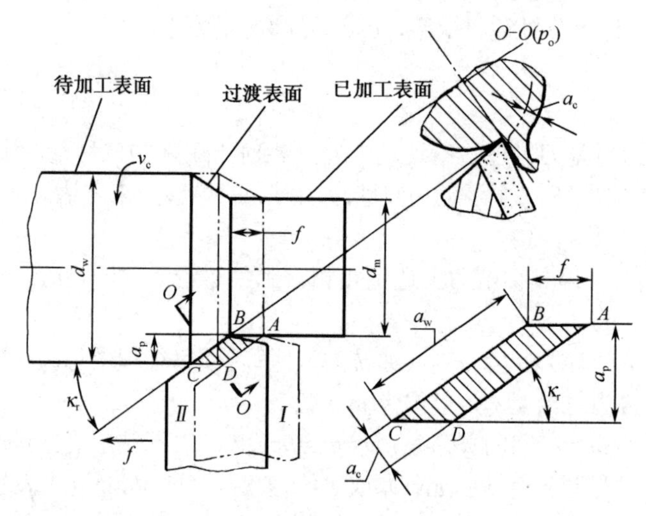

图 3-6　车削时的切削层尺寸要素

【课后思考】

（1）试说明车削的切削用量三要素（包括名称、定义、符号、单位）。

（2）试说明下列加工方法的主运动和进给运动：车端面；车床钻孔；车床车孔；钻床钻孔；铣床铣平面；插床插键槽。

（3）何为切削层、切削层公称厚度、切削层公称宽度和切削层公称横截面积？

项目二　切 削 刀 具

【知识准备】

1．刀具材料应具备的基本性能

切削部分的材料在切削时要承受高压、高温、摩擦、冲击和振动，因此应具备以下性能。

（1）高的硬度：刀具材料的硬度必须高于工件材料的硬度。刀具材料的常温硬度一般要求在 60HRC 以上。

（2）高的耐磨性：耐磨性高，抗磨损能力强。一般刀具材料硬度越高耐磨性越好。

（3）足够的强度和韧性：为了承受切削力的反力、冲击和振动，以防刀具脆性断裂和崩刃。

（4）良好的热硬性：即在高温下仍能保持较高硬度的性能。一般用热硬性温度表示，热硬性温度是指能保持刀具切削性能所允许的最高温度。热硬性温度越高，刀具材料所允许的切削温度越高。

（5）良好的工艺性：为便于制造刀具，其材料应具有较好工艺性，如锻造性、焊接性、切削加工性和热处理性等。

（6）经济性。

2．常用刀具材料

刀具材料有碳素工具钢、合金工具钢、高速钢、硬质合金、陶瓷、金刚石、立方氮化硼等。碳素工具钢和合金工具钢因耐热性较差，通常只用于制造手工工具和切削速度较低的刀具，陶瓷、金刚石、立方氮化硼仅用于有限场合，目前生产中使用最多的刀具材料是高速钢和硬质合金。各种刀具材料的物理力学性能如表 3-1 所示。

表 3-1　各种刀具材料的物理力学性能

材料种类	硬　度	密度（g/cm^3）	抗弯强度（GPa）	冲击韧性（kJ/m^2）	热导率[W/（m·k）]	耐热性（℃）
碳素工具钢	63～65HRC	7.6～7.8	2.2	—	41.8	200～250
合金工具钢	63～66HRC	7.7～7.9	2.4	—	41.8	300～400
高速钢	63～70HRC	8.0～8.8	1.96～5.88	98～588	16.7～25.1	600～700
硬质合金	89～94HRA	8.0～15	0.9～2.45	29～59	16.7～87.9	800～1000
陶瓷	91～95HRA	3.6～4.7	0.45～0.8	5～12	19.2～38.2	1200
立方氮化硼	8000～9000HV	3.44～3.49	0.45～0.8	—	19.2～38.2	1400
金刚石	10 000 HV	3.47～3.56	0.21～0.48	—	19.2～38.2	1200

（1）高速工具钢。俗称白钢条、锋钢，是在合金工具钢中加入了较多的钨、铬、钼、钒等合金元素的高合金工具钢。常用于制造形状复杂的刀具，如钻头、铣刀、拉刀、齿轮刀具等，允许的切削速度一般为 v_c<30m/min。常用高速钢的力学性能及应用如表 3-2 所示。常用牌号有 W18Cr4V（W18）和 W6Mo5Cr4V2（M2）。

表 3-2　常用高速钢的力学性能及应用

钢号	常温硬度（HRC）	抗弯强度/GPa	冲击韧性/（$MJ \cdot m^{-2}$）	高温硬度（HRC）	
				500℃	600℃
W18Cr4V（W18）	63～66	3～3.4	0.18～0.32	56	48.5
W6Mo5Cr4V2（M2）	63～66	3.5～4	0.3～0.4	55～56	47～48
9W18Cr4V（9W18）	66～68	3～3.4	0.17～0.22	57	51
W6Mo5Cr4V3	65～67	3.2	0.25	—	51.7
W6Mo5Cr4V2Co8	66～68	3.0	0.3	—	54
W2Mo9Cr4VCo8M42）	67～69	2～3.8	0.23～0.3	～60	～55
W6Mo5Cr4V2Al（501）	67～69	2.9～3.9	0.23～0.3	60	55

（2）硬质合金。是由硬度和熔点很高的金属碳化物（碳化钨 WC、碳化钛 TiC、碳化钽 TaC、碳化铌 NbC 等）和金属黏结剂（钴 Co、镍Ni、钼Mo 等）以粉末冶金法烧结而成的。具有良好的耐磨性，允许的切削速度比高速钢高 4～10 倍，可达 100～300m/min 以上，可加工包括淬火钢在内的多种材料，因此获得了广泛应用。但是硬质合金抗弯强度低、冲击韧性差，工艺性差，较难加工，不易做成形状复杂的整体刀具。在实际使用中，一般将硬质合金刀片焊接或机

械夹固在刀体上使用。国际标准化组织 ISO 将切削用硬质合金分为三类：K 类硬质合金（相当于我国 YG 类）、P 类硬质合金（相当于我国 YT 类）、M 类硬质合金（相当于我国 YW 类），常用硬质合金的牌号、性能及使用范围见表 3-3。

表 3-3 常用硬质合金的牌号、性能及使用范围

<table>
<tr><th colspan="2">牌 号</th><th rowspan="2">性能
比较</th><th rowspan="2">适 用 场 合</th></tr>
<tr><th>ISO</th><th>国产</th></tr>
<tr><td>K01</td><td>YG3X</td><td rowspan="10">（由上而下）抗弯强度、韧性、进给量依次降低。
（由上而下）硬度、耐磨性、切削速度依次升高</td><td>铸铁、有色金属及合金的精加工，也可用于合金钢、淬火钢等的精加工、不能承受冲击载荷</td></tr>
<tr><td>K10</td><td>YG6X</td><td>铸铁、冷硬铸铁、合金铸铁、耐热钢、合金钢的半精加工、精加工</td></tr>
<tr><td>K20</td><td>YG6</td><td>铸铁、有色金属及合金的粗加工、半精加工</td></tr>
<tr><td>K30</td><td>YG8</td><td>铸铁、有色金属及合金、非金属的粗加工，能适应断续切削</td></tr>
<tr><td>P01</td><td>YT30</td><td>碳钢和合金钢连续切削时的精加工</td></tr>
<tr><td>P10</td><td>YT15</td><td>碳钢和合金钢连续切削时的半精加工、精加工</td></tr>
<tr><td>P20</td><td>YT14</td><td>碳钢和合金钢连续切削时的粗加工、半精加工、精加工或断续切削时的精加工</td></tr>
<tr><td>P30</td><td>YT5</td><td>碳钢和合金钢的粗加工，也可用于断续切削</td></tr>
<tr><td>M10</td><td>YW1</td><td>不锈钢、耐热钢、高锰钢及其他难加工材料及普通钢料、铸铁的半精加工和精加工</td></tr>
<tr><td>M20</td><td>YW2</td><td>不锈钢、耐热钢、高锰钢及其他难加工材料及普通钢料、铸铁的粗加工和半精加工</td></tr>
</table>

3．刀具的组成

刀具的种类很多，但单个刀齿都可看作由外圆车刀的切削部分为基本形状的演变和组合。因此，研究切削刀具时，总是以车刀为基础。

外圆车刀的构造如图 3-7 所示，包括刀杆和刀头两部分。刀杆是定位和夹持的部分，刀头用于切削工件，又称切削部分。车刀切削部分一般由三个刀面（前面、主后面、副后面）、两个切削刃（主切削刃、副切削刃）和一个刀尖构成。

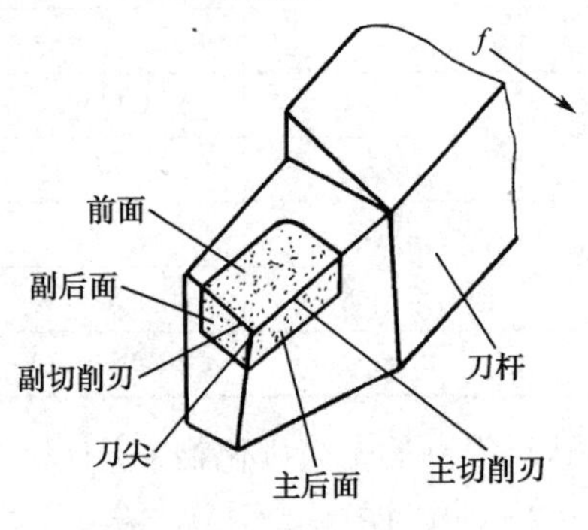

图 3-7 外圆车刀的构造

4．刀具的几何角度

（1）辅助平面（正交平面参考系）

正交平面参考系由 3 个互相垂直的基面 、切削平面 、正交平面组成，如图 3-8 所示。

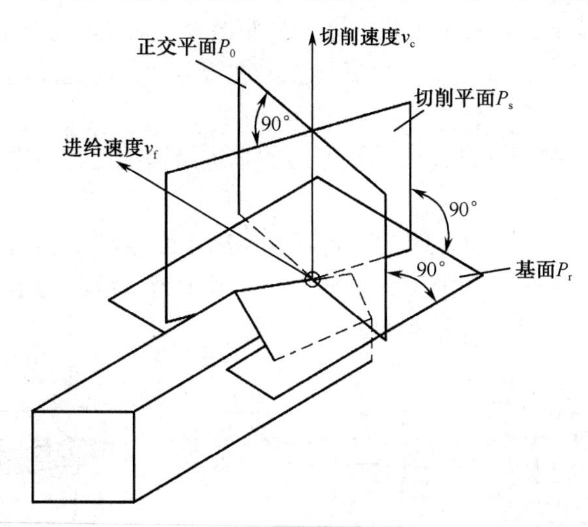

图 3-8　正交平面参考系

① 基面 P_r：通过切削刃选定点垂直于该点切削速度方向的平面。由于刀具静止参考系是在假定条件下建立的，因此对车刀、刨刀来说，其基面平行于刀具的底面，对钻头、铣刀等旋转刀具来说则为通过切削刃某选定点且包含刀具轴线的平面。基面是刀具制造、刃磨及测量时的定位基准。

② 主切削平面 P_s：通过切削刃选定点与主切削刃相切并垂直于基面的平面。当切削刃为直线刃时，过切削刃选定点的切削平面即是包含切削刃并垂直于基面的平面。

③ 正交平面 P_0：通过切削刃选定点并同时垂直于基面和切削平面的平面。

（2）车刀的标注角度

刀具标注角度是指在刀具设计图样上标注的角度，是制造、刃磨刀具的依据。车刀在正交平面参考系中独立的标注角度有 6 个，如图 3-9 所示。

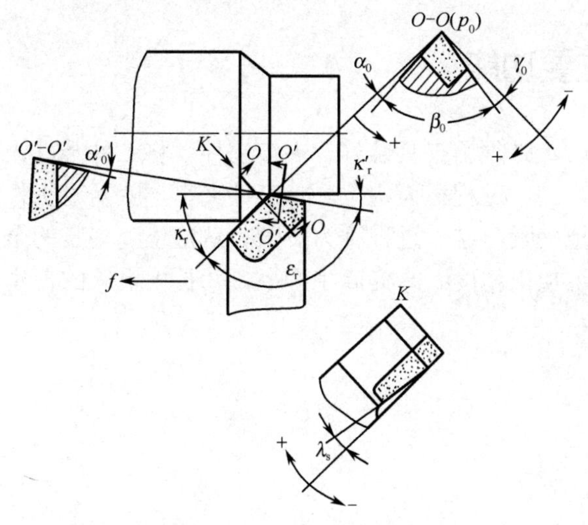

图 3-9　车刀的主要标注角度

① 前角γ_0：前面与基面之间的夹角，在正交平面内测量。前角有正、负和零度之分，当前面与切削平面夹角小于90° 时前角为正值，大于90° 时前角为负值，前面与基面重合时为零度前角。

② 后角α_0：后面与切削平面之间的夹角，在正交平面内测量。当后面与基面夹角小于90° 时后角为正值。为减小刀具和加工表面之间的摩擦等，后角一般为正值。

③ 主偏角κ_r：主切削刃在基面上的投影与假定进给运动方向之间的夹角，在基面内测量。主偏角一般为正值。

④ 副偏角κ_r'：副切削刃在基面上的投影与假定进给运动反方向之间的夹角，在基面内测量。副偏角一般也为正值。

⑤刃倾角λ_s：主切削刃与基面之间的夹角，在切削平面内测量。当刀尖是主切削刃的最高点时刃倾角为正值，当刀尖是主切削刃的最低点时刃倾角为负值，当主切削刃与基面重合时刃倾角为零度。刃倾角的正负规定如图3-10所示。

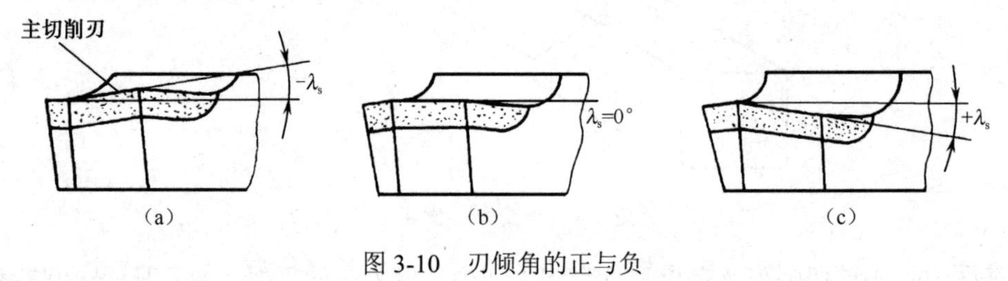

图3-10 刃倾角的正与负

【课后思考】

（1）对刀具切削部分的材料的性能有哪些基本要求？

（2）是否可用高速工具钢制造手用铰刀，用碳素工具钢制造拉刀？为什么？

（3）高速工具钢与硬质合金在性能上的主要区别是什么？各自的用途是什么？

项目三 机床夹具

【知识准备】

一、机床夹具的主要功能

在机床上加工工件时，必须用夹具装好、夹牢工件。将工件装好，就是在机床上确定工件相对于刀具的正确位置，这一过程称为定位。将工件夹牢，就是对工件施加作用力，在已经定好的位置上将工件可靠地夹紧，这一过程称为夹紧。从定位到夹紧的全过程称为装夹。其主要功用有以下几点：①保证加工精度；②提高生产率；③扩大机床的使用范围；④减小工人的劳动强度，保证生产安全。

二、机床夹具的分类

1．通用夹具

通用夹具是指结构、尺寸已规格化，且具有一定通用性的夹具，如三爪自定心卡盘、四爪单动卡盘、台虎钳、万能分度头等，如图3-11所示。其特点是适用性强、不需要调整或稍加调整即可装夹一定形状范围内的各种工件。但通用夹具加工工件效率较低，故适用于单件小批量生产。

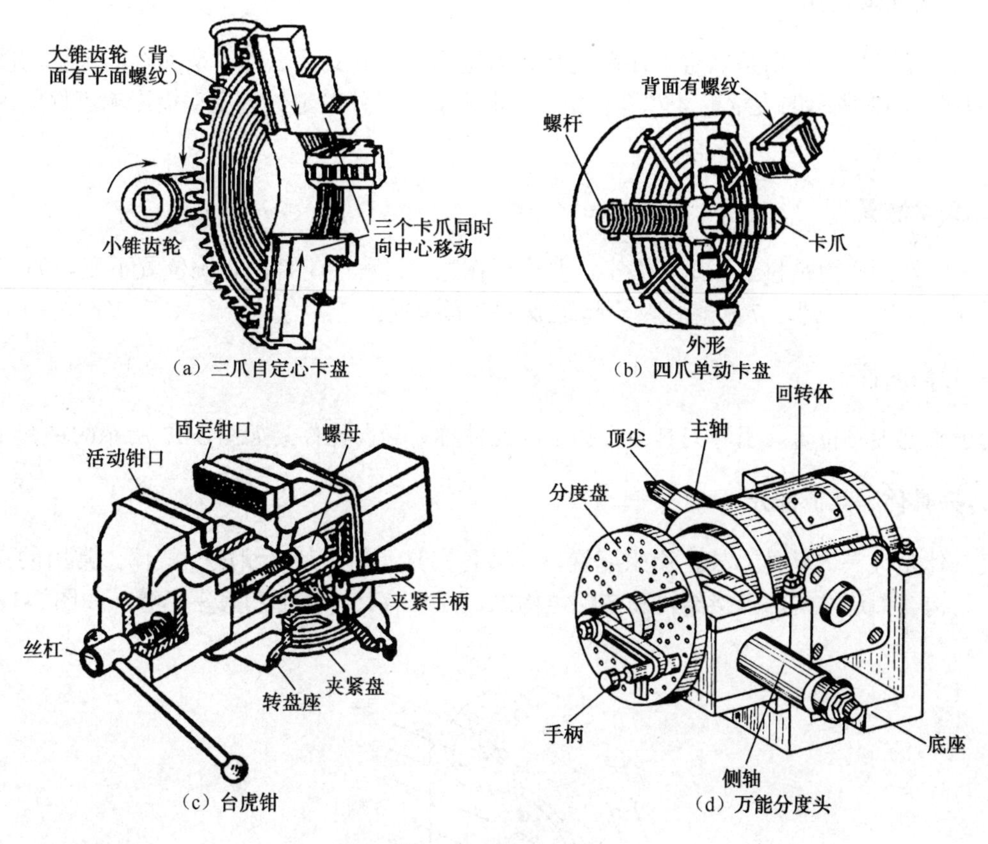

图3-11　通用夹具

2．专用夹具

专用夹具是针对某一工件的某一工序的加工要求而专门设计和制造的夹具。其特点是针对性极强，没有通用性。在产品相对稳定、批量较大的生产中，常用各种专用夹具，可获得较高的生产率和加工精度。专用夹具的设计制造周期较长，随着现代多品种及中、小批生产的发展，专用夹具在适应性和经济性等方面已产生了许多问题。

3．可调夹具

可调夹具是针对通用夹具和专用夹具的缺陷而发展起来的一类新型夹具。对不同类型和尺寸的工件，只需调整或更换原来夹具上的个别定位元件和夹紧元件便可使用。它一般又分为通用可调夹具和成组夹具两种。通用可调夹具的通用范围大，适用性广，加工对象不太固定。成组夹具是专门为成组工艺中的某组零件设计的，调整范围仅限于本组内的工件。可调夹具在多品种、小批量生产中得到了广泛应用。

三、机床夹具的组成

虽然机床夹具种类繁多，但它们的工作原理基本是相同的。以图 3-12 中的后盖钻夹具为例，可概括为以下几个部分。

1．定位支承元件

定位支承元件的作用是确定工件在夹具中的正确位置并支承工件，是夹具的主要功能元件之一，如图 3-12 所示的支承板 4 和圆柱销 5。定位支承元件的定位精度直接影响工件的加工精度。

2．夹紧装置

夹紧元件的作用是将工件压紧夹牢，并保证在加工过程中工件的正确位置不变。如图 3-12 所示的开口垫圈 6、螺母 7 和螺杆 8 一起组成了夹紧装置。

3．导向元件

用于确定刀具位置并引导刀具进行加工的元件称为导向元件，如图 3-12 所示的钻套 1。

4．夹具体和其他部分

夹具体是夹具的基体骨架，用来配置、安装各夹具元件，使之组成一整体。常用的夹具体有铸件结构、锻造结构、焊接结构和装配结构的，形状有回转体形和底座形等，如图 3-12 中的夹具体。

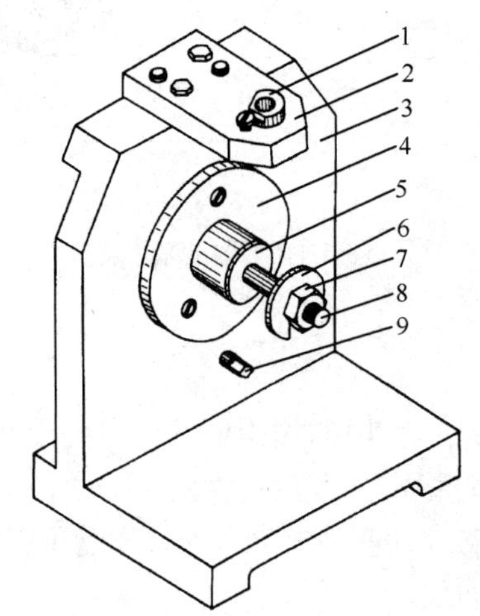

1—钻套；2—钻模板；3—夹具体；4—支承板；5—圆柱销；
6—开口垫圈；7—螺母；8—螺杆；9—菱形销

图 3-12 后盖钻夹具

【课后思考】

（1）三爪自定心卡盘的三个卡爪是夹紧机构还是定位机构？为什么？

（2）何谓工件的装夹？常用的装夹方法有哪些？各有何特点？

项目四　常 用 量 具

【知识准备】

加工出的零件是否符合图纸要求，只有经过检测工具的检验才能知道，这些用于测量的工具称为量具。常用的量具有钢直尺、卡钳、塞尺、游标卡尺、千分尺、百分表等。

一、钢直尺

钢直尺是最简单的长度量具，它的长度有 150mm、300mm、500mm 和 1000mm 四种规格。图 3-13 所示是常用的 150mm 钢直尺。

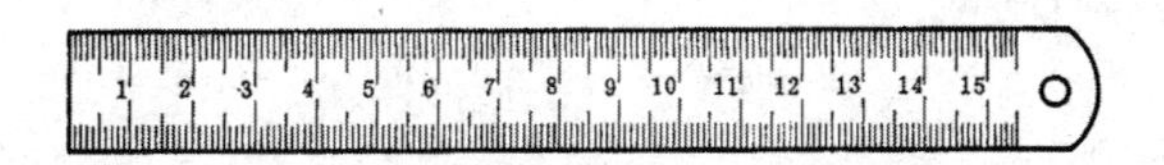

图 3-13　150mm 钢直尺

钢直尺用于测量零件的长度尺寸（见图 3-14），它的测量结果不太准确。这是由于钢直尺的刻线间距为 1mm，而刻线本身的宽度就有 0.1～0.2mm，所以测量时读数误差比较大，只能读出毫米数，即它的最小读数值为 1mm。对于比 1mm 小的数值，只能估计而得。

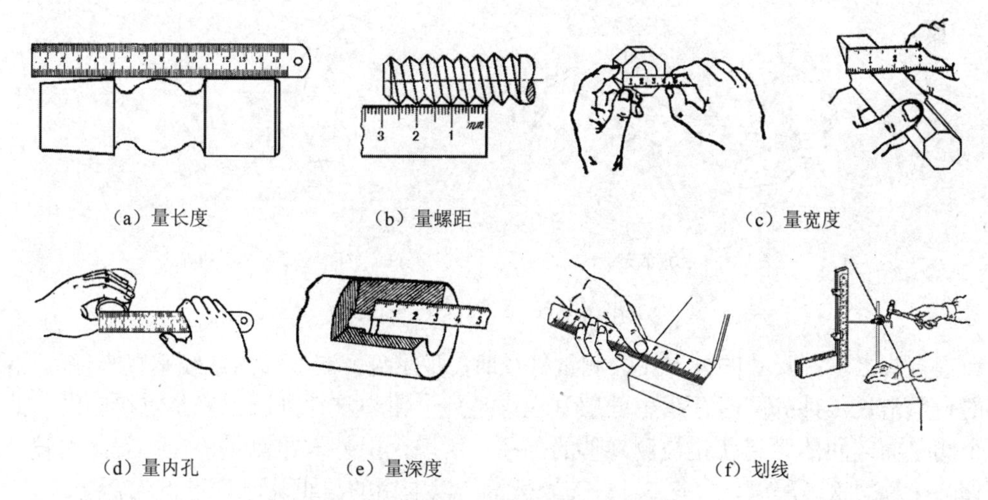

（a）量长度　（b）量螺距　（c）量宽度

（d）量内孔　（e）量深度　（f）划线

图 3-14　钢直尺的使用方法

如果用钢直尺直接去测量零件的直径尺寸（轴径或孔径），则测量精度更差。其原因是：除了钢直尺本身的读数误差比较大以外，还由于钢直尺无法正好放在零件直径的正确位置。所以，零件直径尺寸的测量，也可以利用钢直尺和内外卡钳配合起来进行。

二、内外卡钳

图 3-15 所示是常见的两种内外卡钳。卡钳是最简单的比较量具。外卡钳是用来测量外径和平面的，内卡钳是用来测量内径和凹槽的。它们本身都不能直接读出测量结果，而是把测量的长度尺寸 （直径也属于长度尺寸）在钢直尺上进行读数，或在钢直尺上先取下所需尺寸，再去检验零件的直径是否符合。

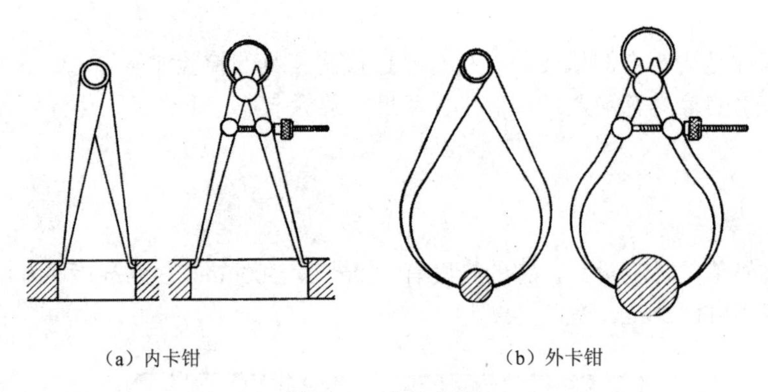

（a）内卡钳　　（b）外卡钳

图 3-15　内外卡钳

1．外卡钳的使用

外卡钳在钢直尺上取下尺寸时，如图 3-16（a）所示，一个钳脚的测量面靠在钢直尺的端面上，另一个钳脚的测量面对准所需尺寸刻线的中间，且两个测量面的连线应与钢直尺平行，人的视线要垂直于钢直尺。

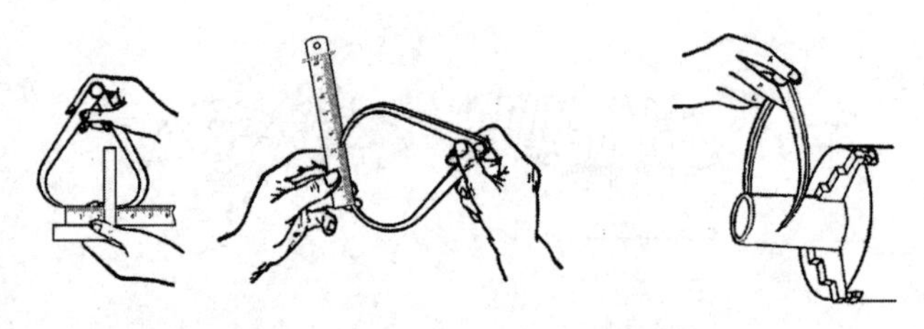

（a）外卡钳量取尺寸的方法　　（b） 外卡钳测量外径的方法

图 3-16　外卡钳在钢直尺上取尺寸和测量方法

用已在钢直尺上取好尺寸的外卡钳去测量外径时，要使两个测量面的连线垂直零件的轴线，靠外卡钳的自重滑过零件外圆时，手中的感觉应该是外卡钳与零件外圆正好是点接触的，此时外卡钳两个测量面之间的距离就是被测零件的外径。所以，用外卡钳测量外径，就是比较外卡钳与零件外圆接触的松紧程度，如图 3-15（b）所示，以卡钳的自重能刚好滑下为合适。

2．内卡钳的使用

用内卡钳测量内径时，应使两个钳脚的测量面的连线正好垂直相交于内孔的轴线，即钳脚的两个测量面应是内孔直径的两端点。因此，测量时应将下面的钳脚的测量面停在孔壁上作为支点（图 3-17（a）所示），上面的钳脚由孔口略往里面一些逐渐向外试探，并沿孔壁圆周方向摆动，当沿孔壁圆周方向能摆动的距离为最小时，则表示内卡钳脚的两个测量面已处于内孔直径的两端点了。再将卡钳由外至里慢慢移动，可检验孔的圆度公差，图 3-17（b）所示。

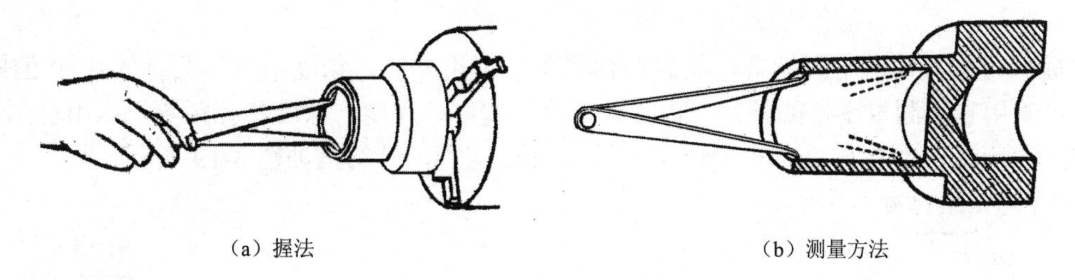

（a）握法　　（b）测量方法

图 3-17　内卡钳测量方法

三、塞尺

塞尺又称厚薄规或间隙片，主要用来检验机床特别紧固面和紧固面、活塞与气缸、活塞环槽和活塞环、十字头滑板和导板、进排气阀顶端和摇臂、齿轮啮合间隙等两个结合面之间的间隙大小。塞尺是由许多层厚薄不一的薄钢片组成的（见图 3-18）。按照塞尺的组别制成塞尺，每把塞尺中的每片都具有两个平行的测量平面，且都有厚度标记，以供组合使用。

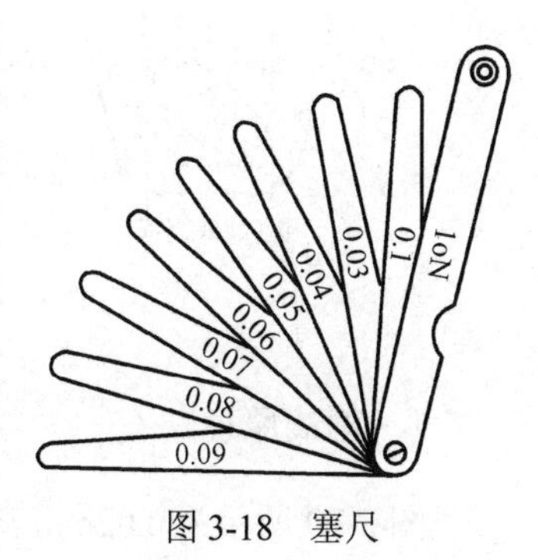

图 3-18　塞尺

测量时，根据结合面间隙的大小，用一片或数片重叠在一起塞进间隙内。例如，用 0.03mm 的一片能插入间隙，而 0.04mm 的一片不能插入间隙，这说明间隙在 0.03～0.04mm 之间，所以塞尺也是一种界限量规。塞尺的规格见表 3-4。

表 3-4　塞尺的规格

A 型	B 型	塞尺片长度/mm	片数	塞尺的厚度及组装顺序
组别标记				
75A13	75B13	75	13	0.02;0.02;0.03;0.03;0.04;0.04;0.05;0.05;0.06;0.07;0.08;0.09;0.10
100A13	100B13	100		
150A13	150B13	150		
200A13	200B13	200		
300A13	300B13	300		
75A14	75B14	75	14	1.00;0.05;0.06;0.07;0.08;0.09;0.19;0.15;0.20;0.25;0.30;0.40;0.50;0.75
100A14	100B14	100		
150A14	150B14	150		
200A14	200B14	200		
300A14	300B14	300		
75A17	75B17	75	17	0.50;0.02;0.03;0.04;0.05;0.06;0.07;0.08;0.09;0.10;0.15;0.20;0.25;0.30;0.35;0.40;0.45
100A17	100B17	100		
150A17	150B17	150		
200A17	200B17	200		
300A17	300B17	300		

四、游标卡尺

游标卡尺是一种常用的量具，具有结构简单、使用方便、精度中等和测量的尺寸范围大等特点，可以用它来测量零件的外径、内径、长度、宽度、厚度、深度和孔距等，应用范围很广。游标卡尺的测量精度有 0.02mm、0.05mm 和 0.1mm 三种，其结构如图 3-19 所示。

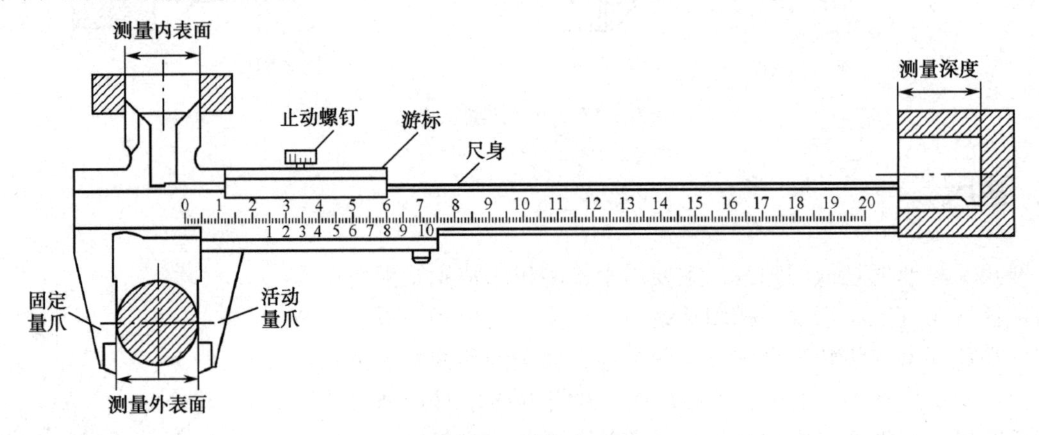

图 3-19　游标卡尺

1．刻线原理

图 3-20 所示为 0.02mm 游标卡尺刻线原理。主尺每小格 1mm，当两爪合并时，游标上的 50 格刚好等于主尺上的 49mm，则游标每格间距=49mm÷50=0.98mm，主尺每格间距与游标每格间距相差=1−0.98=0.02mm，0.02mm 即为此种游标卡尺的最小读数值。因此，它的测量精度为 0.02mm。

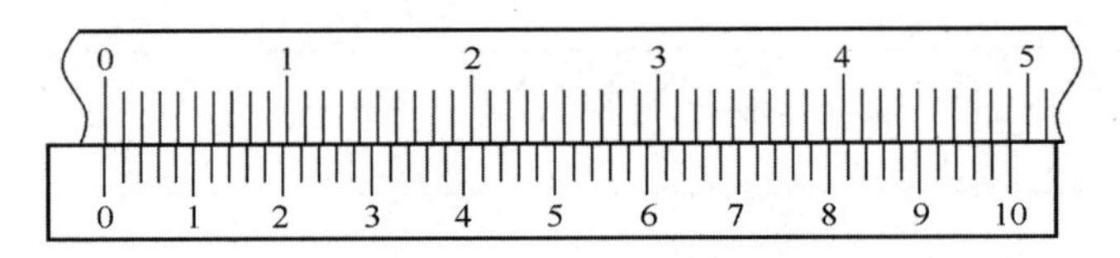

图 3-20　0.02mm 游标卡尺刻线原理

2．读数方法

游标卡尺的读数方法可分为三步。

第一步：读整数，即读出游标零线左面尺身上的整毫米数。

第二步：读小数，即读出游标与尺身对齐刻线处的小数毫米数。

第三步：相加两次计数。

图 3-21 所示的尺寸为 50mm+20×0.02mm=50.4mm。

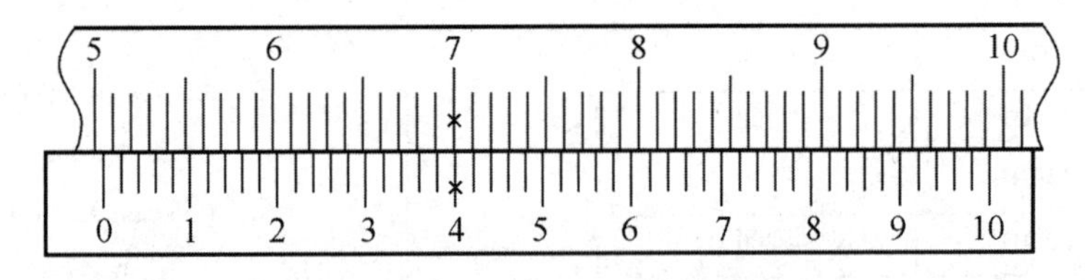

图 3-21　0.02mm 游标卡尺的尺寸读法

游标卡尺的使用方法如图 3-22 所示。其中图 3-22（a）为测量 T 形槽宽度的方法；图 3-22（b）为测量孔中心线与侧平面之间距离的方法；图 3-22（c）为测量两孔中心距的方法。

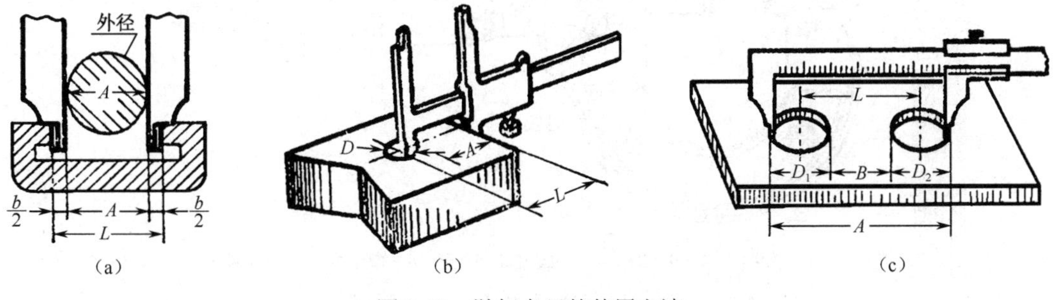

图 3-22　游标卡尺的使用方法

图 3-23 是一些其他类型的游标卡尺。图（a）为用于测量零件的深度尺寸或台阶高低和槽的深度的深度游标尺；图（b）为用来测量齿轮（或蜗杆）的弦齿厚和弦齿顶的齿厚游标卡尺；图（c）为用于测量零件的高度和精密划线的高度游标卡尺。

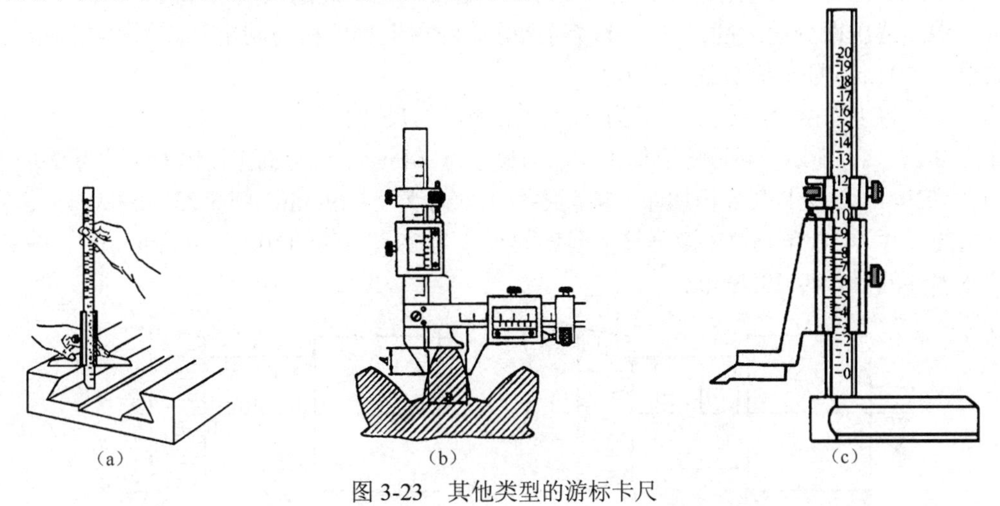

图 3-23　其他类型的游标卡尺

五、千分尺

应用螺旋测微原理制成的量具称为螺旋测微量具。它们的测量精度比游标卡尺高，并且测量比较灵活，因此，当加工精度要求较高时多被应用。

千分尺的种类很多，机械加工车间常用的有外径千分尺、内径千分尺、深度千分尺及螺纹千分尺和公法线千分尺等，外径千分尺按其测量范围有 0～25mm、25～50mm、50～75mm、75～100mm、100～125mm 等多种规格。图 3-24 是测量范围为 0～25mm 外径千分尺的结构。

1．刻线原理

千分尺上的固定刻度套筒和活动套筒相当于游标卡尺的主尺和副尺。固定刻度套筒在轴线方向上刻有一条中线，中线的上下各刻一排刻线，刻线每小格为 1mm，上下两排刻线相互错开 0.5mm；在活动套筒左端圆周上有 50 等分的刻度线。测量螺杆的螺距为 0.5mm，即螺杆每转一周，轴向移动的螺杆左端与砧座表面接触时，活动套筒左端的边线与轴向刻度线的零线重合；同时圆周上的零线应与中线对准。

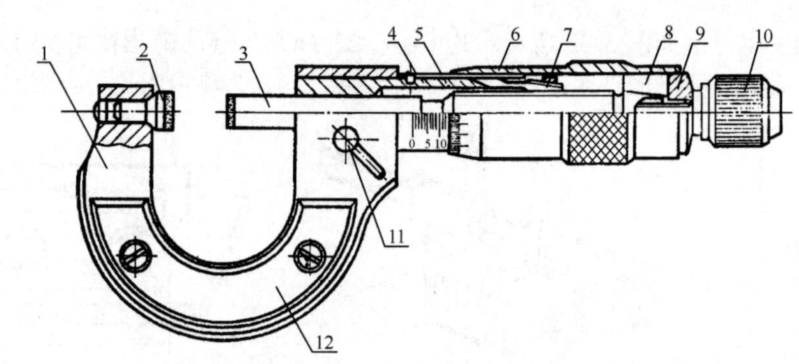

1—尺架；2—固定测砧；3—测微螺杆；4—螺纹轴套；5—固定刻度套筒；6—微分筒；7—调节螺母；8—接头；9—垫片；10—测力装置；11—锁紧螺钉；12—绝热板

图 3-24　0～25mm 外径千分尺的结构

2．读数方法

第一步：读出固定套筒上露出的刻线尺寸，一定要注意不能遗漏应读出的 0.5mm 的刻线值。

第二步：读出微分筒上的尺寸，要看清微分筒圆周上哪一格与固定套筒的中线基准对齐，将格数乘以 0.01mm 即得微分筒上的尺寸。

第三步：将上面两个数相加，即为千分尺上测得的尺寸。

如图 3-25（a）所示，在固定套筒上读出的尺寸为 14mm，微分筒上读出的尺寸为 29（格）×0.01mm =0.29mm，以上两数相加即得被测零件的尺寸为 14.29mm；图 3-25（b）中，在固定套筒上读出的尺寸为 38.5mm，在微分筒上读出的尺寸为 29（格）×0.01mm =0.29mm，上两数相加即得被测零件的尺寸为 38.79mm。

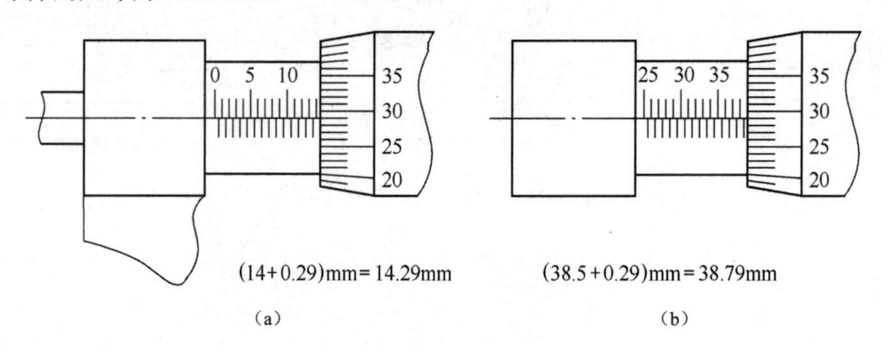

（a）　　　　（b）

图 3-25　千分尺的读数方法

3．使用方法

千分尺的使用方法如图 3-26 所示。其中图 3-26（a）是在机床上测量工件的方法；图 3-26（b）是测量零件外径的方法。

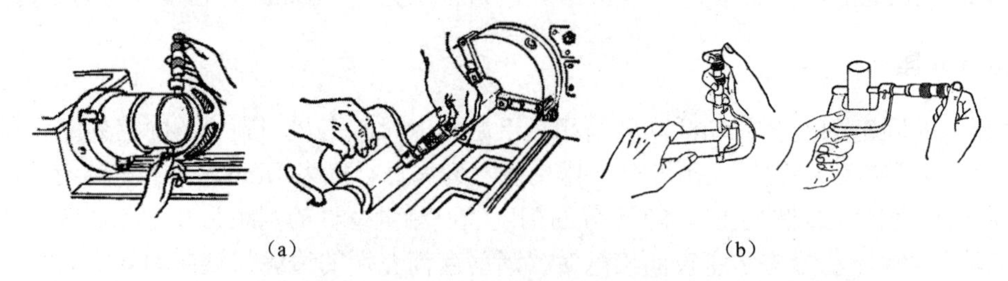

（a）　　　　（b）

图 3-26　千分尺的使用方法

六、百分表

百分表是精密量具，主要用于校正工件的安装位置，检验零件的形状、位置误差，以及测量零件的内径等。常用的百分表测量精度为 0.01mm。目前，国产百分表的测量范围（即测量杆的最大移动量）有 0～3mm、0～5mm、0～10mm 三种。

百分表的结构如图 3-27 所示。8 为测量杆，6 为指针，表盘 3 上刻有 100 个等分格，其刻度值（即读数值）为 0.01mm。当指针转一圈时，小指针即转动一小格，转数指示盘 5 的刻度值为 1mm。用手转动表圈 4 时，表盘 3 也跟着转动，可使指针对准任意刻线。测量杆 8 是沿着套筒 7 上下移动的，套筒 8 安装百分表时用。9 是测量头，2 是手提测量杆用的圆头，1 为表体。

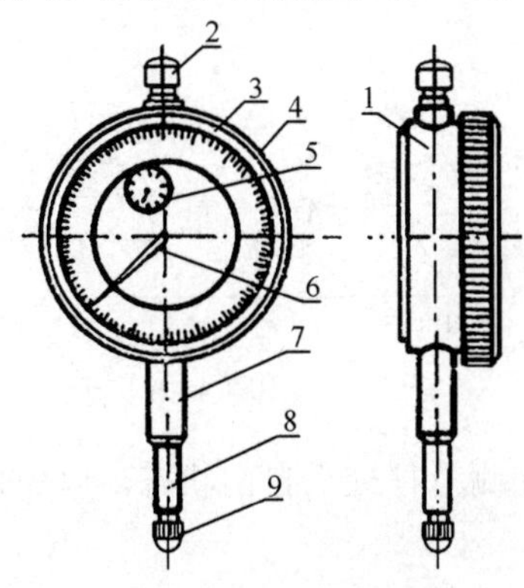

图 3-27　百分表的结构

1．刻线原理

百分表刻度盘上刻有 100 个等分格，大指针每转动一格，相当于测量杆移动 0.01mm。当大指针转一圈时，小指针转动一格，相当于测量杆移动 1mm。用手转动表壳时，刻度盘也跟着转动，可使大指针对准刻度盘上的任意刻度。

2．读数方法

第一步：读出小指针转过的刻度数（即毫米整数）。

第二步：读出大指针转过的刻度数（即小数部分），并乘以 0.01。

第三步：将上面两个数相加，即为百分表上测得数值。

3．使用方法

（1）使用百分表时，必须把它固定在可靠的夹持架上（如固定在万能表架或磁性表座上，如图 3-28 所示），夹持架要安放平稳，以免使测量结果不准确或摔坏百分表。

（2）用百分表或千分表测量零件时，测量杆必须垂直于被测量表面，即使测量杆的轴线与被测量尺寸的方向一致，否则将使测量杆活动不灵活或使测量结果不准确，如图 3-29 所示。

（3）用百分表校正或测量零件如图 3-30 所示。应当使测量杆有一定的初始测力。即在测量头与零件表面接触时，测量杆应有 0.3～1mm 的压缩量（千分表可小一点，有 0.1mm 即可），使指针转过半圈左右，然后转动表圈，使表盘的零位刻线对准指针。

图 3-28　安装在专用夹持架上的百分表

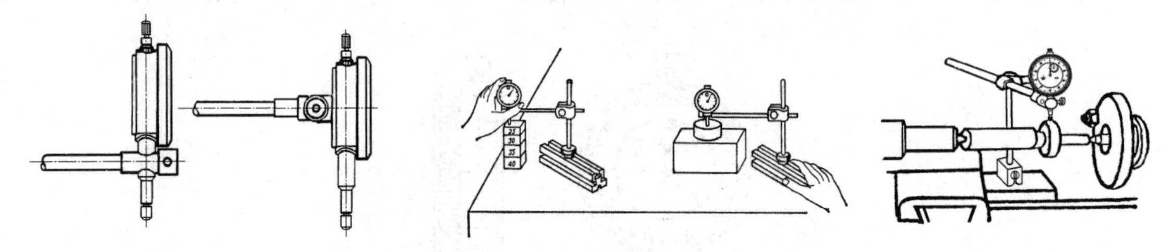

图 3-29　百分表的安装方法　　　　图 3-30　百分表校正与检验零件方法

（4）百分表在不使用时，应使测量杆处于自由状态，以免使表内弹簧失效。

【课后思考】

（1）试述 0.05mm 游标卡尺的刻线原理及读数方法。

（2）图样上标注的下列外圆柱面尺寸，应选用何种量具测量才合理？①未加工：ϕ50，ϕ35。②已加工：ϕ40，ϕ34±0.2，ϕ30±0.04。

项目五　机械加工工艺

【知识准备】

一、机械加工工艺过程的组成

机械加工工艺过程按一定顺序由若干个工序组成，所以其基本单元是工序。每一个工序又是由安装、工步、工位和走刀组成的。

1．工序

工序是机械加工工艺过程的基本单元，是指由一个或一组工人在同一台机床或同一个工作地，对一个或同时对几个工件连续完成的那一部分工艺过程。

工作地、工人、工件与连续作业构成了工序的四个要素，若其中任意一个要素发生变更，则构成了另一道工序。

一个工艺过程需要包括哪些工序，是由被加工零件的结构复杂程度、加工精度要求及生产类型所决定的。如图 3-31 所示的阶梯轴，因不同的生产批量，有不同的工艺过程及工序，如表 3-5 与表 3-6 所示。

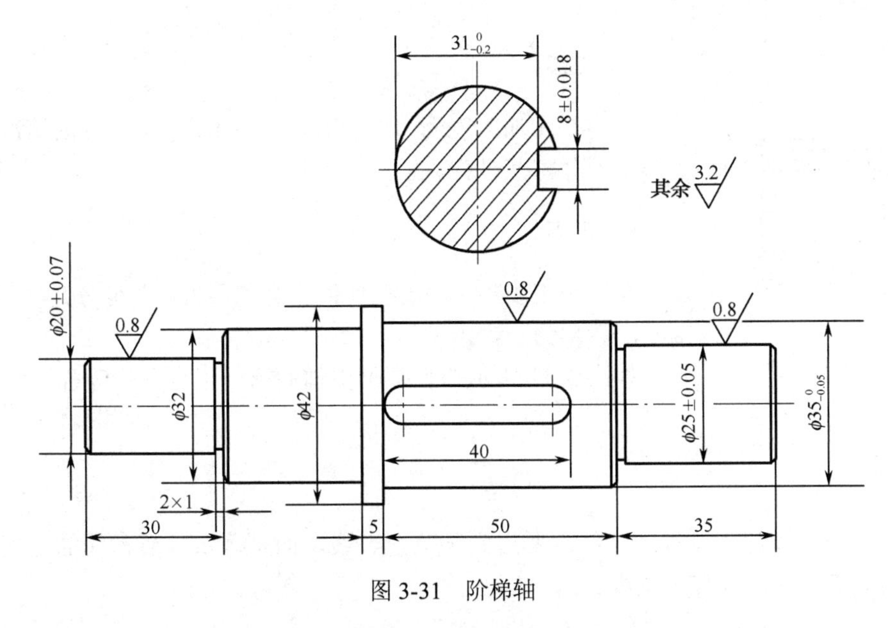

图 3-31　阶梯轴

表 3-5　单件生产阶梯轴的工艺过程

工 序 号	工序名称和内容	设　备
1	车端面，打中心孔，车外圆，切槽，倒角	车床
2	铣键槽	铣床
3	磨外圆	磨床
4	去毛刺	钳工台

表 3-6　大批量生产阶梯轴的工艺过程

工 序 号	工序名称和内容	设　备
1	铣端面，打中心孔	铣钻联合机床
2	粗车外圆	车床
3	精车外圆，倒角，切槽	车床
4	铣键槽	铣床
5	磨外圆	磨床
6	去毛刺	钳工台

2．安装

工件每经一次装夹后所完成的那部分工序即为安装。

在一道工序中，工件在加工位置上至少要装夹一次，但有的工件也可能会装夹几次。如表 3-6 中的第 2、3 及 5 工序，须调头经过两次安装才能完成其工序的全部内容。应尽可能减少装夹次数，多一次装夹就多一次安装误差，而且增加了装卸辅助时间。

3．工位

为减少装夹次数，常采用多工位夹具或多轴（多工位）机床，使工件在一次安装中先后经过若干个不同位置顺次进行加工。

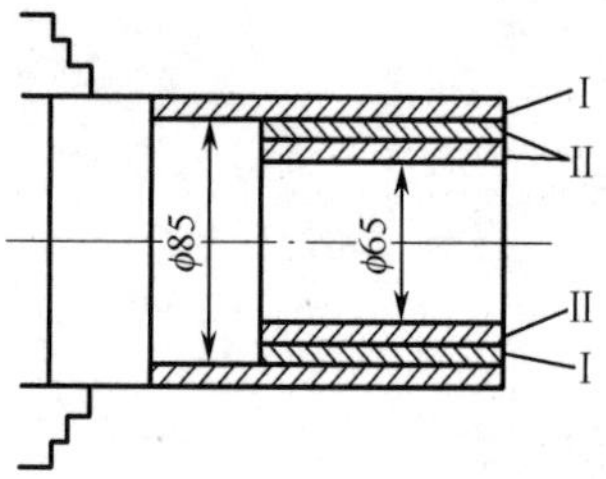

4．工步

工步是在加工表面、切削刀具和切削用量都不变的情况下所完成的那一部分工艺过程。

5．走刀

在一个工步中，如果要切掉的金属层很厚，可分几次切削，每切削一次就称为一次走刀。

如图 3-32 所示的车削阶梯轴的第二工步中就包含了两次走刀。

图 3-32　车削阶梯轴

二、基准

在零件的设计和加工过程中，经常要用到某些点、线、面来确定其要素间的几何关系，这些作为依据的点、线、面称为基准。

1．基准的分类

按照基准的不同功用，将其分为设计基准和工艺基准两大类。

（1）设计基准。设计基准是设计时在零件图纸上所使用的基准。

以设计基准为依据来确定各几何要素之间的尺寸及相互位置关系如图 3-33 所示，齿轮内孔、外圆和分度圆的设计基准是齿轮的轴线，两端面可以认为是互为基准。

（2）工艺基准。工艺基准是在制造零件和装配机器的过程中所使用的基准。工艺基准又分为定位基准、测量基准和装配基准，它们分别用于工件加工时的定位、工件的测量检验和零件的装配。

2．定位基准的选择

第一道工序一般只能以未加工的毛坯面作定位基准，这种基准称为粗基准。在以后的工序中就应该用已加工的表面作定位基准，这种基准称为精基准。

（1）粗基准的选择原则

粗基准的选择应保证所有加工表面都具有足够的加工余量，而且各加工表面对不加工表面具有一定的位置精度。

① 选取不加工的表面作粗基准，如果零件上有好几个不加工的表面，则应选择与加工表面相互位置精度要求高的表面作粗基准。

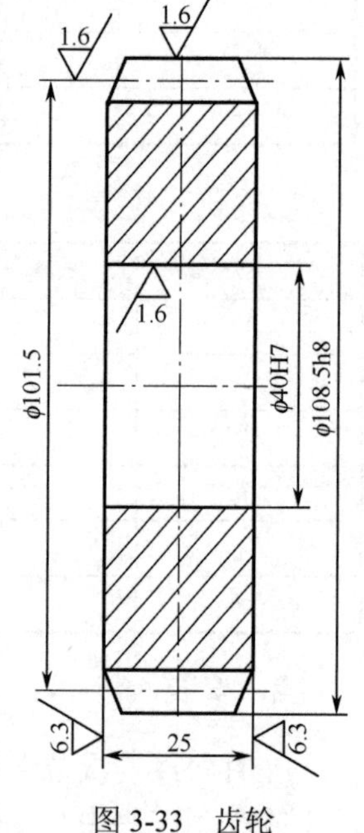

图 3-33　齿轮

② 选取要求加工余量均匀的表面为粗基准，这样可以保证作为粗基准的表面加工时余量均匀。

③ 对于所有表面都要加工的零件，应选择余量和公差最小的表面作粗基准，以避免余量不足而造成废品。

④ 为使工件定位稳定、夹紧可靠，要求所选用的粗基准尽可能平整、光洁，不允许有锻造飞边、铸造浇冒口切痕或其他缺陷，并有足够的支承面积。

⑤ 在同一尺寸方向上粗基准通常只允许使用一次。

（2）精基准的选择原则

① 尽可能选择尺寸较大的表面作为精基准，以提高安装的稳定性和精确性。

② 基准重合原则。尽可能选用设计基准为定位基准，这样可以避免定位基准与设计基准不重合而产生的定位误差。

③ 基准统一原则。零件上的某些精确表面，其相互位置精度往往有较高的要求，在精加工这些表面时，要尽可能选用同一定位基准。

④ 互为基准原则。当工件上两个加工表面之间的位置精度要求比较高时，可以采用两个加工表面互为基准反复加工的方法。

⑤ 自为基准原则。当有的表面精加工工序要求余量小而均匀时，可利用被加工表面本身作为定位基准，这叫作自为基准原则。

三、定位原理

任何一个工件，在其位置尚未确定前，均具有六个自由度，即沿空间三个直角坐标轴 x、y、z 方向的移动与绕它们的转动，分别以 $\vec{x}$、$\vec{y}$、$\vec{z}$、$\widehat{x}$、$\widehat{y}$、$\widehat{z}$ 表示，如图 3-34（a）所示。要使工件在机床夹具中正确定位，必须限制或约束工件的这些自由度，如图 3-34（b）所示。采用六个定位支承点合理布置，使工件有关定位基准面与其相接触，每一个定位支承点限制了工件的一个自由度，便可将工件的六个自由度完全限制，使工件在空间的位置被唯一地确定。这就是通常所说的工件的六点定位原理。

其中三个支承点在 xOy 平面上，限制 $\widehat{x}$、$\widehat{y}$ 和 $\vec{z}$ 三个自由度；两个支承点在 xOz 平面上，限制 $\vec{y}$ 和 $\widehat{z}$ 两个自由度；最后一个支承点在 yOz 平面上，限制 $\vec{x}$ 一个自由度。

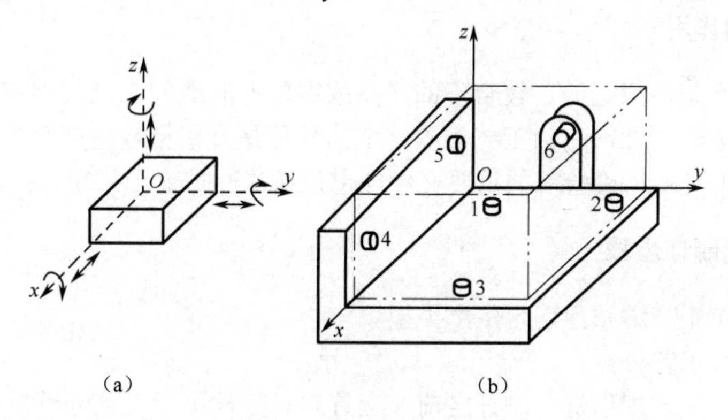

图 3-34　工件的六点定位

工件定位时，其六个自由度并非在任何情况下都要全部加以限制，要限制的只是那些影响工件加工精度的自由度。

如图 3-35 所示，若在工件上铣键槽，要求保证工序尺寸 x、y、z 及键槽侧面和底面分别与工件侧面和底面平行，那么加工时必须限制全部六个自由度，称这种定位为完全定位，如图 3-35（a）所示。

若在工件上铣阶梯，要求保证工序尺寸 y、z 及其两平面分别与工件底面、侧面平行，那么加工时只要限制除 $\vec{x}$ 以外的另五个自由度就够了，因为 $\vec{x}$ 对工件的加工精度并无影响，如图 3-35（b）所示。

若在工件上铣顶平面 ，仅要求保证工序尺寸 z 及与底面平行，那么只限制 $\widehat{x}$、$\widehat{y}$ 和 $\vec{z}$ 三个自由度就行了，如图 3-35（c）所示。

这种按加工要求，允许有一个或几个自由度不被限制的定位称为不完全定位。在实际生产中，工件被限制的自由度数一般不少于三个。

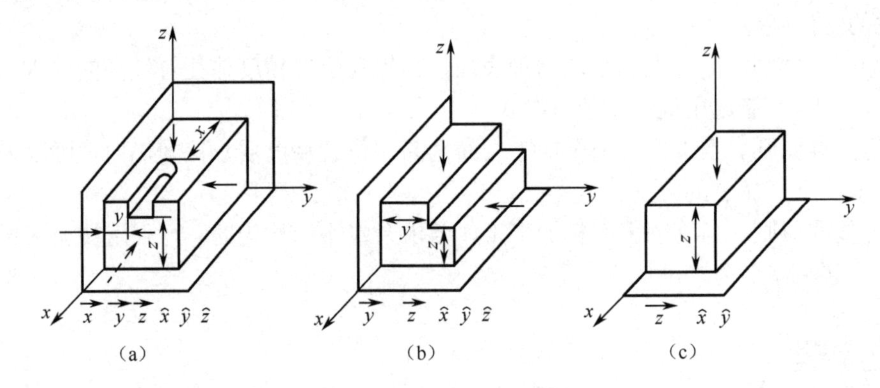

图 3-35 定位分析

欠定位：按工序的加工要求，工件应该限制的自由度而未予限制的定位。在确定工件定位方案时，欠定位是绝对不允许的。

过定位：工件的同一自由度被两个或两个以上的支承点重复限制的定位。在通常情况下，应尽量避免出现过定位。

四、机械加工工艺规程制订

1．工艺规程的作用

把根据具体生产条件拟定的、较合理的产品或零部件制造的工艺过程和操作方法，用图表或文字形式写成的工艺文件，称为工艺规程。工艺规程是直接指导生产准备、生产计划调度、生产组织、实际加工及技术检验等的重要文件，也是新建、扩建工厂或车间的依据。

2．工艺规程的制订步骤

（1）计算零件年生产纲领，确定生产类型。

（2）对零件进行工艺分析。

在对零件的加工工艺规程进行制订之前，应首先对零件进行工艺分析，其主要内容包括：

① 分析零件的作用及零件图上的技术要求。

② 分析零件主要加工表面的尺寸、形状及位置精度、表面粗糙度及设计基准等；

③ 分析零件的材质、热处理及机械加工的工艺性。

（3）确定毛坯。

毛坯的种类和质量与零件加工质量、生产率、材料消耗及加工成本都有密切关系。毛坯的选择应从生产批量的大小、零件的复杂程度、加工表面及非加工表面的技术要求等几方面综合考虑。

（4）制订零件的机械加工工艺路线。

① 确定各表面的加工方法。在了解各种加工方法特点和掌握其加工经济精度和表面粗糙度的基础上，选择保证加工质量、生产率和经济性的加工方法。

② 选择定位基准。 根据粗、精基准选择原则合理选定各工序的定位基准。

③ 制订工艺路线。 在对零件进行分析的基础上，划分零件粗、半精、精加工阶段，并确定工序集中与分散的程度，合理安排各表面的加工顺序，从而制订出零件的机械加工工艺路线。

（5）确定各工序的加工余量和工序尺寸及其公差。

（6）选择机床及工、夹、量、刃具。机械设备的选用应当既保证加工质量，又要经济合理。在成批生产的条件下，一般应采用通用机床和专用工夹具。

（7）确定各主要工序的技术要求及检验方法。

（8）确定各工序的切削用量和时间定额。单件小批量生产厂，切削用量多由操作者自行决定，机械加工工艺过程卡片中一般不作明确规定。在中批量生产厂，特别是在大批量生产厂，为了保证生产的合理性和节奏的均衡性，则要求必须规定切削用量，并不得随意改动。

（9）填写工艺文件。

【课后思考】

（1）试举一个在车床上以一道工序两次安装加工零件的实例。

（2）何为工件的装夹？常用的装夹方法有哪几种？各有何特点？

（3）试拟定如图 3-36 所示的接盘零件的加工工艺过程。接盘材质为 45 钢，生产数量 500 件。接盘技术要求为：调质处理 HB220-240。

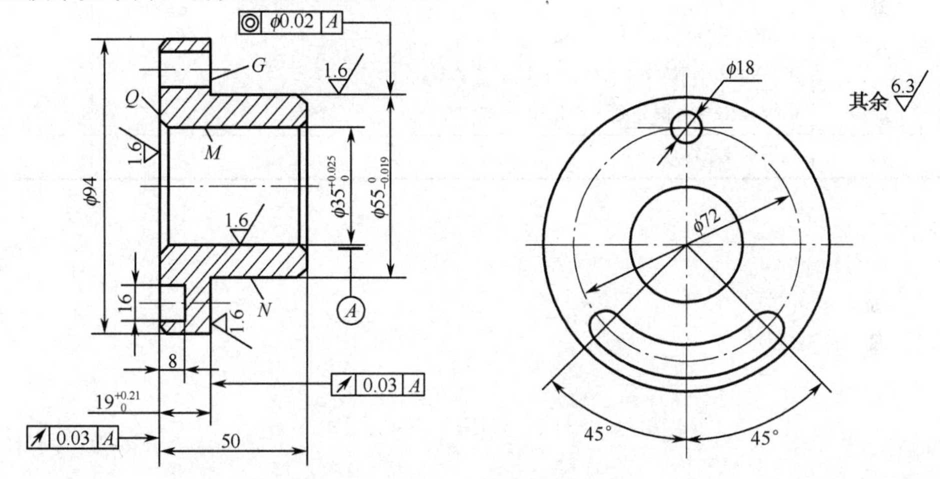

图 3-36　接盘零件

任务实施

（1）在 $\phi 24^{+0.015}_{+0.002}$ 的轴段上装一个双联齿轮，为传递运动和动力，轴上开有键槽。

（2）轴上左右两端 $\phi 22^{-0.020}_{-0.041}$ 和 $\phi 20^{-0.020}_{-0.041}$ 为轴颈，支承在溜板箱箱体的轴承孔中。

（3）$\phi 22^{-0.020}_{-0.041}$、$\phi 24^{+0.015}_{+0.002}$ 和 $\phi 20^{-0.020}_{-0.041}$ 等配合面对轴线 A 的径向圆跳动允差为 0.02mm。

（4）端面 C 和 B 对轴线 A 的端面跳动允差不大于 0.03mm。

（5）工件材料为 45 钢，两端轴颈淬火硬度为 40～45HRC。

① 基准选择。为保证各主要外圆表面和端面的相互位置精度，选用两端的中心孔作为粗、精加工定位基准。这样，符合基准统一和基准重合原则。

② 生产类型。单件小批生产，选用 $\phi 35$ 圆钢料作毛坯。

填写加工工艺卡，其加工工艺过程见表 3-7。

表 3-7 传动轴机械加工工艺过程

工序号	工序名称	工序内容	设备
1	车	1．车一端面，钻中心孔； 2．车另一端面，保证长度 155，钻中心孔	卧式车床
2	车	1．粗车左端外圆分别至$\phi32\times98$，$\phi24\times30$； 2．半精车该端外圆分别至$\phi30\times94$，$\phi22.4_{-0.21}^{0}\times31$； 3．车槽$\phi21\times3$；倒角 1.2×45°； 4．粗车右端外圆分别至$\phi26\times64$，$\phi22\times27$； 5．半精车该端外圆分别至$\phi24.4_{-0.21}^{0}\times65$，$\phi20.4_{-0.21}^{0}\times28$； 6．车槽分别至$\phi22\times3$，$\phi19\times3$；倒角 1.2×45	卧式车床
3	钳	划键槽线	钳工平板
4	铣	粗、精铣键槽至$8_{-0.036}^{0}\times20.2_{-0.2}^{0}\times28$	立式铣床
5	热处理	两端轴颈高频淬火，回火 40～45HRC	
6	钳	修研两端中心孔	钻床
7	磨	1．粗磨一端外圆至$\phi22.1_{-0.033}^{0}$； 2．精磨该端外圆至$\phi22.1_{-0.041}^{0.020}$； 3．粗磨另一端外圆分别至$\phi24.1_{-0.021}^{0}$，$\phi20_{-0.033}^{0}$； 4．精磨该端外圆分别至$\phi24_{+0.002}^{+0.015}$，$\phi20_{-0.041}^{-0.020}$	磨床
8	检	按图纸要求检查	

第4章 铸造训练与实践

学习要点

（1）铸造生产的特点；
（2）砂型铸造工艺知识；
（3）铸造工艺设计及缺陷分析；
（4）铸造新技术。

学习案例

（1）手工造型；
（2）铸造工艺设计；
（3）铸造工艺图绘制。

任务分析

（1）熟悉手工造型工艺过程；
（2）掌握铸造零件的工艺设计方法；
（3）了解铸造工艺图的绘制方法。

相关知识

项目一 铸造基本知识；
项目二 铸造工艺知识；
项目三 铸造实训项目；
项目四 铸造新技术。

知识链接

项目一 铸造基本知识

【知识准备】

一、铸造生产的特点

（1）可以制成外形和内腔十分复杂的毛坯，如各种箱体、床身、机架等。

（2）适用范围广，可铸造不同尺寸、质量及各种形状的工件；也适用于不同的材料，如铸铁、铸钢、非铁合金。铸件质量可以从几克到二百吨以上。

（3）原材料来源广泛，还可利用报废的机件或切屑；工艺设备费用小、成本低。

（4）所得铸件与零件尺寸较接近，可节省金属的消耗，减少切削加工工作量。

铸件广泛用于机床制造、动力、交通运输、轻纺机械、冶金机械等设备中。铸件质量占机器总质量的 40%～85%。

二、铸造生产常规工艺流程

铸造生产常规工艺流程如图 4-1 所示。

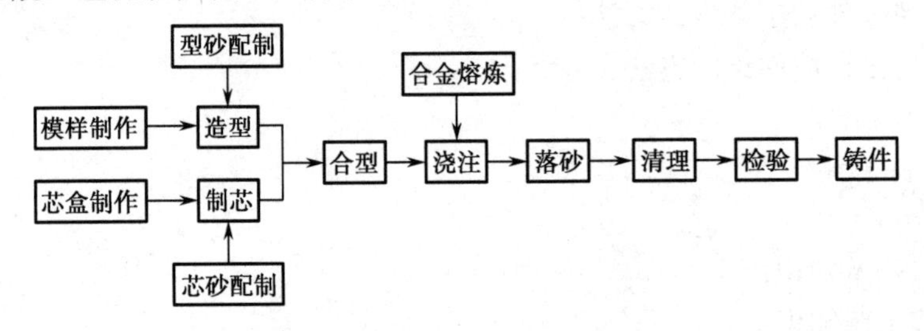

图 4-1 铸造生产常规工艺流程

三、铸造的分类

铸造的分类如图 4-2 所示。

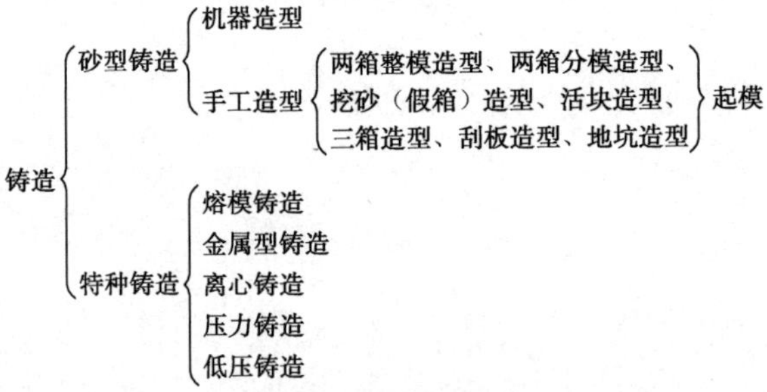

- 铸造
  - 砂型铸造
    - 机器造型
    - 手工造型
      - 两箱整模造型、两箱分模造型、挖砂（假箱）造型、活块造型、三箱造型、刮板造型、地坑造型 → 起模
  - 特种铸造
    - 熔模铸造
    - 金属型铸造
    - 离心铸造
    - 压力铸造
    - 低压铸造

图 4-2 铸造的分类

项目二 铸造工艺知识

【知识准备】

一、型砂铸造工艺

1．型砂和芯砂的制备

型砂铸造用的造型材料主要是用于制造砂型的型砂和用于制造砂芯的芯砂。通常型砂是由原砂（山砂或河砂）、黏土和水按一定比例混合而成的，其中黏土约为 9%，水约为 6%，其余为原砂。有时还加入少量如煤粉、植物油、木屑等附加物，以提高型砂和芯砂的性能。紧实后的型砂结构示意图如图 4-3 所示。

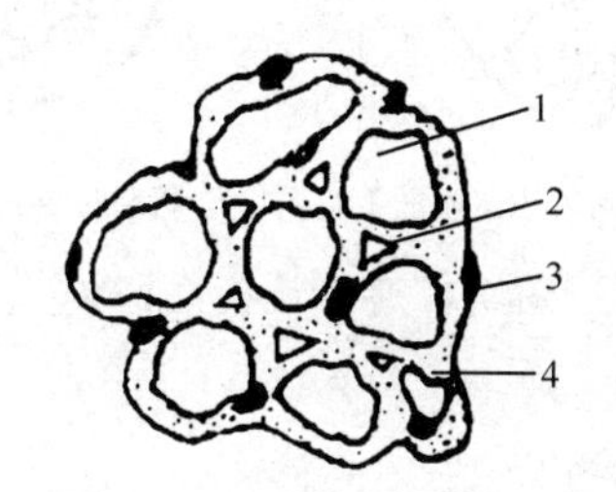

1—砂粒；2—空隙；3—附加物；4—黏土膜

图 4-3 型砂结构示意图

芯砂由于需求量少，一般用手工配制。型芯所处的环境恶劣，所以芯砂性能要求比型砂高，同时芯砂的黏结剂比型砂中的黏结剂的比重要大一些，所以其透气性不及型砂，制芯时要做出透气道；为改善型芯的退让性，要加入木屑等附加物。有些要求高的小型铸件往往采用油砂芯。

2．型砂的性能

型砂的质量直接影响铸件的质量，型砂质量差会使铸件产生气孔、砂眼、粘砂、夹砂等缺陷。良好的型砂应具备下列性能。

（1）透气性。

型砂能让气体透过的性能称为透气性。高温金属液浇入铸型后，型内充满大量气体，这些气体必须从铸型内顺利排出去，否则将使铸件产生气孔、浇不足等缺陷。

铸型的透气性受砂的粒度、黏土含量、水分含量及砂型紧实度等因素的影响。砂的粒度越细、黏土及水分含量越高，砂型紧实度越高，透气性则越差。

（2）强度。

型砂抵抗外力破坏的能力称为强度。型砂必须具备足够高的强度才能在造型、搬运、合箱过程中不引起塌陷，浇注时也不会破坏铸型表面。型砂的强度也不宜过高，否则会因透气性、退让性的下降使铸件产生缺陷。

（3）耐火性。

耐火性指型砂抵抗高温作用的能力。耐火性差，铸件易产生粘砂。型砂中 SiO_2 含量越多，型砂颗粒就越大，耐火性越好。

（4）可塑性。

可塑性指型砂在外力作用下变形，去除外力后能完整地保持已有形状的能力。可塑性好，造型操作方便，制成的砂型形状准确、轮廓清晰。

（5）退让性。

退让性指铸件在冷凝时，型砂可被压缩的能力。退让性不好，铸件易产生内应力或开裂。型砂越紧实，退让性越差。在型砂中加入木屑等物可以提高其退让性。

在单件小批生产的铸造车间里，常用手捏法来粗略判断型砂的某些性能，如用手抓起一把型砂，紧捏时感到柔软、容易变形；放开后砂团不松散、不粘手，并且手印清晰；把它折断时，断面平整、均匀并没有碎裂现象，同时感到具有一定的强度，就认为型砂具有了合适的性能要求，如图 4-4 所示。

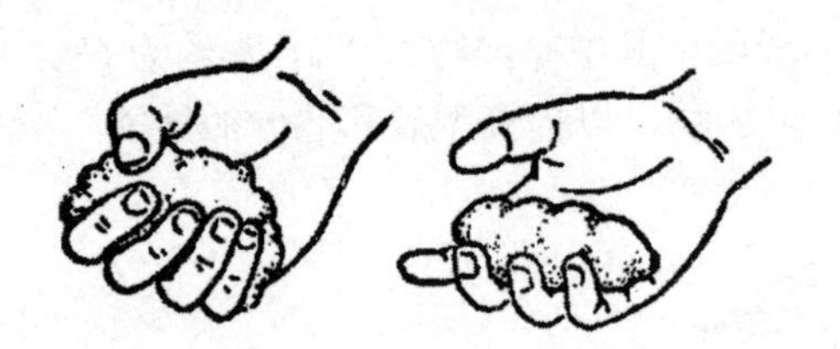

型砂湿度适当时可用手捏成砂团　手放开后可看出清晰的手纹

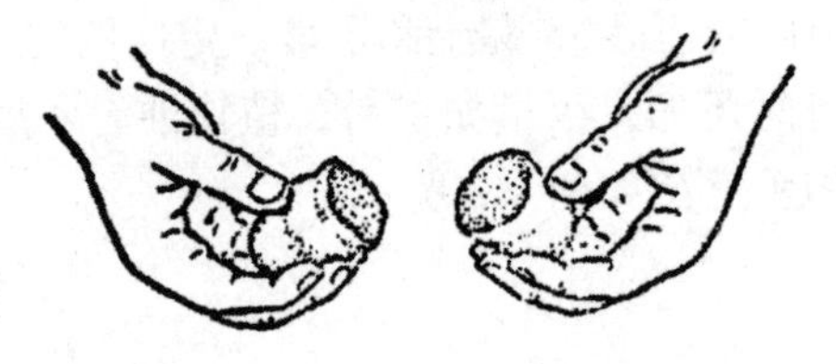

折断时断面没有碎裂状，同时有足够的强度

图 4-4　手捏法检验型砂

3．铸型的组成

铸型是根据零件形状用造型材料制成的，铸型可以是砂型，也可以是金属型。

砂型是由型砂做造型材料制成的，用于浇注金属液，以获得形状、尺寸和质量符合要求的铸件。

铸型一般由上型、下型、型芯、型腔和浇注系统组成，如图 4-5 所示。铸型组元间的接合面称为分型面。铸型中造型材料所包围的空腔部分，即形成铸件本体的空腔称为型腔。液态金属通过浇注系统流入并充满型腔，产生的气体从出气口等处排出。

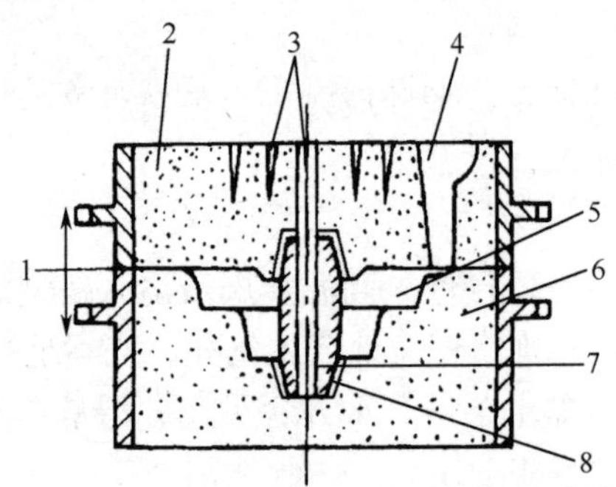

1—分型面；2—上型；3—出气孔；4—浇注系统；5—型腔；6—下型；7—型芯；8—芯头芯座

图 4-5　铸型装配图

4．浇冒口系统

（1）浇注系统。

浇注系统是为金属液流入型腔而开设于铸型中的一系列通道。其作用是：平稳、迅速地注入金属液；阻止熔渣、砂粒等进入型腔；调节铸件各部分的温度，补充金属液在冷却和凝固时的体积收缩。

若浇注系统不合理，铸件易产生冲砂、砂眼、渣孔、浇不到、气孔和缩孔等缺陷。典型的浇注系统由外浇口、直浇道、横浇道和内浇道四部分组成，如图 4-6 所示。对形状简单的小铸件可以省略横浇道。

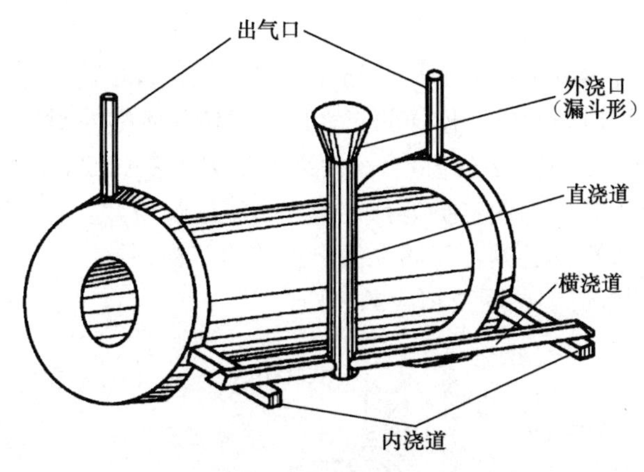

图 4-6　典型浇注系统

① 外浇口。

其作用是容纳注入的金属液并缓解液态金属对砂型的冲击。

② 直浇道。

它是连接外浇口与横浇道的垂直通道。改变直浇道的高度可以改变金属液的静压力大小和金属液的流动速度，从而改变液态金属的充型能力。如果直浇道的高度或直径太大，会使铸件产生浇不足现象。为便于取出直浇道棒，直浇道一般做成上大下小的圆锥形。

③ 横浇道。

它是将直浇道的金属液引入内浇道的水平通道，一般开设在砂型的分型面上，其截面形状一般是高梯形，并位于内浇道的上面。横浇道的主要作用是分配金属液进入内浇道和起挡渣作用。

④ 内浇道。

它直接与型腔相连，并能调节金属液流入型腔的方向和速度，调节铸件各部分的冷却速度。内浇道的截面形状一般是扁梯形和月牙形，也可为三角形。

（2）冒口。

常见的缩孔、缩松等缺陷是由于铸件冷却凝固时体积收缩而产生的。为防止缩孔和缩松，往往在铸件的顶部或厚实部位设置冒口。冒口是指在铸型内特设的空腔及注入该空腔的金属。冒口中的金属液可不断地补充铸件的收缩，从而使铸件避免出现缩孔、缩松。冒口是多余部分，清理时要切除掉。冒口除了补缩作用外，还有排气和集渣的作用。

5．模样和芯盒的制造

模样是铸造生产中必要的工艺装备。对具有内腔的铸件，铸造时内腔由砂芯形成，因此还要制备造砂芯用的芯盒。制造模样和芯盒常用的材料有木材、金属和塑料。在单件、小批量生产时广泛采用木质模样和芯盒，在大批量生产时多采用金属或塑料模样、芯盒。

为了保证铸件质量，在设计和制造模样和芯盒时，必须先设计出铸造工艺图，然后根据工艺图的形状和大小制造模样和芯盒。在设计工艺图时，要考虑下列一些问题（见图 4-7）。

① 分型面的选择。分型面是上下砂型的分界面，选择分型面时必须使模样能从砂型中取出，使造型方便并有利于保证铸件质量。

② 拔模斜度。为了易于从砂型中取出模样，凡垂直于分型面的表面，都做出 0.5º～4º 的拔模斜度。

③ 加工余量。铸件需要加工的表面均需留出适当的加工余量。

④ 收缩量。铸件冷却时要收缩，模样的尺寸应考虑铸件收缩的影响。通常用于铸铁件的要加大 1%；铸钢件的要加大 1.5%～2%；铝合金件的要加大 1%～1.5%。

⑤ 铸造圆角。铸件上各表面的转折处都要做成过渡性圆角，以利于造型及保证铸件质量。

⑥ 芯头。有砂芯的砂型，必须在模样上做出相应的芯头。

图 4-7 是压盖零件的铸造工艺图及相应的模样图。

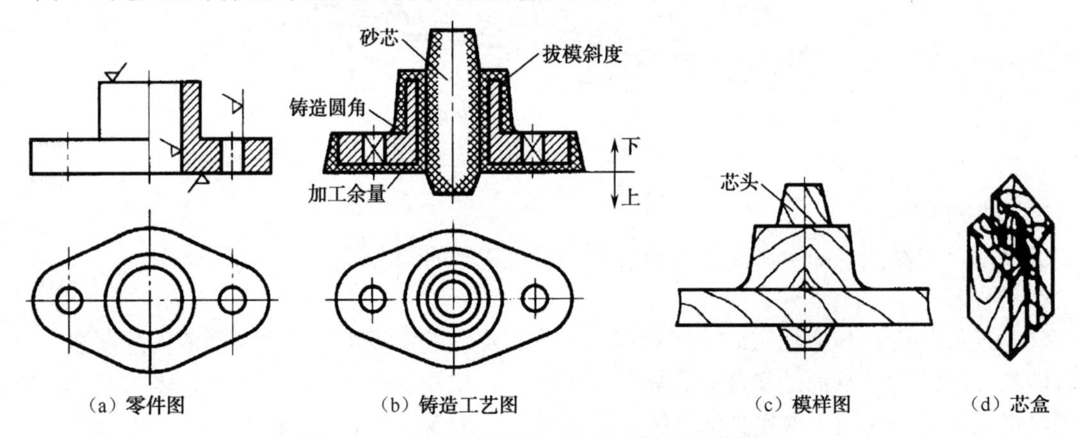

图 4-7　压盖零件的铸造工艺图及相应的模样图

二、铸造工艺设计

1．分型面

分型面是指上下砂型的接合面，其表示方法如图 4-8 所示。短线表示分型面的位置，箭头和“上”、“下”两字表示上型和下型的位置。分型面的确定原则如下。

① 分型面应选择在模样的最大截面处，以便于取模，挖砂造型时尤其要注意，如图 4-8（a）所示。

② 应尽量减少分型面数目，成批量生产时应避免采用三箱造型。

③ 应使铸件中重要的机加工面朝下或垂直于分型面，便于保证铸件的质量，如图 4-8（b）所示。

④ 应使铸件全部或大部分在同一砂型内，以减少错箱、飞边和毛刺，提高铸件的精度，如图 4-8（c）所示。

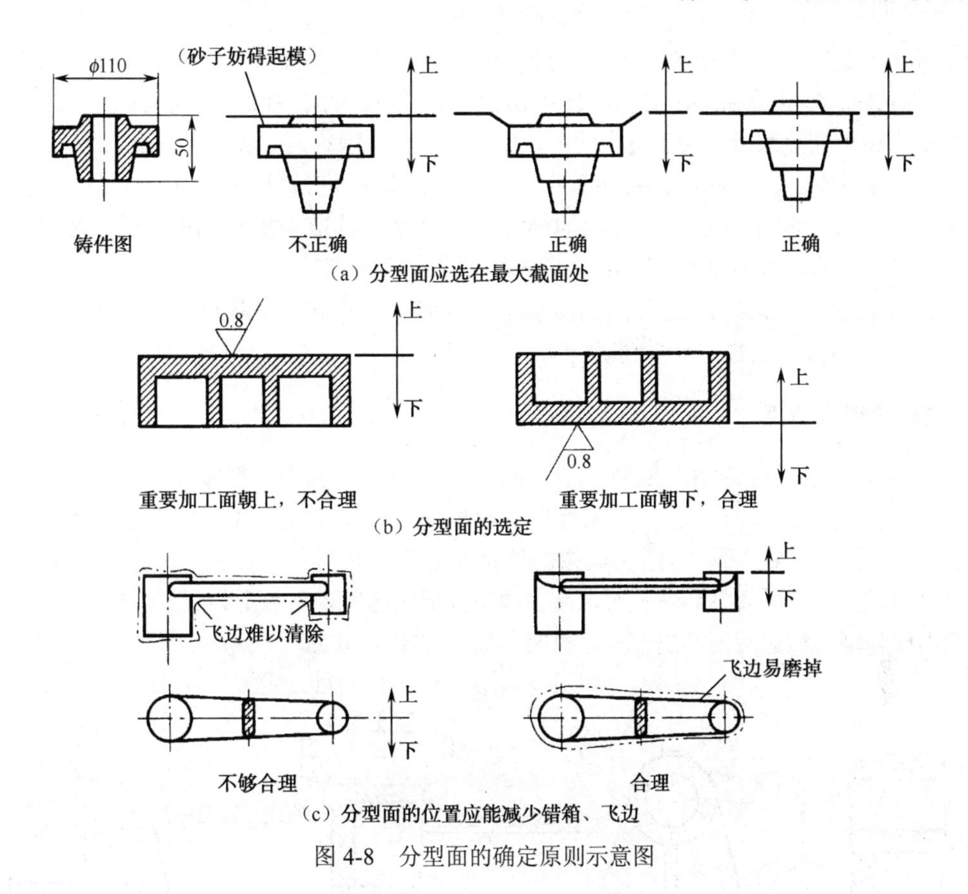

图 4-8 分型面的确定原则示意图

2．型芯

型芯一般由芯体和芯头两部分组成。芯体的形状应与所形成的铸件相应部分的形状一致。芯头是型芯的外伸部分，落入铸型的芯座内，起定位和支承型芯的作用。芯头的形状取决于型芯的形式，芯头必须有足够的高度（*h*）或长度（*l*）及合适的斜度（见图 4-9），才能使型芯方便、准确和牢固地固定在铸型中，以免型芯在浇注时飘浮、偏斜和移动。

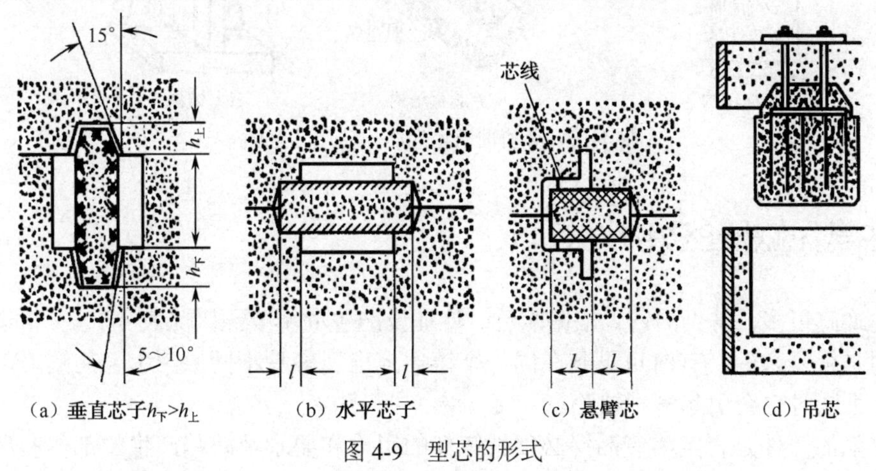

图 4-9 型芯的形式

3．铸造工艺参数

（1）加工余量。指铸件上预先增加在机械加工时切去的金属层厚度。加工余量值与铸件大小、合金种类及造型方法等有关。单件小批量生产的小铸铁件的加工余量为4.5～5.5mm；小型有色金属铸件加工余量为3mm；灰铸铁件的加工余量值可参阅JB 2854—1980。

（2）最小铸出的孔和槽。对于过小的孔、槽，由于铸造困难，一般不予铸出。不铸出孔、槽的最大尺寸与合金种类、生产条件有关。单件小批生产的小铸铁件上直径小于30mm的孔一般不铸出。

（3）拔模斜度。指平行于起模方向的模样壁的斜度。其值与模样高度有关，模样矮时（≤100mm）为3°左右，模样高时（101～160mm）为0.5°～1°。

（4）铸件收缩率。铸件冷凝后体积要收缩，各部分尺寸均小于模样尺寸，为保证铸件尺寸要求，在模样（芯盒）上加一个收缩尺寸。

4．模样的结构特点

模样是直接用于形成铸型（或型、芯）的实体模型，一般用木料制作。模样的形状与尺寸由零件图尺寸及有关的铸造工艺参数来确定。模样的结构类型由分型面的位置决定。模样的形状、尺寸与铸件结构一致。不同的是：模样的每个尺寸都比铸件的相应尺寸大一个金属收缩量（铸件尺寸×铸件收缩率）；采用型芯铸孔时，为在砂型内形成芯座以支承型芯芯头，模样上对应于孔的部位，则出现与型芯相适应的凸出部分，也叫芯头，如图4-10（c）所示。

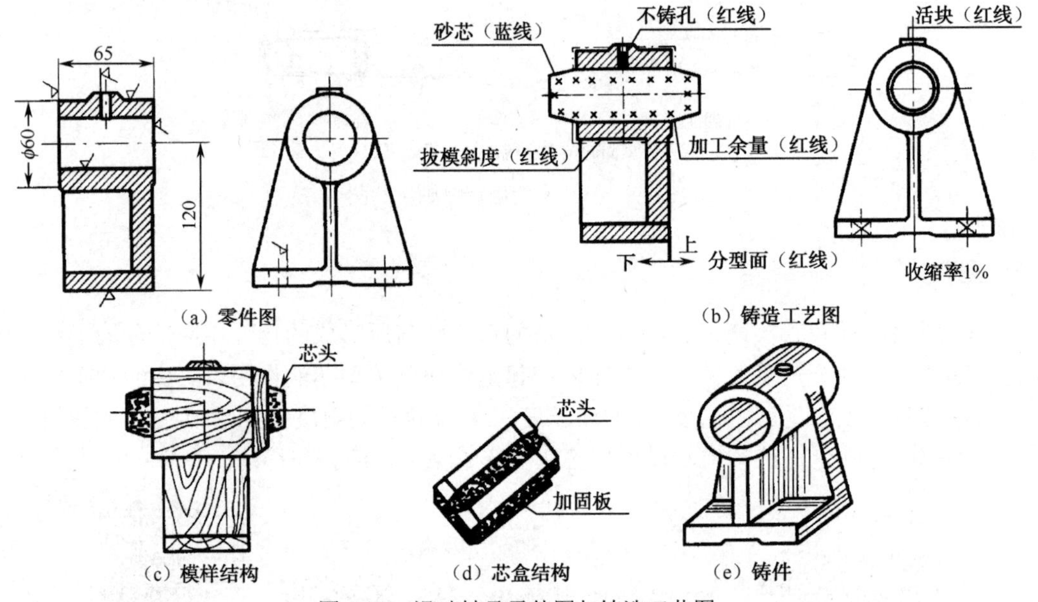

图4-10 滑动轴承零件图与铸造工艺图

三、铸件常见缺陷的分析

铸件的缺陷很多，常见的铸件缺陷名称、特征及产生的主要原因见表4-1。分析铸件缺陷及其产生原因是很复杂的，有时可见到在同一个铸件上出现多种不同原因引起的缺陷，同一原因在生产条件不同时也会引起多种缺陷。

具有缺陷的铸件是否定为废品，必须按铸件的用途和要求及缺陷产生的部位和严重程度来决定。一般情况下，铸件有轻微缺陷，可以直接使用；铸件有中等缺陷，允许修补后使用；铸件有严重缺陷，则只能报废。

表 4-1 常见的铸件缺陷及产生原因

缺陷名称	特征	产生的主要原因
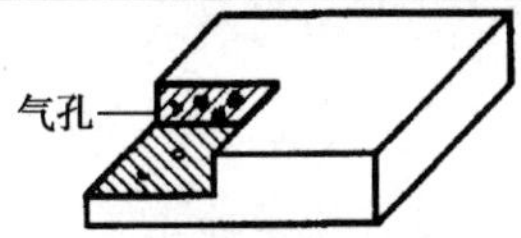 气孔	在铸件内部或表面有大小不等的光滑孔洞	型砂含水过多，透气性差；起模和修型时刷水过多；砂芯烘干不良或砂芯通气孔堵塞；浇注温度过低或浇注速度太快等
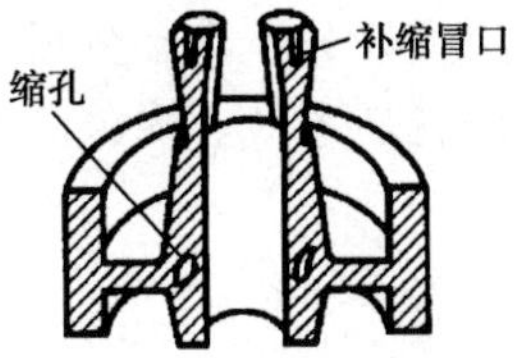 缩孔 补缩冒口	缩孔多分布在铸件厚断面处，形状不规则，孔内粗糙	铸件结构不合理，如壁厚相差过大，造成局部金属积聚；浇注系统和冒口的位置不对，或冒口过小；浇注温度太高，或金属化学成分不合格，收缩过大
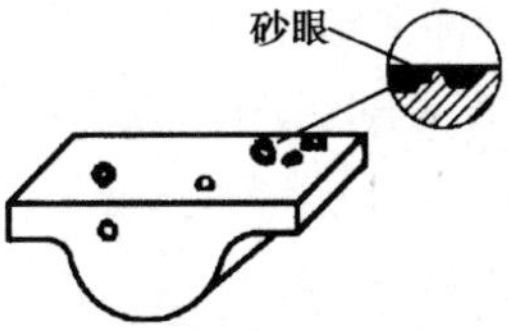 砂眼	在铸件内部或表面有充塞砂粒的孔眼	型砂和芯砂的强度不够；砂型和砂芯的紧实度不够；合箱时铸型局部损坏；浇注系统不合理，冲坏了铸型
 粘砂	铸件表面粗糙，粘有砂粒	型砂和芯砂的耐火性不够；浇注温度太高；未刷涂料或涂料太薄
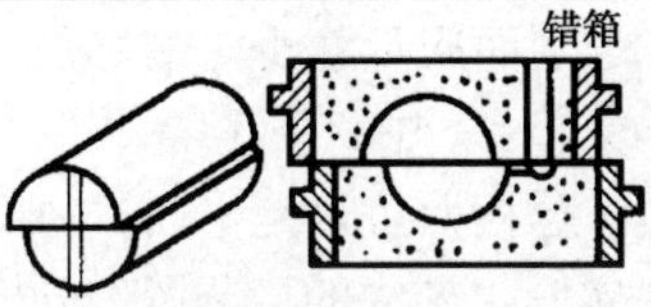 错箱	铸件在分型面有错移	模样的上半模和下半模未对好；合箱时，上下砂箱未对准
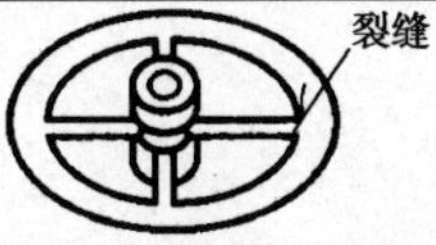 裂缝	铸件开裂，开裂处金属表面氧化	铸件的结构不合理，壁厚相差太大；砂型和砂芯的退让性差；落砂过早
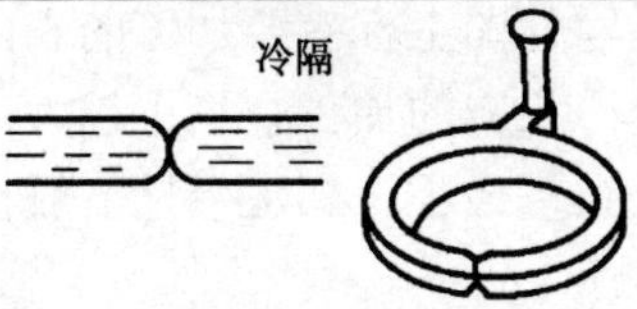 冷隔	铸件上有未完全融合的缝隙或洼坑，其交接处是圆滑的	浇注温度太低；浇注速度太慢或浇注过程曾有中断；浇注系统位置开设不当或浇道太小
 浇不足	铸件不完整	浇注时金属量不够；浇注时液体金属从分型面流出；铸件太薄；浇注温度太低；浇注速度太慢

四、铸造工艺图的绘制

1．铸造工艺图

铸造工艺图是铸造生产所特有的一种图纸。它是根据零件的结构特点、技术要求、生产批量及生产条件等，将各种工艺符号直接描绘在零件图上，表示出浇注位置、分型面、分模面、机械加工余量、拔模斜度、铸造圆角、型芯、芯头及芯座、收缩率、浇冒口系统、内外冷铁等铸造工艺参数。

2．浇注位置

浇注时，铸件在铸型中所处的位置称为浇注位置，即在浇注时，铸件在铸型中是处于垂直、水平或倾斜的位置。浇注位置选择正确与否，对铸件、造型方法都有重要的影响。浇注位置的选择主要考虑以下三个原则。

（1）铸件上重要的加工面、受力面和基准面，在浇注时应尽量朝下。

（2）铸件的薄壁部位应朝下。由于薄壁部位冷却较快，为保证金属液能充满型腔的薄壁部位，应将它置于下方。

（3）铸件易产生缩孔的厚实部分应朝上，以便于设置冒口。

3．分型面

分型面可以是平面、斜面或曲面，为方便造型，分型面最好采用平面。分型面设在铸件的最大水平截面处，这样很方便起模。为简化工艺，保证铸件质量，分型面应尽量少，最好是一个。分型面的符号和线条用红色上下箭头表示，并标明“上、下”或“上、中、下”等。

为起模方便或其他原因，在一个模样上分开的切面称为分模面，分模面可以是平面、斜面或曲面，有时也会与分型面重叠。分模面的符号用“∠<”表示，在实际生产中的工艺图上分模面也用红色线条标明。

4．机械加工余量和铸孔

铸件的机械加工余量是指铸件在加工过程中被切除的厚度。凡零件图上标有要加工的表面粗糙度符号之处，在铸造工艺图上均需放加工余量。铸件尺寸越大，相应的加工余量也越大；浇注时处于顶面的加工余量要比侧面的的加工余量大，底面的加工余量最小。加工余量一般在3～10mm 范围内选取。

铸件上不加工的孔、槽及异形孔如方孔等，原则上尽量铸出；不铸出的孔、槽在工艺图上打叉或填黑。

5．拔模斜度

为了保证模样能顺利取出，垂直于分型面的模样壁上均应做出斜度，称为拔模斜度，一般为 1°～3°。在垂直于分型面的铸件不加工的表面上已设计有的斜度称为结构斜度，此时则不需再考虑拔模斜度。

6．铸造圆角

凡铸件上两壁相交处均应做出圆角，称为铸造圆角，以增强该处砂型的强度，并有利于防止铸件产生裂纹。

7．型芯、芯头及芯座

铸孔一般用型芯成形。只有当铸孔的直径与高度之比大于或等于 1，且孔与分型面垂直时，这种浅孔就不必用型芯成形，可直接在模样上挖成内壁斜度（3°～10°）较大的孔，造型时形成自带型芯（或称砂垛、砂台）。悬吊在上砂型的自带型芯常称为吊砂。

为了保证型芯安装稳定，芯头设计在芯盒上。为了让型芯正确地安置在砂型中，需要型芯座，而芯座设计在模样上。芯头与芯座均应设计出较大的斜度（5°～10°），以利于造芯、造型与合箱，两者之间还应留出间隙，即留侧间隙与顶间隙，中小砂型中的间隙值约为 0～1.5mm，若垂直芯头的下芯头与下芯座接触，其间隙为零。

砂型中若有多个型芯时，应按下芯的顺序将型芯编号，如用“1#、2#”等标注。各芯头的边界用蓝色线条表示。

8．铸造收缩率

铸件凝固后连续冷却到室温的过程中，尺寸会缩小，待冷至室温时，铸件的尺寸将小于模样的尺寸。为了得到合格尺寸的铸件，在制造模样时，应使模样尺寸大于铸件尺寸。这一放大值即为铸件的收缩量，一般用百分比表示，称为铸造收缩率。一般灰口铸铁的收缩率为 0.7%～1.0%、铸钢为 1.5%～2.0%、有色合金为 1.0%～1.5%。收缩率一般标注在铸造工艺图的右上角。

9．铸造工艺图的绘制

铸造工艺图是表示分型面、型芯结构尺寸、浇冒口系统和各项工艺参数的图形。

单件小批量生产时，铸造工艺图用红、蓝色线条按 JB 2435—1978 规定的符号和文字画在零件图上。单件小批量生产情况下，铸造工艺图可作为制造模样、铸型和检验铸件的依据，图 4-7（a）、（b）所示为滑动轴承的零件图和铸造工艺图。图中分型面、活块、加工余量、拔模斜度和浇冒口系统等用红线画出、不铸出的孔用红线打叉，线收缩率用红字注在零件图右下方。芯头边界和型芯剖面符号用蓝线画出。

10．模样图的绘制

根据上述零件的铸造工艺图及铸造收缩率，在黑板上定性地绘出模样图。生产中常用已考虑了收缩率的专用“缩尺”来绘制，以减少繁杂的尺寸换算。

在模样图上也有称为“芯头”的部位，主要是起模后在砂型中形成型芯座的作用，以便型芯在型腔中有准确定位与固定之用。

11．铸型装配图的绘制

（1）浇注系统。

浇注系统的类型很多，根据合金种类和铸件结构不同，按照内浇道在铸件上的开设位置，最常用的为顶注式浇注系统。另外，根据铸型结构的需要，还有底注式浇注系统和侧注式浇注系统等。

顶注式浇注系统的优点是易于充满型腔，型腔中金属的温度自下而上递增，因而补缩作用好；简单易做；节省金属。但它对铸型冲击较大，有可能造成冲砂、飞溅并加剧金属的氧化，所以这类浇注系统多用于质量小、高度低和形状简单的铸件。浇注系统在图中用红色线条表示。

内浇道的方位直接影响铸件质量，因此内浇道的开设应注意以下几点。

① 内浇道的方向：不要正对砂型壁和型芯，以防铸件产生冲砂及粘砂缺陷。

② 内浇道的位置。

a．对于壁厚相差较大的铸件，其内浇道应开设在厚壁处，且内浇道的截面多为高梯形，使金属液不断经过内浇道，以补充厚壁处铸件收缩的需要，可防止铸件产生缩孔。对于壁厚差别不大的铸件，其内浇道可开在薄壁处，且内浇道的截面为扁梯形、三角形或月牙形，使铸件各部分均匀冷却，可减少铸件形成裂纹的倾向，且在清理内浇道时也不会将铸件损伤。

b．内浇道应避免开在铸件的重要表面上，特别是重要的加工面上，因浇道附近高温金属液流过的时间较长，在铸件的这些部位易出现气孔、缩孔等缺陷。当设计铸件时，如果铸件的某处内部质量要求较高，不允许设置浇口，则应在技术要求中标明。

③ 内浇道的数目：对于大平面或薄壁复杂的铸件，如平板、盖、罩壳及箱体等，为使金属液迅速充满型腔、避免产生浇不足等缺陷，应多开几道内浇道。

（2）冒口与冷铁（在现有铸型装配图上未表示，但应加以说明）。

① 冒口的作用：铸型中的冒口储存着高温金属液，其作用是对铸件凝固时产生的体积收缩进行补缩，消除铸件的缩孔，使缩孔进入冒口之中，待铸件冷凝后，将冒口除去，则可获得无缩孔的致密铸件。由于冒口与型腔相通，它还有观察、排气和集渣的作用。

② 冷铁的作用：冷铁的作用是加大铸件厚壁处的冷凝速度和提高铸件表面硬度和耐磨性。

冒口与冷铁配合可有效防止铸件产生缩孔，即远离冒口的冷铁部位的金属液先凝固，其次是靠近冒口的金属液凝固，最后是冒口的金属液凝固，这种防止铸件产生缩孔的工艺措施称为顺序凝固原则。

12．铸件图的绘制

砂型经合箱浇注冷凝后，将冒口等除掉，并对铸件进行落砂清理等工作，最后就是铸件成品。铸件图就是检验铸件是否符合质量要求的依据。

13．模样、型腔、铸件和零件之间的尺寸与空间的关系

在铸造生产中，用模样制得型腔，将金属液浇入型腔冷却凝固后获得铸件，铸件经切削加工最后成为零件。因此，模样、型腔、铸件和零件四者之间在形状和尺寸上有着必然的联系，如表 4-2 所示。

表 4-2 模样、型腔、铸件和零件之间的关系

名称 特征	模 样	型 腔	铸 件	零 件
大小	大	大	小	最小
尺寸	大于铸件一个收缩率	与模样基本相同	比零件多一个加工余量	小于铸件
形状	包括型芯头、活块、外形芯等形状	与铸件凹凸相反	包括零件中小孔洞等不铸出的加工部分	符合零件尺寸和公差要求

续表

名称 特征	模 样	型 腔	铸 件	零 件
凹凸（与零件相比）	凸	凹	凸	凸
空实（与零件相比）	实心	空心	实心	实心

项目三　铸造实训项目

【实训操作】

一、手工造型

手工造型操作灵活，使用 4-11 所示的造型工具可进行整模两箱造型、分模造型、挖砂造型、活块造型、假箱造型、刮板造型及三箱造型等。应根据铸件的形状、大小和生产批量选择造型方法。

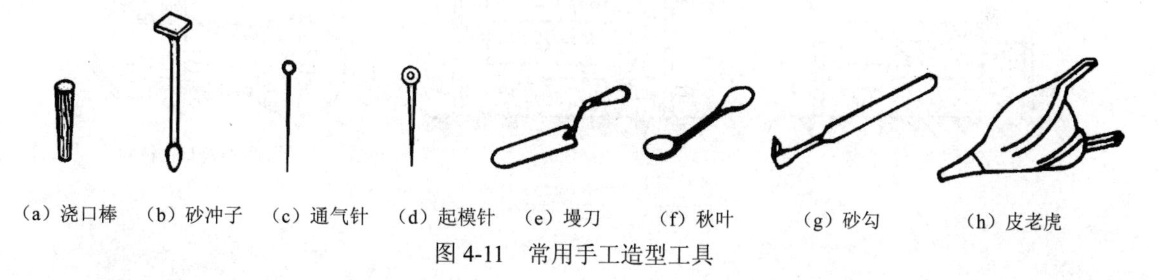

图 4-11　常用手工造型工具

1．整模造型

整模造型过程如图 4-12 所示。整模造型的特点是：模样是整体结构，最大截面在模样一端为平面；分型面多为平面；操作简单。整模造型适用于形状简单的铸件，如盘、盖类。

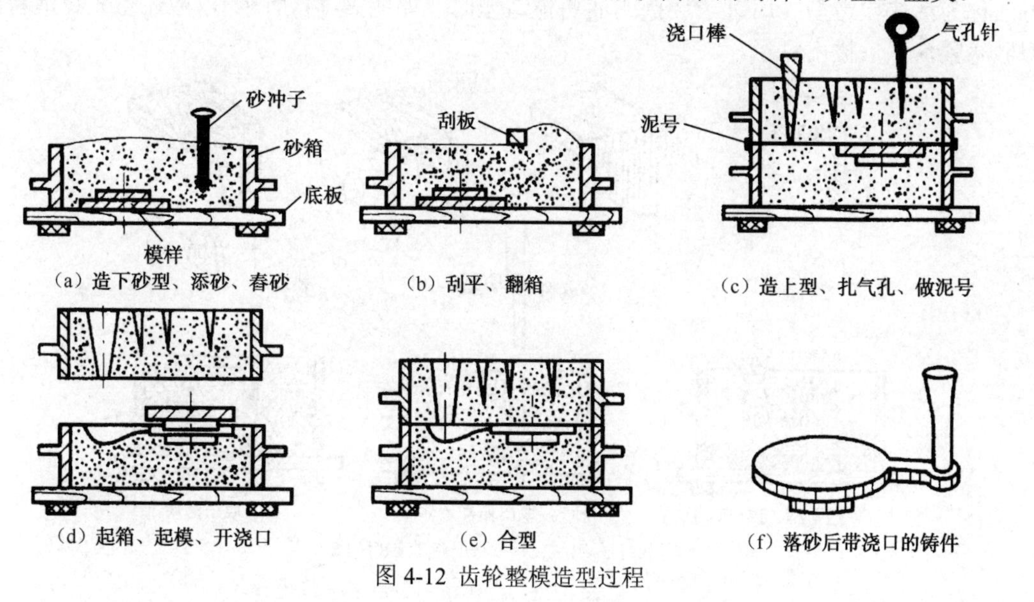

图 4-12 齿轮整模造型过程

2．分模造型

分模造型的特点是：模样是分开的，模样的分开面（称为分型面）必须是模样的最大截面，以利于起模。分模造型过程与整模造型基本相似，不同的是造上型时增加放上模样和取上半模样两个操作。套筒的分模造型过程如图 4-13 所示。分模造型适用于形状复杂的铸件，如套筒、管子和阀体等。

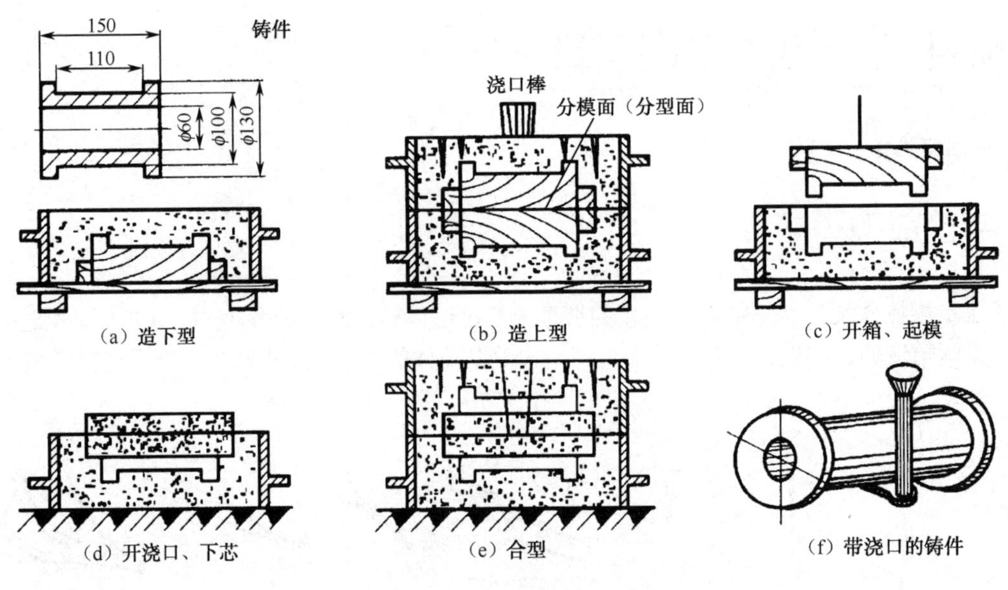

图 4-13　套筒分模造型过程

3．活块模造型

模样上可拆卸或能活动的部分叫活块。当模样上有妨碍起模的侧面伸出部分（如小凸台）时，常将该部分做成活块。起模时，先将模样主体取出，再将留在铸型内的活块单独取出，这种方法称为活块模造型。用钉子连接的活块模造型时（如图 4-14 所示），应注意先将活块四周的型砂塞紧，然后拔出钉子。

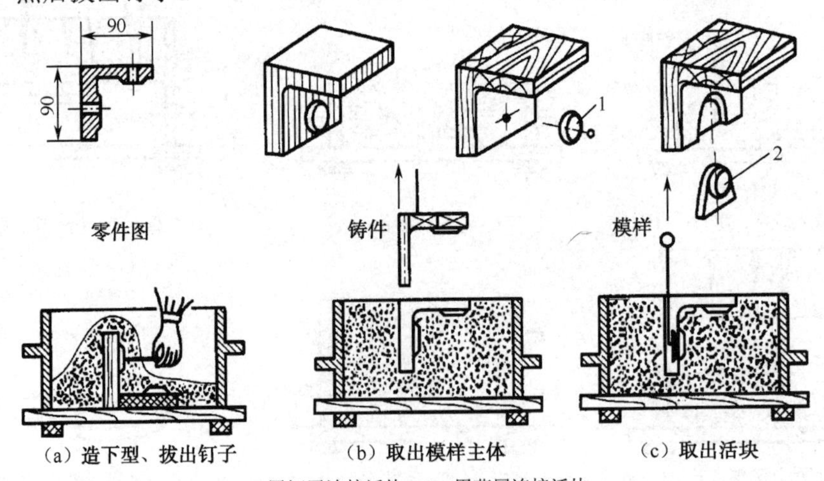

1—用钉子连接活块；2—用燕尾连接活块

图 4-14　活块造型

4．挖砂造型

当铸件按结构特点需要采用分模造型，但由于条件限制（如模样太薄，制模困难）仍做成整模时，为便于起模，下型分型面需挖成曲面或有高低变化的阶梯形状（称不平分型面），这种方法叫挖砂造型。手轮的挖砂造型过程如图 4-15 所示。

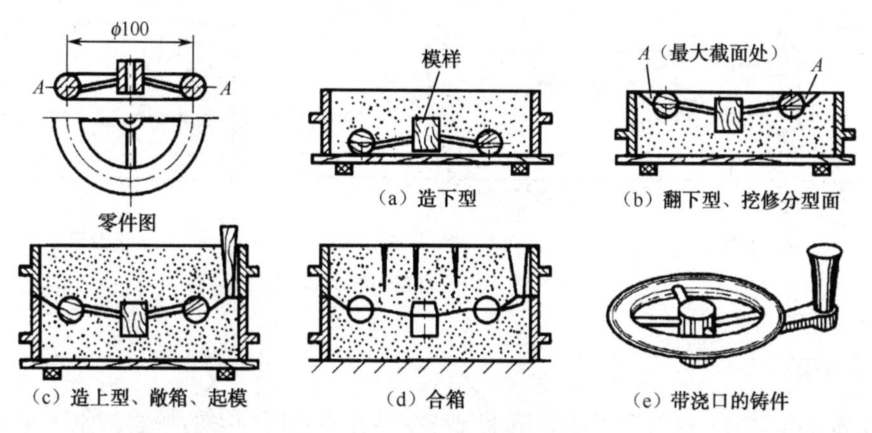

图 4-15　手轮的挖砂造型过程

5．三箱造型

用三个砂箱制造铸型的过程称为三箱造型。前述各种造型方法都使用两个砂箱，操作简便、应用广泛。但有些铸件（如两端截面尺寸大于中间截面时）需要用三个砂箱，从两个方向分别起模。图 4-16 所示为带轮的三箱造型过程。

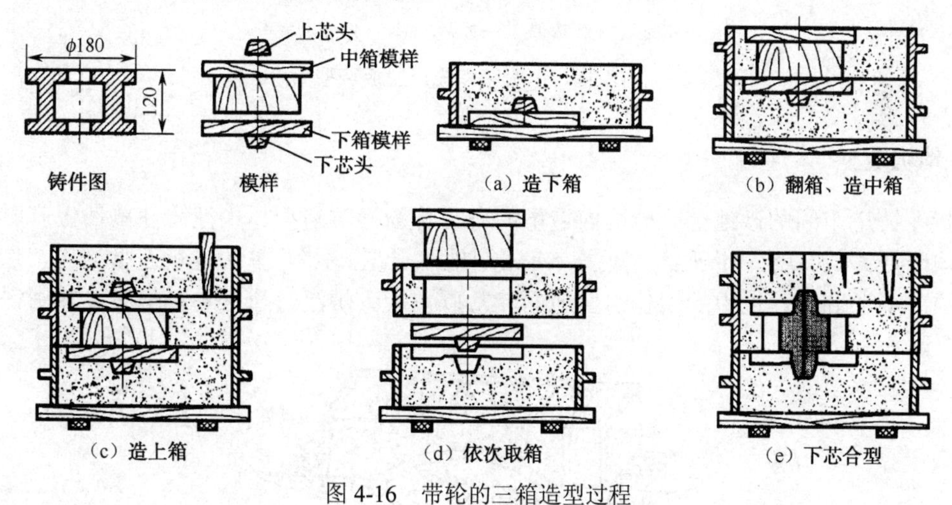

图 4-16　带轮的三箱造型过程

6．刮板造型

尺寸大于 500mm 的旋转体铸件（如带轮、飞轮、大齿轮等）单件生产时，为节省木材、模样加工时间及费用，可以采用刮板造型。刮板是一块和铸件截面形状相适应的木板。造型时将刮板绕着固定的中心轴旋转，在砂型中刮制出所需的型腔，如图 4-17 所示。

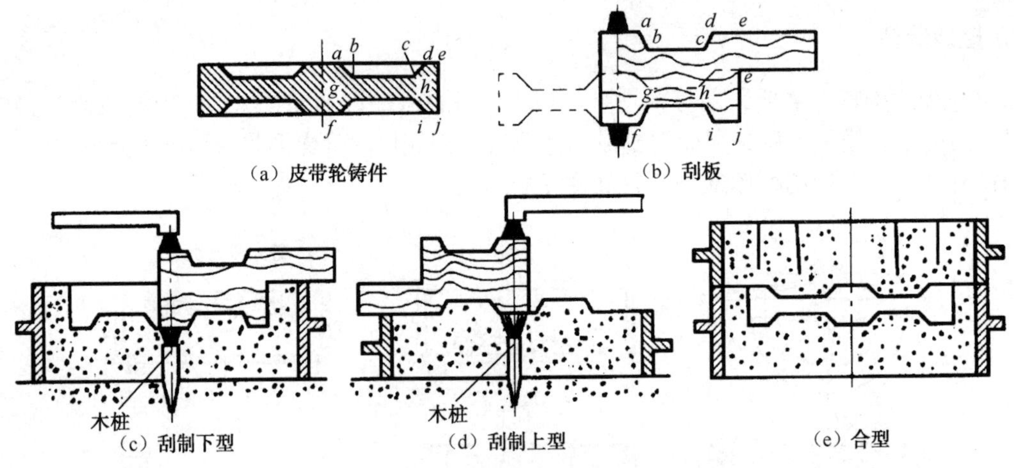

图 4-17 皮带轮铸件的刮板造型过程

7. 假箱造型

假箱造型利用预制的成形底板或假箱来代替挖砂造型中所挖去的型砂，如图 4-18 所示。

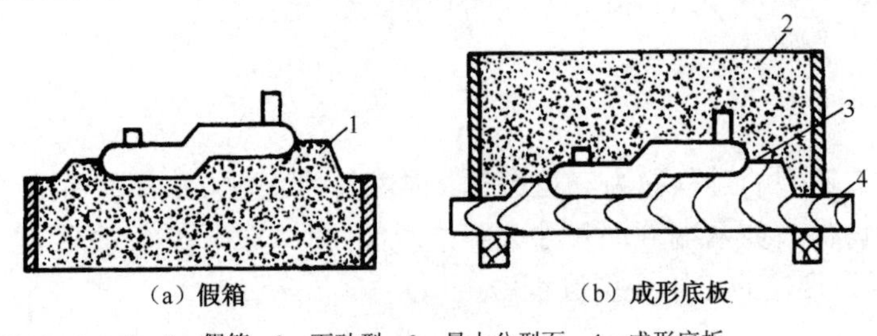

1—假箱；2—下砂型；3—最大分型面；4—成形底板

图 4-18 用假箱和成形底板造型

8. 地坑造型

直接在铸造车间的砂地上或砂坑内造型的方法称为地坑造型。大型铸件单件生产时，为节省砂箱，降低铸型高度，便于浇注操作，多采用地坑造型。图 4-19 为地坑造型结构，造型时需考虑浇注时能顺利将地坑中的气体引出地面，常以焦炭、炉渣等透气物料垫底，并用铁管引出气体。

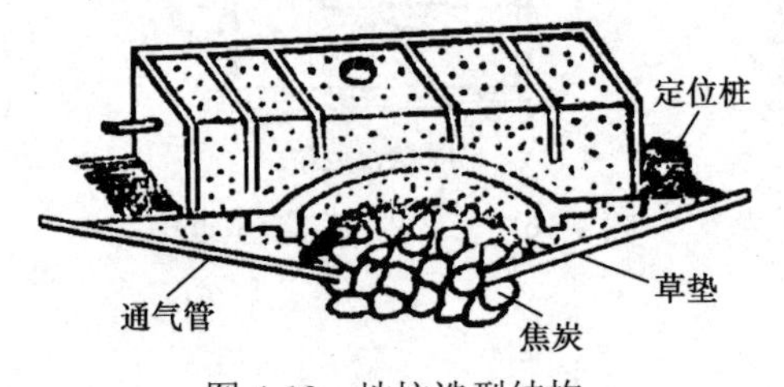

图 4-19 地坑造型结构

二、制芯

为获得铸件的内腔或局部外形，用芯砂或其他材料制成的、安放在型腔内部的铸型组元称为型芯。绝大部分型芯是用芯砂制成的。砂芯的质量主要由配制合格的芯砂及采用正确的造芯工艺来保证。

浇注时砂芯受高温液体金属的冲击和包围，因此除要求砂芯具有铸件内腔相应的形状外，还应具有较好的透气性、耐火性、退让性、强度等性能，故要选用杂质少的石英砂和植物油、水玻璃等黏结剂来配制芯砂，在砂芯内放入金属芯骨并扎出通气孔以提高强度和透气性。

形状简单的大、中型型芯，可用黏土砂来制造。但对于形状复杂和性能要求很高的型芯来说，必须采用特殊黏结剂来配制，如采用油砂、合脂砂和树脂砂等。

另外，型芯砂还应具有一些特殊的性能，如吸湿性要低、发气要少、出砂性要好。

型芯一般是用芯盒制成的，对开式芯盒制芯是常用的手工制芯方法，适用于圆形截面的较复杂型芯。制芯过程如图 4-20 所示。

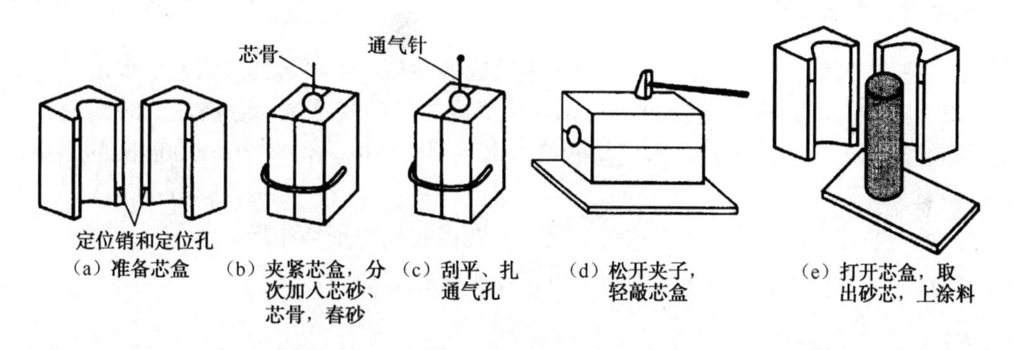

图 4-20　对开式芯盒制芯

三、合型

将上型、下型、型芯、浇口盆等组合成一个完整铸型的操作过程称为合型，又称合箱。合型是制造铸型的最后一道工序，直接关系到铸件的质量。

1．铸型的检验和装配

下芯前，应先清除型腔、浇注系统和型芯表面的浮砂，并检查其形状、尺寸和排气道是否通畅。下芯应平稳、准确。然后导通砂芯和砂型的排气道；检查型腔主要尺寸；固定型芯；在芯头与砂型芯座的间隙处填满泥条或干砂，防止浇注时金属液钻入芯头而堵死排气道。最后，平稳、准确地合上上型。

2．铸型的紧固

为避免由于金属液作用于上砂箱引发的抬箱力而造成的缺陷，装配好的铸型需要紧固。单件小批生产时，多使用压铁压箱，压铁质量一般为铸件质量的 3～5 倍。成批、大量生产时，可使用压铁、卡子或螺栓紧固铸型。先紧固铸型，再拔合型定位销；压铁应压在砂箱箱壁上。铸型紧固后即可浇注，待铸件冷凝后，清除浇冒口便可获得铸件。

四、造型的基本操作

1．造型模样

用木材、金属或其他材料制成的铸件原形统称为模样，它是用来形成铸型的型腔。用木材制作的模样称为木模，用金属或塑料制成的模样称为金属模或塑料模。目前大多数工厂使用的是木模。模样的外形与铸件的外形相似，不同的是铸件上如果有孔穴，在模样上不仅实心无孔，而且要在相应位置制作出芯头。

2．造型前的准备工作

① 准备造型工具，选择平整的底板和大小适应的砂箱。砂箱选择过大，不仅消耗过多的型砂，而且浪费舂砂工时。砂箱选择过小，则木模周围的型砂舂不紧，在浇注的时候金属液容易从分型面即交界面间流出。通常，木模与砂箱内壁及顶部之间须留有 30～100mm 的距离，此距离称为吃砂量。

② 擦净木模，以免造型时型砂粘在木模上，造成起模时损坏型腔。

③ 安放木模时，应注意木模上的斜度方向，不要把它放错。

3．舂砂

① 舂砂时必须分次加入型砂。对小砂箱每次加砂厚约 50～70mm。加砂过多舂不紧，而加砂过少又费工时。第一次加砂时须用手将木模周围的型砂按紧，以免木模在砂箱内的位置移动。然后用舂砂锤的尖头分次舂紧，最后改用舂砂锤的平头舂紧型砂的最上层。

② 舂砂应按一定的路线进行。切不可东一下、西一下乱舂，以免各部分松紧不一。

③ 舂砂用力大小应该适当，不要过大或过小。用力过大，砂型太紧，浇注时型腔内的气体跑不出来；用力过小，砂型太松、易塌箱。同一砂型各部分的松紧是不同的，靠近砂箱内壁应舂紧，以免塌箱。靠近型腔部分，砂型应稍紧些，以承受液体金属的压力。远离型腔的砂层应适当松些，以利于透气。

④ 舂砂时应避免舂砂锤撞击木模。

4．撒分型砂

在造上砂型之前，应在分型面上撒一层细粒无黏土的干砂，以防止上、下砂箱粘在一起开不了箱。

5．扎通气孔

除了保证型砂有良好的透气性外，还要在已舂紧和刮平的型砂上用通气针扎出通气孔，以便浇注时气体易于逸出。通气孔要垂直且均匀地分布。

6．开外浇口

外浇口应挖成 60°的锥形，大端直径约 60～80mm。浇口面应修光，与直浇道连接处应修成圆弧过渡，以引导液体金属平稳地流入砂型。若外浇口挖得太浅而成碟形，则浇注液体金属时会四处飞溅伤人。

7．做合箱线

若上、下砂箱没有定位销，则应在上、下砂型打开之前，在砂箱壁上作出合箱线。最简单的方法是在箱壁上涂上粉笔灰，然后用划针画出细线。需进炉烘烤的砂箱，则用砂泥粘敷在砂箱壁上，用墁刀抹平后，再刻出线条，称为打泥号。合箱线应位于砂箱壁上两直角边最远处，以保证 x 和 y 方向均能定位，并可限制砂型转动。两处合箱线的线数应不相等，以免合箱时弄错。做线完毕，即可开箱起模。

8．起模

① 起模前要用水笔沾些水，刷在木模周围的型砂上，以防止起模时损坏砂型型腔。刷水时应一刷而过，不要使水笔停留在某一处，以免局部水分过多而在浇注时产生大量水蒸气，使铸件产生气孔缺陷。

② 起模针位置要尽量与木模的重心铅锤线重合。起模前，要用小锤轻轻敲打起模针的下部，使木模松动，便于起模。

③ 起模时，慢慢将木模垂直提起，待木模即将全部起出时，然后快速取出。起模时注意不要偏斜和摆动。

9．修型

起模后，型腔如有损坏，应根据型腔形状和损坏程度，正确使用各种修型工具进行修补。如果型腔损坏较大，可将木模重新放入型腔进行修补，然后再起出。

10．合箱

合箱是造型的最后一道工序，它对砂型的质量起着重要的作用。合箱前，应仔细检查砂型有无损坏和散砂、浇口是否修光等。

五、合金的浇注

1．浇注工具

浇注常用工具有浇包（见图 4-21）、挡渣钩等。浇注前应根据铸件大小、批量选择合适的浇包，并对浇包和挡渣钩等工具进行烘干，以免降低金属液温度及引起液体金属的飞溅。

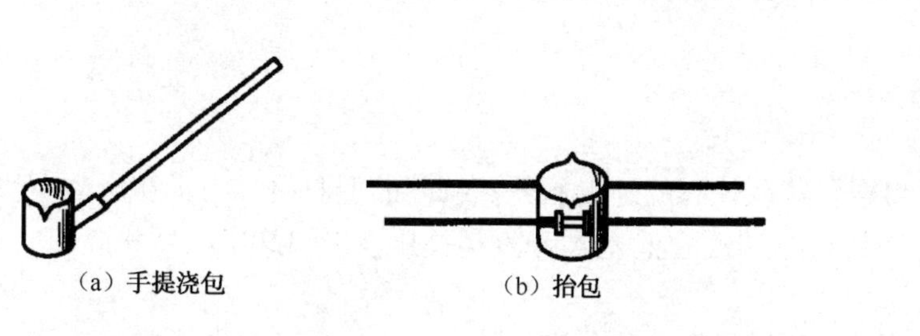

（a）手提浇包　（b）抬包

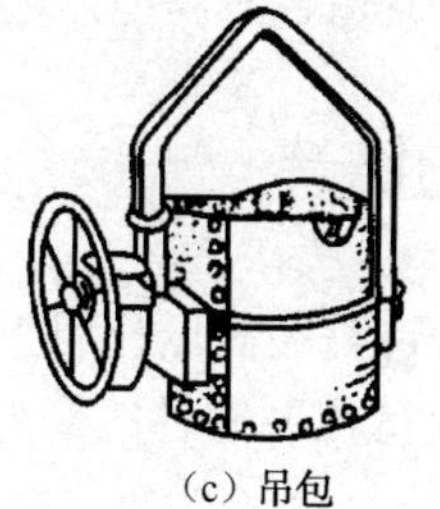

（c）吊包

图 4-21　浇包

2．浇注工艺

（1）浇注温度。

浇注温度过高，铁液在铸型中收缩量增大，易产生缩孔、裂纹及粘砂等缺陷；温度过低则铁液流动性差，又容易出现浇不足、冷隔和气孔等缺陷。合适的浇注温度应根据合金种类和铸件的大小、形状及壁厚来确定。对于形状复杂的薄壁灰铸铁件，浇注温度为1400℃左右；对于形状较简单的厚壁灰铸铁件，浇注温度为1300℃左右即可；而铝合金的浇注温度一般在700℃左右。

（2）浇注速度。

浇注速度太慢，铁液冷却快，易产生浇不足、冷隔及夹渣等缺陷；浇注速度太快，则会使铸型中的气体来不及排出而产生气孔，同时易造成冲砂、抬箱和跑火等缺陷。铝合金液浇注时勿断流，以防铝液氧化。

（3）浇注的操作。

浇注前应估算好每个铸型需要的金属液量，安排好浇注路线。浇注时应注意挡渣。浇注过程中应保持外浇口始终充满，这样可防止熔渣和气体进入铸型。

（4）浇注时应注意的事项。

① 浇注是高温操作，必须注意安全，必须穿着白帆布工作服和工作皮鞋。

② 浇注前，必须清理浇注时行起的通道，预防意外跌撞。

③ 必须烘干烘透浇包，检查砂型是否紧固。

④ 浇包中金属液不能盛装太满，吊包液面应低于包口100mm左右，抬包和端包液面应低于包口60mm左右。

项目四　铸造新技术

知识拓展

随着科学技术的发展和生产水平的提高，对铸件质量、劳动生产效率、劳动条件和生产成本有了进一步的要求，因而铸造方法有了长足的发展。目前特种铸造方法已发展到几十种，常用的有熔模铸造、金属型铸造、离心铸造、压力铸造、低压铸造、陶瓷型铸造，另外还有实型铸造、磁型铸造、石墨型铸造、反压铸造、连续铸造和挤压铸造等。

一、压力铸造

压力铸造是在高压作用下将金属液以较高的速度压入高精度的型腔内，力求在压力下快速凝固，以获得优质铸件的高效率铸造方法。它的基本特点是高压（5～150MPa）和高速（5～100m/s）。

压力铸造的基本设备是压铸机。压铸机可分为热室压铸机和冷室压铸机两大类。冷室压铸机又可分为立式和卧式等类型，但它们的工作原理基本相似。图4-22为卧式冷室压铸机，用高压油驱动，合型力大，充型速度快，生产率高，应用较广泛。

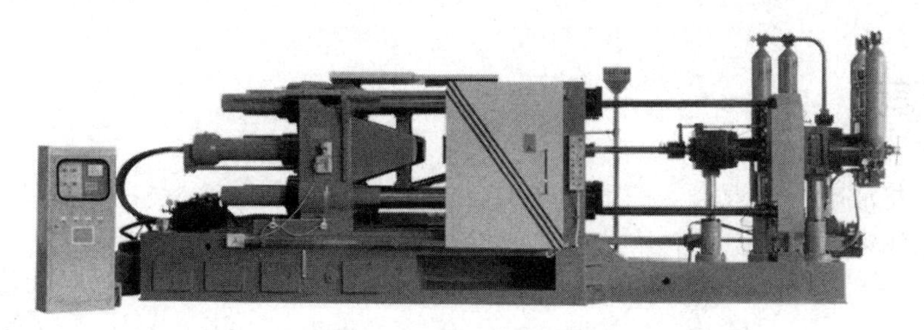

图 4-22 卧式冷室压铸机

压铸型是压力铸造生产铸件的模具，主要由活动半型和固定半型两个大部分组成。固定半型固定在压铸机的定型座板上，由浇道将压铸机压室与型腔连通。活动半型随压铸机的动型座板移动，完成开合型动作。完整的压铸型组成中包括型体部分、导向装置、抽芯机构、顶出铸件机构、浇注系统、排气和冷却系统等部分。压铸工艺过程示意图如图 4-23 所示。

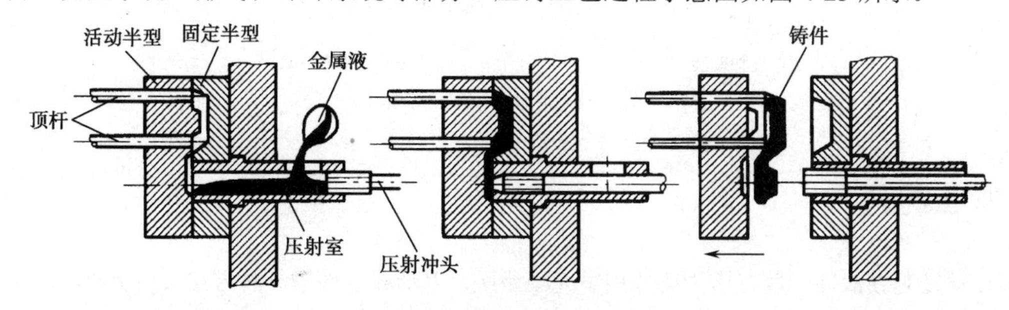

图 4-23 压铸工艺过程示意图

压铸工艺的优点是压铸件具有“三高”：铸件精度高（1T11～ITl3，Ra3.2～0.8μm）、强度与硬度高 （σ_b 比砂型铸件高 20%～40%）、生产率高（50～150 件/h）。

缺点是存在无法克服的皮下气孔，且塑性差；设备投资大，应用范围较窄（适于低熔点的合金和较小的、薄壁且均匀的铸件。适宜的壁厚：锌合金 1～4mm，铝合金 1.5～5mm，铜合金 2～5mm）。

二、实型铸造

实型铸造是使用泡沫聚苯乙烯塑料制造模样（包括浇注系统），在浇注时，迅速将模样燃烧气化，直到消失，金属液充填了原来模样的位置，冷却凝固后而成铸件的铸造方法。其工艺过程如图 4-24 所示。

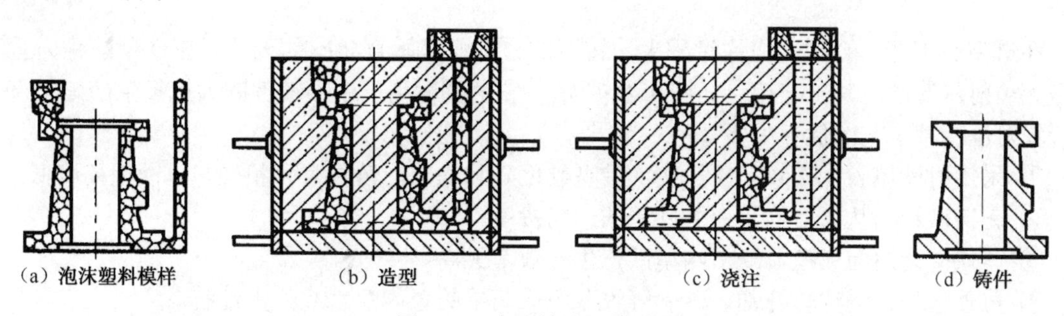

图 4-24 实型铸造工艺过程

三、离心铸造

离心铸造指将液态合金液浇入高速旋转（250～1500r/min）的铸型中，使其在离心力作用下填充铸型和结晶的铸造方法。两种方式的离心铸造见图 4-25。

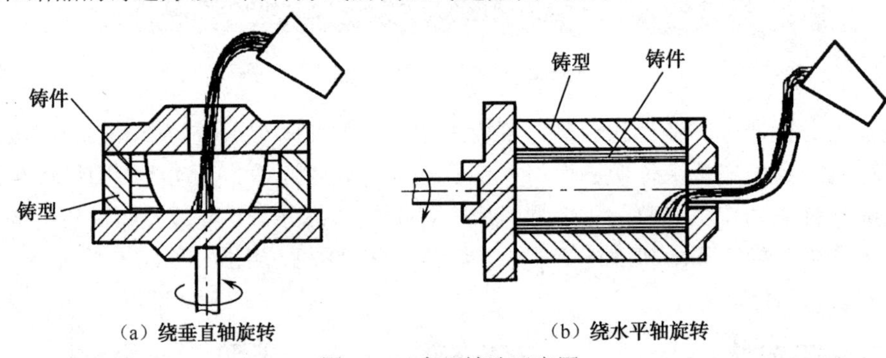

（a）绕垂直轴旋转　　（b）绕水平轴旋转

图 4-25　离心铸造示意图

四、低压铸造

低压铸造是使液体金属在压力的作用下充填型腔，以形成铸件的一种方法。由于所用的压力较低，所以叫作低压铸造。低压铸造是介于重力铸造和压力铸造之间的一种铸造方法。浇注时压力和速度可人为控制，故适用于各种不同的铸型；充型压力及时间易于控制，所以充型平稳；铸件在压力下结晶，自上而下定向凝固，所以铸件致密，力学性能好，金属利用率高，铸件合格率高。

五、熔模铸造

用易熔材料（蜡或塑料等）制成精确的可熔性模型，并涂以若干层耐火涂料，经干燥、硬化成整体型壳，加热型壳熔失模型，经高温焙烧而成耐火型壳，在型壳中浇注铸件。铸件尺寸精度高、表面粗糙度低；适用于各种铸造合金、各种生产批量；生产工序繁多，生产周期长，铸件不能太大。

六、垂直分型无箱射压造型

在造型、下芯、合型及浇注过程中，铸型的分型面呈垂直状态的无箱射压造型法称为垂直分型无箱射压造型，其工艺特点如图 4-26 所示。它主要适用于中小铸件的大批量生产。垂直分型无箱射压造型工艺的优点如下。

① 采用射砂填砂，又经高压压实，砂型硬度高且均匀，铸件尺寸精确，表面粗糙度低。

② 无需砂箱，从而节约了有关砂箱的一切费用。

③ 一块砂型两面成型，既节约型砂，生产效率又高。

④ 可使造型、浇注、冷却、落砂等设备组成简单的直线流水线，占地省。

其主要缺点是：

① 下芯不如水平分型时方便，下芯时间不允许超过 7～8s，否则将严重降低造型机的生产

效率。

② 模板、芯盒及下芯框等工装费用高。

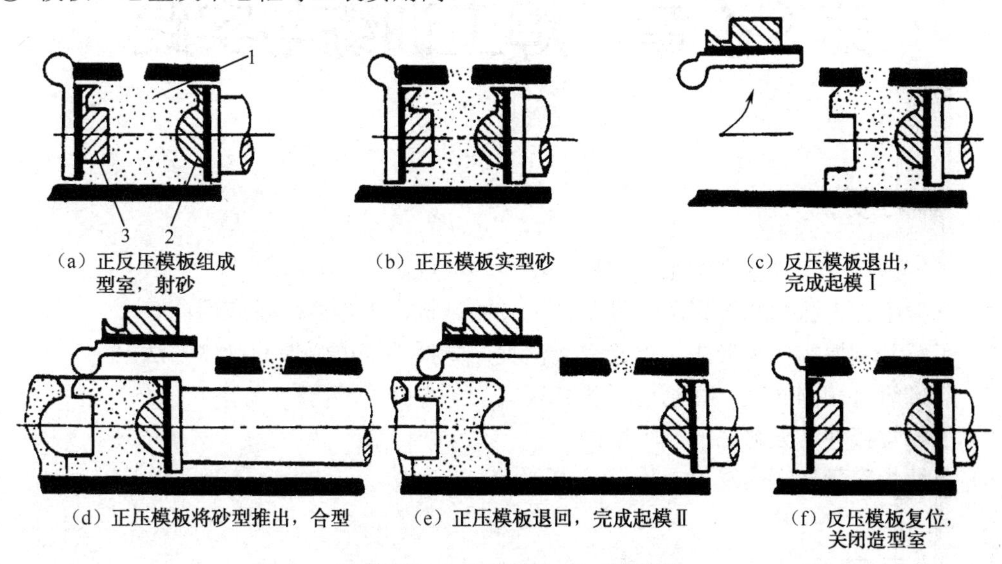

1—射砂板；2—压实模板；3—反压模板

图4-26 DISA垂直分型无箱射压造型机工艺过程

七、金属型铸造

用铸铁、碳钢或低合金钢等金属材料制成铸型，铸型可反复使用。金属型铸造是将液态金属在重力作用下浇入金属铸型内，获得铸件的方法。金属型散热快、铸件组织致密，力学性能好，精度和表面质量较好，液态金属耗用量少，劳动条件好，适用于大批生产有色合金铸件。

八、多触头高压造型

高压造型的压实比压大于0.7MIPa，砂型紧实度高，铸件尺寸精度较高，铸件表面粗糙度低，铸件致密性好，与脱箱或无箱射压造型相比，高压造型辅机多，砂箱数量大，造价高，需造型流水线配套，比较适用于像汽车制造这类生产批量大、质量要求高的现代化生产，我国各大汽车制造厂已有这类生产线的引进。

九、真空密封造型

真空密封造型主要用于生产汽油机缸体、缸盖及铁路机车配件等。真空密封造型是一种全新的物理造型方法，其基本原理是在特制的砂箱内填入无水无黏结剂的干石英砂，用塑料薄膜将砂箱密封后抽成真空，借助铸型内外的压力差（约40kPa）使型砂紧实和成型。

【课后思考】

（1）铸造常见缺陷分析。

（2）论述砂型铸造的工艺。

（3）叙述铸造新技术。

第5章　焊工训练与实践

学习要点

（1）了解焊接与气割生产的工艺过程、特点和应用；

（2）掌握手工电弧焊和气焊所用设备、工具的结构、工作原理及应用；

（3）了解常见焊接接头形式、焊缝空间位置，掌握手工电弧焊的操作方法；

（4）熟悉氧气切割原理、切割过程和金属气割条件；

（5）了解焊接件常见缺陷的产生原因。

（6）了解焊工新技术的发展。

学习案例

平对焊。

任务分析

一、实训目的

掌握焊条电弧焊平对焊、平角焊等基本操作技能。

二、实训工具及材料

（1）焊机：交流焊机。

（2）工件：低碳钢板 200mm×150mm×5mm，两块；低碳钢板 300mm×100mm×8mm，V 形坡口，两块。

（3）焊条：E4303，ϕ3.2mm、ϕ4.0mm。

（4）辅助工具：钢丝刷、錾子、锉刀、敲渣锤等。

相关知识

项目一 焊接基本知识；

项目二 焊接基本工艺。

项目三 焊接新技术。

知识链接

项目一　焊接基本知识

【知识准备】

一、焊接方法的分类

1．熔化焊

熔化焊是将焊接接头加热至熔化状态而不加压力的一类焊接方法，如电弧焊（手工电弧焊、埋弧自动焊等）、气焊、气体保护焊（氩弧焊、CO_2 气体保护焊等）、电渣焊和激光焊等。

2．压力焊

压力焊是对焊件施加压力，加热或不加热的焊接方法，如电阻焊（点焊、缝焊、对焊）、摩擦焊和爆炸焊等。

3．钎焊

钎焊是采用熔点比焊件金属低的钎料，将焊件和钎料加热到高于钎料的熔点而焊件金属不熔化，利用毛细管作用使液态钎料填充接头间隙与母材原子相互扩散的焊接方法，如烙铁钎焊、火焰钎焊、电阻钎焊等。

4．焊接接头及焊缝

焊接时，经受加热、熔化随后冷却凝固的那部分金属称为焊缝。被焊的工件材料称为母材。两个工件的连接处称焊接接头，它包括焊缝及焊缝附近的一段受热影响的区域，如图 5-1 所示。

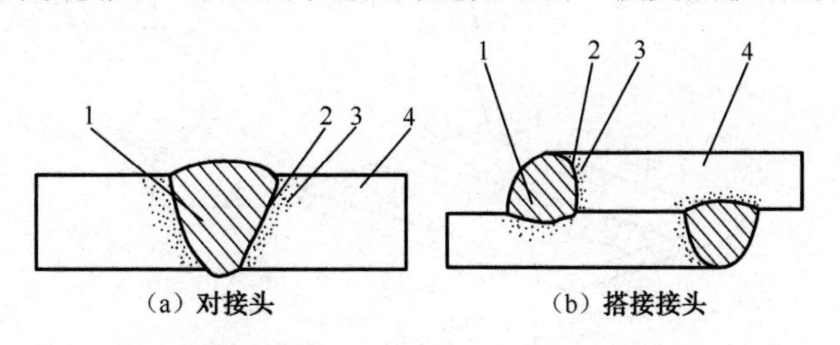

（a）对接头　（b）搭接接头

1—熔焊金属；2—熔合区；3—热影响区；4—母材

图 5-1　熔焊焊接头的组成

二、焊接方法的特点及应用

（1）焊接工作方便、灵活、牢固。可以较方便地将不同形状与厚度的型材连接起来，从而使结构中不同种类和规格的材料应用得更合理。

（2）可采用拼焊结构，使大型、复杂工件以小拼大、化繁为简。与铆接相比，焊接具有节约金属、生产率高、质量优良、劳动条件好等优点，目前在生产中，大量铆接件已由焊接所取代。

（3）焊接工艺一般不需要大型、贵重的设备，因而设备投资少、投产快，容易适应不同批量结构的生产，更换产品方便。

（4）焊接也存在一些问题，如焊后零件不可拆，更换修理不方便。如果焊接工艺不当，焊接接头的组织和性能会变坏；焊后工件存在残余应力，会产生变形；容易形成各种焊接缺陷，增加应力集中、产生裂纹、引起脆断等。

【课后思考】

（1）什么是焊接？焊接与铆接相比，具有哪些优点？存在什么缺点？

（2）何为焊缝？何为焊接接头？常用的焊接方法有哪些？

项目二 焊接基本工艺

【知识准备】

一、焊条电弧焊

1. 焊接过程

手弧焊的焊接过程如图 5-2 所示，首先将电焊机的输出端两极分别与焊件和焊钳连接，再用焊钳夹持电焊条。焊接时在焊条与焊件之间引出电弧，高温电弧将焊条端头与焊件局部熔化而形成熔池。然后，熔池迅速冷却、凝固形成焊缝，促使分离的两块焊件牢固地连接成一整体。焊条的药皮熔化后形成熔渣覆盖在熔池上，熔渣冷却后形成渣壳，依旧覆盖并保护在焊缝上。最后将渣壳清除掉，焊接接头的工作就此完成。

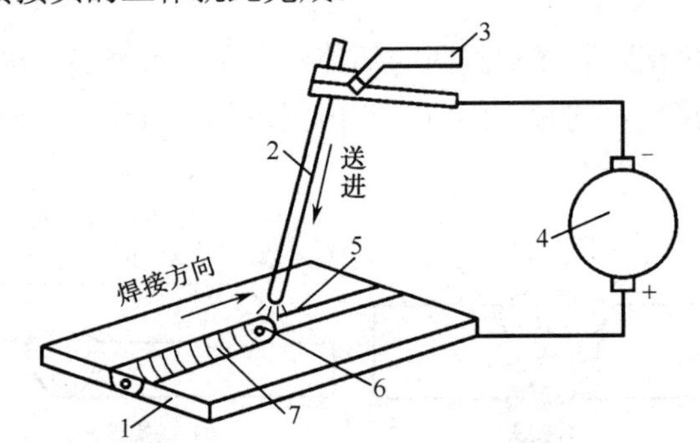

1—焊件；2—焊条；3—焊钳；4—电焊机；5—焊接电弧；6—熔池；7—焊缝

图 5-2 手工电弧焊示意图

（1）电弧。

手弧焊中熔化的热源是电弧，即当焊条与焊件瞬时接触时，发生短路，强大的短路电流流经少数几个接触点，致使接触处温度急剧升高并熔化，甚至部分发生蒸发。当焊条迅速提起 2～4mm 时，焊条端头的温度已升得很高，在两电极间的电场作用下，产生了热电子发射。电子飞速撞击焊条端头与焊件间的空气，使这层空气电离成正离子和负离子。电子和负离子流向正极，正离子流向负极。这些带电质点的定向运动在两极之间的气体间隙内产生电流，形成强烈持久的放电现象，即电弧。

（2）极性。

焊接电弧是由阴极、弧柱和阳极三部分组成的，如图 5-3 所示。弧柱呈锥形，弧柱四周被弧焰所包围。电弧产生的热量比较集中，金属电极产生的热量温度为 3000～3800℃，但弧柱中心的温度可达 6000℃，因此电弧焊多用于厚度在 3mm 以上的焊件。在使用直流电焊机时，电弧的极性是固定的，即有正极（阳极）和负极（阴极）之分；而使用交流电焊机时，由于电源周期性地改变极性，故无固定的正负极，焊条和焊件两极上的温度及热量分布趋于一致。

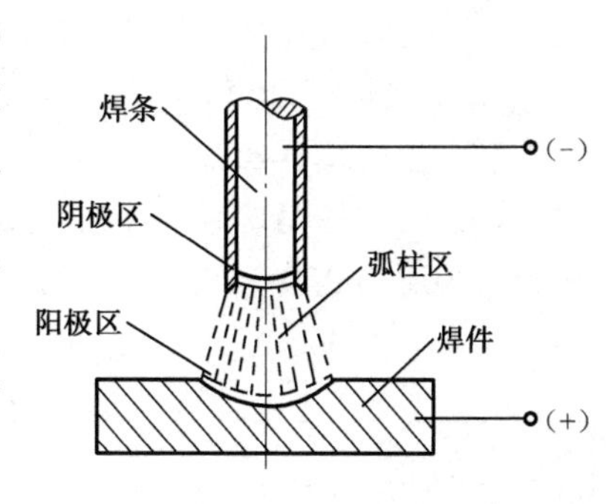

图 5-3　焊条电弧的组成

2．手弧焊设备

（1）交流电焊机。

交流电焊机实际上是一种特殊的降压变压器，也叫弧焊变压器，可以将 220V 或 380V 电压降至焊机空载电压（60～90V）及工作电压（20～40V）。

交流电焊机结构简单，价格便宜，噪声小，使用可靠，维修方便，但电弧稳定性较差，有些种类的焊条使用受到限制。常用的交流电焊机型号有 BX3～300、BX1～330 等。其型号含义如下：“B”表示弧焊变压器，“X”表示下降外特性，“1”和“3”分别为动铁芯式和动圈式，“330”和“300”表示弧焊机的额定焊接电流分别为 330A 和 300A。

（2）直流电焊机。

① 弧焊整流器。

弧焊整流器的结构相当于在交流弧焊机上加上整流器，从而把交流电变成直流电。它弥补了交流焊机电弧稳定性较差的缺点。常用弧焊整流器有 ZXG-300 等。其型号含义如下：“Z”表示弧焊整流器，“X”表示下降外特性，“G”表示弧焊机采用硅整流元件，“300”表示弧焊机的额定焊接电流为 300A。

② 弧焊逆变器。

弧焊逆变器是将交流电整流后，又将直流变成中频交流电，再经整流后，输出所需的焊接电流和电压。弧焊逆变器具有电流波动小、电弧稳定、质量轻、体积小、能耗低等优点，得到了越来越广泛的应用。它不仅可用于手弧焊，还可用于各种气体保持焊、等离子弧焊、埋弧焊等多种弧焊方法。弧焊逆变器有 ZX7－315 等型号，其中“7”为逆变式，“315”为额定电流。

3．焊条

（1）焊条的组成和作用。

焊条是由焊芯和药皮两部分组成的（见图 5-4）。

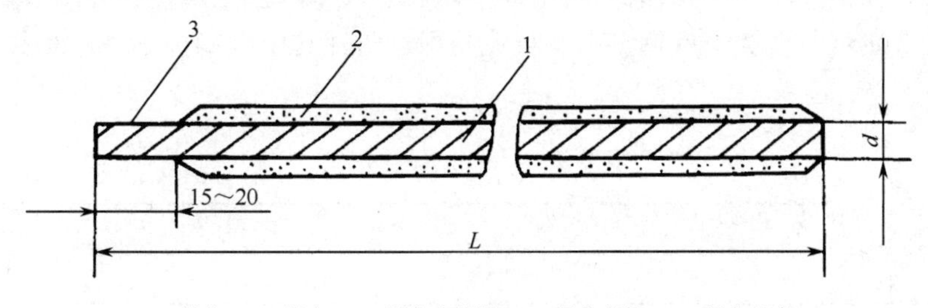

1—焊芯；2—药皮；3—焊条夹持端；d—焊条直径；L—焊条长度

图 5-4　焊条的纵截面

① 焊芯。焊芯是焊条内的金属丝，它的作用有两个。

a．起到电极的作用，即传导电流，产生电弧。

b．形成焊缝金属。焊芯熔化后，其液滴过渡到熔池中作为填充金属，并与熔化的母材熔合，经冷凝成为焊缝金属。

焊条的直径是焊条规格的主要参数，它是用焊芯的直径来表示的。常用的焊条直径有 2～6mm，长度为 250～450mm。表 5-1 是其部分规格。

表 5-1 焊条的直径和长度规格

焊条直径	2.0	2.5	3.2	4.0	5.0	5.8
焊条长度	250	250	350	350	400	400
				400		
	300	300	400	450	450	450

② 药皮。药皮是压涂在焊芯上的涂料层。它是由矿石粉、有机物粉、铁合金粉和黏结剂等原料按一定比例配制而成的。药皮的主要作用有三个。

a．改善焊条的焊接工艺性能：容易引燃电弧、稳定电弧燃烧并减少飞溅等。

b．机械保护作用：药皮熔化后生成气体和熔渣，隔绝空气，保护熔池和焊条熔化后形成的熔滴不受空气的侵入。

c．冶金处理作用：去除有害元素（氧、氢、硫、磷），添加有用的合金元素，改善焊缝质量。

（2）焊条的种类和型号。

① 焊条的种类。

a．按用途进行分类。我国现行的新国标按用途分为八大类型：碳钢焊条、低合金钢焊条、不锈钢焊条、堆焊焊条、铸铁焊条及焊丝、镍及镍合金焊条、铜及铜合金焊条和铝及铝合金焊条。

b．按药皮熔化成的熔渣化学性质分类：将焊条分为酸性焊条和碱性焊条。

c．按焊接工艺及冶金性能要求、焊条的药皮类型来分类：将焊件分为十大类，如氧化钛型、钛钙型、低氢钾型、低氢钠型等。

② 焊条的型号。

焊条型号是以焊条国家标准为依据，反映焊条主要特性的一种表示方法。碳钢焊条的型号编制方法为：字母“E”表示焊条；E 后的前两位数字表示熔敷金属抗拉强度的最小值，单位为 MPa（原用 kgf/mm^2，约为 9.81MPa）；第三位数字表示焊条的焊接位置，若为“0”及“1”则表示焊条适用于全位置焊接（即可进行平、立、仰、横焊），“2”表示焊条适用于平焊及平角焊，“4”表示焊条适用于向下立焊；第三位和第四位数字组合时表示药皮类型及焊接电流种类，如为“03”表示钛钙型药皮、交直流正反接，又如“15”表示低氢钠型、直流反接。

J422：“J”表示结构钢焊条，前面两位数字“42”表示熔敷金属抗拉强度最低值 420MPa，第三位数字“2”表示药皮类型钛钙型，交直流两用。两种常用碳钢焊条型号和其相应的原牌号如表 5-2 所示。

表 5-2 两种常用碳钢焊条

型　号	原 牌 号	药 皮 类 型	焊 接 位 置	电 流 种 类
E4303	结 422	钛钙型	全位置	交流、直流
E5015	结 507	低氢钠型	全位置	直流反接

4. 手弧焊工艺

（1）焊接接头与坡口形式。

① 焊接接头。焊接接头是指用焊接方法把两部分金属连接起来的连接部分，它包括焊缝、熔合区和热影响区。最基本的焊接接头形式有四种。

a. 对接接头：即对接接头焊缝，简称对接，如图 5-5（a）所示。

b. 角接接头：即角接接头焊缝，简称角接，如图 5-5（b）所示。

c. T 形接头：即 T 形接头焊缝，简称丁字接，如图 5-5（c）所示。

d. 搭接接头：即搭接接头焊缝，简称搭接，如图 5-5（d）所示。

对接接头受力比较均匀，使用最多，重要的受力焊缝应尽量选用。

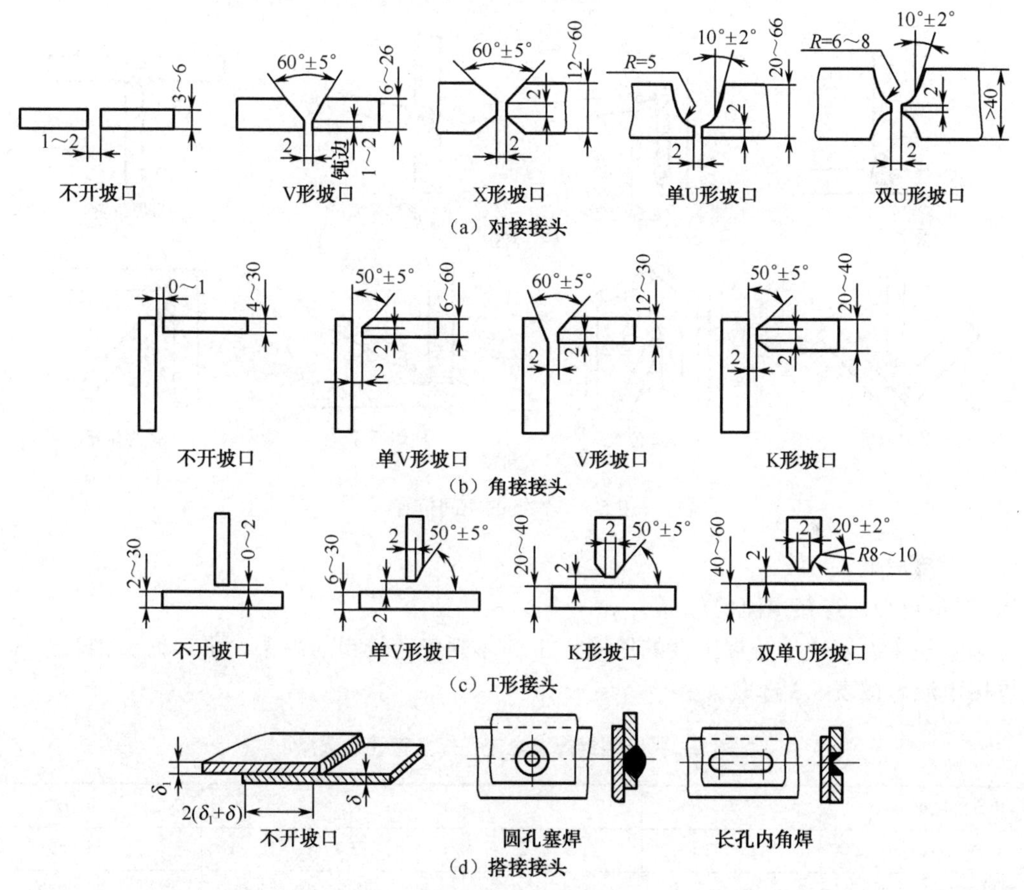

图 5-5　焊接接头形式和坡口形式

② 坡口形式。焊接前把两焊件间的待焊处加工成所需的几何形状，称为坡口。坡口的作用是保证电弧能深入焊缝根部，使根部能焊透，以便清除熔渣，以获得较好的焊缝成形和保证焊缝质量。常用的坡口形式有 I 形、U 形、V 形、K 形和 X 形等，如图 5-6 所示。当焊接薄工件时，在接头处留出一定的间隙，即能保证焊透，此为正边坡口；对于大于 6mm 的较厚工件，则需开出坡口；搭接接头则不需开坡口。

（2）焊缝的空间位置。

按焊缝的空间位置不同，可分为平焊、立焊、横焊和仰焊，如图 5-7 所示为对接与角接焊缝的空间位置。

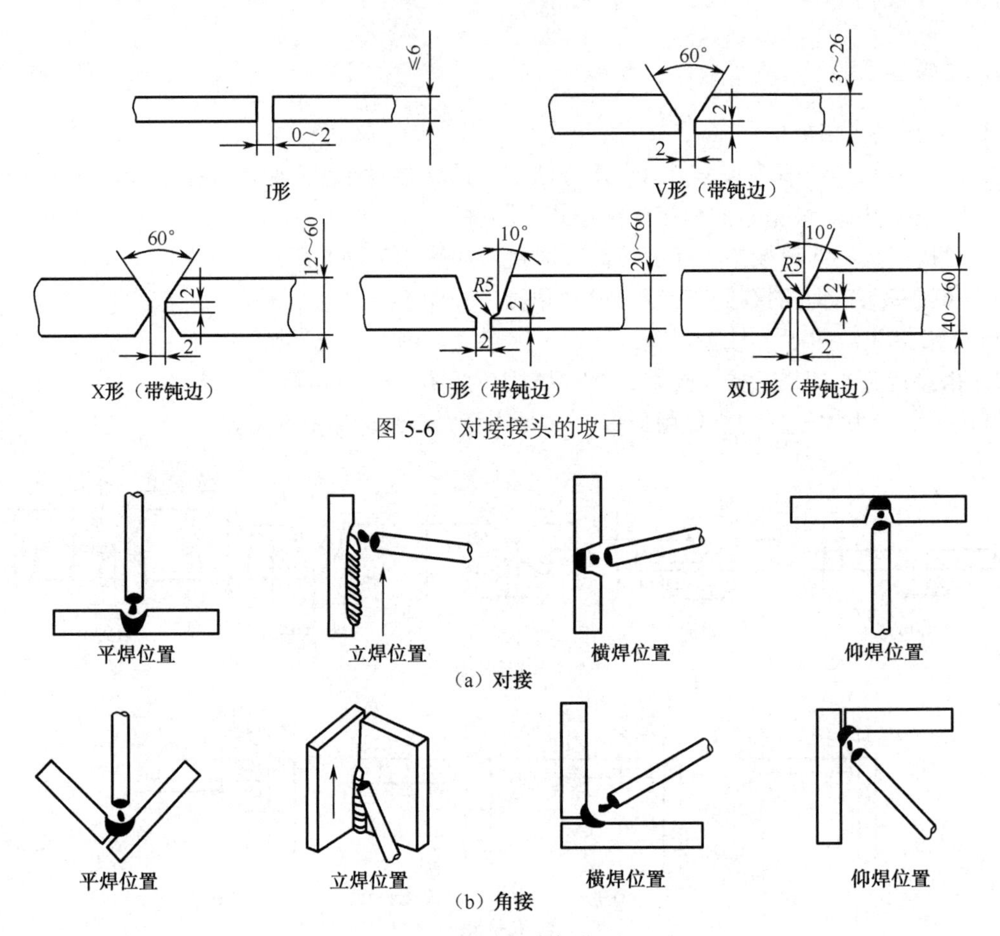

图 5-6　对接接头的坡口

图 5-7　焊缝的空间位置

（3）焊接规范。

① 焊条直径与焊接电流的选择。

焊条直径主要取决于被焊工件的厚度，工件厚则应选较粗的焊条。平焊低碳钢时，焊条直径与焊接电流可按表 5-3 选取。

表 5-3　低碳钢焊接电流、焊条直径的选择

工件厚度δ/mm	2	3	4 ～8	8～12
焊条直径 d/mm	1.6～2	2.5～3.2	3.2～4	4～5
焊接电流 I/A	55～60	100～130	160～210	220～280

焊接电流也可根据焊条直径选取。平焊低碳钢时，焊接电流和焊条直径的关系为：

$$I=(30-50)d$$

式中：I——焊接电流（A）；

d——焊条直径（mm）。

② 焊接速度的选择。

焊接速度是指单位时间里完成的焊缝长度。焊接速度过快，易产生焊缝熔深浅、焊缝宽度小，甚至可能产生夹渣和焊不透的缺陷；焊接速度慢，焊缝熔深较深、焊缝宽度增加，薄件易烧穿。

③ 焊弧长度的选择。

焊弧长度是指焊接电弧的长度。电弧过长，燃烧不稳定，熔深减小，空气易侵入熔池产生缺陷。电弧长度超过焊条直径者为长弧，反之为短弧。因此，操作时尽量采用短弧才能保证焊接质量，即弧长 $L= 0.5\sim1d$（mm）。

（4）手弧焊基本操作。

① 引弧。引弧就是使焊条与焊件之间产生稳定的电弧，以加热焊条和焊件进行焊接。引弧时将焊条端部与焊件表面接触，形成短路，然后迅速将焊条提起 2～4mm 的距离，电弧即被引燃。

常用的引弧方法有划擦法和敲击法两种，如图 5-8 所示。划擦法类似擦火柴，焊条在工件表面划一下即可，敲击法是将焊条垂直地触及工件表面后立即提起。

引弧时，焊条提起动作要快，否则容易粘在工件上。划擦法不易粘条，适于初学者采用。如发生粘条，可将焊条左右摇动后拉开，若拉不开，则要松开焊钳，切断焊接电路，待焊条稍冷后再处理。

有时焊条与工件瞬时接触后不能引弧，往往是焊条端部的药片妨碍了导电，只要将包住焊芯的药片敲掉即可。

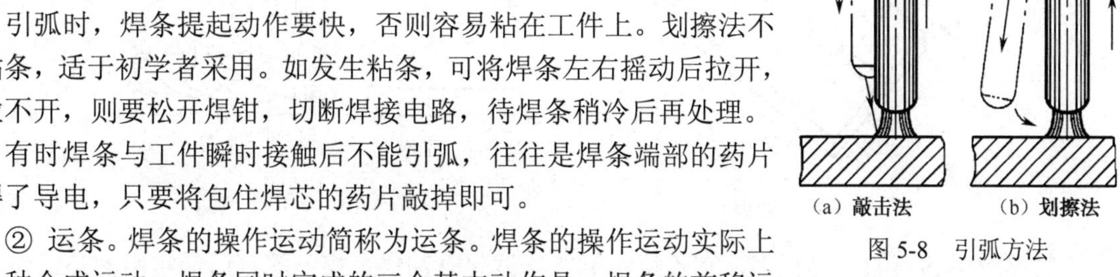

（a）敲击法　（b）划擦法

图 5-8　引弧方法

② 运条。焊条的操作运动简称为运条。焊条的操作运动实际上是一种合成运动。焊条同时完成的三个基本动作是：焊条的前移运动；焊条向熔池的送进运动；焊条的横向摆动。图 5-9 所示为运条的基本动作。

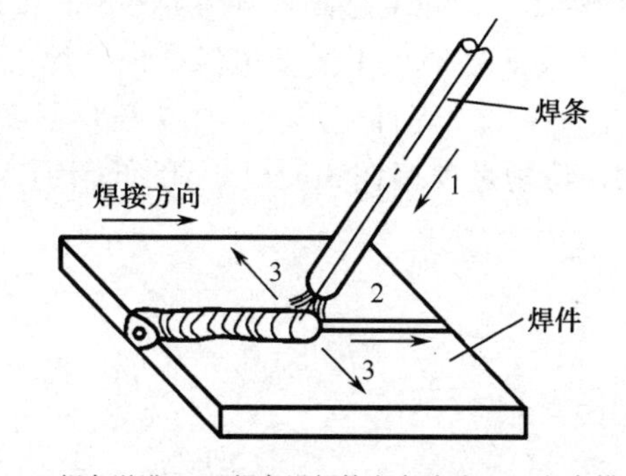

1—焊条送进；2—焊条沿焊接方向移动；3—焊条横向摆动

图 5-9　运条的基本动作

③ 焊缝的收尾。焊缝结尾时，为了不出现尾坑，焊条应停止向前移动，而朝一个方向旋转，自下而上地慢慢拉断电弧，以保证接尾处成形良好，如图 5-10 所示。

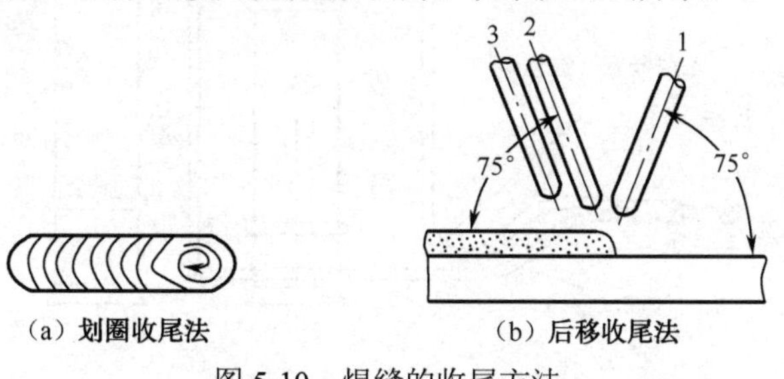

（a）划圈收尾法　（b）后移收尾法

图 5-10　焊缝的收尾方法

④ 焊前的点固。为了固定两工件的相对位置，焊接前要进行定位焊，通常称为点固，如

图 5-11 所示。如果工件较长，可每隔 300mm 左右点固一个焊点。

⑤ 焊后清理。用钢丝刷等工具把焊渣和飞溅物等清理干净。

二、气焊

气焊是利用可燃气体与助燃气体混合燃烧后产生的高温对金属材料进行焊接的方法，如图 5-12 所示。

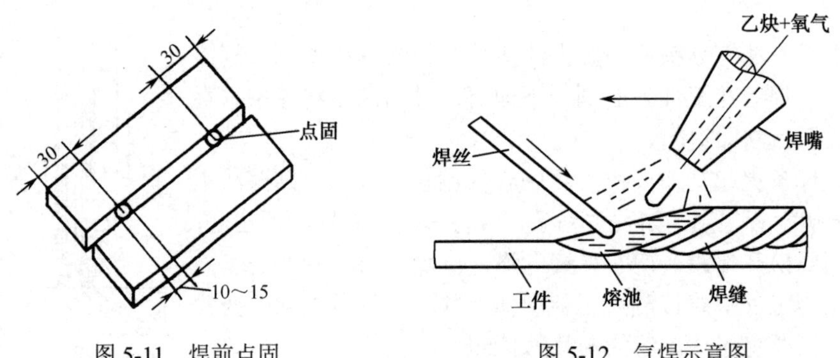

图 5-11　焊前点固　　　图 5-12　气焊示意图

气焊所用的可燃气体很多，有乙炔、氢气、液化石油气、煤气等，而最常用的是乙炔。乙炔的发热量大，燃烧温度高，制造方便，使用安全，焊接时火焰对金属的影响最小，火焰温度高达 3100～3300℃。氧气作为助燃气，其纯度越高，耗气越少。

气焊的特点是设备简单，操作灵活方便，不需要电源，但气焊火焰的温度比电弧焊低（最高约 3150℃），热量比较分散，生产率低，焊件变形大，接头质量不高，所以应用不如电弧焊广泛。气焊适用于各种位置的焊接，特别是焊接在 3mm 以下的低碳钢、高碳钢、铸铁及铜、铝等有色金属及合金的薄板。

1．气焊设备

气焊所用设备及气路连接如图 5-13 所示。

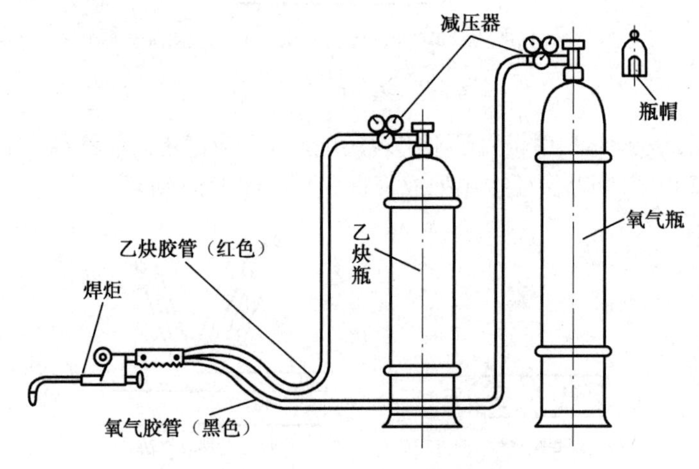

图 5-13　气焊设备连接图

（1）乙炔瓶。

乙炔瓶是储存溶解乙炔的装置，如图 5-14 所示。乙炔瓶的形状和构造与氧气瓶相似，其外壳为无缝钢材制造，瓶内装有多孔性填充物，如活性碳、木屑、硅藻土等，用以提高安全储存压力，同时注入丙酮，占瓶容积的 34%，使之渗透在活性碳的毛细孔中，当乙炔气体被压入瓶内时，它就溶解在丙酮中。使用乙炔瓶时，打开瓶阀，乙炔气经减压器减压后供气焊使用。随着乙炔气的不断消耗，丙酮内的乙炔不断逸出，瓶内压力下降，最后只剩丙酮，待灌乙炔时再用。乙炔瓶的外壳漆成白色，用红色写明“乙炔”字样；输送导管为红色。

（2）氧气供气设备。

① 氧气瓶。

氧气瓶是储存氧气的一种高压容器，图 5-15 所示。氧气从制氧设备中取得后，以最大为 1.47×10^7Pa（150 个大气压）的压力压入氧气瓶内，以便保存和运输。氧化瓶都用无缝钢管制成，壁厚为 5～8mm，容积为 40L。氧气瓶外表漆成天蓝色，用黑漆标明“氧气”字样，输送氧气的管道涂天蓝色。

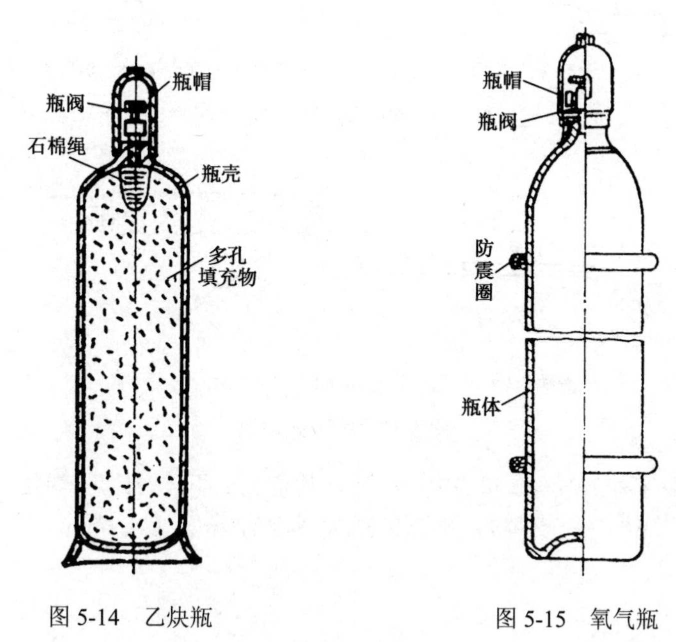

图 5-14　乙炔瓶　　　　图 5-15　氧气瓶

② 减压器。

减压器是将高压气体降为低压气体的调节装置。因此，其作用是减压、调压、量压和稳压。氧气瓶的压力为 1.47×10^7Pa，供给焊炬的氧气压力很小，仅为 2.9×10^5～3.9×10^5Pa，与乙炔瓶一样，氧气瓶也必须使用减压器，将高压气体输出时都要先经减压器减压，如图 5-16 所示。使用减压器时，先缓慢打开氧气瓶（或乙炔瓶）阀门，然后旋转减压器调压手柄，待压力达到所需压力时停止。停止工作时，先松开调压螺钉，再关闭氧气瓶（或乙炔瓶）阀门。

（3）焊炬。

焊炬（俗称焊枪）是气焊的主要设备，它的构造多样，但基本原理相同。焊炬是气焊时用于控制气体混合比、流量及火焰并进行焊接的手持工具。焊炬有射吸式和等压式两种，常用的是射吸式焊炬，如图 5-17 所示。它的工作原理是：打开氧气调节阀，氧气经喷射管从喷射孔快速射出，并在喷射孔外围，形成真空，造成负压（吸力）；再打开乙炔调节阀，乙炔即聚集在喷射孔的外围；由于氧射流负压的作用，乙炔很快被氧气吸入混合室和混合气体通道，并从焊嘴喷出，形成了焊接火焰。

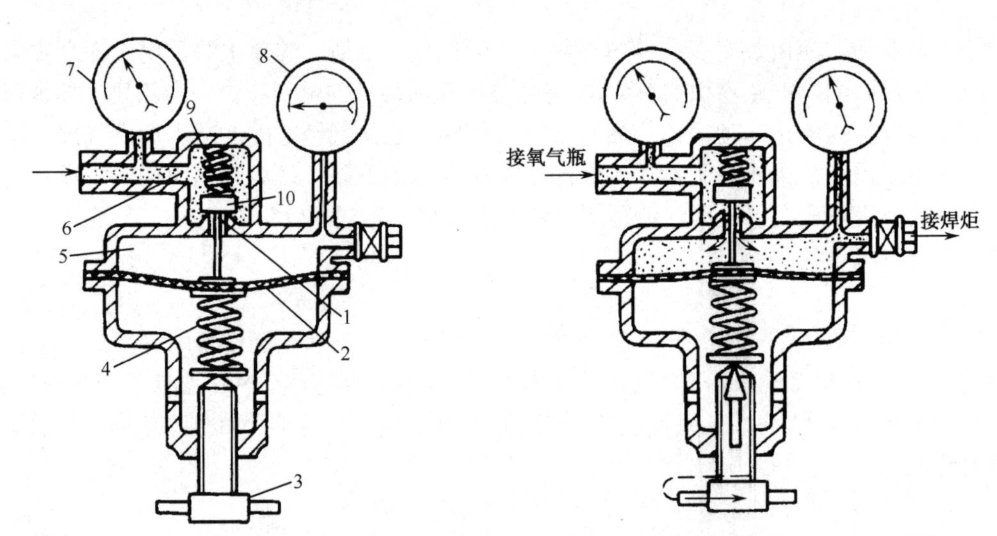

1—通道；2—薄膜；3—调压手柄；4—调压弹簧；5—低压室；6—高压室；7—高压表；8—低压表；9—活门弹簧；10—活门

图 5-16 减压器的工作示意图

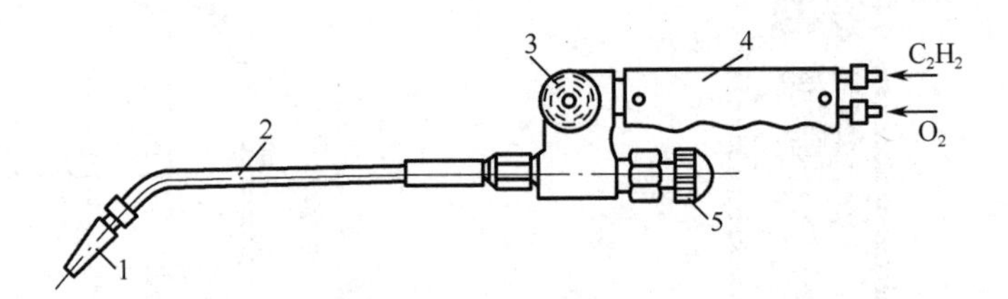

1—焊嘴；2—混合管；3—乙炔阀门；4—手柄；5—氧气阀门

图 5-17 射吸式焊炬

射吸式焊炬的型号有 H01—2 和 H01—6 等，其意义如下："H" —焊炬，"0" —手工，"1" —射吸式，"2"（或"6"）—可焊接低碳钢的最大厚度为 2mm（或 6mm）。

2．焊丝与焊剂

（1）焊丝。

气焊时焊丝被熔化并填充到焊缝，因此，焊丝质量对焊接的性能有很大的影响。各种金属在进行焊接时均应采用相应的焊丝。

（2）焊剂。

焊剂又称焊粉或焊药，其作用是在焊接过程中避免形成高熔点稳定氧化物（特别是非铁金属或优质合金钢等），防止夹渣，另外也可消除已形成的氧化物。焊剂可与这类氧化物结成低熔点的熔渣，浮出熔池。金属氧化物多呈碱性，所以一般用酸性焊剂，如硼砂、硼酸等。

3．气焊火焰

气焊火焰通常指氧和乙炔混合燃烧时产生的氧乙炔焰。改变氧和乙炔的体积比，可获得三种不同性质的火焰，它们的性质和应用有明显的区别（见图 5-18）。

（1）中性焰（V_{O2}/V_{C2H2}=1.0～1.2）。

当氧气和乙炔的体积比为 1～1.2 时，产生的火焰为中性焰，也称正常焰。正常焰由焰心、内焰和外焰组成，靠近喷嘴处为焰心，呈白亮色，其次为内焰，呈蓝紫色，最外层为外焰，呈橘红色。火焰的最高温度产生在焰心前端约 2～4mm 处的内焰区，温度高达 3150℃，焊接时应以此区来加热工件和焊丝。中性焰广泛用于低碳钢、低合金钢、高碳钢、不锈钢、紫铜、灰铸铁、锡青铜、铝及合金、铅锡、镁合金等的气焊。

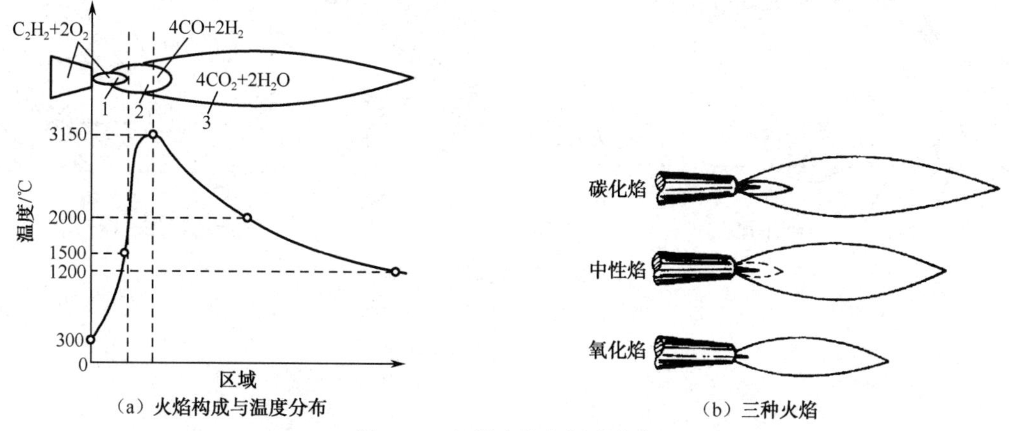

（a）火焰构成与温度分布 （b）三种火焰

图 5-18 气焊火焰与温度分布

（2）氧化焰（V_{O2} / V_{C2H2}>1.2）。

当氧气和乙炔的体积比大于 1.2 时，则得到氧化焰。由于氧气较多，燃烧剧烈，火焰明显缩短，焰心呈锥形，内焰几乎消失，并有较强的嗞嗞声。氧化焰易使金属氧化，故用途不广，仅用于焊接黄铜，其目的是防止锌在高温时蒸发。

（3）碳化焰（V_{O2} / V_{C2H2}<1.0）。

当氧气和乙炔的体积比小于 1 时，则得到碳化焰。由于氧气较少，燃烧不完全，整个火焰比中性焰长，且火焰中含乙炔比例越高，火焰就越长。当乙炔过多时，还会冒出黑烟（碳粒）。碳化焰用于焊接高碳钢、铸铁和硬质合金等材料。在焊接其他材料时，会使焊缝金属增加碳分，变得硬而脆。

4．气焊基本操作

气焊的基本操作有点火、调节火焰、焊接和熄火等步骤。

（1）点火。

点火之前，先把氧气瓶和乙炔瓶上的总阀打开，然后转动减压器上的调压手柄（顺时针旋转），将氧气和乙炔调到工作压力。再打开焊枪上的乙炔调节阀，此时可以把氧气调节阀少开一点，氧气助燃点火（用明火点燃）。

（2）调节火焰。

刚点火的火焰是炭化焰，然后逐渐开大氧气阀门，改变氧气和乙炔的比例，根据被焊材料的性质及厚薄要求，调到所需的中性焰、氧化焰或炭化焰。需要大火焰时，应先把乙炔调节阀开大，再调大氧气调节阀；需要小火焰时，应先把氧气调节阀关小，再调小乙炔调节阀。

（3）焊接方向。

气焊操作：右手握焊炬，左手拿焊丝，可以向右焊（右焊法），也可向左焊（左焊法），如图 5-19 所示。

（4）施焊方法。

施焊时，要使焊嘴轴线的投影与焊缝重合，同时要掌握好焊炬与工件的倾角α。工件越厚，倾角越大；金属的熔点越高，导热性越大，倾角就越大。在开始焊接时，工件温度尚低，为了较快地加热工件和迅速形成熔池，α应该大一些（80°～90°），喷嘴与工件近于垂直，使火焰的热量集中，尽快使接头表面熔化。焊嘴倾角与工件厚度的关系如图 5-20 所示。

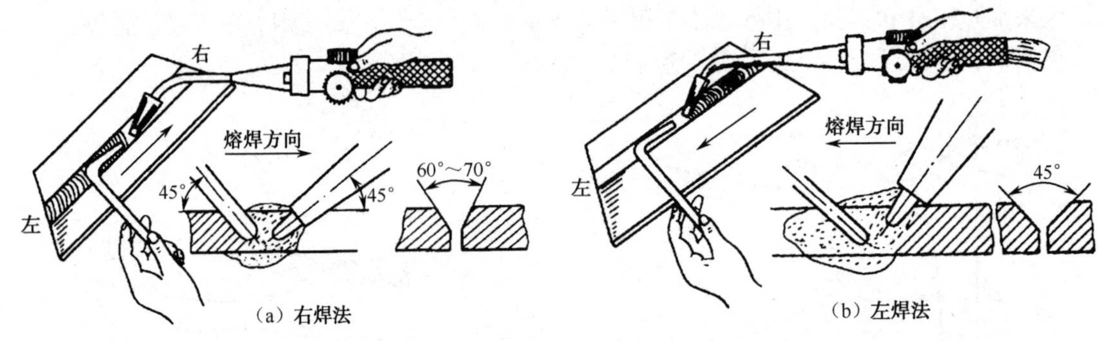

图 5-19　气焊的焊接方向

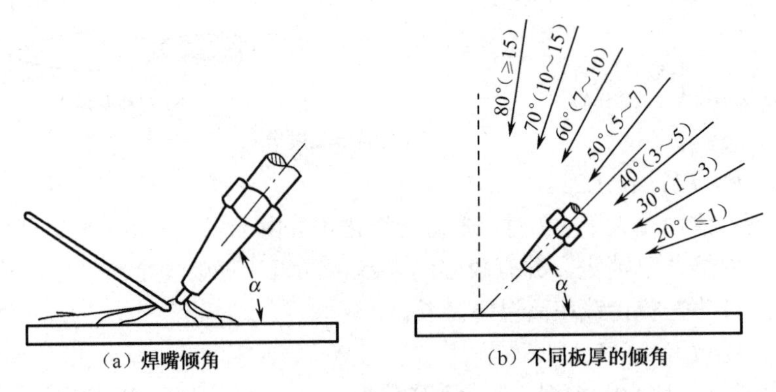

图 5-20　焊嘴倾角与工件厚度的关系

焊接时，还应注意送进焊丝的方法，焊接开始时，焊丝端部放在焰心附近预热。待接头形成熔池后，才把焊丝端部浸入熔池。焊丝熔化一定数量之后，应退出熔池，焊炬随即向前移动，形成新的熔池。注意焊丝不能经常处在火焰前面，以免阻碍工件受热；也不能使焊丝在熔池上面熔化后滴入熔池；更不能在接头表面尚未熔化时就送入焊丝。焊接时，火焰内层焰芯的尖端要距熔池表面 2～4mm，形成的熔池要尽量保持瓜子形、扁圆形或椭圆形。

（5）熄火。

焊接结束时应熄火。熄火之前一般应先把氧气调节阀关小，再将乙炔调节阀关闭，最后再关闭氧气调节阀，火即熄灭。

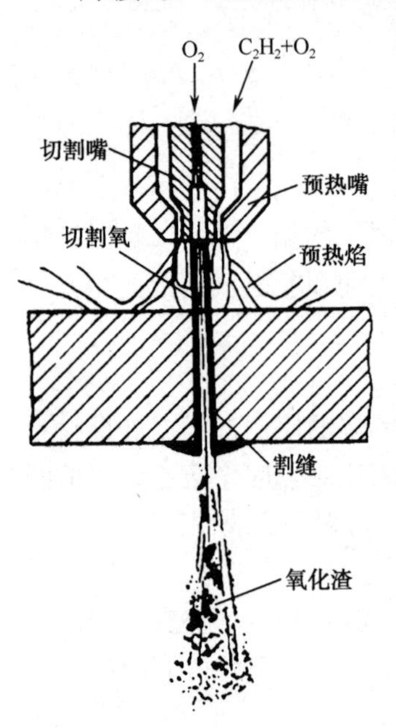

图 5-21　气割

三、气割

气割即氧气切割。它利用割炬喷出乙炔与氧气混合燃烧的预热火焰，将金属的待切割处预热到它的燃烧点（红热程度），并从割炬的另一喷孔高速喷出纯氧气流，使切割处的金属发生剧烈的氧化，成为熔融的金属氧化物，同时被高压氧气流吹走，从而形成一条狭小、整齐的割缝，使金属割开，如图 5-21 所示。

1．气割设备

气割所需的设备中，氧气瓶、乙炔瓶和减压器同气焊一样。所不同的是气焊用焊炬，而气割要用割炬。

2．气割过程

气割过程中，如切割低碳钢工件时，先开预热氧气及乙炔阀门，点燃预热火焰，调成中性焰，将工件割口的开始处加热到高温（达到橘红至亮黄色约为1300℃）。然后打开切割氧阀门，高压的切割氧与割口处的高温金属发生作用，产生激烈的燃烧反应，将铁烧成氧化铁，氧化铁被燃烧热熔化后，迅速被氧气流吹走，这时下一层碳钢也已被加热到高温，与氧接触后继续燃烧和被吹走，因此氧气可将金属从表面烧到底部，随着割炬以一定的速度向前移动，即可形成割口。

3．气割工艺参数

气割的工艺参数主要有割炬、割嘴大小和氧气压力等。工艺参数的选择根据要切割的金属工件厚度而定，见表5-4。

表5-4 普通割炬及其技术参数

割炬型号	切割厚度/mm	氧气压力/Pa	可换割嘴数	割嘴孔径/mm
G01—30	2～30	（2～3）×105	3	0.6～1.0
G01—100	10～100	（2～5）×105	3	1.0～1.6
G01—300	100～300	（5～10）×105	4	1.8～3.0

4．气割基本操作

（1）气割前的准备。

气割前，应根据工件厚度选择好氧气的工作压力和割嘴的大小，把工件割缝处的铁锈和油污清理干净，用石笔划好割线，平放好。在割缝的背面应有一定的空间，以便切割气流冲出来时不致遇到阻碍，同时还可散放氧化物。

点火动作与气焊时一样，首先把乙炔阀打开，氧气可以稍开一点。点着后将火焰调至中性焰（割嘴头部是一蓝白色圆圈），然后把高压氧气阀打开，看原来的加热火焰是否在氧气压力下变成碳化焰。同时还要观察，在打开高压氧气阀时割嘴中心喷出的风线是否笔直清晰，然后方可切割。

（2）气割操作要点。

① 气割一般从工件的边缘开始。如果要在工件中部或内形切割时，应在中间处先钻一个直径大于5mm的孔，或开出一孔，然后从孔处开始切割。

② 开始气割时，先用预热火焰加热开始点（此时高压氧气阀是关闭的），预热时间应视金属温度情况而定，一般加热到工件表面接近熔化（表面呈橘红色）。这时轻轻打开高压氧气阀门，开始气割。如果预热的地方切割不掉，说明预热温度太低，应关闭高压氧继续预热，预热火焰的焰芯前端应离工件表面2～4mm，同时要注意割炬与工件间应有一定的角度，如图5-22所示。当气割5～30mm厚的工件时，割炬应垂直于工件；当厚度小于5mm时，割炬可向后倾斜5°～10°；若厚度超过30mm，在气割开始时割炬可向前倾斜5°～10°，待割透时，割炬可垂直于工件，直到气割完毕。如果预热的地方被切割掉，则继续加大高压氧气量，使切口深度加大，直至全部切透。

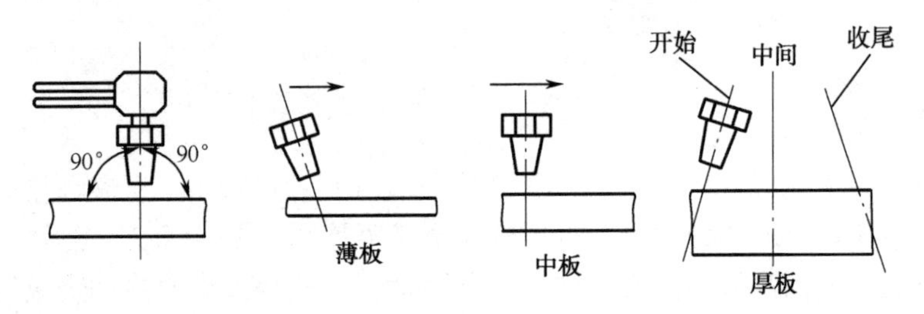

图 5-22 割炬与工件之间的角度

③ 气割速度与工件厚度有关。一般而言，工件越薄，气割的速度越要快，反之则越慢。气割速度还要根据切割中出现的一些问题加以调整：当看到氧化物熔渣直往下冲或听到割缝背面发出喳喳的气流声时，便可将割枪匀速地向前移动；如果在气割过程中发现熔渣往上冲，就说明未打穿，这往往是由于金属表面不纯，红热金属散热和切割速度不均匀，这种现象很容易使燃烧中断，所以必须继续供给预热的火焰，并将速度稍减慢些，待打穿正常起来后再保持原有的速度前进。如果发现割枪在前面走，后面的割缝又逐渐熔结起来，则说明切割移动速度太慢或供给的预热火焰太大，必须将速度和火焰加以调整，之后再往下割。

四、常见焊接缺陷及焊接变形

1. 常见的焊接缺陷

在焊接过程中，由于材料（焊件材料、焊条、焊剂等）选择不当，焊前准备工作（清理、装配、焊条烘干、工件预热等）做得不好，焊接规范不合适或操作方法不正确等原因，焊缝有时会产生缺陷。

常见焊接缺陷产生原因和预防措施见表 5-5。

表 5-5 常见焊接缺陷产生原因和预防措施

焊接缺陷	产生原因	预防措施
咬边	焊接电流太大；电弧过长； 运条方法或焊条角度不适当	选择正确的焊接电流和焊接速度；采用短弧焊接；掌握正确的运条方法和焊条角度
焊瘤	焊接操作不熟练； 运条角度不当	提高焊接操作技术； 灵活调整焊条角度
未焊透	坡口角度或间隙太小、钝边太大； 焊接电流过小、速度过快或弧长过长；运条方法或焊条角度不合适	正确选择坡口尺寸和间隙大小； 正确选择焊接工艺参数； 掌握正确的运条方法和焊条角度
气孔	焊件或焊接材料有油、锈、水等杂质；焊条使用前未烘干；焊接电流太大、速度过快或弧长过长；电流种类或极性不当	焊前严格清理焊件和焊接材料； 按规定烘干焊条； 正确选择焊接工艺参数； 正确选择电流种类和极性
热裂纹	焊件或焊接材料选择不当；熔深与熔宽比过大；焊接应力大	正确选择焊件材料和焊接材料； 控制焊缝形状，改善应力状况
冷裂纹	焊件材料淬硬倾向大；焊缝金属含氢量高；焊接应力大	正确选择焊件材料；采用碱性焊条，使用前严格烘干；焊后进行保温处理；采取焊前预热措施

2．焊接变形

焊接时，工件局部受热，温度分布不均匀，焊缝及其附近的金属被加热到很高的温度。由于受周围温度较低部分的金属所限制，工件不能自由膨胀，在其冷却后就会产生纵向和横向的收缩，从而引起整个工件的变形。焊接变形的基本形式有角变形、弯曲变形、扭曲变形和波浪变形等，如图 5-23 所示。

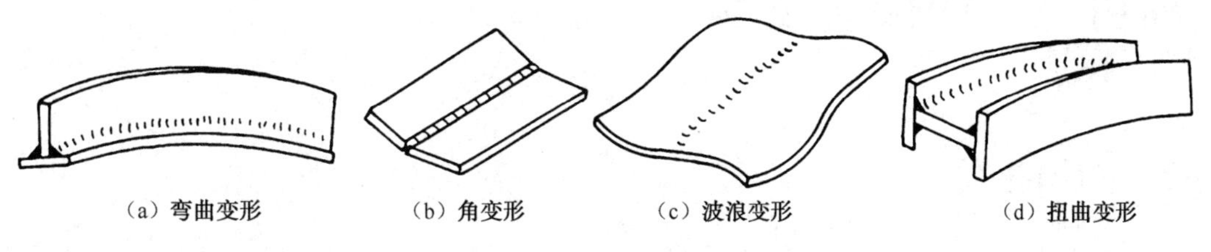

（a）弯曲变形 （b）角变形 （c）波浪变形 （d）扭曲变形

图 5-23 焊接变形的基本形式

【课后思考】

（1）常用的手弧焊机有哪几种？说明你在实习中使用的电焊机的种类、型号、主要参数及其含义。

（2）常见的焊接接头形式有哪些？坡口的作用是什么？

（3）手弧焊操作时，应如何引弧、运条和收尾？

（4）气焊设备由哪几部分组成，各有何作用？

（5）说明焊接缺陷产生的原因，常见的焊接缺陷有哪些？

任务实施

1．平对接焊-不开坡口（I 形接口）

（1）矫正工件，防止焊口错边。

（2）清理待焊处。

（3）装配与定位焊。两端定位焊，长度 10mm 和对口装配间隙 2～3mm。

（4）焊接方法。首先进行正面焊接，用ϕ3.2mm 焊条，焊接电流 90～120A，直线形运条，短弧焊接，焊条角度 65°～80°。焊缝宽度应为 5～8mm，余高小于 1.5mm。正面焊完之后，接着进行反面封底焊。焊接之前，应清除焊根的熔渣。电流可稍大，运条速度稍快，以熔透为原则。

2．开坡口的平对接焊（采用多层焊法）

（1）装配与定位焊。对口间隙 2.5～3mm，工件两端点固定，焊点长 10mm 左右，且不宜过高，为防止焊后变形，应做 1°～2° 反变形。

（2）选择开坡口的平对接焊焊接工艺参数。

（3）焊接第一层（打底层）焊道。选用直径为 3.2mm 焊条。运条方法用直线形运条法，以防烧穿。

（4）焊接第二层焊道。先将第一层熔渣清除干净，随后用直径为 4mm 焊条，采用短弧，小锯齿形运条。摆动到坡口两边时，应稍作停留，否则易产生熔合不良、夹渣等缺陷。收尾填满弧坑。焊完要把表面的熔渣和飞溅等清除干净，才能焊下一层。

（5）盖面焊接。正面焊条直径为 4mm，锯齿形运条法，横向摆动以熔合坡口两侧 1～1.5mm 的边缘，以控制焊缝宽度，两侧要充分停留，防止咬边；背面盖面层焊条采用直径 3.2mm 的，用锯齿形运条法，小幅横向摆动，同不开坡口反面焊。

项目三　焊接新技术

知识拓展

未来的焊接工艺，一方面要研制新的焊接方法、焊接设备和焊接材料，另一方面要提高焊接机械化和自动化水平，推广、扩大数控的焊接机械手和焊接机器人，改善焊接卫生安全条件。本书将简单介绍部分新的焊接技术。

1．数字化焊接电源技术

所谓数字化焊接电源，是指焊接电源的主要控制电路由传统的模拟技术直接被数字技术所代替，在控制电路中的控制信号也随之由模拟信号过渡到 0/1 编码的数字信号。

焊接电源实现数字化控制的优点主要表现在灵活性好、稳定性强、控制精度高、接口兼容性好等几个方面。

主电路的数字化中，变压器的设计是关键，主要采用开关式焊机，如逆变电源（见图 5-24、图 5-25）等。焊接电源主电路的数字化使得焊接电源的功率损耗大大地减少，随着工作频率的提高，回路输出电流的纹波更小，响应速度更快，焊机能够获得更好的动态响应特性。

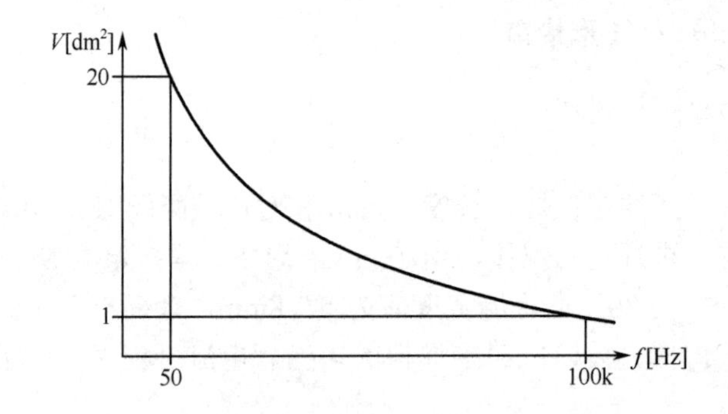

图 5-24　变压器体积-工作频率关系曲线

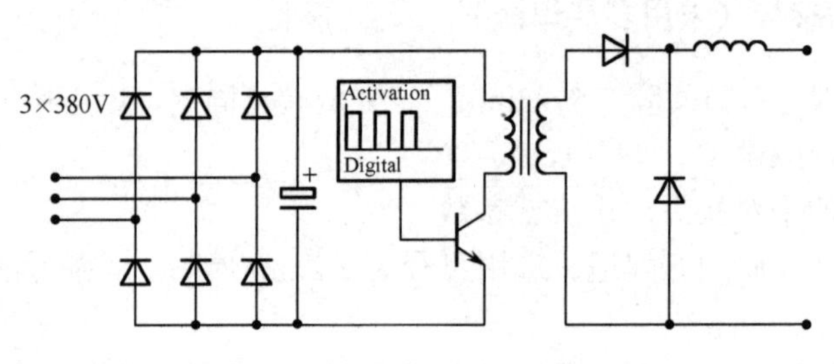

图 5-25　逆变式电源主电路框图

控制电路的数字化主要采用数字信号处理技术，由模拟信号的滤波、模/数转化、数字化处理、数/模转化、平滑滤波等环节组成，最终输出模拟控制量，从而完成对模拟信号的数字化处理。控制系统原理框图见图 5-26。

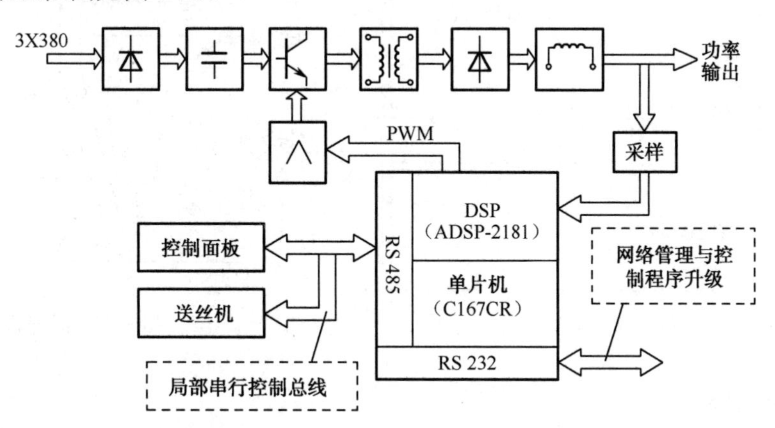

图 5-26　数字化逆变弧焊电源的控制系统原理框图

2．激光复合焊技术

激光作为一个高能密度的热源，具有焊接速度高、焊接变形小、热影响区窄等特点。近年来激光电弧复合热源焊接得到越来越多的研究和应用，从而使激光在焊接中的应用得到了迅速发展。主要的方法有：电弧加强激光焊的方法、低能激光辅助电弧焊接方法和电弧激光顺序焊接方法等。

图 5-27 是旁轴电弧加强激光焊，图 5-28 所示为同轴电弧加强激光焊。在电弧加强激光焊接中，焊接的主要热源是激光，电弧起辅助作用。

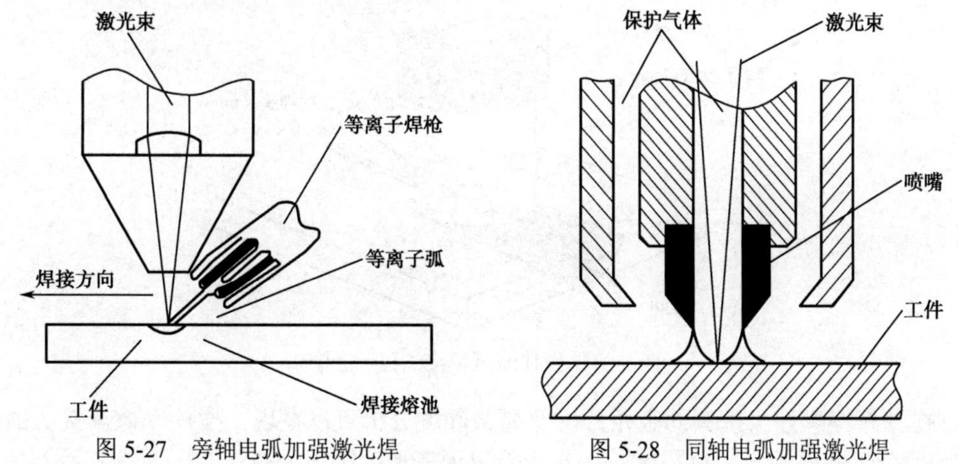

图 5-27　旁轴电弧加强激光焊　　图 5-28　同轴电弧加强激光焊

在低能激光辅助电弧焊接中，焊接的主要热源是电弧，而激光的作用是点燃、引导和压缩电弧，如图 5-29 所示。

电弧激光顺序焊接方法主要用于铝合金的焊接。在前面两种电弧和激光的复合中，激光和电弧是作用在同一点的。而在电弧激光顺序焊接中，两者的作用点并非一点，而是相隔有一定的距离，这样做的目的是提高铝合金对激光能量的吸收率，如图 5-30 所示。

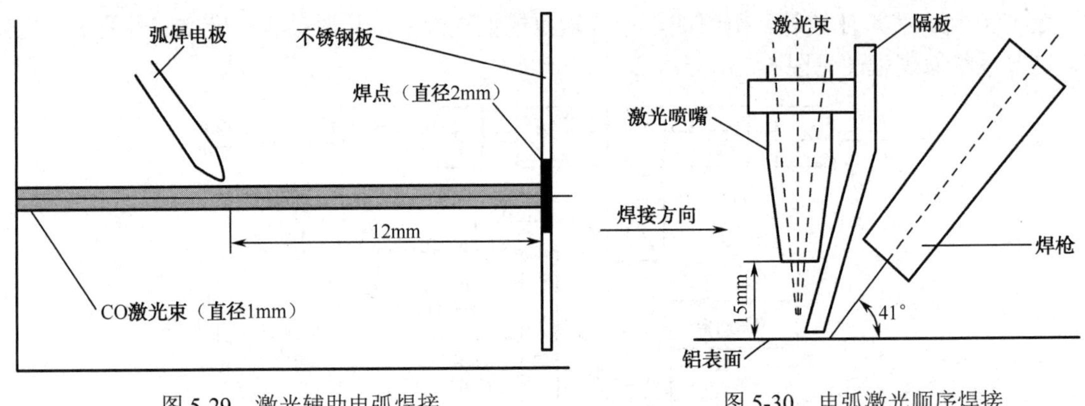

图 5-29　激光辅助电弧焊接　　　　图 5-30　电弧激光顺序焊接

3．搅拌摩擦焊技术

搅拌摩擦焊（Friction Stir Welding）是英国焊接研究所 TWI（The Welding Institute）提出的专利焊接技术，与常规摩擦焊一样，搅拌摩擦焊也利用摩擦热作为焊接热源。不同之处在于：搅拌摩擦焊焊接过程是由一个圆柱体形状的焊头（welding pin）伸入工件的接缝处，通过焊头的高速旋转，使其与焊接工件材料摩擦，从而使连接部位的材料温度升高软化，同时对材料进行搅拌摩擦来完成焊接的。焊接过程如图 5-31 所示。在焊接过程中，工件要刚性固定在背垫上，焊头边高速旋转，边沿工件的接缝与工件相对移动。焊头的突出段伸进材料内部进行摩擦和搅拌，焊头的肩部与工件表面摩擦生热，并用于防止塑性状态材料的溢出，同时可以起到清除表面氧化膜的作用。

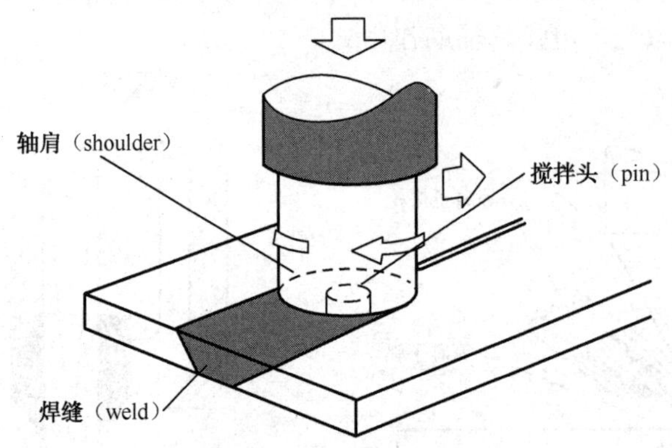

图 5-31　搅拌摩擦焊接过程示意图

通过搅拌摩擦焊焊接接头的金相分析及显微硬度分析可以发现，搅拌摩擦焊接头的焊缝组织可分为 4 个区域：A 区为母材区，无热影响也无变形；B 区为热影响区，没有受到变形的影响，但受到了从焊接区传导过来的热量的影响；C 区为变形热影响区，该区既受到了塑性变形的影响，又受到了焊接温度的影响；D 区为焊核，是两块焊件的共有部分，如图 5-32 所示。

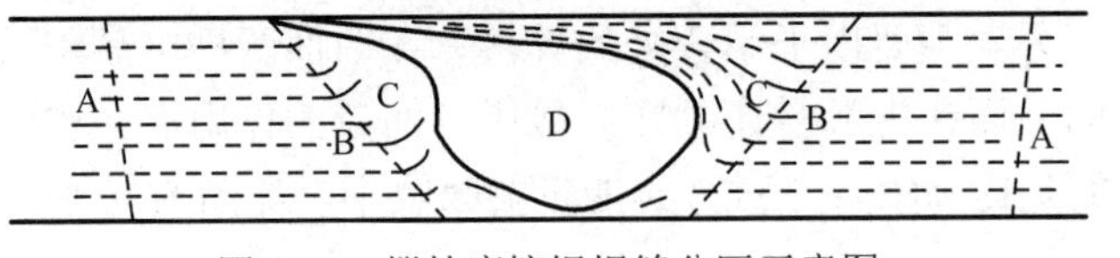

图 5-32　搅拌摩擦焊焊缝分区示意图

第6章　钳工训练与实践

学习要点

（1）掌握钳工常用工具、量具、夹具和其他附件的正确使用方法；

（2）掌握钳工主要工作（划线、锯切、锉削、钻孔、攻螺纹、套螺纹）的基本操作方法；

（3）掌握钳工的各项基本工艺知识，能完成简单零件的工艺编制，具有一定的实践操作能力。

学习案例

图 6-1 所示为典型的手锤制作零件图，通过本课题综合训练试制作手锤。

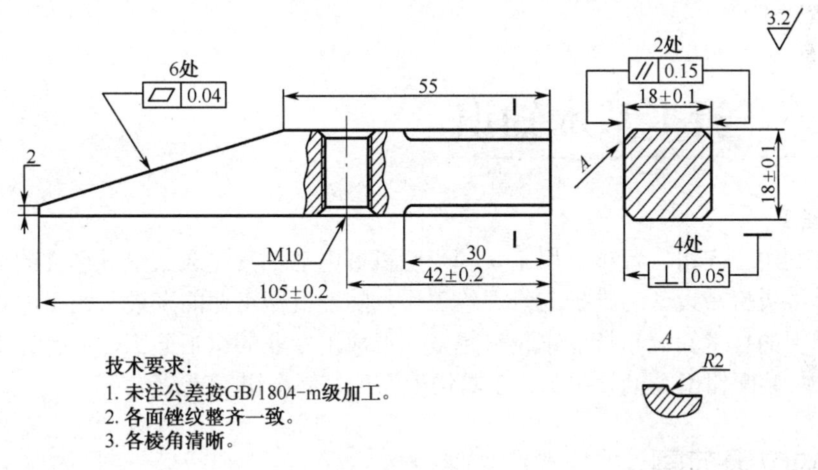

图 6-1　手锤

任务分析

一、工艺分析

为了便于加工，方便测量，保证加工质量，同时减小劳动强度、缩短加工周期，采用下面的加工路线。

检查毛坯—依次加工第一、第二、第三面—加工端面—锯斜面—加工第四面—加工总长—加工斜面—加工倒角—钻孔、攻丝—锐角倒钝并去毛刺（见图 6-2）。

二、加工准备

（1）使用毛坯：45 号钢，毛坯大小为 20×20×110 的方料。

（2）使用设备：台虎钳、台钻。

（3）使用工具、量具：钳工锉、整形锉、高度尺、钢板尺、划针、钻头、丝锥、铰杠、锯条、样冲、游标卡尺、直角尺等。

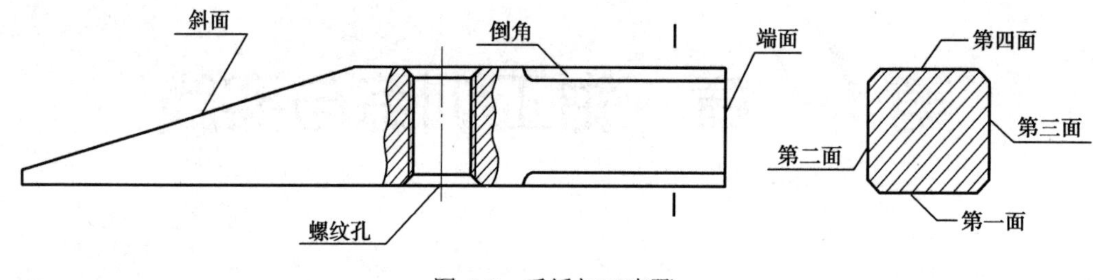

图 6-2 手锤加工步骤

相关知识

项目一 钳工基本知识；
项目二 钳工基本工艺。

知识链接

项目一 钳工基本知识

【知识准备】

钳工主要利用台虎钳、各种手用工具和一些机械电动工具完成某些零部件的加工、机器的装配和调试及各类机械设备的维护与修理等工作。随着机械工业的发展，钳工的工作范围日益广泛，需要掌握的技术知识和技能也越来越多，形成了专业的钳工分工，如普通钳工、划线钳工、修理钳工、装配钳工、模具钳工、工具样板钳工、钣金钳工等。

一、钳工的应用范围

（1）加工前的准备工作，如清理毛坯、在工件上划线等。
（2）在单件或小批生产中，制造一些一般的零件。
（3）加工精密零件：如锉样板、刮削或研磨机器和量具的配合表面等。
（4）装配、调整和修理机器等。

二、钳工工作台和台虎钳

（1）钳工工作台：可简称钳台或钳桌，工作台要求牢固和平稳，台面高度为 800～900mm，一般以装上台虎钳后钳口高度恰好与人手肘平齐为宜，台桌上必须装有防护网，如图 6-3 所示。

（2）台虎钳：台虎钳是夹持工件的主要工具，有固定式和回转式两种，其规格以钳口的宽度来表示，常用的有 100mm、125mm、150mm 三种，如图 6-4 所示。

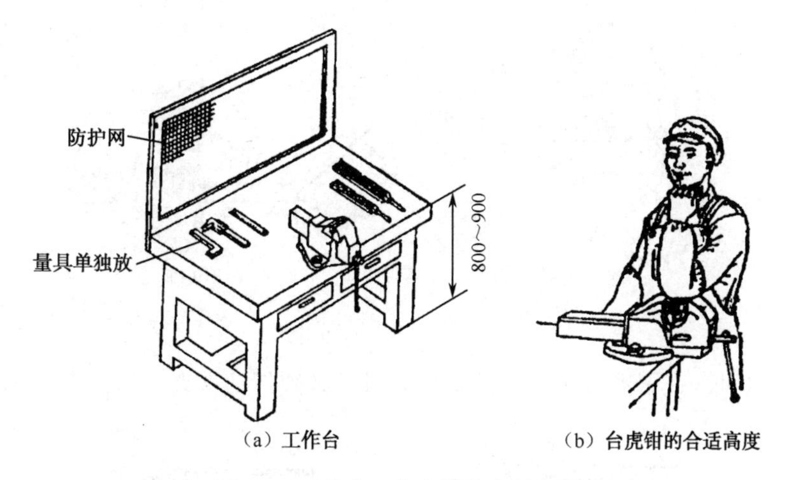

图 6-3　工作台及台虎钳的合适高度

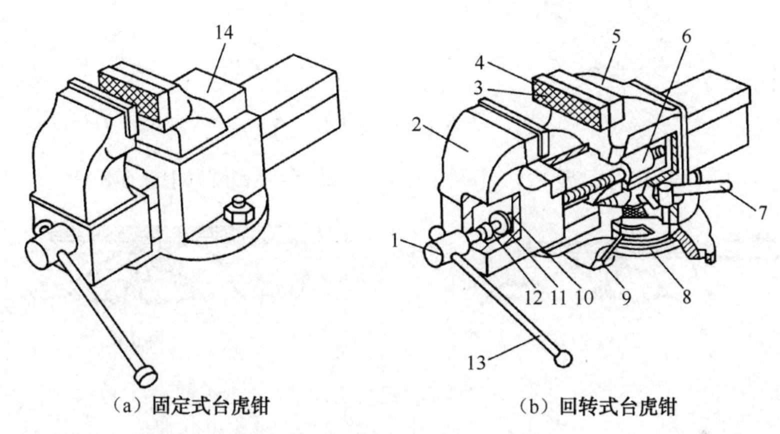

1—丝杠；2—活动钳身；3—螺钉；4—钳口；5—固定钳身；6—螺母；7—手柄；8—夹紧盘；9—转座；10—销钉；11—挡圈；12—弹簧；13—手柄；14—砧板

图 6-4　台虎钳

三、工件在台虎钳上的夹持方法

（1）工件应夹持在台虎钳钳口的中部，以使钳口受力均匀，如图 6-5 所示。

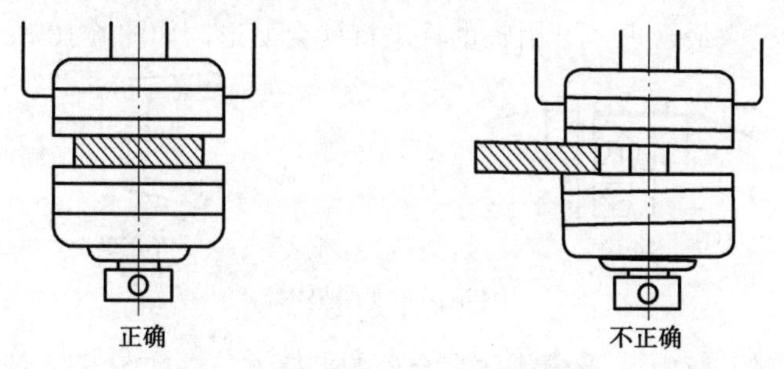

图 6-5　在台虎钳上夹持工件的方法

（2）台虎钳夹持工件的力，只能尽双手的力扳紧手柄，不能在手柄上加套管子或用锤敲击，以免损坏台虎钳内螺杆或螺母上的螺纹，如图 6-6 所示。

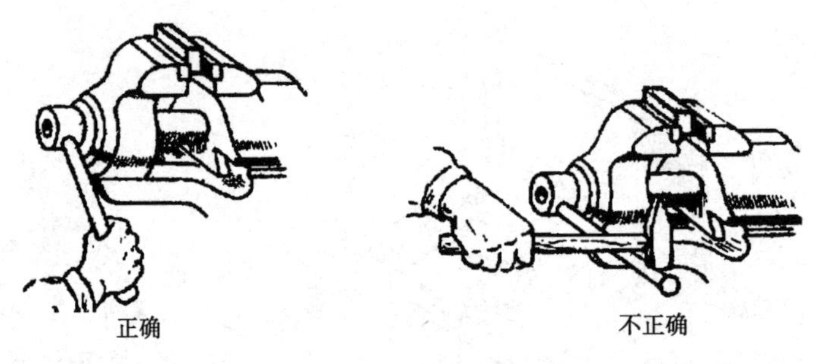

图 6-6 使用台虎钳

（3）长工件只可锉夹紧的部分，锉其余部分时，必须移动重夹，如图 6-7 所示。

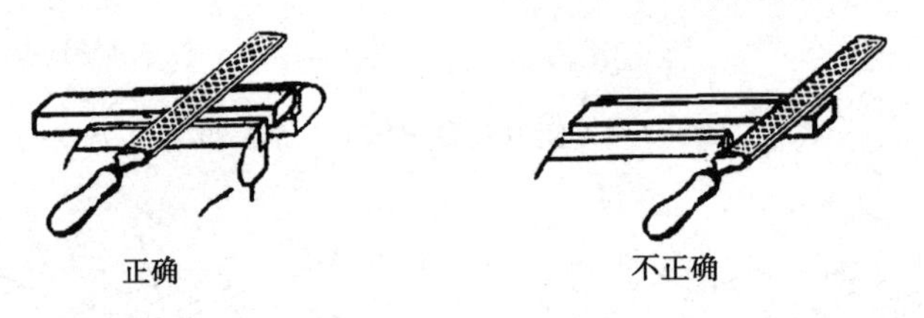

图 6-7 锉长工件

（4）锉削时，工件伸出钳口要短，工件伸出太多就会弹动，如图 6-8 所示。

图 6-8 锉削工件

（5）夹持槽铁时，槽底必须夹到钳口上，为了避免变形，应用螺钉和螺母撑紧，如图 6-9 所示。

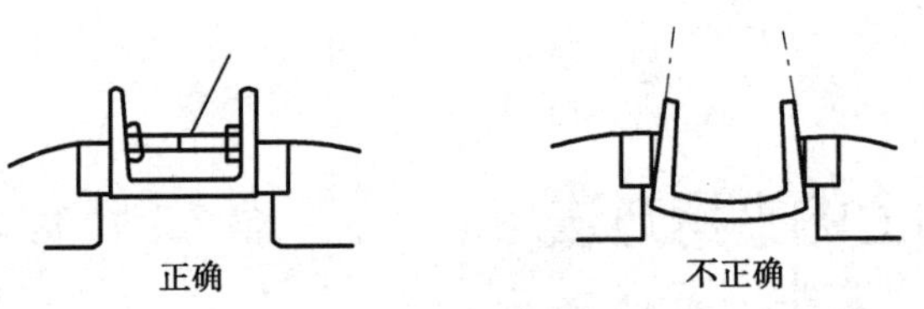

图 6-9 夹持槽铁

（6）用垫木夹持槽铁最合理，不用辅助件夹持就会变形，如图 6-10 所示。

图 6-10 使用垫木

（7）夹持圆棒料时，应用 V 形槽垫铁是合理的夹持方法，如图 6-11 所示。

（8）夹持铁管时，应用一对 V 形槽垫铁夹持。否则管子就会被夹扁变形，尤其是薄壁管，更容易夹扁变形，如图 6-12 所示。

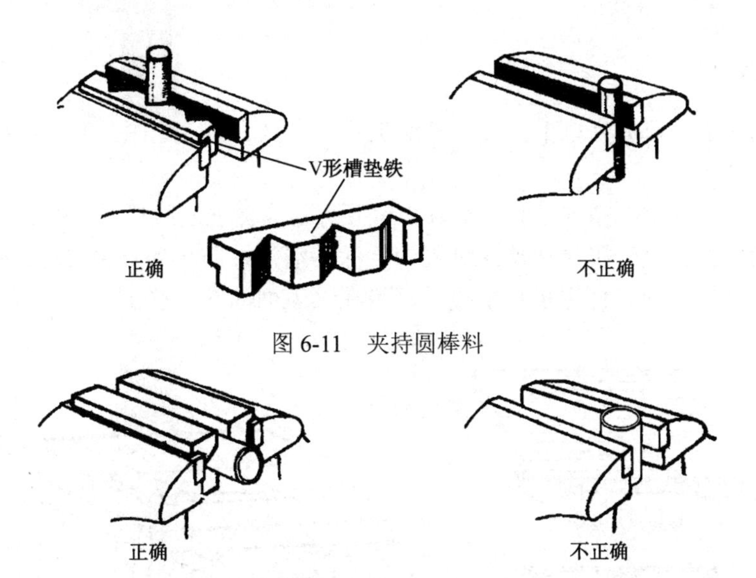

图 6-11　夹持圆棒料

图 6-12　夹持铁管

（9）夹持工件的光洁表面时，应垫铜皮加以保护。

（10）锤击工件可以在砧面上进行，但锤击力不能太大，否则会使台虎钳受到损害。

（11）台虎钳内的螺杆、螺母及滑动面应经常加油润滑。

【课堂训练】

熟悉台虎钳结构，并在台虎钳上进行工件装夹练习。

【课后思考】

（1）怎样使用和维护台虎钳？

（2）如何在台虎钳上夹持工件？注意事项有哪些？

项目二　钳工基本工艺

【知识准备】

一、划线

根据图样的尺寸要求，用划线工具在毛坯或半成品工件上划出待加工部位的轮廓线或作为基准的点、线的操作称为划线。

划线分为平面划线和立体划线，如图 6-13 所示。平面划线是在一个平面上划线。立体划线是在工件的几个表面上划线，即在长、宽、高三个方向上划线。

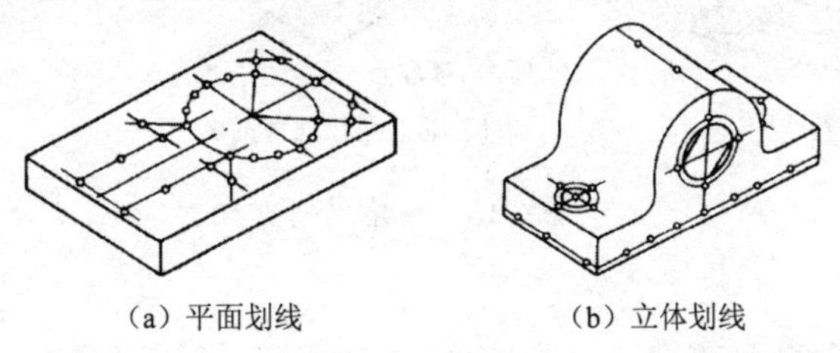

图 6-13　划线的种类

1．划线工具

按用途，划线工具可分为以下几类：基准工具、量具、直接绘画工具和夹持工具等。

（1）基准工具。

划线平台是划线的主要基准工具，如图 6-14 所示。为保证划线质量，划线平台安装要牢固，以便稳定地支承工件。划线平台在使用过程中要保持清洁，防止受外力碰撞或用锤敲击；要防止铁屑、灰砂等划伤台面。使用平台划线时，可在其表面涂布一些滑石粉，以减小划线工具的移动阻力。

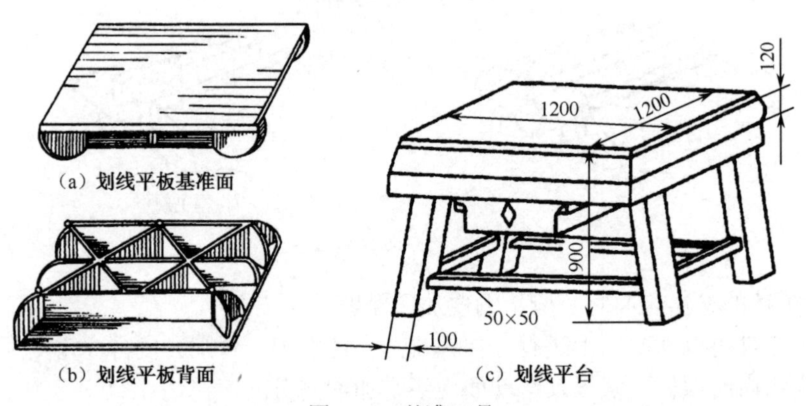

（a）划线平板基准面　（b）划线平板背面　（c）划线平台

图 6-14　基准工具

（2）量具。

① 直角尺。

直角尺是测量直角的量具。直角尺用中碳钢制成，经精磨或刮研后，两条边成准确的 90°角，如图 6-15 所示。它除了可以用于垂直度检验外，还可以作为划平行线、垂直线的导向工具及校正工件在平板上的准确位置，如图 6-16 所示。

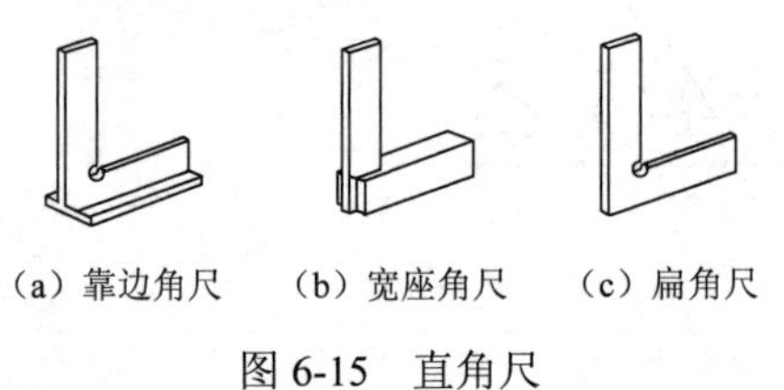
（a）靠边角尺　（b）宽座角尺　（c）扁角尺

图 6-15　直角尺

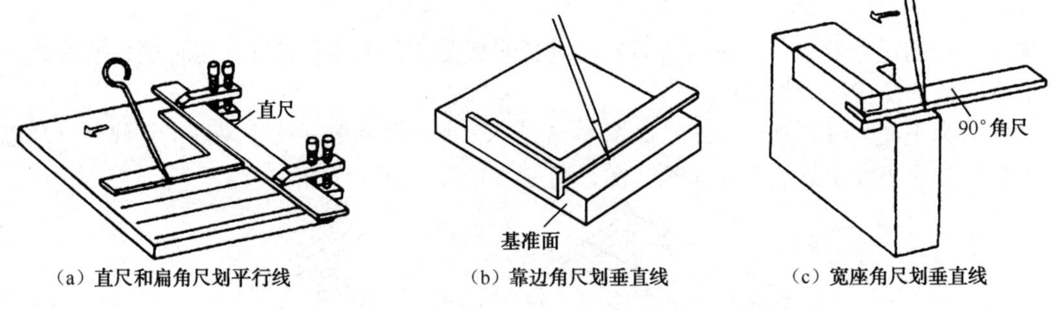

（a）直尺和扁角尺划平行线　（b）靠边角尺划垂直线　（c）宽座角尺划垂直线

图 6-16　直角尺划线

② 高度尺。

高度尺是配合划针盘量取高度尺寸的量具，它由底座和钢直尺组成，如图 6-17（a）所示。

钢直尺垂直固定在底座上，以保证所量取的尺寸准确。

③ 高度游标卡尺。

高度游标卡尺是精密测量工具，精度可达 0.02mm，适用于半成品（光坯）的划线，不允许用它来划毛坯线，如图 6-17（b）所示。

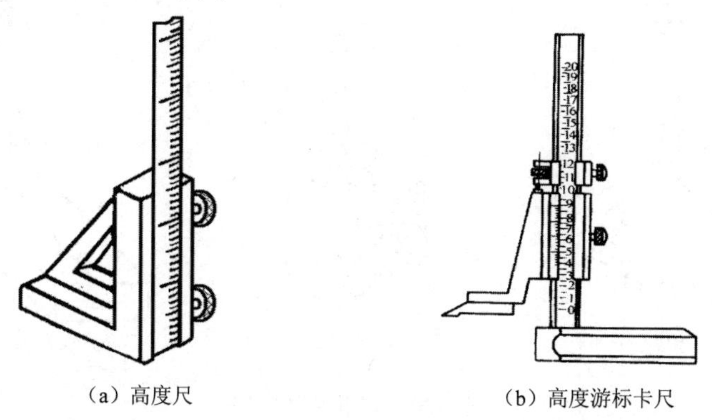

（a）高度尺　　（b）高度游标卡尺

图 6-17　高度尺与高度游标卡尺

（3）直接绘划工具。

① 划针。

划针是用来直接在工件上划出加工线的工具。用工具钢或弹簧钢锻制成细长的针状，经淬火磨尖后使用。划针有直划针和弯头划针两种。工件上某些用直划针划不到的部位，就得用弯头划针进行划线。

划线时，划针要沿着钢尺、角尺或划线样板等导向工具移动，同时向外倾斜 15°～20°，向移动方向倾斜 45°～75°，如图 6-18 所示。

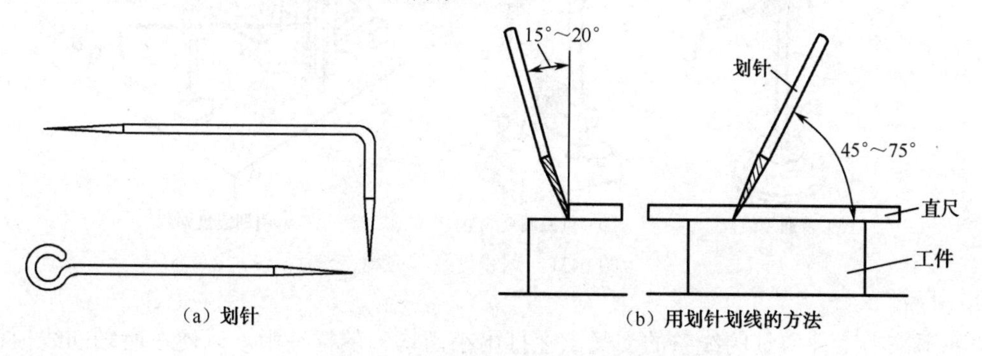

（a）划针　　（b）用划针划线的方法

图 6-18　划针的种类及使用方法

② 划规。

划规俗称圆规，划线使用的圆规有普通圆规、带锁紧装置的圆规、弹簧圆规、大尺寸圆规等，如图 6-19 所示。圆规主要用于划圆或划弧、等分线段或角度及把直尺上的尺寸移到工件上。

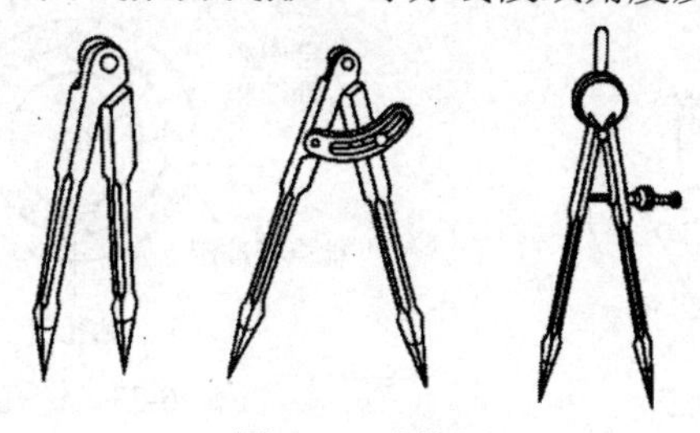

图 6-19　划规

③ 划卡。

划卡用来确定轴和孔的中心位置，如图 6-20 所示。

（a）定轴心　　（b）定孔心　　（c）划直线

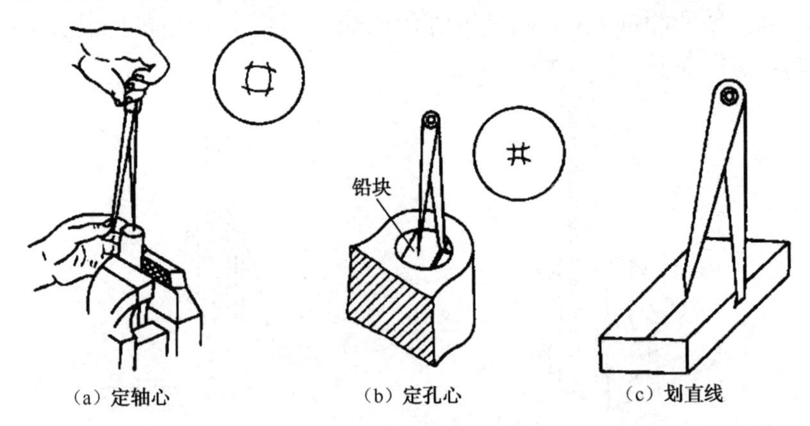

图 6-20　划卡及其应用

④ 划线盘。

划线盘是立体划线用的主要工具，分普通划线盘和可微调划线盘，如图 6-21（a）和（b）所示。使用时，调节划针到一定的高度并移动划线盘底座，划针的尖端即可对工件划出水平线；弯头端即可找正表面是否与划线平板平面相对平行，如图 6-21（c）所示。

（a）普通划线盘　　（b）可微调划线盘　　（c）用划线盘划线

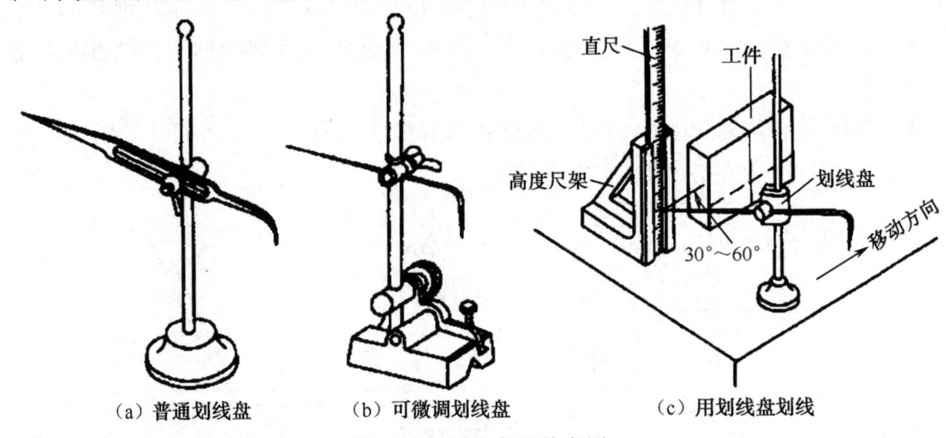

图 6-21　划线盘及其应用

⑤ 样冲。

样冲用来在工件所划的线条的交叉点上打出小而均匀的样冲眼，以便在所划的线模糊后，仍能找到原线及交点位置（见图 6-22）。划圆与钻孔前，应在中心部位上打上定中心样冲眼，如图 6-23 所示。

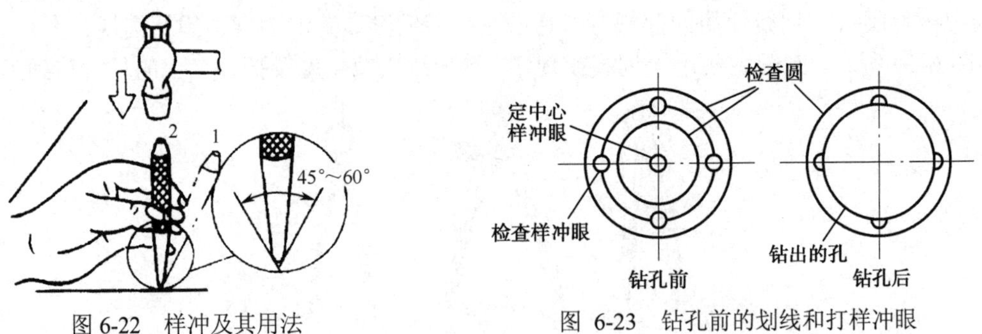

图 6-22　样冲及其用法

图 6-23　钻孔前的划线和打样冲眼

（4）夹持工具。

夹持工具有方箱、千斤顶、V 形架等。

① 方箱。

方箱的六个面互相垂直，它用于夹持较小的工件，通过翻转方箱，便可在工件各表面上划出相互垂直的直线，如图 6-24 所示。

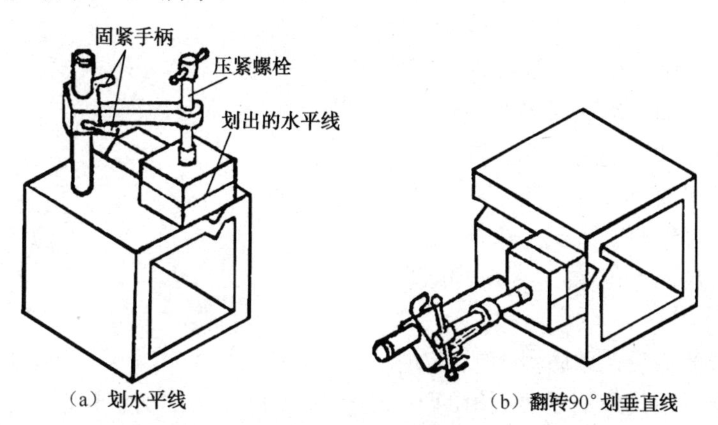

（a）划水平线　（b）翻转90° 划垂直线

图 6-24　方箱上划线

② 千斤顶。

千斤顶在划线平板上支承毛坯或对不规则工件进行立体划线用。由于其高度可以调节，所以便于找正工件的水平位置。使用时，通常用三个千斤顶来支承工件，如图 6-25 所示。

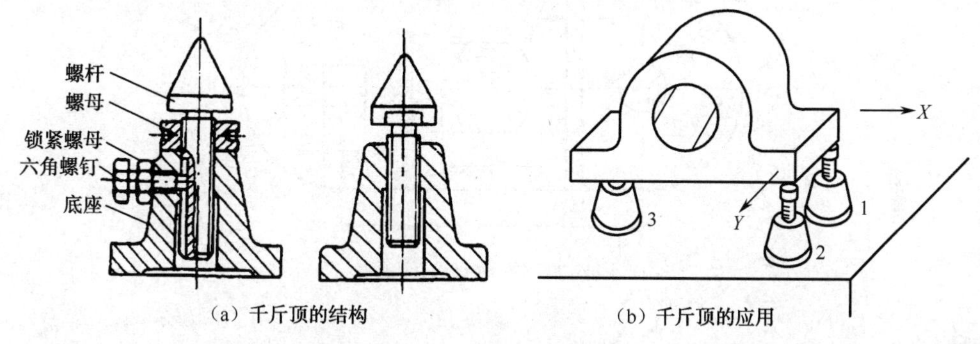

（a）千斤顶的结构　（b）千斤顶的应用

图 6-25　千斤顶及其应用

③ V 形铁。

V 形铁用于支承圆柱形工件，能使轴线平行于划线平板的上平面，便于用划针盘找中心、划中心线，如图 6-26 所示。V 形铁用铸铁制成，相邻各侧面互相垂直。V 形铁一般成对加工，以保证尺寸相同，便于使用。

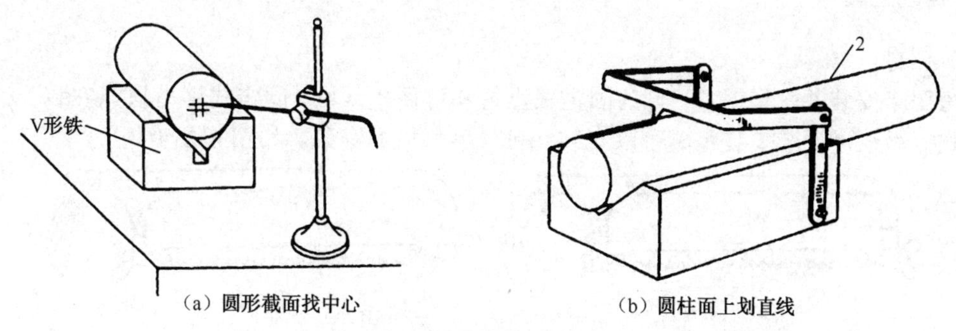

（a）圆形截面找中心　（b）圆柱面上划直线

图 6-26　V 形铁的应用

2．划线基准及选择

划线时应在工件上选择一个（或几个）面（或线）作为划线的根据，用它来确定工件的几何形状和各部分的相对位置，这样的面（或线）就是划线基准。

3．划线步骤

（1）详细研究图纸，确定划线基准。
（2）清理毛坯表面，涂以适当的涂料。
（3）正确安放工件，选用划线工具。
（4）按图纸技术要求进行划线。
（5）划完线应仔细检查有无差错。
（6）准确无误后，方可在线上打样冲眼。

【操作要点】

（1）工件夹持要稳妥，以防滑倒或移动。
（2）在一次支承中，应把需要划出的平行线划全，以免再次支承补划，造成误差。
（3）应正确使用划针、划针盘、高度游标尺及直角尺等划线工具，以免产生误差。

【课堂训练】

在钢板上划平面图形（见图 6-27）。

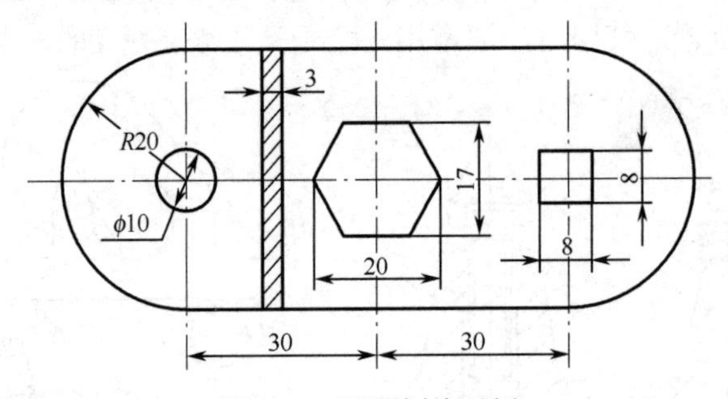

图 6-27　平面划线示例

二、锯削

锯削是用手锯对材料或工件进行切断或切槽的加工方法。其工作范围包括：分割各种材料或半成品；锯掉工件上多余的部分；在工件上开槽。

1．锯削工具

（1）锯弓。

锯弓用来安装并张紧锯条，分为固定式锯弓和可调式锯弓。固定式锯弓只能安装一种锯条；而可调式锯弓通过调节安装距离可以安装几种长度规格的锯条，如图 6-28 所示。

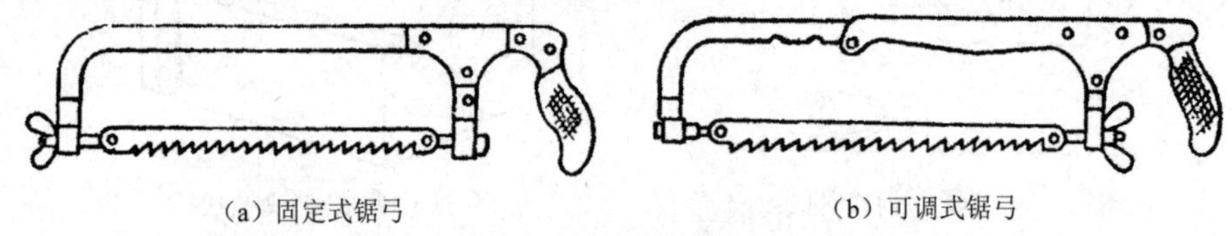

（a）固定式锯弓　　（b）可调式锯弓

图 6-28　锯弓的构造

（2）锯条。

锯条由碳素工具钢制成，经热处理后其切削部分硬度达62HRC以上。锯条规格以其两端安装孔间距表示，一般长300mm、宽10～25mm、厚0.6～1.25mm。

① 锯齿角度。

锯条的切削部分均匀地排列着锯齿，每一锯齿相当于一把割断刀（车刀）。目前使用的锯条，每齿的后角为40°、楔角为50°、前角为零，如图6-29所示。

② 锯路。

锯齿的排列形式有交错形（交叉形）和波浪形，如图6-30所示。在锯削时形成的锯缝叫锯路。要使锯缝宽度大于锯条厚度，以形成适当的锯路。锯路的作用是减小锯条与工件的摩擦，防止锯条卡在锯路中，并使锯削省力、排屑容易，从而能起到有效的切削作用，提高切削效率。

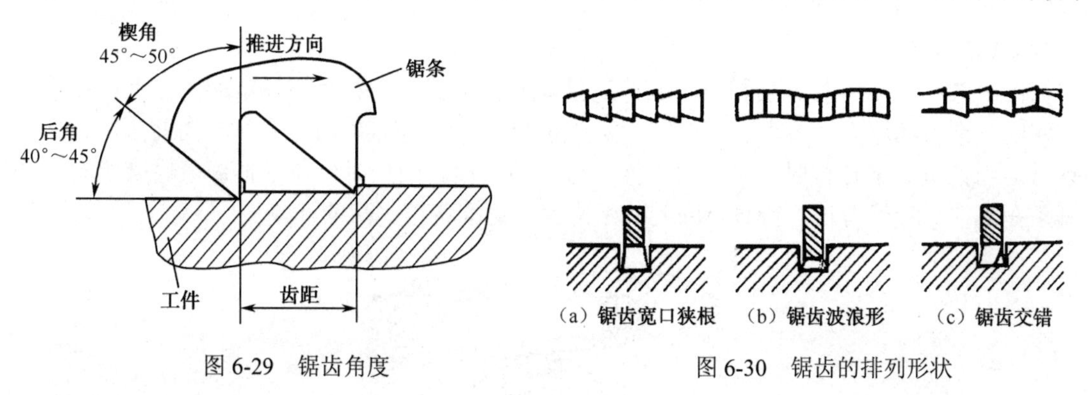

图6-29 锯齿角度　　图6-30 锯齿的排列形状

③ 齿距。

相邻两锯齿之间的间距称为齿距。根据齿距的大小，可将锯条分为粗齿（齿距为1.6mm）、中齿（齿距为1.2mm）和细齿（齿距为0.8mm）三种。

2．锯削操作

（1）工件的装夹。

工件应夹在虎钳的左边，以便于操作；同时工件伸出钳口的部分不要太长，以免在锯削时引起工件抖动；工件夹持应该牢固，防止工件松动或使锯条折断。

（2）锯条的安装。

安装锯条时要松紧适度，过松或过紧都容易使锯条在锯削时折断。因手锯是向前推时进行切削的，因此安装锯条时一定要保证齿尖的方向朝前，如图6-31所示。

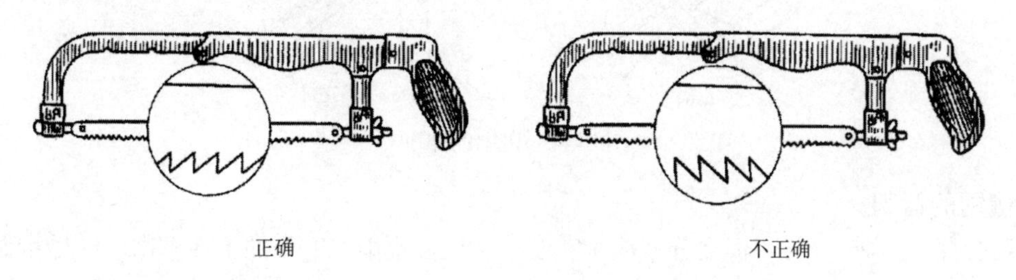

图6-31 锯条的安装方向

（3）起锯。

起锯分为近起锯和远起锯。远起锯是指从工件远离自己的一端起锯，其优点是能清晰地看见锯削线，防止锯齿因卡在棱边而崩缺；近起锯是指从工件靠近自己的一端起锯，如图6-32所示。

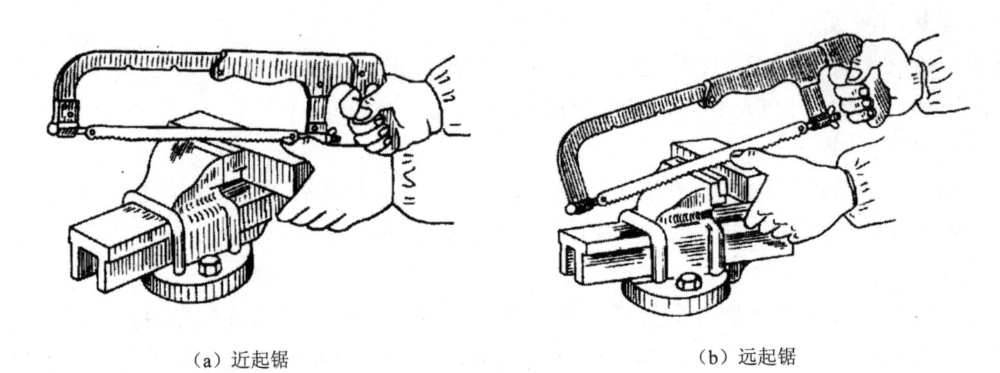

（a）近起锯　　（b）远起锯

图 6-32　起锯方法

（4）锯削姿势。

锯削时的站立姿势与錾削相似，人体质量均分在两腿上。右手握稳锯柄，左手扶在锯弓前端，锯削时推力和压力主要由右手控制，如图 6-33 所示。在推锯时，身体略向前倾，自然地压向锯弓，当推进大半行程时，身体随手推锯弓准备回程。回程时，左手把锯弓略微抬起一些，让锯条在工件上轻轻滑过，待身体回到初始位置，再准备第二次的往复。

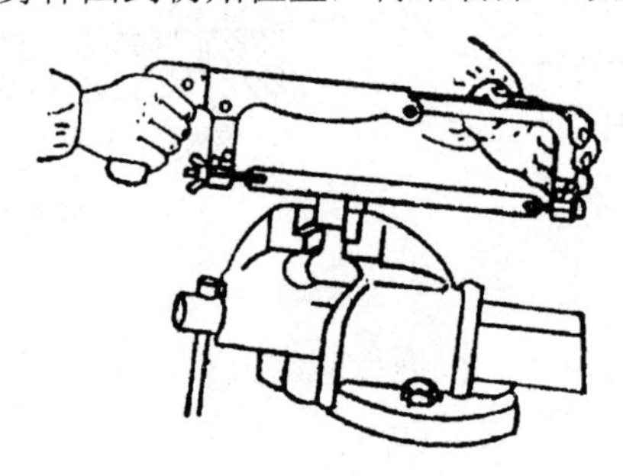

图 6-33　手锯的握法

① 扁钢的锯削。

锯扁钢时，应从宽面往下锯，如图 6-34 所示。此法不但效率高，而且能较好地防止锯齿崩缺。反之，若从窄面往下锯，非但不经济，而且只有很少的锯齿与工件接触，工件愈薄，锯齿愈容易被工件的棱边钩住而折断。

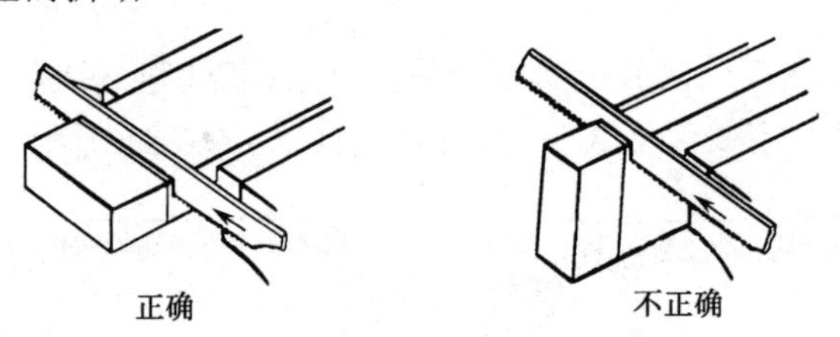

图 6-34　扁钢的锯削

② 槽钢的锯削。

槽钢的锯削与扁钢一样，但要分三次从宽面往下锯，不能在一个面上往下锯，应尽量做到在长的锯缝口上起锯，因此工件必须多次改变夹持的位置，如图 6-35 所示。操作程序如图 6-35（a）所示，先在宽面上锯槽钢的一边；如图 6-35（b）所示，把槽钢反转夹持，锯中间部分的宽面；如图 6-35（c）所示，再把槽钢侧转夹持，锯槽钢的另一边的宽面。如图 6-35（d）所示的锯削方法是错误的，把槽钢只夹持一次锯开，这样锯削效率低。在锯高而狭的中间部分时，锯齿容易折断，锯缝也不平整。

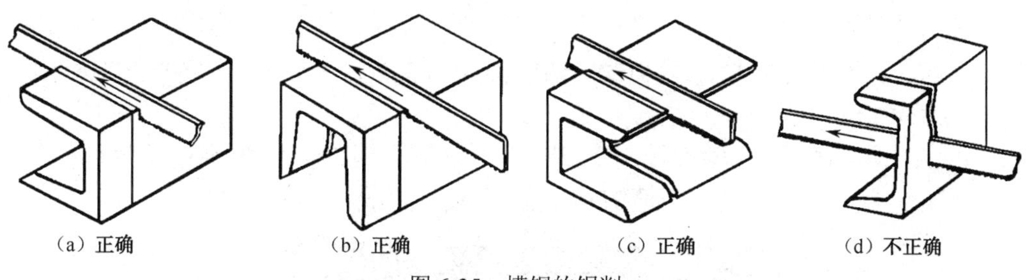

图 6-35　槽钢的锯削

③ 深缝的锯削。

如图 6-36 所示，锯深缝时，先垂直锯，当锯缝的高度达到锯弓高度时，锯弓就会与工件相碰，此时应把锯条拆出转 90°，重新安装，使锯弓转到工件的侧面，然后按原锯路继续锯削。

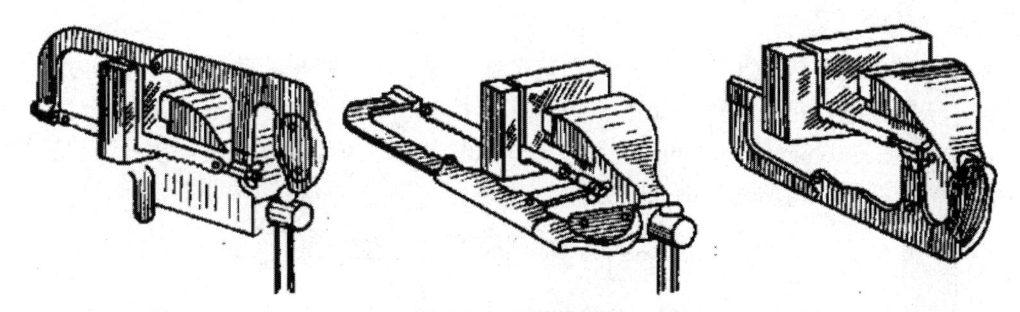

图 6-36　深缝的锯削

④ 薄板的锯削。

如图 6-37 所示，将薄板料夹在两木块之间，连同木块夹在台虎钳上一起锯削，这样增加了薄板料锯削时的刚性，防止锯齿折断。

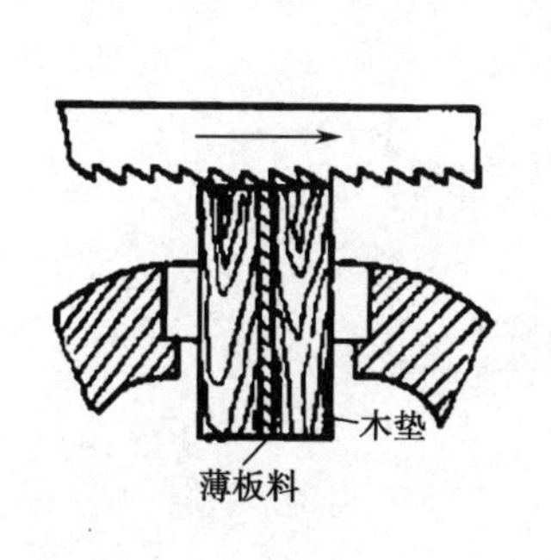

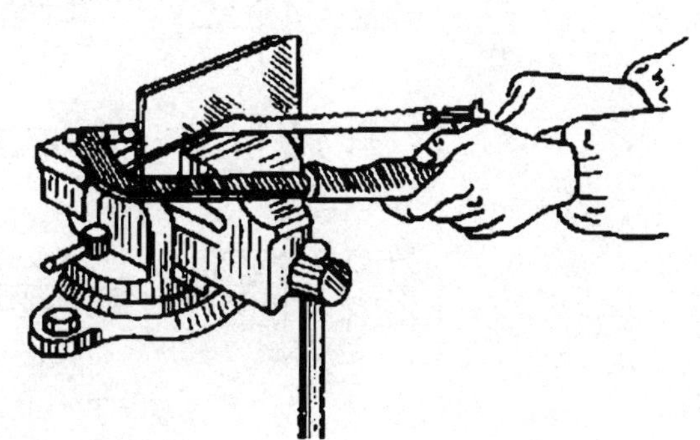

图 6-37　薄板的锯削

三、锉削

锉削是用锉刀对工件表面进行加工的操作。锉削能达到的尺寸公差等级为 IT7～IT8，表面粗糙度 Ra 为 1.6～0.8μm。锉削工作范围广，可以加工各种内外表面、曲面及特形面；常用于样板、模具制造和机器的装配、调整和维修。

1．锉削工具

锯削加工时所用的工具为锉刀。

（1）锉刀的材料。

锉刀用高级碳素工具钢 T12A、T13A 等制造，并经热处理，硬度可达 62～67HRC。

（2）锉刀的组成。

锉刀由锉刀面、锉刀边、锉刀舌、锉刀尾、木柄等部分组成，如图 6-38 所示。

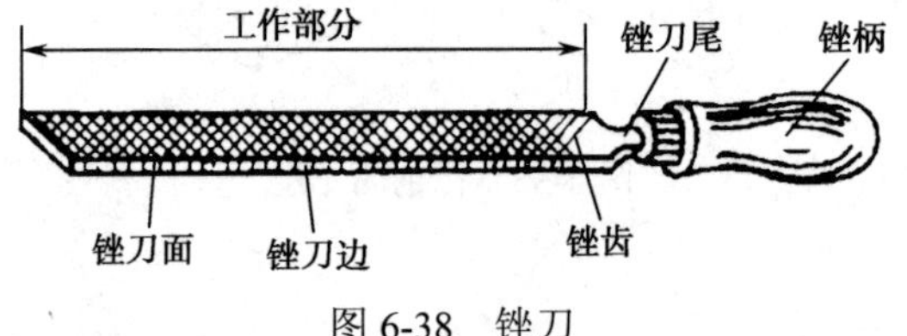

图 6-38　锉刀

（3）锉刀的种类及选用。

① 锉刀的种类。

按用途，锉刀可分为钳工锉、特种锉和整形锉三种。钳工锉按其截面形状可分为平锉、方锉、圆锉、半圆锉及三角锉五种，如图 6-39 所示；按其长度可分为 100mm、150mm、200mm、250mm、300mm、350mm 及 400mm 七种；按其齿纹可分单齿纹、双齿纹；按其齿纹粗细可分为粗齿、中齿、细齿、粗油光、细油光五种。

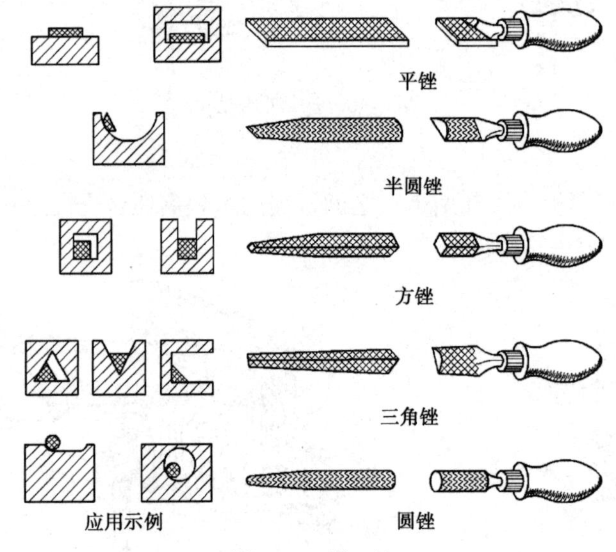

图 6-39　钳工锉

整形锉主要用于精细加工及修整工件上难以机加工的细小部位。它由若干把各种截面形状的锉刀组成一套，如图 6-40 所示。

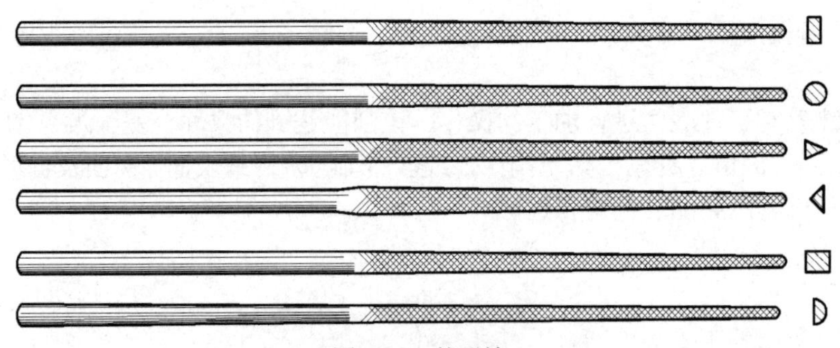

图 6-40　整形锉

特种锉是为加工零件上特殊表面用的，它有直的、弯曲的两种，其截面形状很多，如图 6-41 所示。

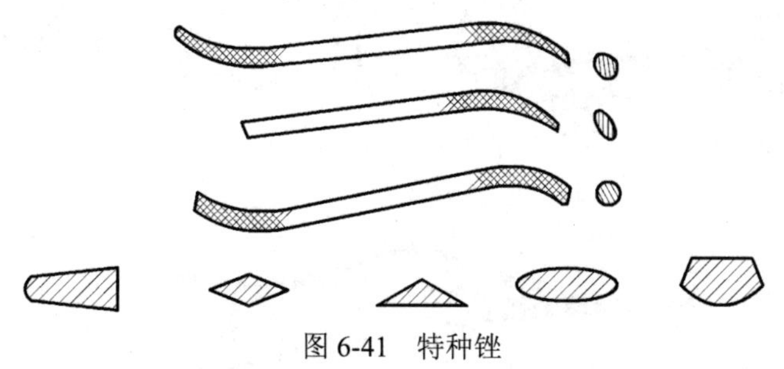

图 6-41　特种锉

② 锉刀的选用。

合理选用锉刀，对保证加工质量、提高工作效率和延长锉刀寿命有很大的影响。一般选择原则是：根据工件形状和加工面的大小选择锉刀的形状和规格；根据材料软硬、加工余量、精度和粗糙度的要求选择锉刀齿纹的粗细，见表 6-1。

表 6-1　锉刀刀齿粗细的选择

锉纹号	锉齿	适用场合			
		加工余量/mm	尺寸精度/mm	粗糙度 *Ra*/μm	应　用
1	粗	0.5～1	0.2～0.5	50～12.5	适于粗加工或有色金属
2	中	0.2～0.5	0.05～0.2	6.3～1.6	适于粗锉后加工
3	细	0.05～0.2	0.01～0.05	1.6～0.8	锉光表面或硬金属
4	油光	0.025～0.05	0.005～0.01	0.8～0.2	精加工时修光表面

2．锉削操作

（1）锉刀的握法。

正确握持锉刀有助于提高锉削质量，可根据锉刀大小和形状的不同，采用相应的握法。

① 大锉刀的握法。

这种握法是右手心抵着锉刀木柄的端头，大拇指放在锉刀木柄的上面，其余四指弯在下面，配合大拇指捏住锉刀木柄。左手则根据锉刀大小和用力的轻重，有多种姿势，如图 6-42 所示。

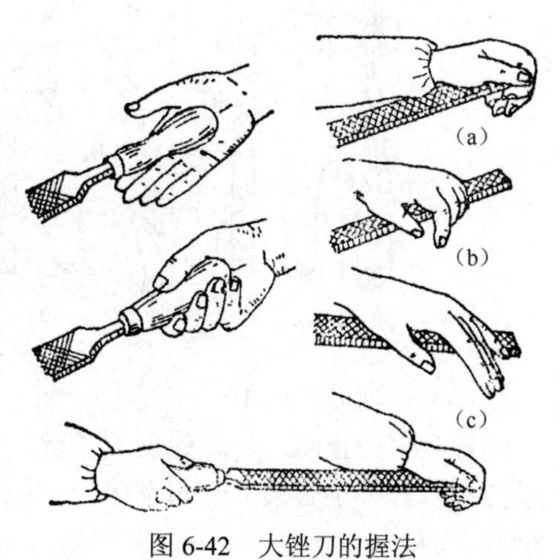

图 6-42　大锉刀的握法

② 中锉刀的握法。

这种握法的右手握法与大锉刀握法相同，左手用大拇指和食指捏住锉刀前端，如图 6-43（a）所示。

③ 小锉刀的握法。

这种握法是右手食指伸直，拇指放在锉刀木柄上面，食指靠在锉刀的刀边，左手几个手指压在锉刀中部，如图 6-43（b）所示。

④ 更小锉刀的握法。

这种握法一般只用右手拿着锉刀，食指放在锉刀上面，拇指放在锉刀的左侧，如图 6-43（c）所示。

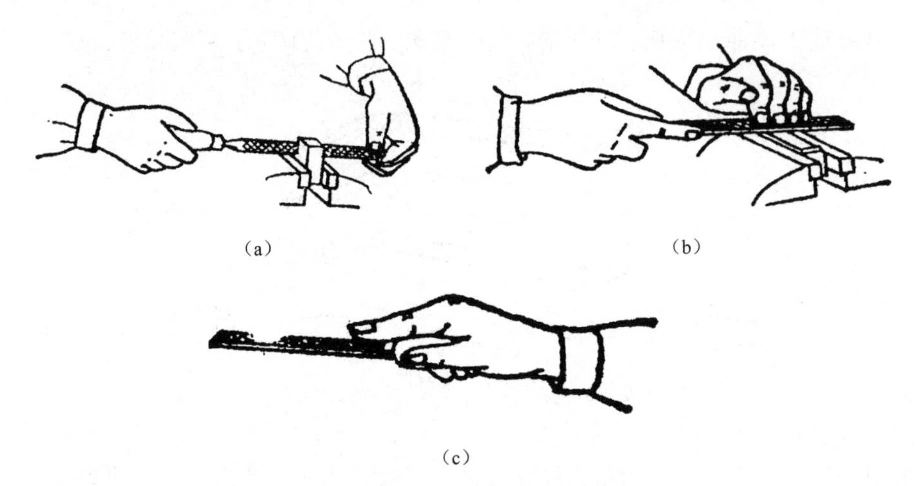

图 6-43　中小锉刀的握法

（2）锉削的姿势。

正确的锉削姿势不仅关系到用力、疲劳和效率问题，而且直接影响加工质量。

如图 6-44 所示，锉削时，身体的重心放在左脚，右膝伸直，脚始终站稳不动，靠左膝的屈伸作往复运动。锉的动作由身体和手臂运动合成。开始锉削时身体要向前倾斜 10° 左右，右肘尽可能收缩到后方。锉刀向前推进三分之一时，身体前倾到 15° 左右，这时左膝稍弯曲。锉刀再推进三分之一时，身体渐倾斜到 18° 左右。最后三分之一行程，用右手腕将锉刀继续推进，身体随着锉刀的反作用力退回到初始位置。锉削全程结束后，将锉刀略提起一些，把锉刀拉回，准备第二次锉削，如此反复进行。

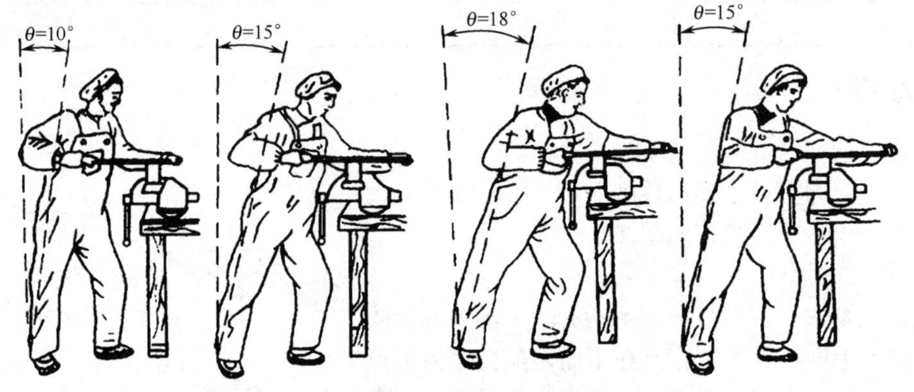

图 6-44　锉削动作

（3）锉削力的运用。

锉削力的正确运用是锉削的关键。锉削的力量有水平推力和垂直压力两种。推力主要由右手控制，其大小必须大于切削阻力才能锉去切屑。压力是由两手控制的，其作用是使锉齿深入金属表面。

由于锉刀两端伸出工件的长度随时都在变化，因此两手的压力大小也必须随之变化，即两手压力对工件中心的力矩相等，这是保证锉刀平直运动的关键。方法是：随着锉的推进，左手压力应由大变小，右手的压力则由小增大，到中间时两手的力相等，如图 6-45 所示。

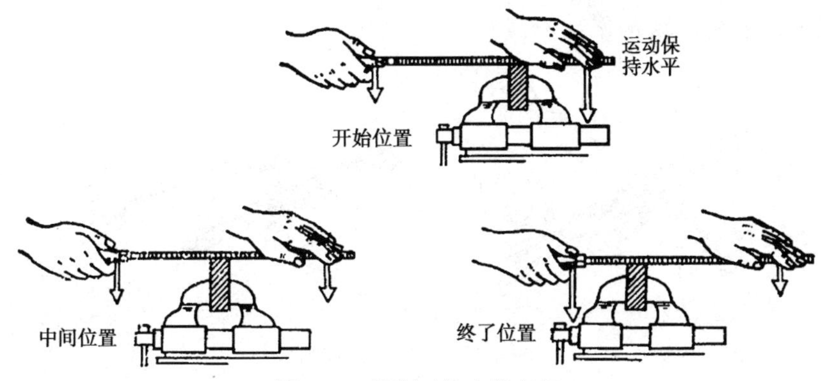

图 6-45　锉削时施力的变化

3．锉削方法

（1）平面锉削。

平面锉削是最基本的锉削，常用的方法有三种，即顺锉法、交叉锉法及推锉法。

① 顺锉法。

如图 6-46（a）所示，顺锉法是顺着同一方向对工件进行锉削的方法。它是锉削的基本方法，其特点是锉纹顺直，较整齐美观，可使表面粗糙度变细。

② 交叉锉法。

如图 6-46（b）所示，交叉锉法是从两个方向交叉对工件进行锉削。其特点是锉面上能显示出高低不平的痕迹，以便把高处锉去。用此法较容易锉出准确的平面。

③ 推锉法。

如图 6-46（c）所示，推锉法是两手横握锉刀身，平稳地沿工件表面来回推动进行锉削，其特点是切削量少，减小了表面粗糙度，一般用于锉削狭长表面。

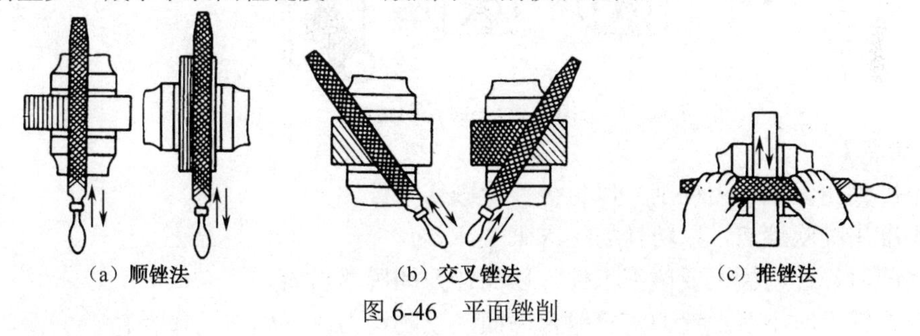

（a）顺锉法　（b）交叉锉法　（c）推锉法

图 6-46　平面锉削

（2）圆弧面的锉削。

圆弧面锉削有外圆弧面锉削和内圆弧面锉削两种。外圆弧面用平锉，内圆弧面用半圆锉或圆锉。

① 外圆弧面锉削。

锉刀要同时完成两个运动：锉刀的前推运动和绕圆弧面中心的转动。前推完成锉削，转动保证锉出圆弧形状。

常用的外圆弧面锉削方法有两种：滚锉法、横锉法。滚锉法是使锉刀顺着圆弧面锉削，此法用于精锉外圆弧面，如图 6-47（a）所示；横锉法是使锉刀横着圆弧面锉削，此法用于粗锉外圆弧面或不能用滚锉法的情况下，如图 6-47（b）所示。

② 内圆弧面锉削。

锉刀要同时完成三个运动：锉刀的前推运动、锉刀的左右移动和锉刀自身的转动。否则，锉不好内圆弧面，如图 6-48 所示。

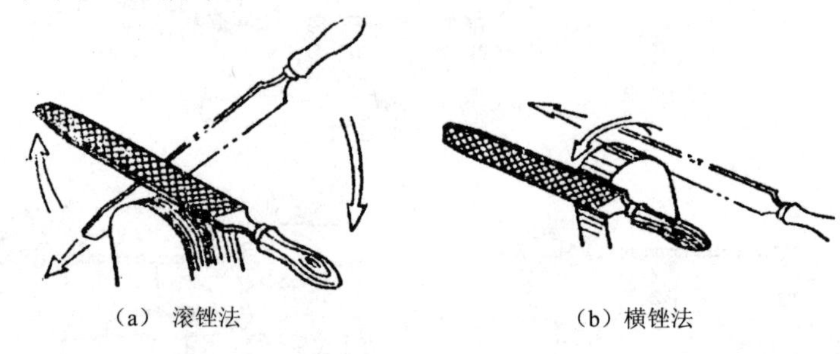

图 6-47　外圆弧面锉削

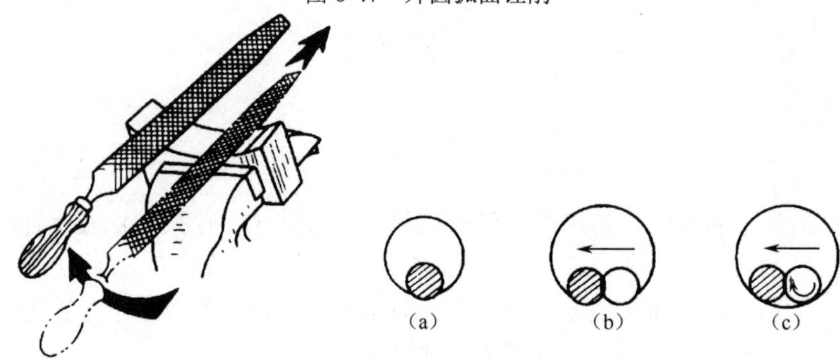

图 6-48　内圆弧面锉削

③ 通孔的锉削。

根据通孔的形状、工件材料、加工余量、加工精度和表面粗糙度来选择所需的锉刀，如图 6-49 所示。

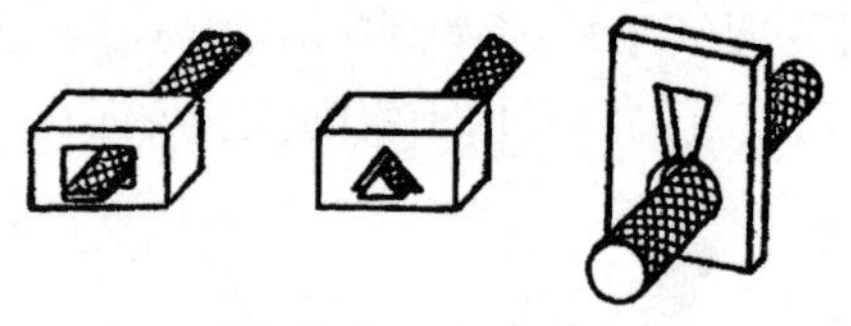

图 6-49　通孔的锉削

【操作要点】

（1）不准使用无柄锉刀锉削，以免被锉舌戳伤手。

（2）不准用嘴吹锉屑，以防锉屑飞入眼中。

（3）锉削时，锉刀柄不要碰撞工件，以免锉刀柄脱落伤人。

（4）放置锉刀时不要把锉刀露出钳台外面，以防锉刀落下砸伤操作者。

（5）锉削时不可用手摸被锉过的工件表面，因手有油污，会使锉削时锉刀打滑而造成事故。

（6）锉刀齿面塞积切屑后，用钢丝刷顺着锉纹方向刷去锉屑即可。

【课堂训练】

练习平面、圆弧面及通孔的锉削。

四、钻孔、扩孔、铰孔和锪孔

1．钻孔

用钻头在实体材料上加工出孔的工作称为钻孔。钻孔的加工质量较低，其尺寸精度一般为

IT12 级左右，表面粗糙度 Ra 的数值为 50～12.5μm。

（1）钻床。

钻床的种类很多，常用的有台式钻床、立式钻床和摇臂钻床三种。

① 台式钻床。

它是一种放在台桌上使用的小型钻床，故称台钻，如图 6-50 所示。台钻的钻孔直径一般在 13mm 以下，最小可加工直径为 0.1mm 的孔。台钻的主轴转速一般较高，可改变三角胶带在带轮上的位置来调节，主轴进给运动是手动的。

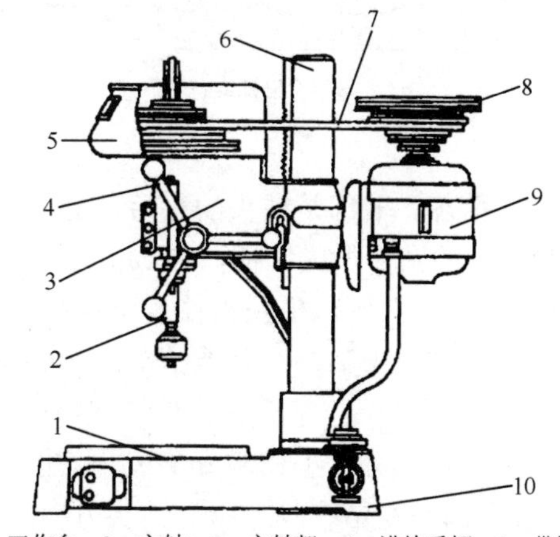

1—工作台；2—主轴；3—主轴架；4—进给手柄；5—带罩；6—立柱；7—传动带；8—带轮；9—电动机；10—底座

图 6-50　台式钻床

② 立式钻床。

立式钻床简称立钻，它是一种中型钻床，如图 6-51 所示。这类钻床的最大钻孔直径有 25mm、35mm、40mm 和 50mm 等几种，其钻床规格是用最大钻孔直径来表示的。立钻与台钻不同的是主轴转速和进给量的变化范围大，立钻可自动进给，且适用于扩孔、锪孔、铰孔和攻丝等加工。

③ 摇臂钻床。

摇臂钻床有一个能绕立柱回转的摇臂，如图 6-52 所示，摇臂带着主轴箱可沿立柱垂直移动，同时主轴箱还能在摇臂上作横向移动。由于摇臂钻床结构上的这些特点，操作时能很方便地调整刀具的位置，以对准被加工孔的中心，而不需要移动工件来进行加工。因此，适用于一些笨重的大工件及多孔的工件的加工，它广泛地应用于单件和成批生产中。

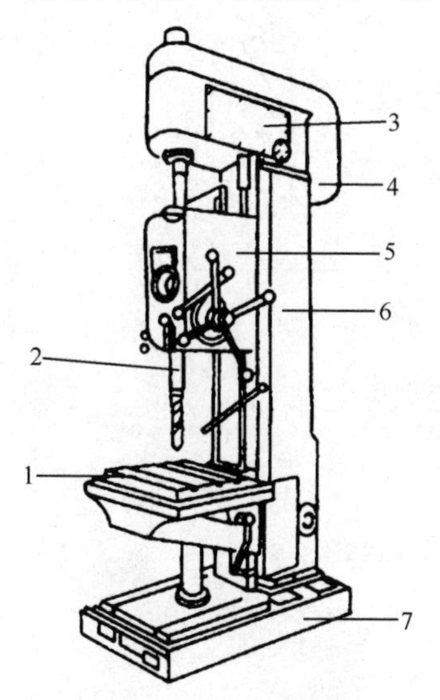

1—工作台；2—主轴；3—主轴变速箱；4—电动机；5—进给箱；6—立柱；7—机座

图 6-51　立式钻床

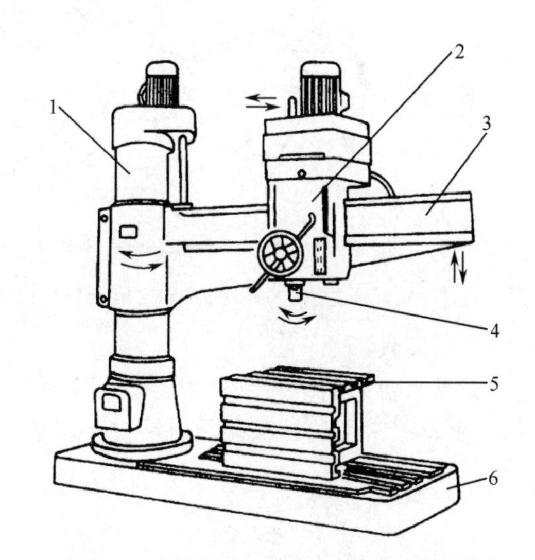

1—主柱；2—主轴箱；3—摇臂；4—主轴；5—工作台；6—机座

图 6-52　摇臂钻床

（2）钻头。

钻头是钻孔用的主要工具，用高速钢制造，其工作部分经热处理淬硬至 62～65HRC。钻头由柄部、颈部及工作部分组成，如图 6-53 所示。

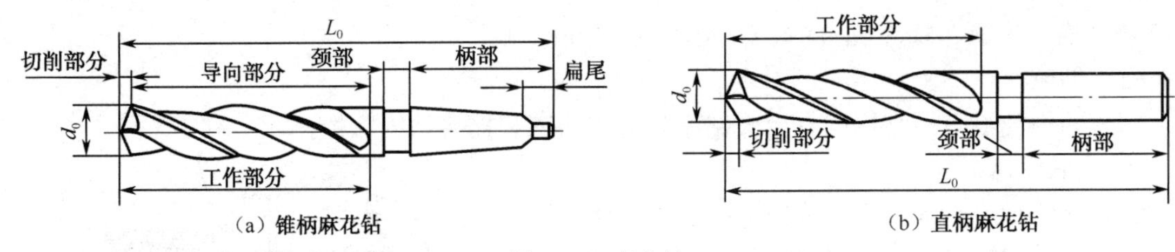

图 6-53　麻花钻

① 柄部。柄部是钻头的夹持部分，并传递机械动力。柄部有锥柄和直柄两种，一般直径大于 13mm 的钻头做成锥柄，13mm 以下的钻头做成直柄，在锥柄的顶端有一扁尾，当扁尾处于钻套的长方通孔时，借用楔铁压下扁尾，即可将钻头从钻套中卸下。

② 颈部。颈部是在制造钻头时起砂轮磨削退刀作用的，钻头直径、材料、厂标一般也刻在颈部。

③ 工作部分。工作部分又分为切削部分和导向部分。

导向部分在钻孔时起引导钻头方向的作用，同时还是切削部分的后备部分，有两条螺旋槽，它的作用是容纳和排除切屑。导向部分有两条窄的螺旋形凸出棱边，它的直径略有倒锥度，以减少在导向时与孔壁的摩擦。

切削部分（见图 6-54）有三条切削刃：前刀面和后刀面相交形成两条主切削刃，起主要切削作用；两后刀面相交形成的两条棱刃（副切削刃）起修光孔壁的作用；修磨横刃是为了减小钻削轴向力和挤刮现象并提高钻头的定心能力和切削稳定性。

切削部分的几何角度主要有前角γ、后角α、顶角 2φ、螺旋角ω和横刃斜角φ，其中顶角 2φ 是两个主切削刃之间的夹角，一般取 118°±2°。

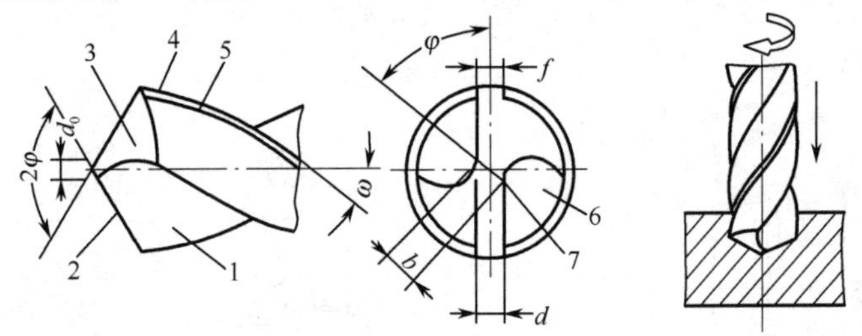

1—前刀面；2—主切削刃；3—后刀面；4—棱刃；5—刃带；6—刃沟；7—横刃

图 6-54　麻花钻切削部分及其应用

（3）钻孔用夹具。

常用的夹具主要包括钻头夹具和工件夹具两种。

① 钻头夹具。常用的钻头夹具有钻夹头和钻套（见图 6-55）。

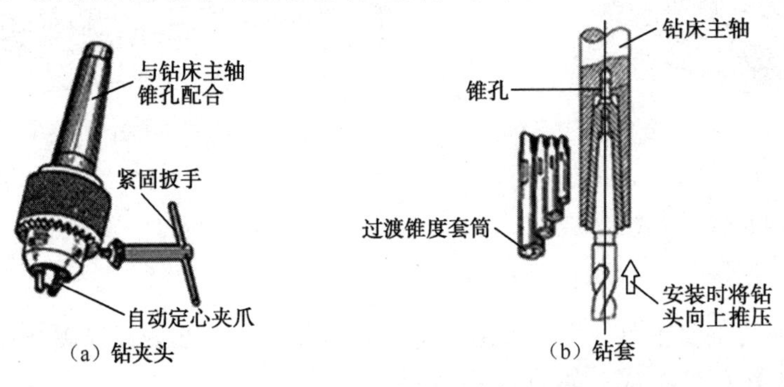

图 6-55　钻夹头及钻套

钻夹头适用于装夹直柄钻头，其柄部是圆锥面，可以与钻床主轴内的锥孔配合安装，而其头部的三个夹爪有同时张开或合拢的功能，这使钻头的装夹与拆卸都很方便。

钻套又称过渡套筒，用于装夹锥柄钻头。钻套依其内外锥锥度的不同分为 5 个型号（1～5）。

② 工件夹具。加工工件时，应根据钻孔直径和工件形状来合理使用工件夹具。装夹工件要牢固可靠，但又不能将工件夹得过紧而损伤工件或使工件变形影响钻孔质量。常用的夹具有手虎钳、机用平口虎钳、V 形架和压板等，如图 6-56 所示。

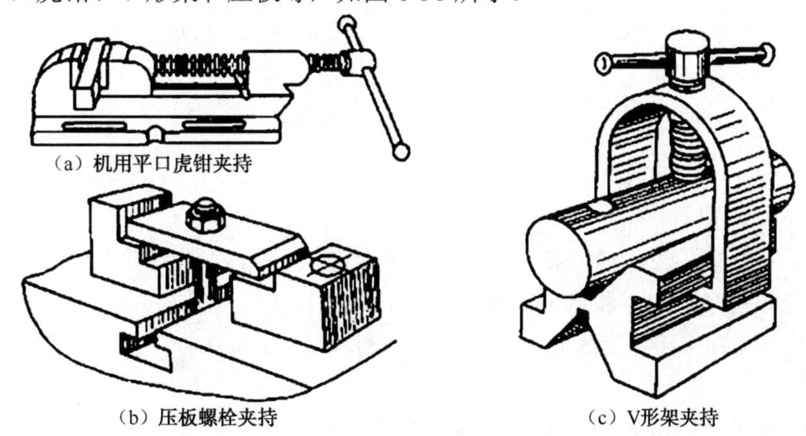

图 6-56 工件夹持方法

（4）钻孔操作方法。

① 按划线位置钻孔。工件上的孔径圆和检查圆均需打上样冲眼作为加工界线，中心眼应打大一些。钻孔时先用钻头在孔的中心锪一小窝（占孔径的 1/4 左右），检查小窝与所划圆是否同心。

② 钻通孔。在孔将被钻透时，进给量要减小，变自动进给为手动进给，避免钻头在钻穿的瞬间抖动，出现“啃刀”现象，影响加工质量，损坏钻头，甚至发生事故。

③ 钻盲孔（不通孔）。要注意掌握钻孔深度，以免将孔钻深，出现质量事故。控制钻孔深度的方法有：调整好钻床上深度标尺挡块；安置控制长度量具或用粉笔作标记。

④ 钻深孔。直径 D 超过 30mm 的孔应分两次钻。第一次用 $0.5D$～$0.7D$ 的钻头先钻，然后用所需直径的钻头将孔扩大到所要求的直径。分两次钻削，既有利于钻头的使用（负荷分担），又有利于提高钻孔质量。

⑤ 钻削时的冷却润滑。钻削钢件时，为降低粗糙度，多使用机油作为冷却润滑液（切削液）；为提高生产效率则多使用乳化液。钻削铝件时，多用乳化液、煤油；钻削铸铁件时则用煤油。

2．扩孔

在工件上扩大原有的孔（如铸出、锻出或钻出的孔）的工作叫作扩孔。扩孔可以校正孔的轴线偏差，并使其获得较正确的几何形状与较低的表面粗糙度。扩孔精度一般为 IT10，表面粗糙度 Ra 为 6.3μm。扩孔可作为孔加工的最后工序，也可作为铰孔前的准备工序。扩孔加工余量为 0.5～4mm。

扩孔钻及其应用如图 6-57 所示。

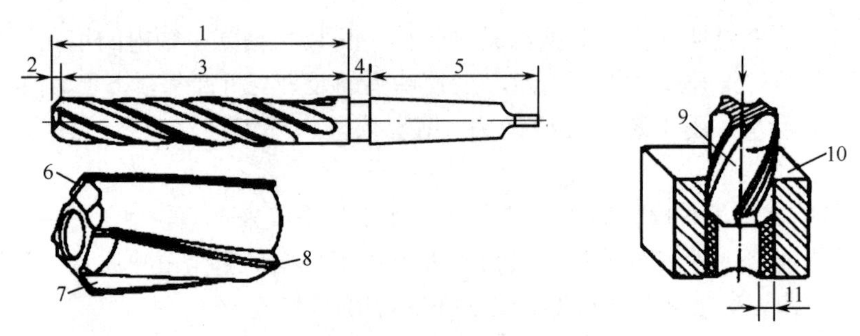

1—工作部分；2—切削部分；3—校准部分；4—颈部；5—柄部；6—主切削刃；7—前刀面；8—刃带；9—扩孔钻；10—工件；11—扩孔余量

图 6-57 扩孔钻及其应用

3．铰孔

在钻孔或扩孔之后，为了提高孔的尺寸精度和降低表面粗糙度，需用铰刀进行铰孔。因此，铰孔是中小直径孔的半精加工和精加工方法之一。铰孔加工精度较高，机铰达 IT8～IT7，表面粗糙度 Ra 为 1.6～0.8μm；手铰达 IT7～IT6，表面粗糙度 Ra 为 0.4～0.2μm。手铰刀、机铰刀如图 6-58 所示。

当工件孔径小于 25mm 时，钻孔后直接铰孔；工件孔径大于 25mm 时，钻孔后需扩孔，然后再铰。

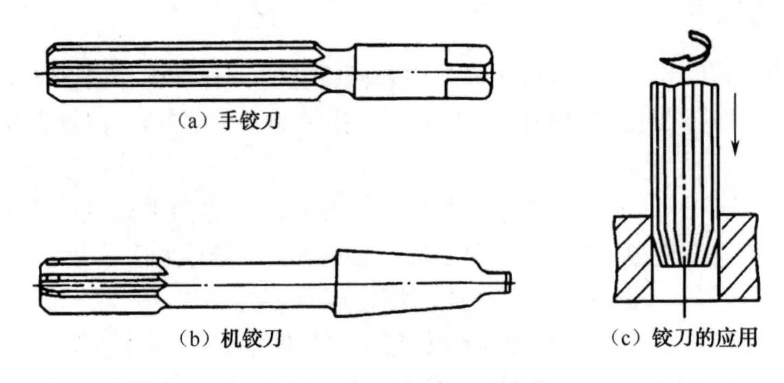

（a）手铰刀

（b）机铰刀

（c）铰刀的应用

图 6-58 铰刀的结构及其应用

4．锪孔

锪孔是用锪钻对工件上的已有孔进行孔口形面的加工，其目的是保证孔端面与孔中心线的垂直度，以便使与孔连接的零件位置正确、连接可靠。常用的锪孔工具有柱形锪钻、锥形锪钻和端面锪钻三种。

（1）圆锥形沉孔锪钻：用来加工螺钉或铆钉的锥形沉孔，如图 6-59（a）所示。圆锥形沉头孔锪钻具有 6～12 个刃齿，其顶角有 60°、90° 和 120° 等几种。

（2）圆柱形沉孔锪钻：用来加工螺钉的柱形沉孔，如图 6-59（b）所示。为了保证沉孔与原有的孔同轴，其切削部分的前端带有导柱，导柱和锪钻本身是一体的，也可以是两体的。

（3）端面锪钻：它仅在端面上具有切削刃，加工大的端面时，还可以将刀片镶在刀杆上。为了保证端面和孔轴线垂直，端面锪钻也带有导柱，如图 6-59（c）所示。

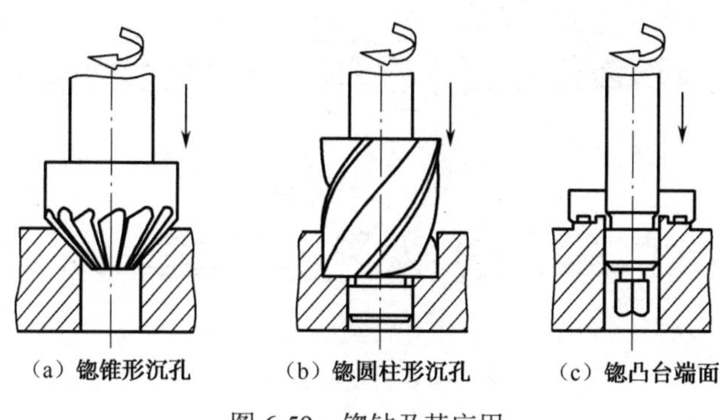

图 6-59　锪钻及其应用

五、攻螺纹和套螺纹

1．攻螺纹

用丝锥加工出内螺纹的方法叫攻螺纹。国家标准规定的普通螺纹有五个公差等级（精度等级）：4、5、6、7、8 级。其中 4 级公差值最小、精度最高。用丝锥加工内螺纹能达到各级精度，表面粗糙度 *Ra* 可达 1.6μm 左右。攻螺纹是钳工的基本操作，凡是小直径螺纹、单件小批生产或结构上不宜采用机攻螺纹的，大多采用手攻。

（1）攻螺纹的工具

① 丝锥。

丝锥是专门用来攻螺纹的刀具。丝锥由切削部分、修光部分（定位部分）、容屑槽和柄部构成。切削部分在丝锥的前端，呈圆锥状，切削负荷分配在几个刀刃上。定位部分具有完整的齿形，用来校准和修光已切出的螺纹，并引导丝锥沿轴向运动。容屑槽是沿丝锥纵向开出的沟槽，共 3～4 条，用来容纳攻丝所产生的切屑。柄部有方榫，用来安放攻丝扳手，传递扭矩。丝锥及其应用如图 6-60 所示。

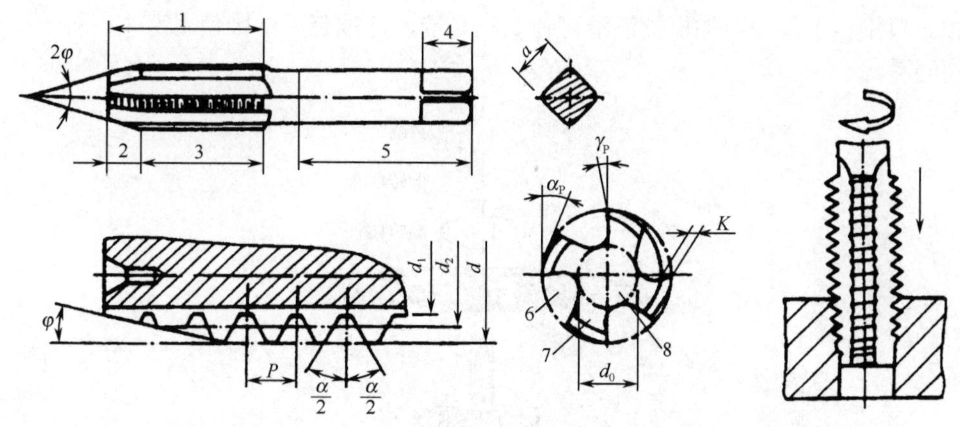

1—工作部分；2—切削部分；3—校准部分；4—方头；5—柄部；6—槽；7—齿；8—芯部

图 6-60　丝锥及其应用

② 铰杠。

铰杠是用来夹持并扳转丝锥的专用工具，如图 6-61 所示。铰杠是可调式的，转动右手柄，可调节方孔的大小，以便夹持不同规格的丝锥。

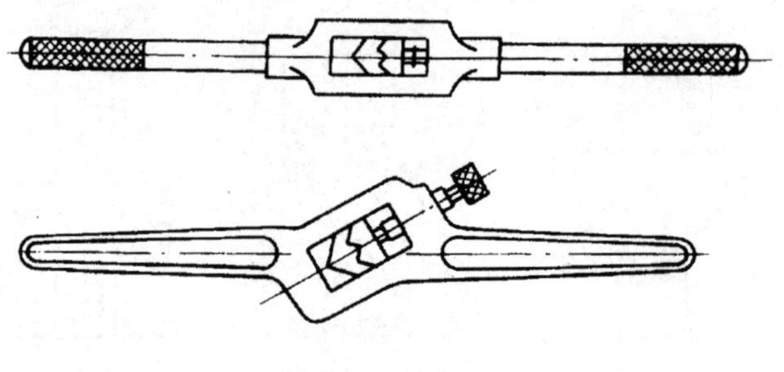

图 6-61 铰杠

（2）攻螺纹的方法

① 攻螺纹前确定钻底孔的直径和深度。

丝锥主要是切削金属，但也有挤压金属的作用。因此攻螺纹前的底孔直径（即钻孔直径）必须大于螺纹标准中规定的螺纹内径。底孔钻头直径 d_0 可采用查表法（见有关手册资料）确定，或用下列经验公式计算：

钢材及韧性金属：$d_0 \approx d-P$。

钢铁及脆性金属：$d_0 \approx d-(1.15\sim1.1)P$。

式中：d_0——底孔直径；

d——螺纹公称直径；

P——螺距。

攻盲孔（不通孔）的螺纹时，因丝锥不能攻到底，所以孔的深度要大于螺纹长度，盲孔深度可按下列公式计算，即孔的深度 h=所需螺孔深度 $l+0.7d$。

② 攻螺纹的操作方法。

先将螺纹钻孔端面孔口倒角，以利于丝锥切入。先旋入一两圈，检查丝锥是否与孔端面垂直（可目测或用直角尺在互相垂直的两个方向检查），然后继续使铰杠轻压旋入。当丝锥的切削部分已经切入工件后，可只转动而不加压，每转一圈应反转 1/4 圈，以便切屑断落，如图 6-62 所示。攻完头锥再继续攻二锥、三锥，每更换一锥，先要旋入一两圈，扶正定位，再用铰杠，以防乱扣。攻钢料工件时，加机油润滑可使螺纹光洁，并能延长丝锥使用寿命；对于铸铁件，可加煤油润滑。

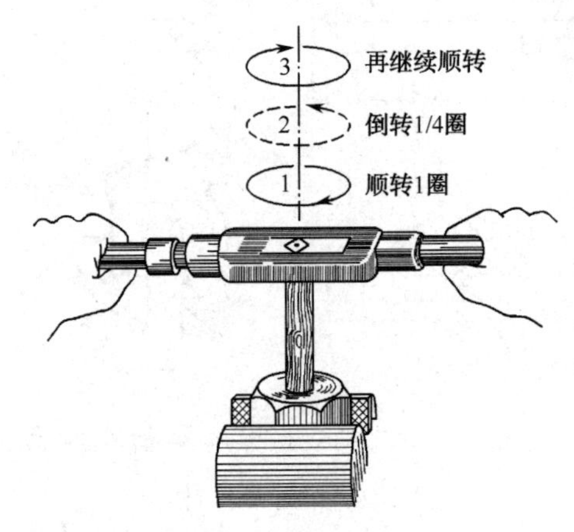

图 6-62 攻螺纹操作

2．套螺纹

套螺纹是用板牙在工件圆杆上加工出外螺纹的方法。它也用于修整外螺纹，如车削的螺栓，最后用板牙修整。由于板牙的廓形属内表面，制造精度不高，故只能加工低于 7 级精度的外螺纹，表面粗糙度 *Ra* 能达 6.3～3.2μm。通常在批量小、螺杆不长、直径不大、精度不高或修配工作中，以及缺少螺纹加工设备时应用。

（1）套螺纹的工具。

① 板牙。

板牙是切削外螺纹的刃具，其原型是一个螺母，它由切削部分、校准部分（定位部分）和排屑孔组成（见图 6-63）。板牙中心两端制出锥角为 60° 的内锥就是切削部分。切削部分长为 1.5～2.5 倍螺距。板牙一端的切削部分磨损后可调头使用。从切削部分向内是校准部分，起导向作用。

② 板牙架。

板牙架是用于夹持板牙并带动其转动的专用工具，其构造如图 6-64 所示。板牙架是专门固定板牙的，即用于夹持板牙和传递扭矩。板牙架上有装卡螺钉，将板牙紧固在架内。

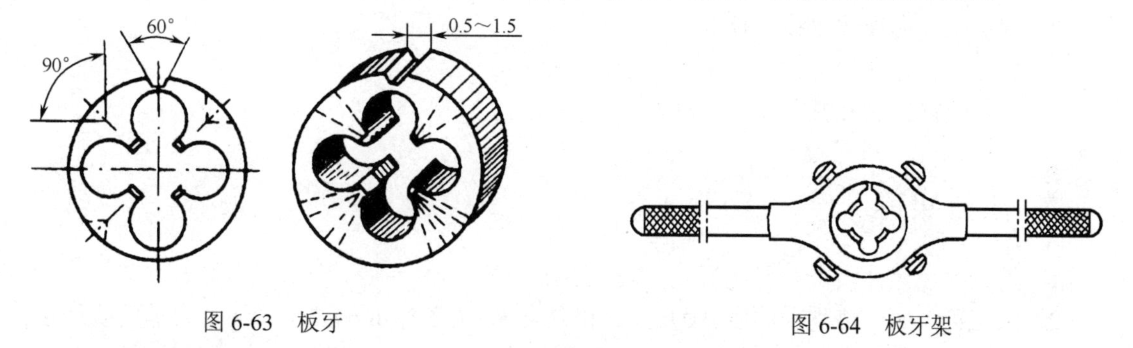

图 6-63　板牙　　　　图 6-64　板牙架

（2）套螺纹的方法。

① 套螺纹前圆杆直径的确定。

圆杆外径太大，板牙难以套入；太小，套出的螺纹牙形不完整。因此，圆杆直径应稍小于螺纹公称尺寸。计算圆杆直径的经验公式为：圆杆直径 $d\approx$螺纹外径 $D-0.13P$。

② 套螺纹的操作方法。

套螺纹的圆杆端部应倒角，如图 6-65（a）所示，使板牙容易对准工件中心，同时也容易切入。工件伸出钳口的长度，在不影响螺纹要求长度的前提下，应尽量短些。

套螺纹过程与攻螺纹过程相似。板牙端面应与圆杆垂直，操作时用力要均匀。开始转动板牙时，要稍加压力，套入三四扣后，可只转动不加压，并经常反转，以便断屑，如图 6-65（b）所示。

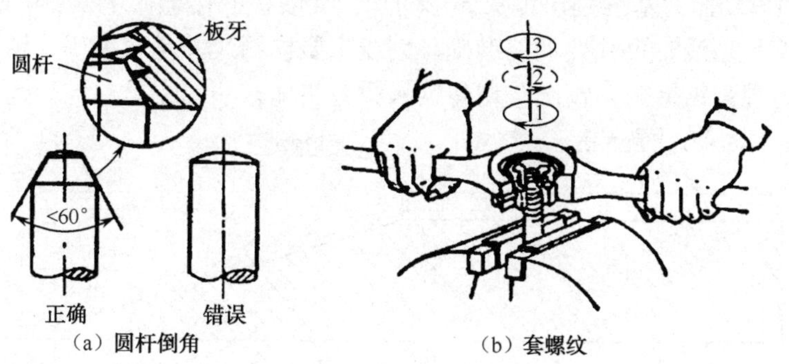

（a）圆杆倒角　　　　（b）套螺纹

图 6-65　圆杆倒角和套螺纹

【课堂训练】

（1）根据要求计算底孔直径，在钢件、铸件上钻底孔并攻螺纹。

（2）按图 6-66 所示，计算双头螺柱圆杆直径，并在圆杆上套螺纹。

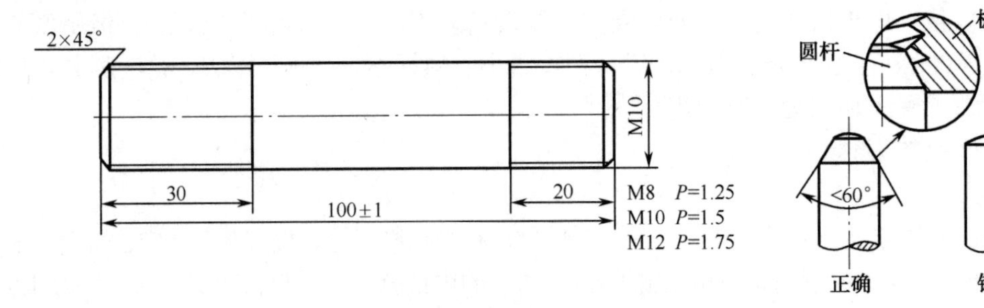

图 6-66　双头螺柱

【课后思考】

（1）划线工具有几类？如何正确使用？

（2）什么叫锯路？它有什么作用？

（3）锉平工件的操作要领是什么？

（4）钻孔时，选择转速、进给量的原则是什么？

（5）攻螺纹前的底孔直径如何计算？

任务实施

（1）检查毛坯尺寸大小、形状误差，确定加工余量。

（2）加工第一面，达到平面度 0.04mm、粗糙度 *Ra* 为 3.2μm 的要求（注：为了后续尺寸加工有足够的余量，此面余量去除不要太多，尽量控制在 0.5mm 左右）。

（3）加工第二面，达到垂直度 0.05mm、平面度 0.04mm、粗糙度 *Ra* 为 3.2μm 的要求（注：此面是另一个基准面，余量去除也应控制在 0.5mm 左右。为了避免夹伤已加工好的表面，钳口上应垫上钳口铁）。

（4）加工第三面，并保证尺寸 18±0.1mm、平行度 0.15mm，同时达到垂直度 0.05mm、平面度 0.04mm、粗糙度 *Ra* 为 3.2μm 的要求（注：此面增加了尺寸及平行度要求，加工时要控制好加工余量，并分粗加工、半精加工及精加工）。

（5）加工端面并与第一、二面垂直，且垂直度<0.05mm、平面度<0.04mm（注：此面较小，加工时要多测量，综合判断误差状况，正确修整）。

（6）以端面和第一面为基准划出锤头外形的加工界线，并用锯削方法去除多余量，如图 6-67 所示（注：用高度尺划线时尺寸要调整准确，划线完要检测尺寸是否准确，锯削时留 1～1.5 倍的加工余量，及时观察锯缝歪斜情况，切勿锯入锤头实体）。

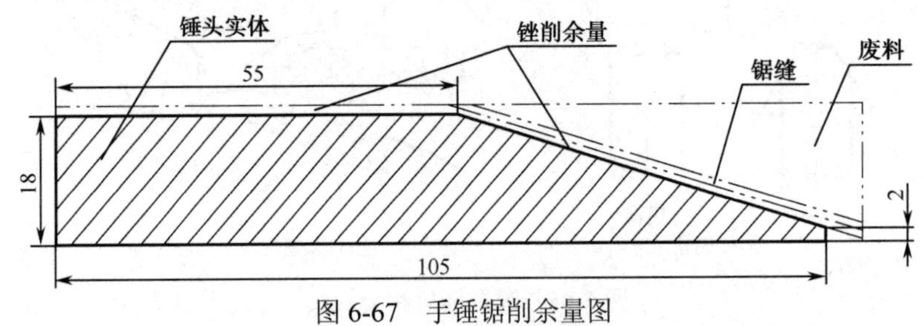

图 6-67　手锤锯削余量图

（7）加工第四面，并保证尺寸 18±0.1mm、平行度 0.15mm，同时达到垂直度 0.05mm、平面度 0.04mm、粗糙度 *Ra* 为 3.2μm 的要求。

（8）加工总长保证尺寸 105±0.2mm。

（9）加工斜面，并达到尺寸 55mm、2mm，还要保证垂直度、平面度 0.04mm 及粗糙度为 3.2μm 的要求。

（10）按图样要求划出 4-2×45° 倒角和 4-*R*2 的加工界线，先用圆锉加工出 *R*2，后用板锉加工出 2×45° 倒角，并连接光滑。

（11）按图样要求划出螺纹孔的加工位置线，如图 6-68 所示，钻孔ϕ8.5，孔口倒角 1.5×45°，再攻丝 M10。

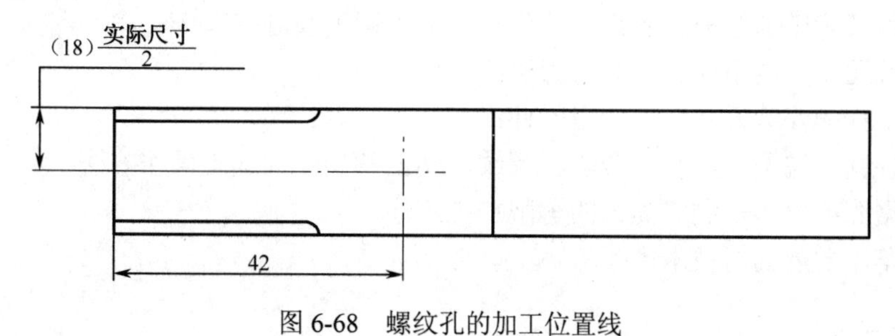

图 6-68　螺纹孔的加工位置线

具体操作方法如下：

① 划线敲样冲，检查样冲眼是否敲正；

② 钻ϕ3 深 2 的定位孔，检查孔距是否达到要求；

③ 钻孔ϕ8.5、孔口倒角 1.5×45°；

④ 攻丝 M10 螺纹孔，为了保证丝锥中心线与孔中心线重合，攻丝前可在钻床上先起丝再攻丝。

（12）锐角倒钝并去毛刺。

（13）检查。

第 7 章　车工训练与实践

学习要点

（1）了解车削加工的工艺特点及加工范围；

（2）熟悉卧式车床的组成及各部分的作用，能正确调整卧式车床；

（3）掌握普通车刀的组成、安装与刃磨；

（4）了解工件的安装方式及其所用附件；

（5）掌握外圆、端面、内孔、台阶、螺纹、切槽和切断的加工操作方法；

（6）能根据图纸要求，制定简单的车削加工工序；

（7）了解车工发展的新技术。

学习案例

图 7-1 为某阶梯轴零件图。该零件的结构具有如下特点：从形状上看，该轴为多阶梯结构的实心轴；从长度与直径之比看，该工件属于刚性轴；从表面加工类型看，外圆表面有圆柱面、退刀槽、端面、倒角、台阶、螺纹及键槽等。

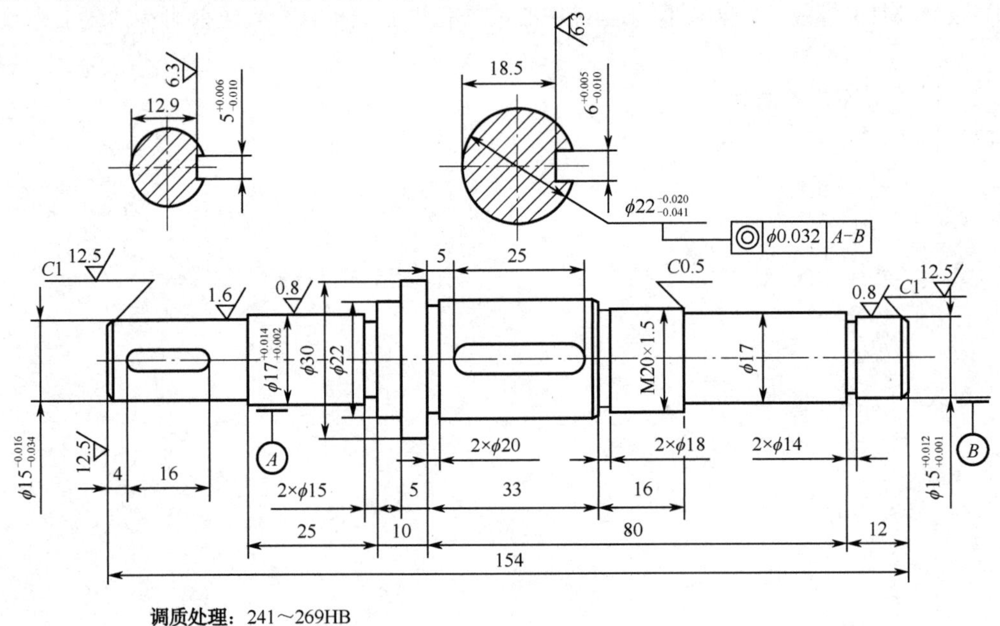

图 7-1　轴类零件图

任务分析

阶梯轴的技术要求是根据其功用和工作条件制定的。

（1）尺寸精度和形状精度：配合轴颈尺寸公差等级通常为 IT8～IT6，该轴配合轴颈两处为 IT7；支承轴颈一般为 IT7～IT6，精密的为 IT5，该轴支承轴颈ϕ17 及ϕ15 为 IT6；轴颈的形状精度（圆度、圆柱度）要求限制在直径公差范围之内，要求较高的应标注在零件图上，该轴形状公差均未注出。

（2）位置精度：配合轴颈对支承轴颈一般有径向圆跳动或同轴度要求，装配定位用的轴肩对支承轴颈一般有端面圆跳动或垂直度要求。径向圆跳动和端面圆跳动公差通常为 0.01～0.03mm，高精度轴为 0.001～0.005mm，同轴度为 0.032mm。

（3）表面粗糙度：轴颈的表面粗糙度值 *Ra* 应与尺寸公差等级相适应。公差等级为 IT5 的 *Ra* 值为 0.4～0.2μm；公差等级为 IT6 的 *Ra* 值为 0.8～0.4μm；公差等级为 IT8～IT7 的 *Ra* 值为 0.8～0.6μm。装配定位用的轴肩 *Ra* 值通常为 1.6～0.8μm。非配合的次要表面 *Ra* 值常取 6.3μm。该轴的两支承表面及ϕ22 配合表面为 0.8μm，ϕ15 配合表面为 1.6μm，键槽底孔为 6.3μm，其余为 12.5μm。

（4）热处理：轴的热处理要根据其材料和使用要求确定。对于传动轴，正火、调质和表面淬火用得较多。该轴要求调质处理。

相关知识

项目一　车工基本知识；
项目二　车削基本工艺；
项目三　车削新技术。

知识链接

项目一　车工基本知识

【知识准备】

一、车削的特点及加工范围

1．车削工作特点

在车床上，工件旋转，车刀在平面内作直线或曲线移动的切削称为车削。车削是以工件的旋转为主运动、车刀纵向或横向移动为进给运动的一种切削加工方法，如图 7-2 所示。

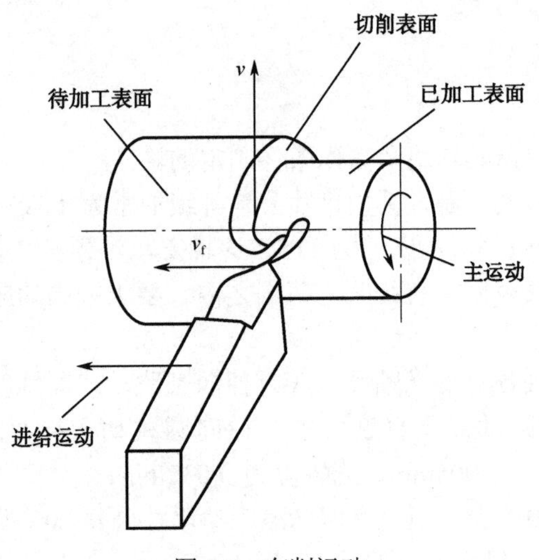

图 7-2　车削运动

2．车削加工范围

在车床上使用的刀具主要是车刀，还有钻头、铰刀、丝锥和滚花刀等。车床主要用来加工各种回转表面，如内、外圆柱面；内、外圆锥面；端面；内、外沟槽；内、外螺纹；内、外成形表面；丝杠、钻孔、扩孔、铰孔、镗孔、攻丝、套丝、滚花等。车削加工的基本内容如图 7-3 所示。

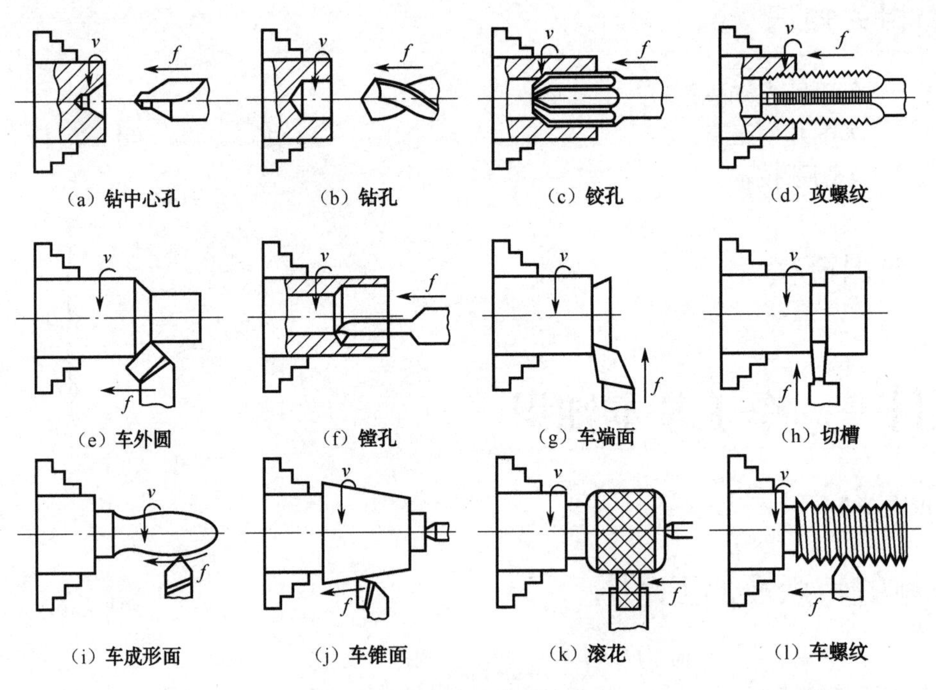

图 7-3　车削加工的基本内容

车削加工的尺寸精度较宽，一般可达 IT12～IT7，精车时可达 IT6～IT5。表面粗糙度 *Ra*（轮廓算术平均高度）数值的范围一般是 6.3～0.8μm。

二、卧式车床

车削加工是在车床上完成的。在机械加工中，车床是各种工作机床中应用最广泛的设备，约占金属切削机床总数的 50%。车床的种类和规格很多，其中以卧式车床应用最为广泛。

1．卧式车床的型号

机床型号用来表示机床的类别、特性、组系和主要参数的代号，如 CA6140：

C——类代号，车床类机床；

A——重大改进顺序号，第一次重大改进；

61——组系代号，卧式；

40——主参数，机床可加工工件最大的回转直径的 1/10，即该机床可加工最大工件直径为 400mm。

目前，供学生实习的车床有 C6132、CA6140、C618（18——床身导轨平面距主轴中心高为 180mm）三种车床。

2．卧式车床的组成部分及作用

卧式车床的组成部分有主轴箱、挂轮箱、进给箱、溜板箱、光杠、丝杠、刀架部件、尾座、床身及床腿等，其组成部分如图 7-4 所示。

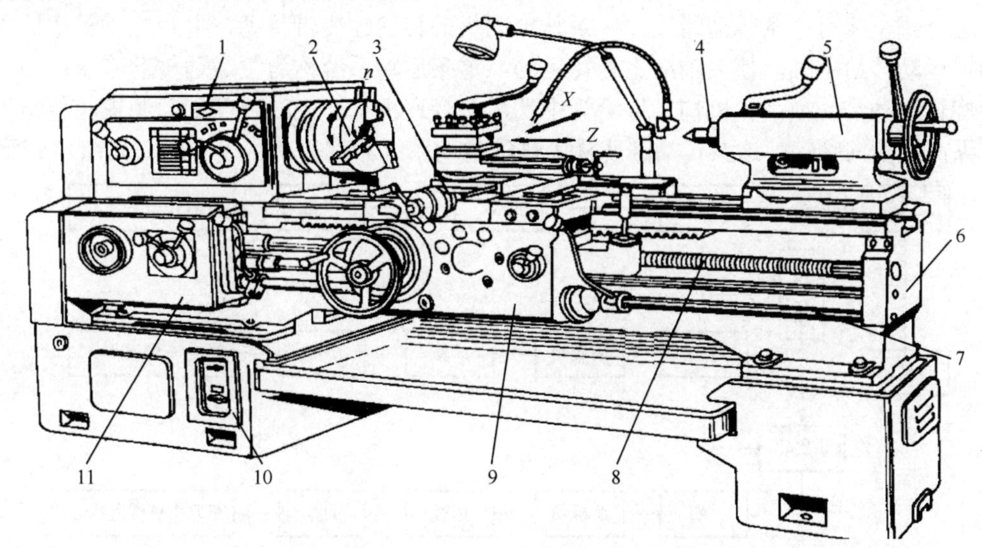

1—主轴箱；2—三爪卡盘；3—刀架部件；4—顶尖；5—尾座；6—床身；7—光杠；8—丝杠；9—溜板箱；10—床腿；11—进给箱

图 7-4　CA6140 型卧式车床示意图

（1）主轴箱。

主轴箱内装有主轴并使其获得需要的转速和转向。主轴前端可安装卡盘等夹具以装夹工件。

（2）挂轮箱。

挂轮箱将主轴的运动传给进给箱。通过改变挂轮的齿数，可以选择车削螺纹或蜗杆，或车削非标准螺纹。

（3）进给箱。

进给箱将挂轮箱传过来的运动经过变速后传递给丝杠或光杠，用以改变被加工螺纹的导程（蜗杆的模数）、机动进给的进给量。

（4）溜板箱。

溜板箱接收光杠（或丝杠）传过来的运动，通过操作溜板箱的手柄及按钮，可以驱动刀架部件实现车刀的纵向、横向进给运动或车螺纹运动。

（5）刀架部件。

刀架部件由床鞍、中滑板、小滑板、转盘、方刀架等组成，用来装夹车刀并带动车刀作纵向、横向、斜向运动。

（6）尾座。

其底面与床身导轨面接触，可调整并固定在床身导轨面的任意位置上。在尾座套筒内装上顶尖可夹持轴类工件，装上钻头或铰刀可用于钻孔或铰孔。

（7）床身。

床身是车床的基础支承件，用于支承并连接车床的各个部件，保证各部件在工作时有准确的相对位置。

（8）床腿。

支承床身并与地基连接。

3．卧式车床的传动路线

普通卧式车床有两条传动路线：一条是电动机的转动经皮带传动，再经主轴箱中的主轴变速机构把运动传给主轴，使主轴产生旋转运动，这条运动系统称为主运动传动系统；另一条是主轴的旋转运动经交换齿轮机构、进给箱中的齿轮变速机构、光杠或丝杠、溜板箱传给刀架，使刀具纵向或横向移动，这条传动路线称为进给传动系统。其传动路线示意图如图 7-5 所示。

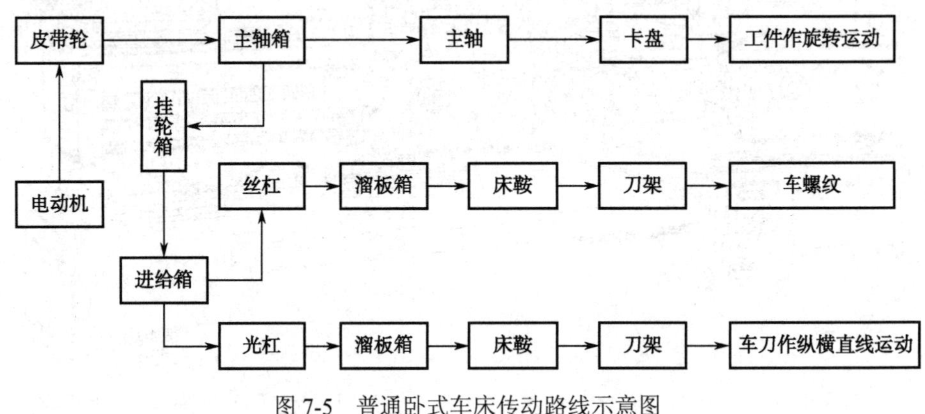

图 7-5　普通卧式车床传动路线示意图

三、车刀及其安装

1．车刀的种类和用途

车刀按用途分为外圆车刀、内圆车刀、切断或切槽刀、螺纹车刀及成形车刀等；车刀按其形状分为直头或弯头车刀、尖刀或圆弧车刀、左右偏刀等；车刀按其材料可分为高速钢车刀或硬质合金车刀等；按被加工表面精度的高低可分为粗车刀和精车刀；按车刀的结构可分为焊接式车刀和机械夹固式两类，其中机械夹固式车刀又按其能否刃磨分为重磨式车刀和不重磨式（转位式）车刀。现介绍几种常用车刀，如表 7-1 所示。

表 7-1　几种常用车刀

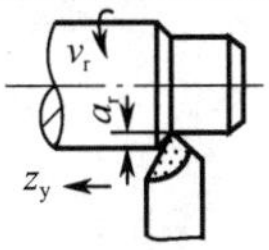 直头车刀	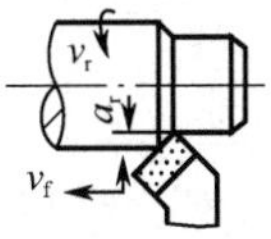 弯头车刀	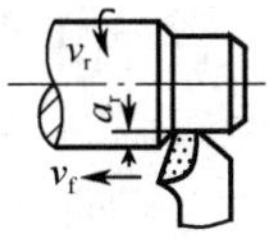 75° 强力车刀	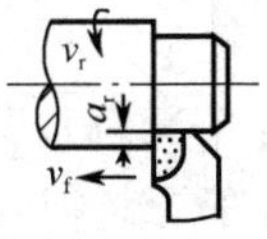 90° 偏刀
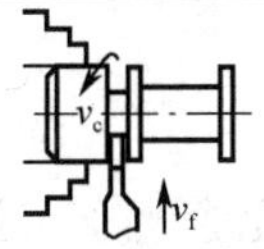 切断刀或切槽刀	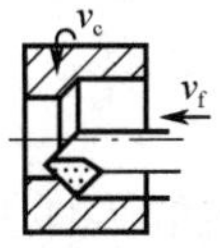 扩孔刀（通孔）	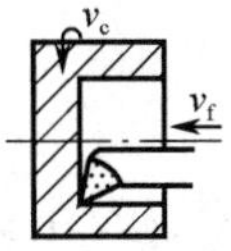 扩孔刀（不通孔）	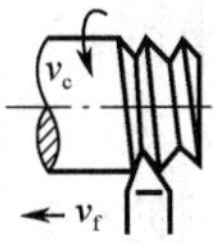 螺纹车刀

（1）外圆车刀。

外圆车刀又称尖刀，主要用于车削外圆、平面和倒角。外圆车刀一般有三种形状。

① 直头尖刀。主偏角与副偏角基本对称，一般在 45° 左右，前角可在 5° ～30° 之间选用，后角一般为 6° ～12° 。

② 45° 弯头车刀。主要用于车削不带台阶的光轴，它可以车外圆、端面和倒角，使用比较方便，刀头和刀尖部分强度高。

③ 75° 强力车刀。主偏角为 75° ，适用于粗车加工余量大、表面粗糙、有硬皮或形状不规则的零件，它能承受较大的冲击力，刀头强度高，耐用度高。

（2）偏刀。

偏刀的主偏角为 90° ，用来车削工件的端面和台阶，有时也用来车外圆，特别是用来车削细长工件的外圆，可以避免把工件顶弯。偏刀分为左偏刀和右偏刀两种，常用的是右偏刀，它的刀刃向左。

（3）切断刀和切槽刀。

切断刀的刀头较长，其刀刃也狭长，这是为了减少工件材料消耗和切断时能切到中心的缘故。因此，切断刀的刀头长度必须大于工件的半径。切槽刀与切断刀基本相似，只不过其形状应与槽间一致。

（4）扩孔刀。

扩孔刀又称镗孔刀，用来加工内孔。它可以分为通孔刀和不通孔刀两种。通孔刀的主偏角小于 90° ，一般在 45° ～75° 之间，副偏角在 20° ～45° 之间，扩孔刀的后角应比外圆车刀稍大，一般为 10° ～20° 。不通孔刀的主偏角应大于 90° ，刀尖在刀杆的最前端，为了使内孔底面车平，刀尖与刀杆外端距离应小于内孔的半径。

（5）螺纹车刀。

螺纹按牙形分有三角形、方形和梯形等，相应地使用三角形螺纹车刀、方形螺纹车刀和梯形螺纹车刀等。螺纹的种类很多，其中以三角形螺纹车刀应用最广。采用三角形螺纹车刀车削公制螺纹时，其刀尖角必须为 60° ，前角取 0° 。

2．车刀的组成及几何角度

第 3 章详述。

3．车刀的安装

安装车刀时应注意下列几点，如图 7-6 所示。

（1）车刀刀尖应与工件轴线等高。

若车刀装得太高，则车刀的主后面会与工件产生强烈的摩擦；若装得太低，切削就不顺利，工件甚至会被抬起来，使工件从卡盘上掉下来，或把车刀折断。为了使车刀对准工件轴线，可按床尾架顶尖的高低进行调整。

（2）车刀不能伸出太长。

若刀伸得太长，切削起来容易发生振动，使车出来的工件表面粗糙，甚至会把车刀折断。但也不宜伸出太短，太短会使车削不方便，容易使刀架与卡盘碰撞。一般伸出长度不超过刀杆高度的 1.5 倍。

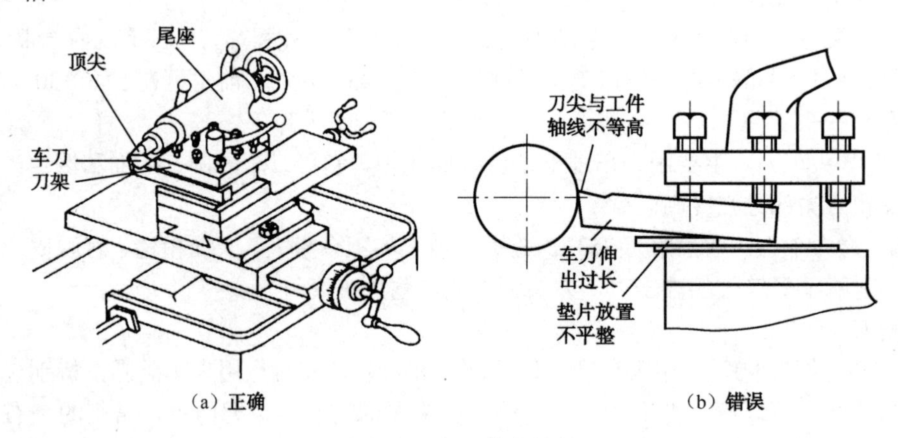

图 7-6　车刀的安装

（3）每把车刀安装在刀架上时，不可能刚好对准工件轴线，一般会偏低，因此可用一些厚薄不同的垫片来调整车刀的高低。

（4）车刀刀杆应与车床主轴轴线垂直。

（5）车刀位置装正后，应交替拧紧刀架螺钉。

4．车刀的刃磨

磨高速钢车刀用氧化铝砂轮（白色），磨硬质合金车刀用碳化硅砂轮（绿色）。

（1）车刀刃磨的步骤（见图 7-7）如下。

① 磨前刀面。先将刀杆尾部下倾，再按前角大小倾斜前面，使主切削刃与刀杆底部平行或倾斜一定的角度，再使前面自下而上慢慢地接触砂轮（见图 7-7（a））。

② 磨主后刀面。按主偏角大小将刀杆向左偏斜，再将刀头向上翘，使主后刀面自下而上慢慢地接触砂轮（见图 7-7（b））。

③ 磨副后刀面。按副偏角大小将刀杆向右偏斜，再将刀头向上翘，使副后刀面自下而上慢慢地接触砂轮（见图 7-7（c））。

④ 磨刀尖圆弧。刀尖上翘，使过渡刃有后角，为防止圆弧刃过大，需轻靠或轻摆刃磨（见

图 7-7（d））。

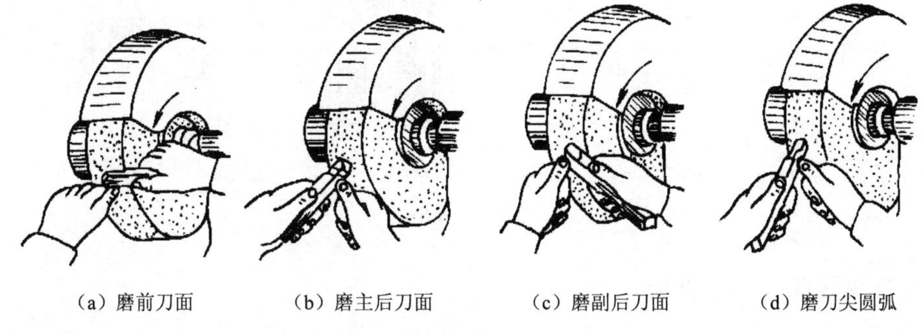

（a）磨前刀面　（b）磨主后刀面　（c）磨副后刀面　（d）磨刀尖圆弧

图 7-7　刃磨外圆车刀的一般步骤

（2）磨刀注意事项。

① 磨刀时，人应站在砂轮的侧前方，双手握稳车刀，用力要均匀。

② 刃磨时，将车刀左右移动着磨，否则会使砂轮产生凹槽。

③ 磨硬质合金车刀时，不可把刀头放入水中，以免刀片突然受冷收缩而碎裂。磨高速钢车刀时，要经常冷却，以免失去硬度。

四、工件的安装及附件

在车床上常用三爪自定心卡盘、四爪单动卡盘、顶尖、中心架、跟刀架、心轴、花盘和弯板等附件来装夹工件，在成批大量生产中还可以用专用夹具来装夹工件。

1．工件在三爪卡盘上的安装

见第 3 章。

2．工件在四爪卡盘上的安装

四爪卡盘也是车床常用的附件（见图 7-8），四爪卡盘上的四个爪分别通过转动螺杆实现单动。根据加工的要求，利用划针盘校正后，安装精度比三爪卡盘高，四爪卡盘的夹紧力大，适用于夹持较大的圆柱形工件或形状不规则的工件。

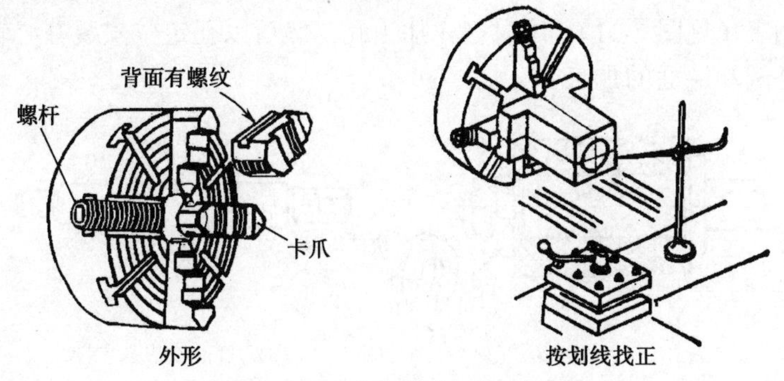

图 7-8　四爪卡盘装夹工件的方法

3．顶尖

常用的顶尖有死顶尖和活顶尖两种，如图 7-9 所示。

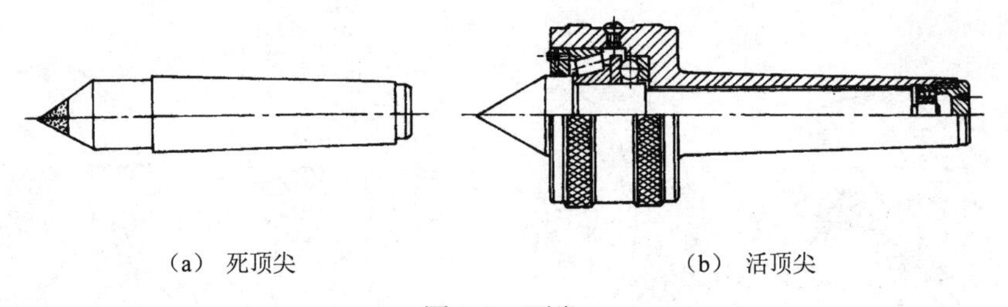

（a）死顶尖　　　　（b）活顶尖

图 7-9　顶尖

4．工件在两顶尖之间的安装

较长或加工工序较多的轴类工件，为保证工件的同轴度要求，常采用两顶尖的装夹方法，如图 7-10（a）所示。工件支承在前后两顶尖间，由卡箍、拨盘带动旋转。前顶尖装在主轴锥孔内，与主轴一起旋转。后顶尖装在尾架锥孔内固定不转。有时也可用三爪卡盘代替拨盘（见图 7-10（b）），此时前顶尖用一段钢棒车成，夹在三爪卡盘上，卡盘的卡爪通过鸡心夹头带动工件旋转。

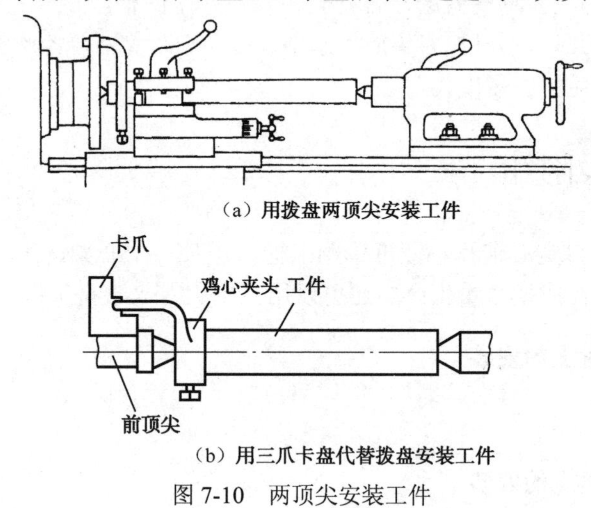

（a）用拨盘两顶尖安装工件

（b）用三爪卡盘代替拨盘安装工件

图 7-10　两顶尖安装工件

5．工件在心轴上的安装

精加工盘套类零件时，如果孔与外圆的同轴度及孔与端面的垂直度要求较高，工件需在心轴上装夹后进行加工（见图 7-11）。这时应先加工孔，然后以孔定位安装在心轴上，再一起安装在两顶尖上进行外圆和端面的加工。

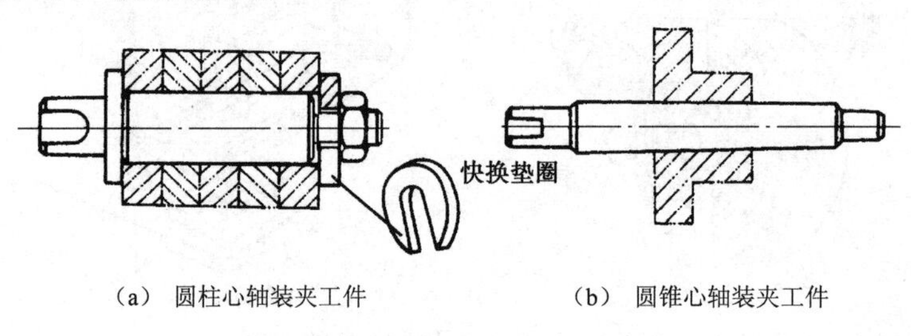

（a）圆柱心轴装夹工件　　　　（b）圆锥心轴装夹工件

图 7-11　心轴装夹工件

6．工件在花盘上的安装

在车削形状不规则或形状复杂的工件时，三爪、四爪卡盘或顶尖都无法装夹，必须用花盘进行装夹（见图 7-12）。花盘工作面上有许多长短不等的径向导槽，使用时配以角铁、压块、螺栓、螺母、垫块和平衡铁等，可将工件装夹在盘面上。

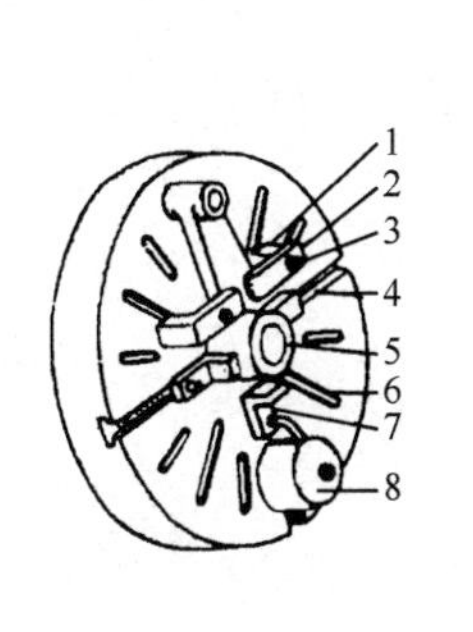

（a）花盘上装夹工件

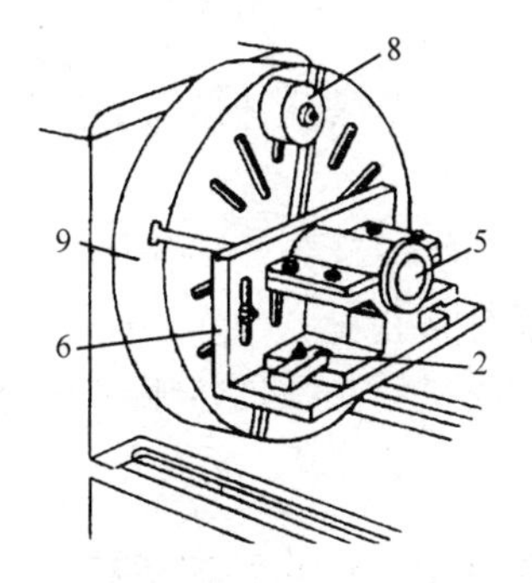

（b）花盘与弯板配合装夹工件

1—垫铁；2—压板；3—压板螺钉；4—T 形槽；5—工件；6—弯板；7—可调螺钉；8—配重铁；9—花盘

图 7-12　花盘装夹工件

7．中心架和跟刀架的使用

当车削长度为直径 20 倍以上的细长轴或端面带有深孔的细长工件时，由于工件本身的刚性很差，当受切削力的作用时，往往容易产生弯曲变形和振动，容易把工件车成两头细、中间粗的腰鼓形。为防止上述现象发生，需要附加辅助支承，即中心架或跟刀架。

中心架主要用于加工有台阶或需要调头车削的细长轴，以及端面和内孔（钻中孔）。中心架固定在床身导轨上，车削前调整其三个爪与工件轻轻接触，并加上润滑油，如图 7-13 所示。

图 7-13　用中心架车削外圆、内孔及端面

对于不适宜调头车削的细长轴，不能用中心架支承，而要用跟刀架支承，以增加工件的刚性，如图 7-14 所示。使用两爪跟刀架时，车刀给工件的切削抗力使工件贴在跟刀架的两个支承爪上，但由于工件本身的重力及偶然的弯曲，车削时工件会瞬时离开和接触支承爪，因而产生振动。比较理想的中心架是三爪中心架，如图 7-15 所示。

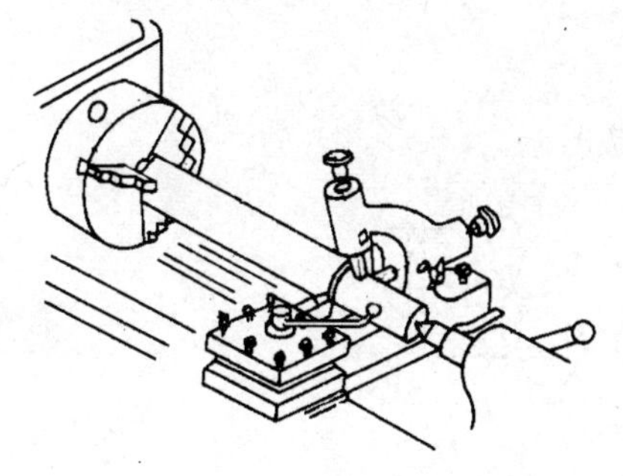

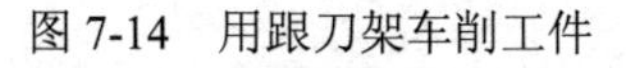
图 7-14　用跟刀架车削工件

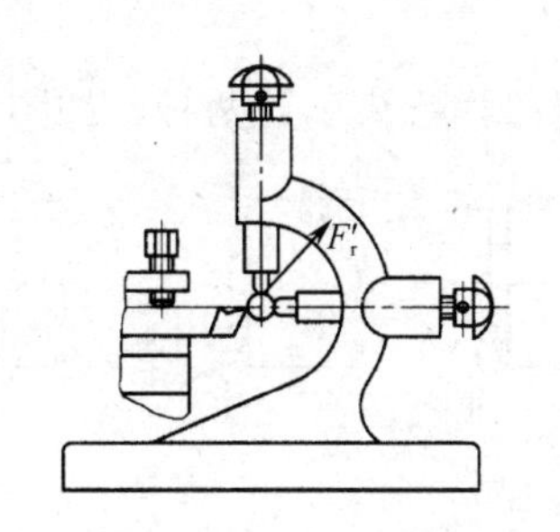

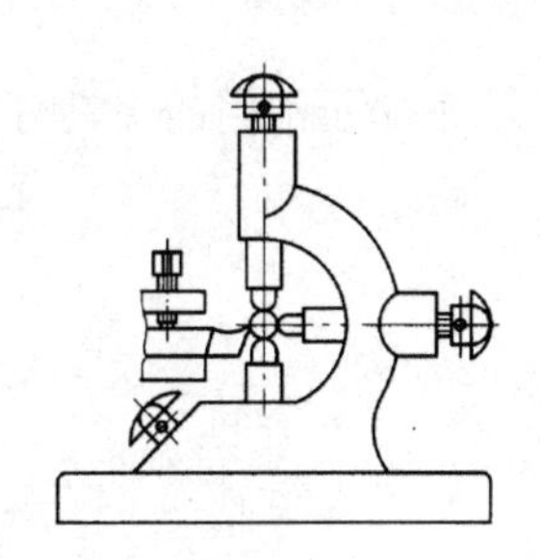

图 7-15　跟刀架支承车削细长轴

【课堂训练】

（1）在老师指导下，学会正确刃磨车刀；

（2）练习正确安装车刀；

（3）结合所操作的卧式车床具体型号，进行低速度开车练习。

【课后思考】

（1）简述卧式车床的组成部分及工作原理。

（2）车削加工范围有哪些？

（3）车刀切削部分的材料必须具备哪些性能？

项目二　车削基本工艺

【知识准备】

一、车外圆

在车削加工中，外圆车削是基础，几乎绝大部分工件都少不了外圆车削这道工序。将工件车削成圆柱形外表面的方法称为车外圆，常见的车外圆方法有下列几种（见图 7-16）。

（1）用直头车刀车外圆：这种车刀强度较好，常用于粗车外圆。

（2）用 45° 弯头车刀车外圆：适用于车削不带台阶的光滑轴。

（3）用主偏角为 90° 的偏刀车外圆：适于加工细长工件的外圆。

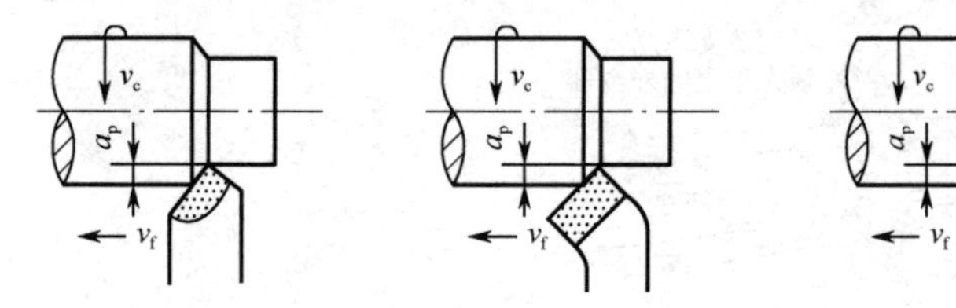

图 7-16　车外圆

二、车端面和台阶

圆柱体两端的平面叫端面。由直径不同的两个圆柱体相连接的部分叫台阶。

1．车端面

车端面常用的刀具有偏刀和弯头车刀两种，如图 7-17 所示。

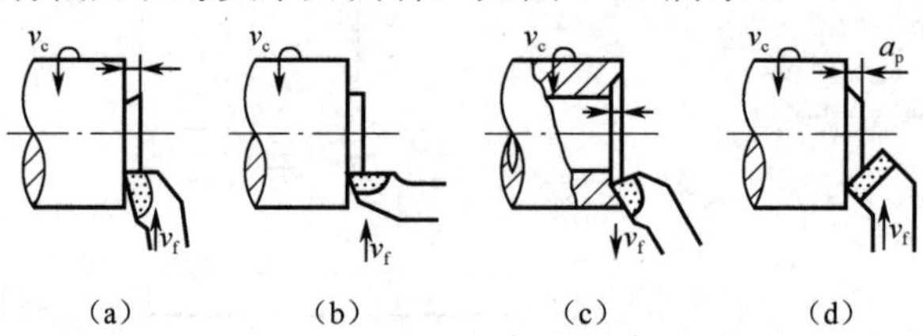

图 7-17　车端面

① 用右偏刀车端面（见图 7-17（a））。用此右偏刀车端面时，如果由外向里进刀，则是利用副刀刃在进行切削，故切削不顺利，表面也车不细，车刀嵌在中间，使切削力向里，因此车刀容易扎入工件而形成凹面。用左偏刀由外向中心车端面（见图 7-17（b）），主切削刃切削，切削条件有所改善。用右偏刀由中心向外车削端面时（见图 7-17（c）），由于是利用主切削刃进行切削的，所以切削顺利，也不易产生凹面。

② 用弯头刀车端面（见图 7-17（d）），以主切削刃进行切削则很顺利，如果再提高转速，也可车出粗糙度较小的表面。

2．车台阶

（1）低台阶车削方法。

较低的台阶面可用偏刀在车外圆时一次走刀同时车出，车刀的主切削刃要垂直于工件的轴线（见图 7-18（a）），可用角尺对刀或以车好的端面来对刀（见图 7-18（b）），使主切削刃和端面贴平。

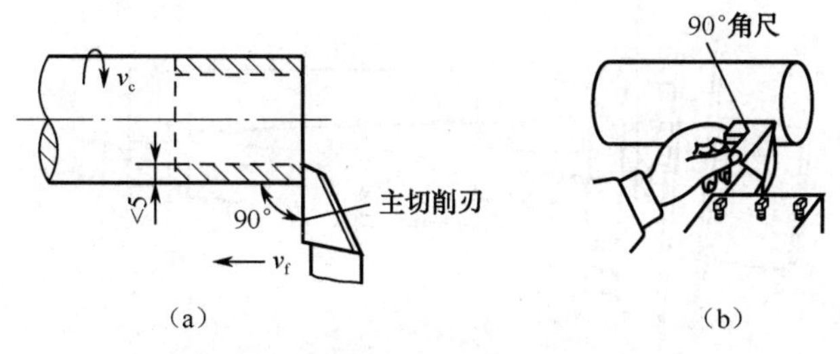

图 7-18　车低台阶

（2）高台阶车削方法。

车削高于 5mm 台阶的工件时，因肩部过宽，车削时会引起振动。

因此，高台阶工件可先用外圆车刀把台阶车出大致形状，然后将偏刀的主切削刃装得与工件端面有 5° 左右的间隙，分层进行切削（见图 7-19），但最后一刀必须用横走刀完成，否则会使车出的台阶偏斜（见图 7-20）。

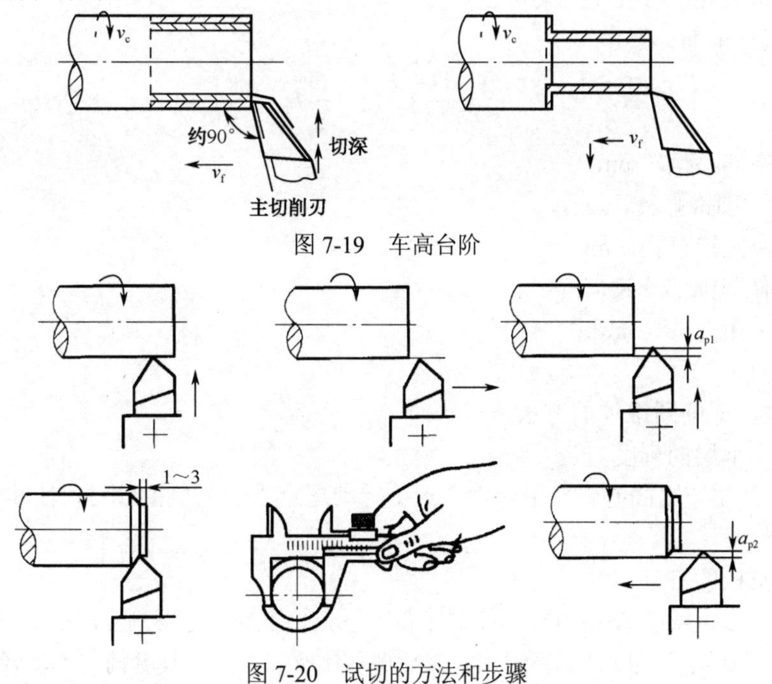

图 7-19　车高台阶

图 7-20　试切的方法和步骤

【课堂训练】

（1）手动进给车削外圆、平面和倒角；

（2）机动进给车削外圆和平面并调头接刀。

三、车锥体

1．偏移尾座法车圆锥

如图 7-21 所示，工件装夹在两顶尖间，将尾座上部沿横向向前或向后偏移一定距离 S，使工件的回转轴线与车床主轴线的夹角等于工件的半锥角$\alpha/2$，车刀纵向自动进给即可车出所需的锥面。为加工检验方便，常将尾座上部向操作者一方偏移，以使锥体小端在床尾方向。

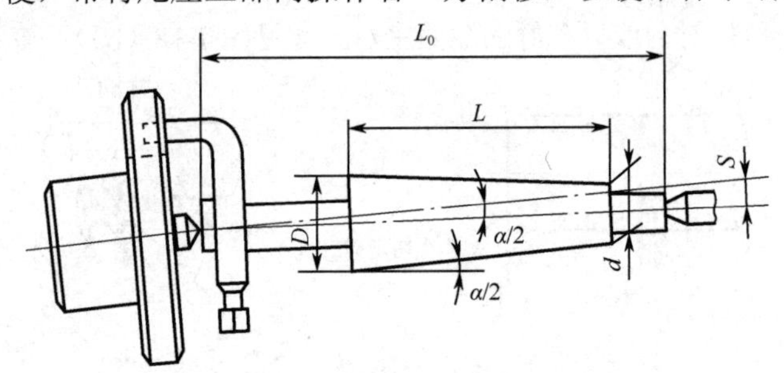

图 7-21 偏移尾座法车圆锥

偏移尾座法车削圆锥体的特点：

① 适用于加工锥度较小、精度不高、锥体较长的工件；

② 可以纵向机动进给车削，因此工件表面质量较好；

③ 不能车削圆锥孔及整锥体；

④ 易造成顶尖和中心孔不均匀磨损。

（1）尾座偏移量的计算：

$$S=\frac{D-d}{2L}L_0=\frac{C}{2}L_0$$

式中：S——尾座偏移量，mm；

D——最大圆锥直径，mm；

d——最小圆锥直径，mm；

L——工件圆锥部分长，mm；

L_0——工件的总长，mm；

C——锥度。

（2）偏移尾座车削圆锥体的方法。

① 应用尾座下层的刻度。

偏移时，松开尾座紧固螺钉，用内六方扳手转动尾座上层两侧的螺钉，使其移动 S，然后拧紧尾座紧固螺母。

② 应用中滑板的刻度。

在刀架上夹一铜棒，摇动中滑板，使铜棒和尾座套筒接触，记下刻度，根据 S 的大小算出中滑板应转过几格，接着按刻度使铜棒退出，然后偏移尾座的上层，使套筒与铜棒轻微接触为止。

③ 应用百分表法。

把百分表固定在刀架上，使百分表与尾座套筒接触，找正百分表零位，然后偏移尾座，当百分表指针转动 S 时把尾座固定，如图 7-22 所示。

（3）工件装夹。

（1）把两顶夹的距离调整为工件的总长，尾座套筒在尾座内伸出量一般小于套筒总长的二分之一。

② 两个中心孔内必须加润滑油（黄油）。

③ 工件在两顶尖间的松紧程度，以手不用力拨动工件（只要没有轴向窜动）为宜。

2．靠模法车圆锥

如图 7-23 所示，靠模装置的底座固定在车床床身上。装在底座上的靠模板可绕中心轴旋转到与工件轴线成所需的半锥角 $\alpha/2$，靠模板内的滑块可自由地沿靠模板滑动，滑块与中滑板用螺钉压板固定在一起，为使中滑板能横向自由滑动，需将中滑板横向进给丝杠与螺母脱开，同时将小滑板转过 90° 作吃刀用。当大溜板纵向进给时，滑块既纵向移动又带动中滑板横向移动，从而使车刀运动方向平行于靠模板，加工出的锥面半锥角等于靠模板转角的 $\alpha/2$。

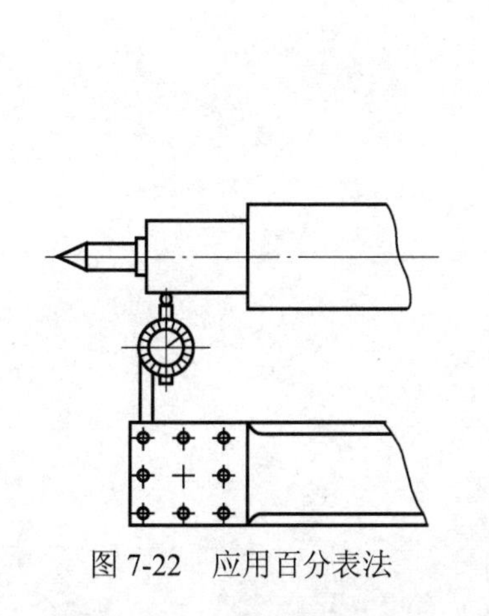

图 7-22　应用百分表法

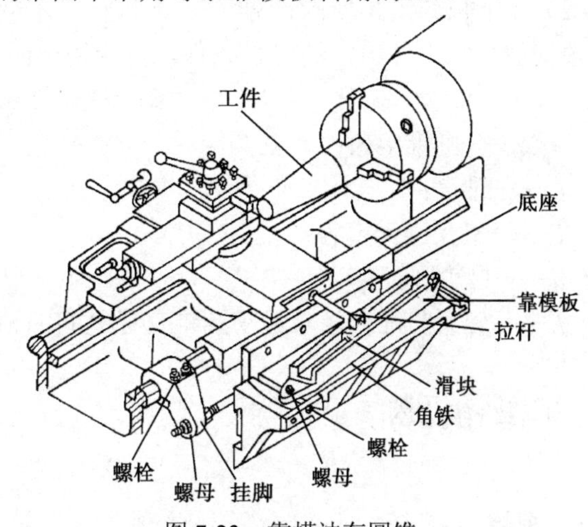

图 7-23　靠模法车圆锥

这种方法可车削较长的内、外圆锥面，可自动进给，加工的锥面的表面粗糙度值与车外圆柱面相同。但所加工锥面的半锥角 $\alpha/2$ 不能大于 12°。它适用于成批和大量生产。

3．宽刀法车圆锥

车刀安装时，平直的切削刃与工件轴线的夹角应等于锥面的半锥角 $\alpha/2$。切削时，车刀作横向或纵向进给，如图 7-24 所示。宽刀法加工锥面，要求工艺系统刚性好，锥面较短（$l \leqslant 20$～25mm），否则易引起振动、产生波纹。宽刀法适用于大批、大量生产中车削较短的锥面。如果孔径较大、内孔车刀刚性大，也可车削内锥面。

4．小滑板转位法车圆锥

车较短的圆锥体时，可以用转动小滑板的方法，如图 7-25 所示。小滑板的转动角度也就是小滑板导轨与车床主轴轴线相交的角度，它的大小应等于所加工零件的圆锥半角值，小滑板的转动方向取决于工件在车床上的加工位置。

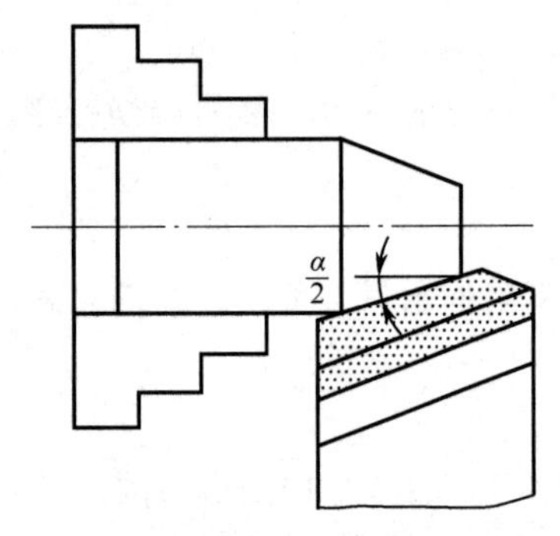

图 7-24　宽刀法车圆锥

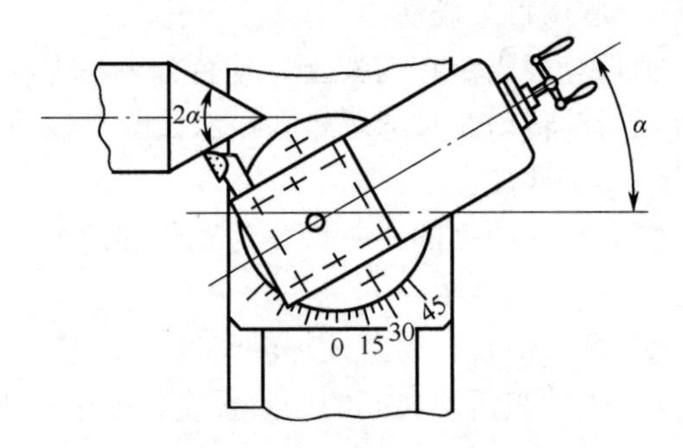

图 7-25　小滑板转位法车圆锥

（1）转动小滑板车圆锥体的特点：

① 能车圆锥角度较大的工件，可超出小滑板的刻度范围；

② 能车出整个圆锥体和圆锥孔，操作简单；

③ 只能手动进给，劳动强度大，但不易保证表面质量；

④ 受行程限制只能加工锥面不长的工件。

（2）小滑板转动角度的计算。

根据被加工零件给定的已知条件，可应用下面的公式计算圆锥半角：

$$\tan\alpha/2=C/2=D-d/2L$$

式中：$\alpha/2$——圆锥半角；

C——锥度；

D——最大圆锥直径；

d——最小圆锥直径；

L——最大圆锥直径与最小圆锥直径之间的轴向距离。

四、车槽和切断

1．车槽

（1）切外沟槽。

切槽刀的几何角度如图 7-26 所示。切槽刀前面的刀刃是主刀刃，两侧刀刃是副刀刃。切槽刀安装后刀尖应与工件轴线等高，主切削刃平行于工件轴线，两副偏角相等，主偏角为 90° 。

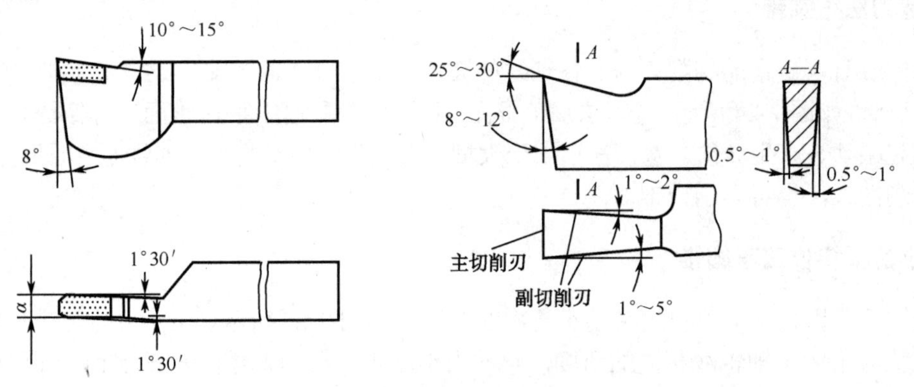

图 7-26　切槽刀的几何角度

切削宽度不大的外沟槽，可以用主刀刃宽度等于槽宽的车刀一次横向进给车出。较宽的沟槽，用切槽刀分几次进刀，先把槽的大部分余量切出，在槽的两侧和底部留出精车余量，如图 7-27 所示。

（2）切端面直槽。

在端面上切直槽时，切槽刀的一个刀尖 a 处的副后面要按端面槽圆弧的大小刃磨成圆弧形，并磨有一定的后角，可避免副后面与槽的圆弧相碰，如图 7-28 所示。

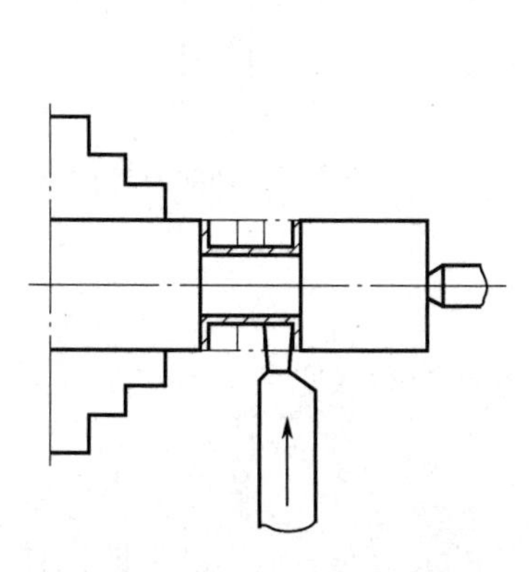

图 7-27　切槽刀切宽槽

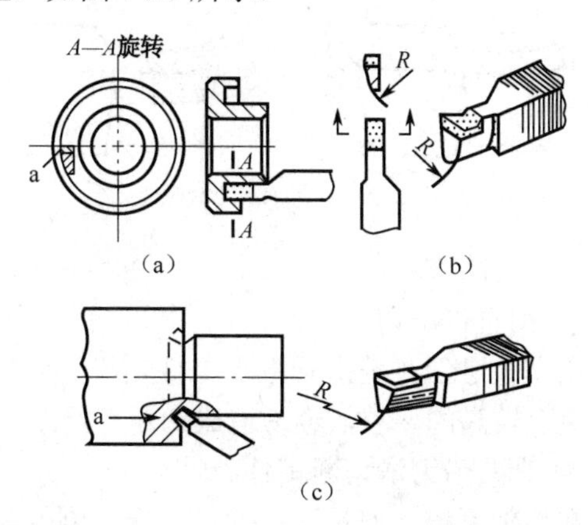

图 7-28　端面切槽刀的几何形状及车削

（3）切内沟槽。

内沟槽车刀与切断刀的几何形状基本相似，仅是安装方向相反。因为是在内孔中切槽，所以磨有两个后角。若在小孔中加工槽，则刀具做成整体式，直径稍大些，可采用刀杆装夹式，如图 7-29 所示。

内沟槽车刀在安装时，应使主切削刃与内孔中心等高或略高，两侧副偏角须对称。采用装夹式内沟槽车刀时，刀头伸出的长度应大于槽深 h，如图 7-30 所示，同时要求：

$$d+a<D$$

式中：D——内孔直径；

d——刀杆直径；

a——刀头在刀杆上伸出的长度。

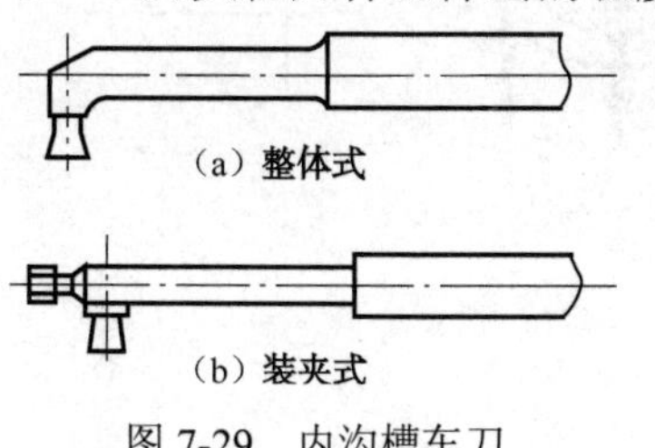

图 7-29　内沟槽车刀

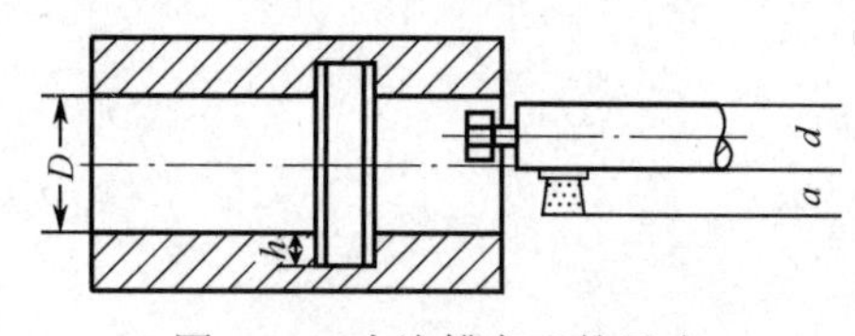

图 7-30　内沟槽车刀的尺寸

2．切断

（1）切断刀的形状。

切断刀形状与切槽刀相似，但刀头窄长，厚度大，且主切削刃两边要磨出斜刃以利于排屑，如图 7-31 所示。

（2）切断刀的安装。

刀具安装时，主切削刃必须对准工件的旋转中心，过高、过低均会使工件中心部位形成凸台并损坏刀头。切削时，刀具径向进刀直至工件中心，如图 7-32 所示。

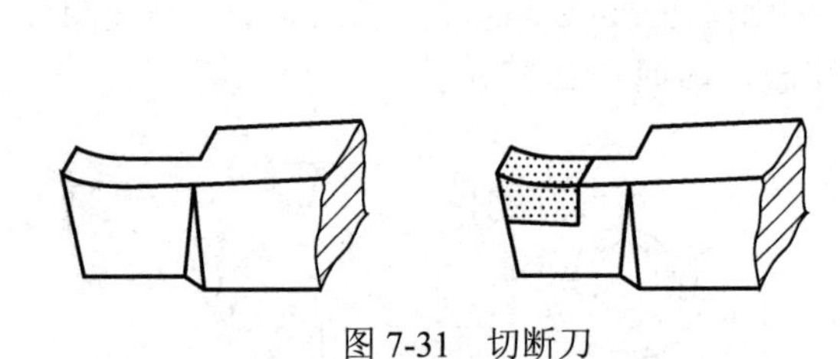

图 7-31　切断刀

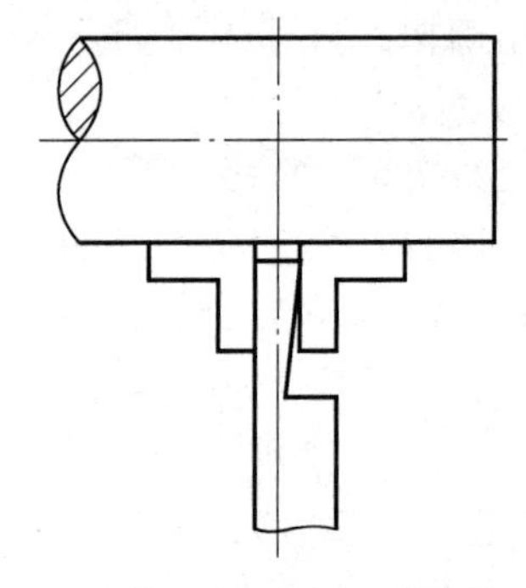

图 7-32　切断刀的安装

（3）切断方法。

① 用直进法切断工件。

所谓直进法，是指垂直于工件轴线方向切断，这种切断方法切断效率高，但对车床刀具刃磨装夹有较高的要求，容易造成切断刀折断，如图 7-33（a）所示。

② 左右借刀法切断工件。

在切削系统（刀具、工件、车床）刚性等不足的情况下，可采用左右借刀法切断工件，这种方法是指切断刀在径向进给的同时，车刀在轴线方向反复地往返移动直至工件切断，如图 7-33（b）所示。

③ 反切法切断工件。

反切法是指工件反转、车刀反装，这种切断方法适用于切断较大直径工件。反转切断时作用在工件上的切削力与主轴重力方向一致向下，因此主轴不容易产生上下跳动，所以切断工件比较平稳，如图 7-33（c）所示。

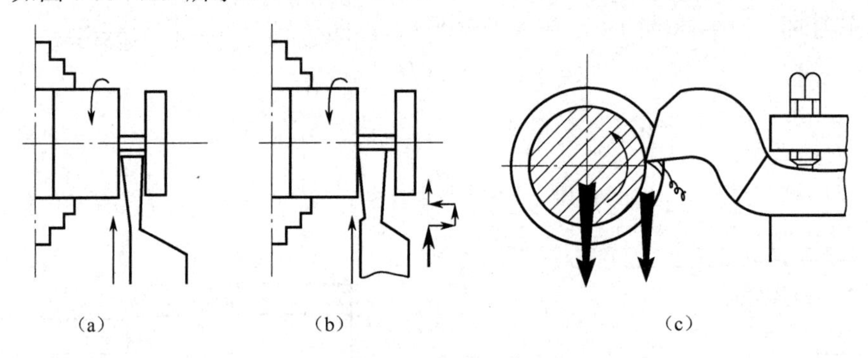

（a）　（b）　（c）

图 7-33　切断方法

五、车螺纹

1．三角形螺纹车刀的几何角度（见图 7-34）

（1）刀尖角应该等于牙形角。车普通螺纹时为 60°，英制螺纹为 55°。

（2）前角一般为 0°～10°。因为螺纹车刀的纵向前角对牙形角有很大影响，所以精车时或车精度要求高的螺纹时，径向前角应取得小一些，约 0°～5°。

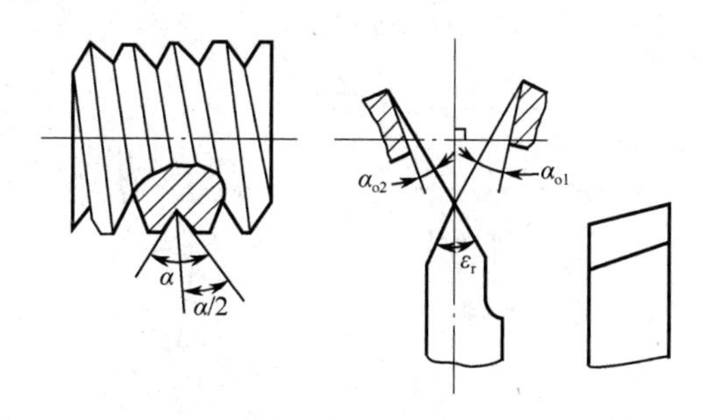

图 7-34　三角形螺纹车刀的几何角度

（3）后角一般为 5°～10°。因受螺纹升角的影响，进刀方向一面的后角应磨得稍大一些。但对于大直径、小螺距的三角形螺纹，这种影响可忽略不计。

2．三角形螺纹车刀的刃磨

（1）刃磨要求。

① 根据粗、精车的要求，刃磨出合理的前、后角。粗车刀前角大、后角小，精车刀则相反。

② 车刀的左右刀刃必须是直线，无崩刃。

③ 刀头不歪斜，牙形半角相等。

④ 内螺纹车刀刀尖角平分线必须与刀杆垂直。

⑤ 内螺纹车刀后角应适当大些，一般磨有两个后角。

（2）刀尖角的刃磨和检查。

在刃磨高速钢螺纹车刀时，若感到发热烫手，必须及时用水冷却，否则容易引起刀尖退火；刃磨硬质合金车刀时，应注意刃磨顺序，一般先将刀头后面适当粗磨，随后再刃磨两侧面，以免产生刀尖爆裂。在精磨时，应注意防止压力过大而震碎刀片，同时要防止刀具在刃磨时骤冷而损坏刀具。

为了保证磨出准确的刀尖角，在刃磨时可用螺纹角度样板测量，如图 7-35 所示。测量时把刀尖角与样板贴合，对准光源，仔细观察两边贴合的间隙，并进行修磨。

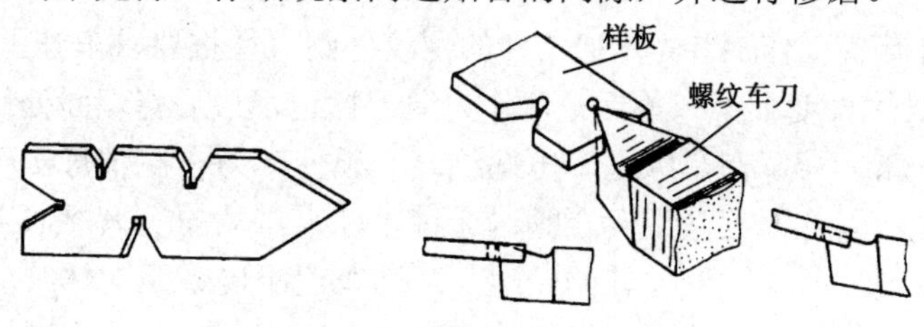

图 7-35　刀尖角的刃磨及检查

3．螺纹车刀的装夹

（1）装夹车刀时，刀尖一般应对准工件中心（可根据尾座顶尖高度检查）。

（2）车刀刀尖角的对称中心线必须与工件轴线垂直，装刀时可用样板来对刀，见图 7-36（a）。如果把车刀装歪，就会产生如图 7-36（b）所示的牙形歪斜。

（3）刀头伸出不要过长，一般为 20～25mm（约为刀杆厚度的 1.5 倍）。

4．车螺纹时车床的调整

（1）变换手柄位置：一般按工件螺距在进给箱铭牌上找到交换齿轮的齿数和手柄位置，并把手柄拨到所需的位置上。

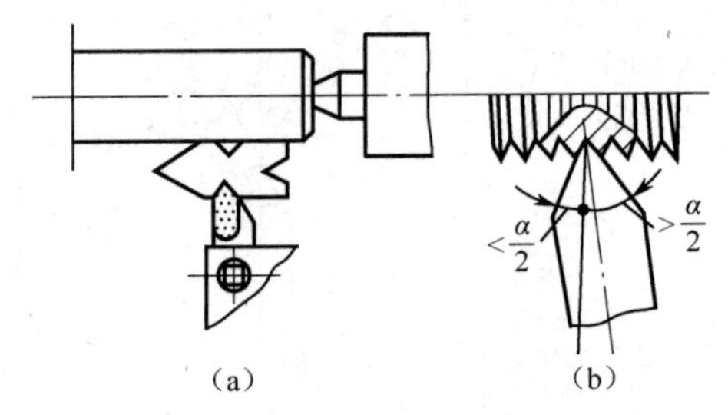

图 7-36　螺纹车刀的安装

（2）调整滑板间隙：调整中、小滑板镶条时，不能太紧，也不能太松。太紧了，摇动滑板费力，操作不灵活；太松了，车螺纹时容易产生“扎刀”。按顺时针方向旋转小滑板手柄，消除小滑板丝杠与螺母之间的间隙。

5．螺纹的测量和检查

（1）大径的测量：螺纹大径的公差较大，一般可用游标卡尺或千分尺测量。

（2）螺距的测量：螺距一般用钢板尺测量。普通螺纹的螺距较小，在测量时，根据螺距的大小，最好量 2～10 个螺距的长度，然后除以 2～10，就得出一个螺距的尺寸。如果螺距太小，则用螺距规测量，测量时把螺距规平行工件轴线方向嵌入牙中，如果完全符合，则螺距是正确的。

（3）中径的测量：精度较高的三角螺纹，可用螺纹千分尺测量，所测得的千分尺读数就是该螺纹的中径实际尺寸。

（4）综合测量：用螺纹环规综合检查三角形外螺纹。首先应对螺纹的直径、螺距、牙形和粗糙度进行检查，然后再用螺纹环规测量外螺纹的尺寸精度。如果环规通端拧进去而止端拧不进，说明螺纹精度合格。

6．车螺纹操作方法

车螺纹前要做好准备工作，首先，把工件的螺纹外圆直径按要求车好（比规定要求小 0.1～0.2mm），然后在螺纹的长度上车一条标记，作为退刀标记，最后将端面处倒角，装夹好螺纹车刀。其次，调整好车床，为了在车床上车出螺纹，必须使车刀在主轴每转一周得到一个等于螺距大小的纵向移动量，因此刀架是用开合螺母通过丝杠来带动的，只要选用不同的配换齿轮或改变进给箱的手柄位置，即可改变丝杠的转速，从而车出不同螺距的螺纹。一般车床都有完善的进给箱和挂轮箱，车削标准螺纹时，可以从车床的螺距指示牌中找出进给箱各操纵手柄应放的位置。车床调整好后，选择较低的主轴转速，开动车床，合上开合螺母，开正反车数次后，检查丝杠与开合螺母的工作状态是否正常，为使刀具移动较平稳，需消除车床各拖板间隙及丝杠螺母的间隙。车外螺纹操作步骤如图 7-37 所示。

（1）开车，使车刀与工件轻微接触，记下刻度盘读数，向右退出车刀（见图 7-37（a））。

（2）合上开合螺母，在工件表面车出一条螺旋线，横向退出车刀，停车（见图 7-37（b））。

（3）开反车使车刀退到工件右端，停车，用钢直尺检查螺距是否正确（见图 7-37（c））。

（4）利用刻度盘调整切削深度，开车切削（见图 7-37（d））。

（5）车刀将至行程终了时，应做好退刀停车准备，先快速退出车刀，开反车退回刀架（见图 7-37（e））。

（6）再次横向切入，继续切削，其切削过程的路线如图 7-37（f）所示。

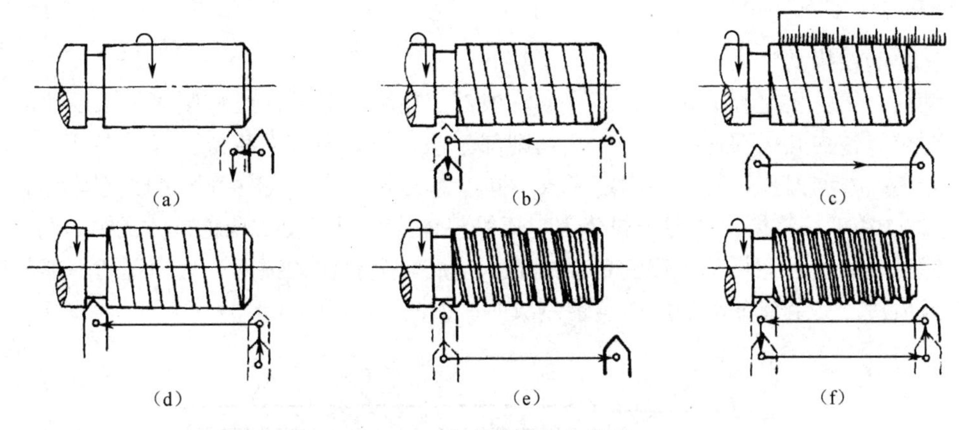

图 7-37　车外螺纹操作步骤

【课堂训练】

（1）正确安装螺纹车刀；

（2）掌握车削外螺纹的步骤；

（3）掌握测量螺纹的方法。

六、车内孔

1．钻孔

（1）麻花钻的构造及切削部分的几何角度（详见第 6 章）。

（2）钻孔方法。

在实体材料上加工出孔的工作叫作钻孔。在车床上钻孔（见图 7-38）的方法：把工件装夹在卡盘上，钻头安装在尾架套筒锥孔内，钻孔前先车平端面，并定出一个中心凹坑，调整好尾架位置并紧固于床身上，然后开动车床，摇动尾架手柄，使钻头慢慢进给，注意经常退出钻头，排出切屑。钻钢料要不断注入冷却液。钻孔进给不能过猛，以免折断钻头，一般钻头越小，进给量也越小，但切削速度可加大。钻大孔时，进给量可大些，但切削速度应放慢。当孔将要钻穿时，因横刃不参加切削，应减小进给量，否则容易损坏钻头。

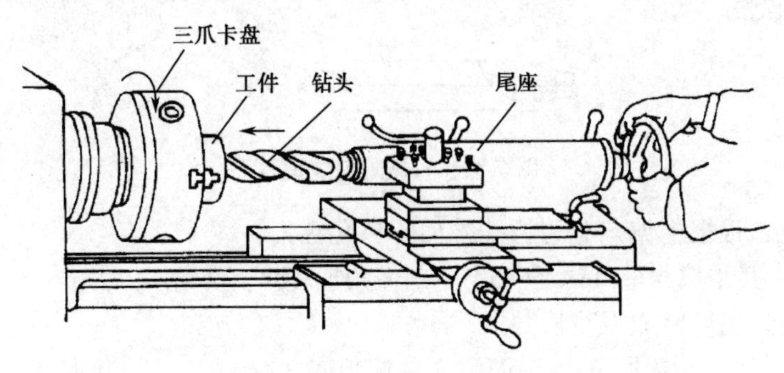

图 7-38　用麻花钻钻孔

2．镗孔

（1）镗刀的结构及分类。

不论锻孔、铸孔还是经过钻孔的工件，一般都很粗糙，必须经过镗削等加工后才能满足图样的精度要求。镗内孔需要内孔镗刀，其切削部分基本与外圆车刀相似。只是多了一个弯头而已。镗刀分类：根据刀片和刀杆的固定形式不同，镗刀分为整体式镗刀和机械夹固式镗刀。

① 整体式镗刀。整体式镗刀一般分为高速钢整体式镗刀和硬质合金整体式镗刀两种。高速钢整体式镗刀，刀头、刀杆都是高速钢制成的。硬质合金整体式镗刀，只是在切削部分焊接上一块合金刀头片，其余部分都是用碳素钢制成的，如图 7-39 所示。

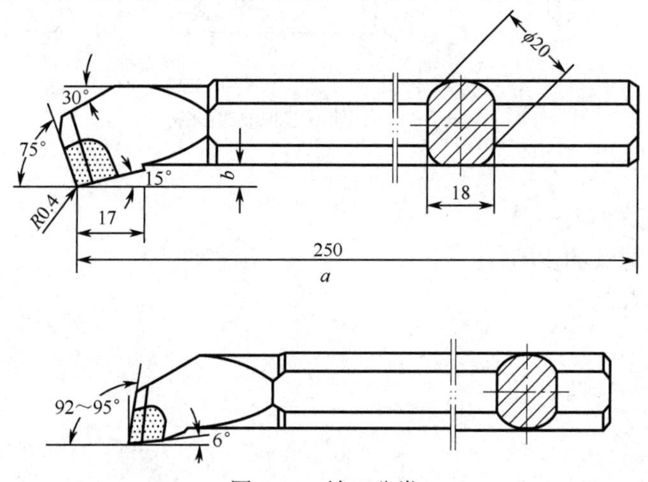

图 7-39 镗刀分类

② 机械夹固镗刀。机械夹固镗刀由刀排、小刀头、紧固螺钉组成，其特点是能增加刀杆强度，节约刀杆材料，既可安装高速钢刀头，也可安装硬质合金刀头。使用时可根据孔径选择刀排，因此比较灵活方便，如图 7-40 所示。

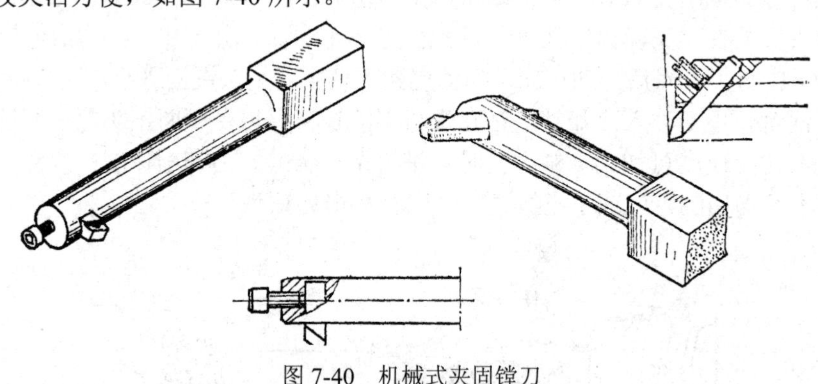

图 7-40 机械式夹固镗刀

（2）几何角度。根据主偏角分为通孔镗刀和盲孔镗刀。

① 通孔镗刀。其主偏角取 45°～75°，副偏角取 10°～45°，后角取 8°～12°。为了防止后面与孔壁摩擦，也可磨成双重后角。

② 盲孔镗刀。其主偏角取 90°～93°，副偏角取 3°～6°，后角取 8°～12°。

前角一般在主刀刃方向刃磨，对纵向切削有利。在轴向方向磨前角，对横向切削有利，且精车时，内孔表面比较光滑。

（3）镗孔车刀的安装如图 7-41 所示。

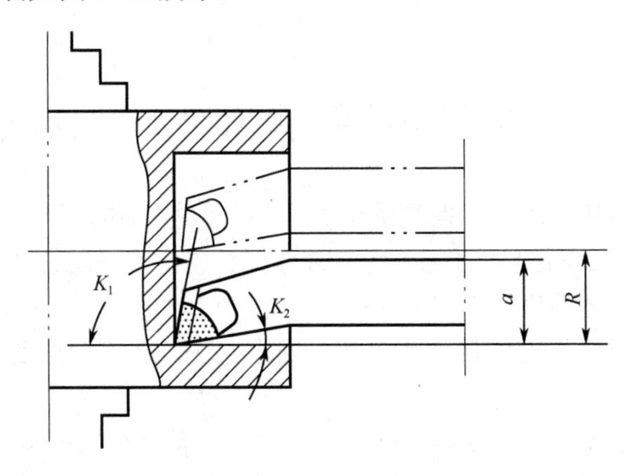

图 7-41　镗孔车刀的安装

① 镗孔车刀安装时，刀尖应对准工件中心或略高一些，这样可以避免镗刀受到切削压力下弯产生扎刀现象，而把孔镗大。

② 镗刀的刀杆应与工件轴心平行，否则镗到一定深度后，刀杆后半部分与工件孔壁相碰。

③ 为了增加镗刀的刚性，防止振动，刀杆伸出长度尽可能短一些，一般比工件空深长 5～10mm。

④ 为了确保镗孔安全，通常在镗孔前把镗刀在孔内试走一遍，这样才能保证镗孔顺利进行。

⑤ 加工台阶孔时，主刀刃应和端面成 30°～50°的夹角，在镗削内端面时，要求横向有足够的退刀余地。

（4）镗孔的加工方法。

① 通孔。加工方法与外圆相似，只是进刀方向相反；粗精车都要进行试切和试测，也就是根据余量的一半横向进给，当镗刀纵向切削至 2mm 左右时，纵向退出镗刀（横向不动），然后停车试测。反复进行，直至符合孔径精度要求为止。

② 阶台孔。

a. 镗削直径较小的阶台孔时，由于直接观察比较困难，尺寸不易掌握，所以通常采用先粗精车小孔、再粗精车大孔的方法进行。

b. 镗削大的阶台孔时在视线不受影响的情况下，通常采用先粗车大孔和小孔、再精车大孔和小孔的方法进行。

c. 镗削孔径大小相差悬殊的阶台孔时，最好采用主偏角 85°左右的镗刀先进行粗镗，留余量，用 900 镗刀精镗。

【课堂训练】

如图 7-42 所示的零件图，试拟定其加工步骤。

【课后思考】

（1）粗车与精车的目的是什么？

（2）加工螺纹时，如何预防乱扣？

（3）简述车削外螺纹的常用步骤。

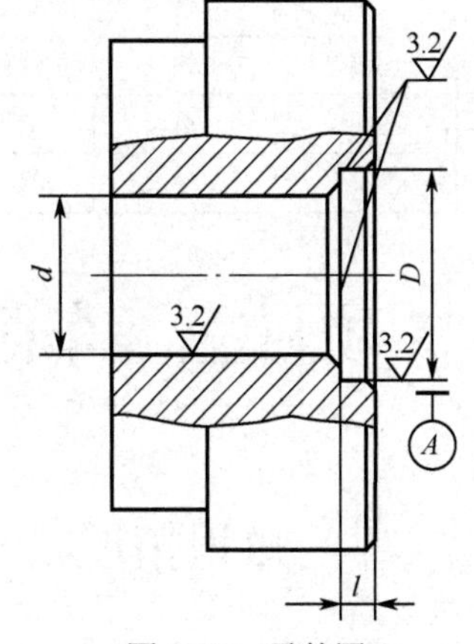

图 7-42　零件图

任务实施

（1）毛坯选择。该阶梯轴的材料为 40Cr 钢，因为各外圆直径相差不大，且属单件生产，故毛坯可选择ϕ35 的圆钢棒料。

（2）基准选择。车削和磨削时以两端的中心孔为定位精基准。

（3）工序安排。要求不高的外圆在半精车时加工到规定尺寸；退刀槽、倒角和螺纹在半精车时加工；键槽在半精车之后进行划线及铣削。

（4）热处理安排。调质处理安排在粗车和半精车之间，调质后要修研一次中心孔，以消除热处理变形和氧化皮。

（5）工艺安排。工件首先车削成形，对于精度较高、表面粗糙度值 *Ra* 较小的外圆，在车削后还应磨削加工，在磨削之前，一般还应修研一次中心孔，进一步提高定位精基准的精度。

综上所述，阶梯轴的工艺过程如下。

下料→车两端面、钻中心孔→粗车各外圆→调质→修研中心孔→半精车各外圆、切槽、倒角→车螺纹→划键槽加工线→铣键槽→修研中心孔→磨削→检验。

其工艺过程卡如表 7-2 所示。

表 7-2　轴类零件加工工艺过程卡

工序号	工种	工序内容	设　备
1	下料	ϕ35×160	锯床
2	车	车一端面，钻中心孔；调头，车另一端面，保证总长 154，钻中心孔	车床
3	车	粗车 4 个台阶，直径上均留余量 3mm；调头，车另一端四个台阶直径，均留余量 3mm	车床
4	热处理	调质处理：241～269HB	—
5	钳	修研两端中心孔	—
6	车	半精车四个台阶，ϕ30、ϕ22 车到图样规定尺寸；其余尺寸均留余量 0.5mm；切槽 2×ϕ15，倒角 *C*1；调头，半精车余下的四个台阶，其中螺纹台阶车到ϕ20，其余直径均留余量 0.5mm；切槽 2×ϕ20、2×ϕ18、2×ϕ14 各一个，倒角 *C*1 两个，*C*0.5 一个	车床
7	车	车螺纹 M20×1.5	车床
8	钳	划两个键槽加工线	—
9	铣	铣两个键槽，平口钳装夹	铣床
10	钳	修研两端中心孔	车床
11	磨	磨四处外圆至图样规定尺寸	磨床
12	检	检验	—

项目三　车削新技术

知识拓展

随着高速车削及铣削的出现，切削速度和进给速度越来越倾向于高速化。用于车削加工的刀片一直以涂层硬质合金为主，要求刀片寿命长、可靠性高、能适应高速切削等。由于工件毛坯净成形技术的发展，加工余量逐渐减小，使切削更稳定，因此刀具寿命就成了选择刀具的关键因素。

1．刀具材料

车削用可转位刀片主要采用 CVD 涂层工艺提高涂层的结合强度和可靠性，其耐磨性和抗崩刃性能等与过去相比有了大幅提高。

（1）耐磨性提高。

在实际应用中，可以通过细颗粒的 Al_2O_3 平滑涂层的厚膜化来提高硬质合金基体与涂层的附着强度，从而提高耐磨性；也可以通过提高 TiAlN 涂层中 Al 的比例来增强耐磨性能。车削铸铁用的可转位刀片通过除去前刀面的 TiN 层和添加特殊涂层，可以满足高速切削条件，延长刀具寿命。Si 系复合膜具有耐氧化特性和高硬度的特征，能够高速切削铸铁（300m/min 以上）。

（2）抗崩刃性提高。

对硬质合金基体进行表层强韧化处理，能防止切削时刀片刃口的崩刃及破损等。同时，在涂层硬质合金方面改善基体与涂层的结合强度，作为提高刀具可靠性和寿命的关键措施。

（3）粘结现象减少。

在质软且韧性高的 SCM 系钢材车削加工中，刀片切削刃容易发生材料粘结现象，引起涂层剥离及崩刃的发生。采用特殊 Ti 化合物可使涂层表面平滑的刀片抑制崩刃及粘结现象的发生。

（4）刀片刃口更加锋利。

为防止涂层硬质合金刀片刃部的涂层剥离，一般的方法是将刃口做成 R 形状。在小零件和沟槽切削时所用刀片的刀刃都很锋利，所以，PVD 涂层厚度控制在 3μm 最适用。

2．刀刃形状

最近，可以减小切削阻力的正前角三维复杂曲面形状的断屑槽不断增多，主要分为双面断屑槽和单面断屑槽，前者适用于切深小的轻切削，后者适用于切深大的重切削。

由于刀刃形状采用三维 CAD 设计方法，开发能力显著提高，随着成形技术的进步，已可精确地显示出自由曲面的形状。

两个角带有 45° 角的四角形刀片的独特刀刃形状可满足中、粗切削中高速快进给的切削条件，抑制边界磨损的发生，有望在耐热合金和钛合金的车削中提高加工效率，延长工具寿命，增强切屑处理能力。

为追求车削加工的高效率和高精度，前几年各切削工具生产厂家就研制出了具有修光刃功能的刀刃形状，即刀尖 R 与直线刀刃连接处有一个类似于铣刀刀片修光刃的刃部。

采用修光刃和 R 形刀尖刀片进行精加工时，在不增大表面粗糙度的情况下，可提高进给速度，实现高效率及高精度的加工。采用具有修光功能的刀片进行 CNC 切削时，由于它与传统圆角刀片的刀刃位置不同，编程时需要进行修正。

对于切槽和切断刀片，采用压制成型的独立断屑槽形状和刀尖部位能承受切削力的凹形。这种用成型技术制成的形状复杂的高性能切槽、切断刀片，已有专业切削工具厂家生产。

第 8 章　铣工训练与实践

学习要点

（1）掌握铣工常用工具、量具、夹具和其他附件的正确使用方法；

（2）分析铣床加工零件的图样，明确加工内容及技术要求，确定加工方案，掌握制定铣床加工路线的基本方法；

（3）掌握铣工的各项基本工艺知识，能完成简单零件的工艺编制，具有一定的实践操作能力。

学习案例

图 8-1 所示为六面体零件。根据工件的尺寸精度和形状精度要求，工序分为粗铣和精铣。为了提高生产率及保证加工质量，采用硬质合金端铣刀在立式铣床上进行铣削。该零件的材料为 45 钢。通过本章的综合训练完成零件的加工。

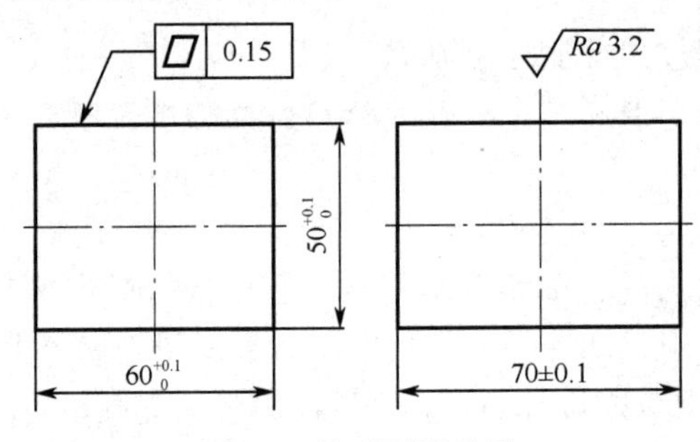

图 8-1　铣平面零件图

一、工艺分析

六面体零件铣床加工的工艺分析主要包括产品的零件图分析和结构性分析两部分。零件图分析主要明确加工内容及技术要求，确定加工方案，制定铣床加工路线。

二、加工准备

（1）使用毛坯：45 钢，毛坯为 52mm×62mm×72mm 的方料。

（2）使用设备：机用平口虎钳。

（3）使用工具、量具：钢板尺、划针、直角尺等。

相关知识

项目一　铣工基本知识；
项目二　铣工基本工艺。

知识链接

项目一　铣工基本知识

【知识准备】

在铣床上用铣刀加工工件的工艺过程叫作铣削加工，简称铣工。铣削是金属切削加工中常用的方法之一。铣削时，铣刀作旋转的主运动，工件作缓慢直线的进给运动。

铣削的加工范围较广，可以加工平面、台阶、沟槽、成形面、分齿零件及切断，另外，还可以加工孔。

一、铣床

铣床种类很多，常用的有卧式铣床、立式铣床、龙门铣床和数控铣床及铣镗加工中心等。在一般工厂，卧式铣床和立式铣床应用最广，其中万能卧式升降台式铣床（简称万能卧式铣床）应用最多，特加以介绍。

1．万能卧式铣床

万能卧式铣床简称万能铣床，如图 8-2 所示，是铣床中应用最广的一种。其主轴是水平的，与工作台面平行。下面以实习中所使用的 X6132 铣床为例，介绍万能铣床的型号及其组成部分和作用。

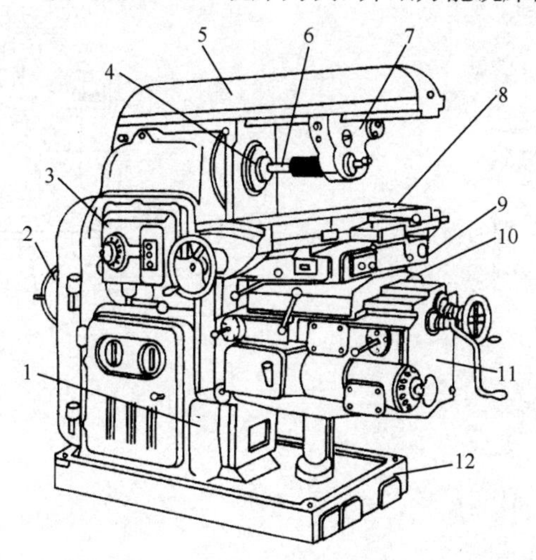

1—床身；2—电动机；3—变速机构；4—主轴；5—横梁；6—刀杆；7—刀杆支架；8—纵向工作台；9—转台；10—横向工作台；11—升降台；12—底座

图 8-2　X6132 万能卧式铣床

万能铣床的型号：X 6132。

32——主参数代号：表示工作台宽度的 1/10，即工作台宽度为 320mm。

1——型别代号：表示万能升降台铣床。

6——组别代号：表示卧式铣床。

X——类别代号：表示铣床类（X 为“铣床”汉语拼音的第一个字母，直接读为“铣”）。

X6132 万能卧式铣床的主要组成部分及作用。

① 床身。用来固定和支承铣床上的所有部件。电动机、主轴及主轴变速机构等安装在它的内部。

② 横梁。它的上面安装吊架，用来支承刀杆外伸的一端，以加强刀杆的刚性。横梁可沿床身的水平导轨移动，以调整其伸出长度。

③ 主轴。主轴是空心轴，前端有 7∶24 的精密锥孔，其用途是安装铣刀刀杆并带动铣刀旋转。

④ 纵向工作台。在转台的导轨上作纵向移动，带动台面上的工件作纵向进给运动。

⑤ 横向工作台：位于升降台上面的水平导轨上，带动纵向工件一起作横向进给运动。

⑥ 转台：能将纵向工作台在水平面内扳转一定的角度，以便铣削螺旋槽。

⑦ 升降台。它可以使整个工作台沿床身的垂直导轨上下移动，以调整工作台面到铣刀的距离，并作垂直进给运动。带有转台的卧铣，由于其工作台除了能作纵向、横向和垂直方向的移动外，尚能在水平面内左右扳转 45°，因此称为万能卧式铣床。

2．立式升降台铣床

立式升降台铣床如图 8-3 所示，其主轴与工作台面垂直。有时根据加工的需要，可以将立铣头（主轴）偏转一定的角度。

3．龙门铣床

龙门铣床属于大型机床之一，图 8-4 所示为四轴龙门铣床外形图。它一般用来加工卧式、立式铣床不能加工的大型工件。

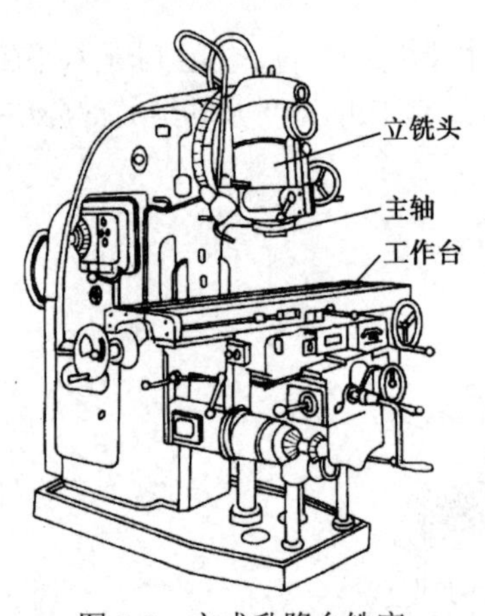

图 8-3　立式升降台铣床

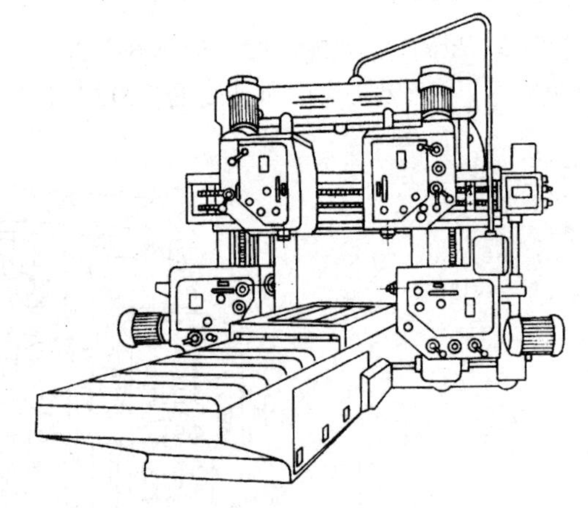
图 8-4　四轴龙门铣床外形图

二、铣刀的安装

1．孔铣刀的安装

孔铣刀中的圆柱形、圆盘形铣刀多用长刀杆安装，如图 8-5 所示。长刀杆一端有 7:24 锥度与铣床主轴孔配合，安装刀具的刀杆部分，根据刀孔的大小分几个型号，常用的有ϕ16、ϕ22、ϕ27、ϕ32 等。用长刀杆安装带孔铣刀时要注意以下几点。

（1）铣刀应尽可能地靠近主轴或吊架，以保证铣刀有足够的刚性；套筒的端面与铣刀的端面必须擦干净，以减小铣刀的端跳；拧紧刀杆的压紧螺母时，必须先装上吊架，以防刀杆受力弯曲。

（2）斜齿圆柱铣所产生的轴向切削刀应指向主轴轴承，主轴转向与铣刀旋向的选择见表 8-1。

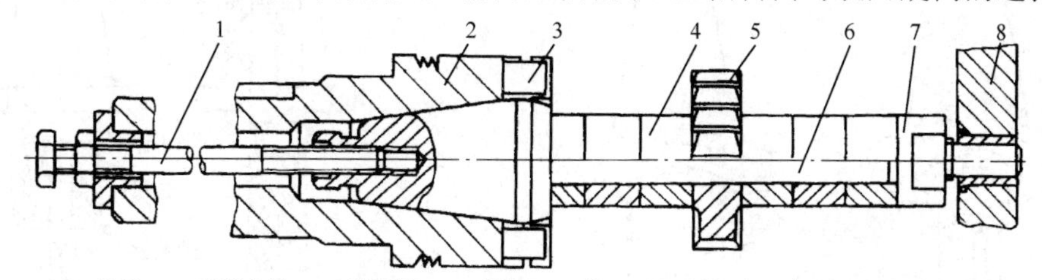

1—拉杆；2—铣床主轴；3—端面键；4—套筒；5—铣刀；6—刀杆；7—螺母；8—刀杆支架

图 8-5　圆盘的形铣刀的安装

表 8-1　主轴转向与斜齿圆柱铣刀转向的选择

情　况	铣刀安装简图	螺旋线方向	主旋转方向	轴向力的方向	说　明
1		左旋	逆时针方向旋转	向着主轴轴承	正确
2		左旋	顺时针方向旋转	离开主轴轴承	不正确

2．端铣刀的安装

孔铣刀中的端铣刀多用短刀杆安装，如图 8-6 所示。

3．带柄铣刀的安装

（1）锥柄铣刀的安装如图 8-7（a）所示。根据铣刀锥柄的大小选择合适的变锥套，将各配合表面擦净，然后用拉杆把铣刀及变锥套一起拉紧在主轴上。

（2）直柄铣刀的安装如图 8-7（b）所示。这类铣刀多为小直径铣刀，一般不超过ϕ20mm，多用弹簧夹头进行安装。铣刀的柱柄插入弹簧套的孔中，用螺母压弹簧套的端面，使弹簧套的外锥面受压而孔径缩小，即可将铣刀抱紧。弹簧套上有三个开口，故受力时能收缩。弹簧套有多种孔径，以适应各种尺寸的铣刀。

三、铣床附件及工件的安装

1．分度头

在铣削加工中，常会遇到铣六方、齿轮、花键和刻线等工作。这时，就需要利用分度头分度。因此，分度头是万能铣床上的重要附件。

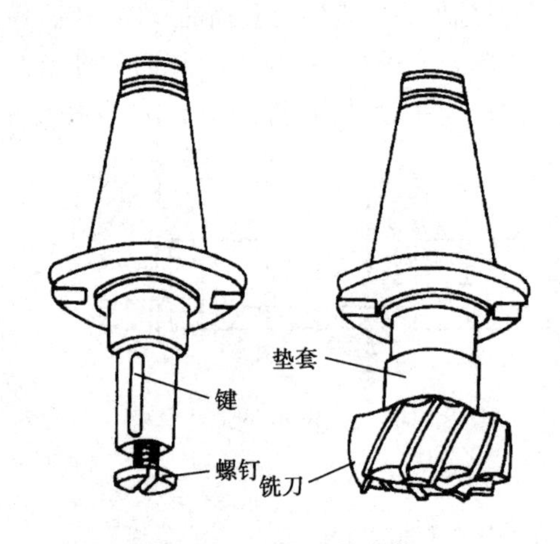

图 8-6　端铣刀的安装

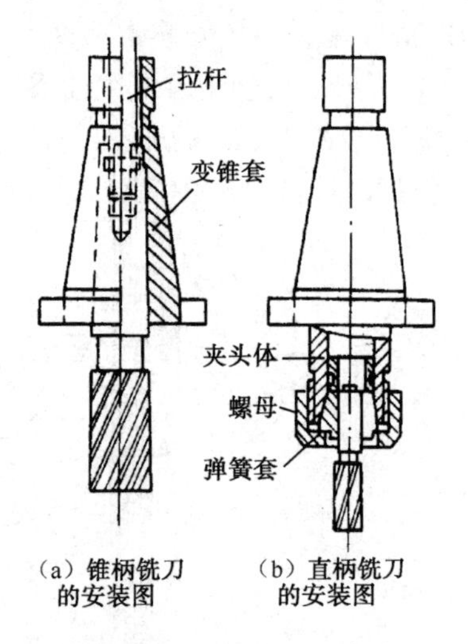

图 8-7　带柄铣刀的安装

（1）分度头的作用。

① 能使工件实现绕自身的轴线周期地转动一定的角度（即进行分度）。

② 利用分度头主轴上的卡盘夹持工件，使被加工工件的轴线相对于铣床工作台在向上 90° 和向下 10° 的范围内倾斜成需要的角度，以加工各种位置的沟槽、平面等（如铣圆锥齿轮）。

③ 与工作台纵向进给运动配合，通过配换挂轮，能使工件连续转动，以加工螺旋沟槽、斜齿轮等。

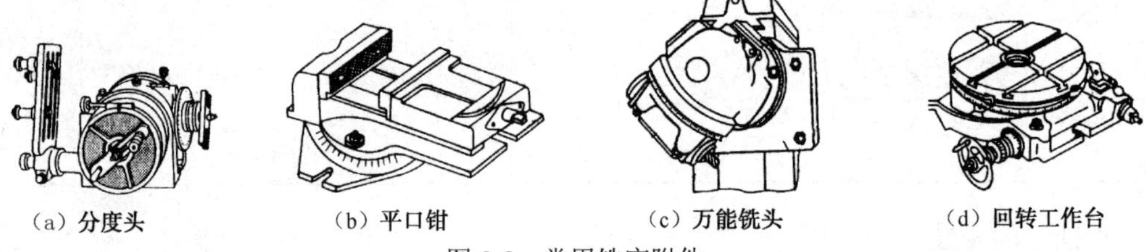

图 8-8　常用铣床附件

（2）分度头的结构。

分度头的主轴是空心的，两端均为锥孔，前锥孔可装入顶尖（莫氏 4 号），后锥孔可装入心轴，以便在差动分度时挂轮，把主轴的运动传给侧轴可带动分度盘旋转。主轴前端外部有螺纹，用来安装三爪卡盘，如图 8-9 所示。

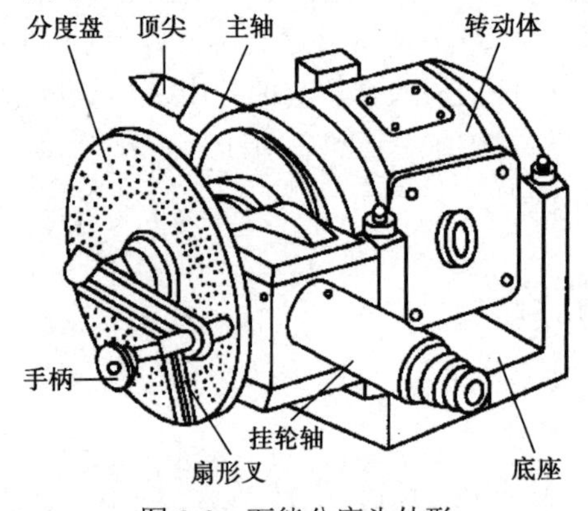

图 8-9　万能分度头外形

松开壳体上部的两个螺钉，主轴可以随回转体在壳体的环形导轨内转动，因此主轴除安装成水平的之外，还能扳成倾斜位置的。当主轴调整到所需的位置后，应拧紧螺钉。主轴倾斜的角度可以从刻度上看出。

在壳体下面固定有两个定位块，以便与铣床工作台面的 T 形槽相配合，用来保证主轴轴线准确地平行于工作台的纵向进给方向。

（3）分度方法。

分度头内部的传动系统如图 8-10（a）所示，可转动分度手柄，通过传动机构（传动比 1∶1 的一对齿轮：1∶40 的蜗轮蜗杆），使分度头主轴带动工件转动一定的角度。手柄转一圈，主轴带动工件转 1/40 圈。

如果要将工件的圆周等分为 Z 等分，则每次分度工件应转过 $1/Z$ 圈。设每次分度手柄的转数为 n，则手柄转数 n 与工件等分数 Z 之间有如下关系：

$$1:40=\frac{1}{Z}:n$$

$$n=\frac{40}{Z}$$

分度头分度的方法有直接分度法、简单分度法、角度分度法和差动分度法等。这里仅介绍常用的简单分度法。例如，铣齿数 Z=35 的齿轮，需对齿轮毛坯的圆周作 35 等分，每一次分度时，手柄转数为：

$$n=\frac{40}{Z}=\frac{40}{35}=1\frac{1}{7}\ （圈）$$

分度时，如果求出的手柄转数不是整数，可利用分度盘上的等分孔距来确定。分度盘如图 8-10（b）所示，一般备有两块分度盘。分度盘的两面各钻有许多不通的圈孔，各圈孔数均不相等，然而同一圈孔上的孔距是相等的。

分度头第一块分度盘正面各圈孔数依次为 24、25、28、30、34、37；反面各圈孔数依次为 38、39、41、42、43。

第二块分度盘正面各圈孔数依次为 46、47、49、51、53、54；反面各圈孔数依次为 57、58、59、62、66。

按上例计算结果，即每分一齿，手柄需转过 $1\frac{1}{7}$ 圈，其中 1/7 圈需通过分度盘（见图 8-10（b））来控制。用简单分度法时需先将分度盘固定。再将分度手柄上的定位销调整到孔数为 7 的倍数（如 28、42、49）的孔圈上，如在孔数为 28 的孔圈上。此时分度手柄转过 1 整圈后，再沿孔数为 28 的孔圈转过 4 个孔距即可。

$$n=1\frac{1}{7}=1\frac{4}{28}$$

为了确保手柄转过的孔距数可靠，可调整分度盘上的扇形条 1、2 间的夹角（见图 8-10（b）），使之正好等于分子的孔距数，这样依次进行分度时即可准确无误。

2．平口钳

平口钳是一种通用夹具，经常用它安装小型工件。

3．万能铣头

在卧式铣床上装上万能铣头，不仅能完成各种立铣的工作，而且还可以根据铣削的需要，把铣头主轴扳成任意角度。

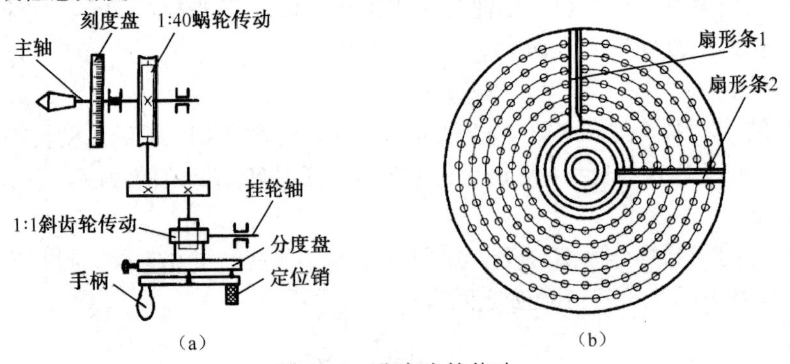

图 8-10　分度头的传动

4．回转工作台

回转工作台又称为转盘、平分盘、圆形工作台等。它的内部有一套蜗轮蜗杆。摇动手轮，通过蜗杆轴就能直接带动与转台相连的蜗轮转动。转台周围有刻度，可以用来观察和确定转台位置。拧紧固定螺钉，转台就固定不动。转台中央有一个孔，利用它可以方便地确定工件的回转中心。当底座上的槽和铣床工作台的 T 形槽对齐后，即可用螺栓把回转工作台固定在铣床工作台上。铣圆弧槽时，工件安装在回转工作台上，铣刀旋转，用手均匀、缓慢地摇动回转工作台，使工件铣出圆弧槽。

四、铣削的基本操作

1．铣平面

铣平面可以用圆柱铣刀、端铣刀或三面刃盘铣刀。

（1）用圆柱铣刀铣平面。

铣平面用的圆柱铣刀一般为螺旋齿圆柱铣刀。铣刀的宽度必须大于所铣平面的宽度。螺旋线的方向应使铣削时所产生的轴向力将铣刀推向主轴轴承方向。

圆柱铣刀通过长刀杆安装在卧式铣床的主轴上，刀杆上的锥柄与主轴上的锥孔相配，并用一拉杆拉紧。刀杆上的键槽与主轴上的方键相配，用来传递动力。安装铣刀时，先在刀杆上装几个垫圈，然后装上铣刀，如图 8-11（a）所示。应使铣刀切削刃的切削方向与主轴旋转方向一致，同时铣刀还应尽量装在靠近床身的地方。再在铣刀的另一侧套上垫圈，然后用手轻轻旋上压紧螺母，如图 8-11（b）所示。再安装吊架，使刀杆前端进入吊架轴承内，拧紧吊架的紧固螺钉，如图 8-11（c）所示。初步拧紧刀杆螺母，开车观察铣刀是否装正，然后用力拧紧螺母，如图 8-11（d）所示。

（2）用端铣刀铣平面。

端铣刀一般用于立式铣床上铣平面，有时也用于卧式铣床上铣侧面，如图 8-12 所示。

端铣刀一般中间带有圆孔。通常先将铣刀装在短刀轴上，再将刀轴装入机床的主轴上，并用拉杆螺钉拉紧。

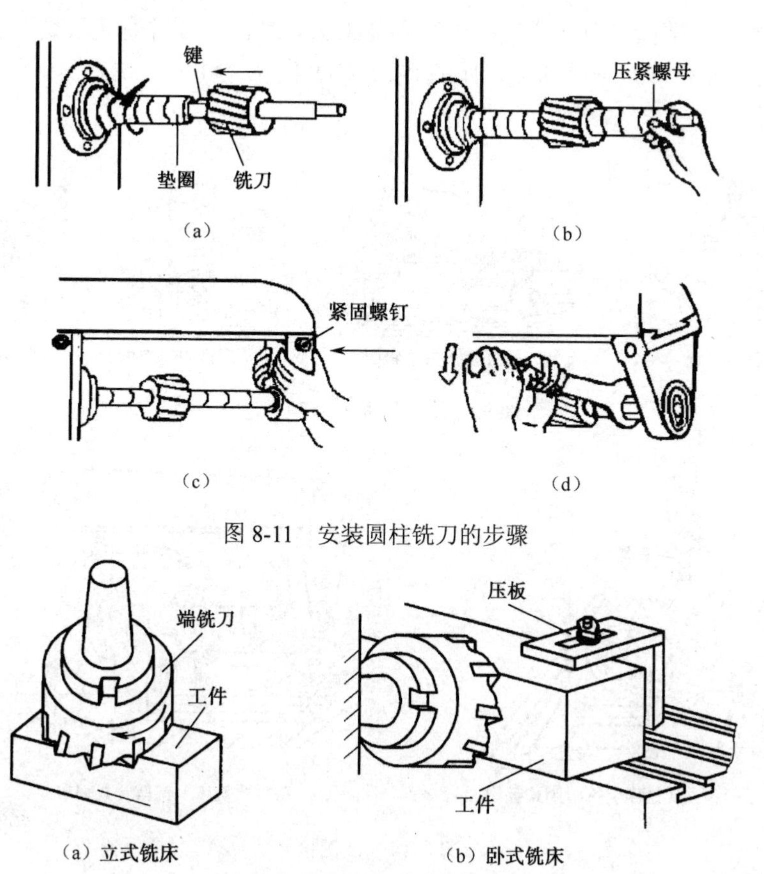

（a）　（b）

（c）　（d）

图 8-11　安装圆柱铣刀的步骤

（a）立式铣床　（b）卧式铣床

图 8-12　用端铣刀铣平面

用端铣刀铣平面与用圆柱铣刀铣平面相比，其特点是：切削厚度变化较小而切削的刀齿较多时，切削比较平稳；再则端铣刀的主切削刃担负着主要切削工作，而副切削刃又有修光作用，所以表面光整；此外，端铣刀的刀齿易于镶装硬质合金刀片，可进行高速铣削，且其刀杆比圆柱铣刀的刀杆短些，刚性较好，能减少加工中的振动，有利于提高铣削用量。因此，端铣既提高了生产率，又提高了表面质量，所以在大批量生产中，端铣已成为加工平面的主要方式之一。

2．铣斜面

（1）用倾斜垫铁铣斜面，如图 8-13（a）所示。在零件设计基准的下面垫一块倾斜的垫铁，则铣出的平面就与设计基准面成一定的角度，改变倾斜垫铁的角度，即可加工出不同角度的斜面。

（2）用万能铣头铣斜面，如图 8-13（b）所示。由于万能铣头能方便地改变刀轴的空间位置，因此可以转动铣头以使刀具相对工件倾斜一个角度来铣斜面。

（3）用角度铣刀铣斜面，如图 8-13（c）所示。较小的斜面可用合适的角度铣刀加工。当加工零件批量较大时，则常采用专用夹具铣斜面。

（4）用分度头铣斜面，如图 8-13（d）所示。在一些圆柱形和特殊形状的零件上加工斜面时，可利用分度头将工件转到所需位置而铣出斜面。

3．铣键槽

（1）铣键槽。

常见的键槽有封闭式键槽和敞开式键槽两种。在轴上铣封闭式键槽，一般用键槽铣刀加工，如图 8-14（a）所示。键槽铣刀一次轴向进给不能太大，切削时要注意逐层切下。敞开式键槽多在卧式铣床上用三面刃铣刀进行加工，如图 8-14（b）所示。注意在铣削键槽前做好对刀工作，以保证键槽的对称度。

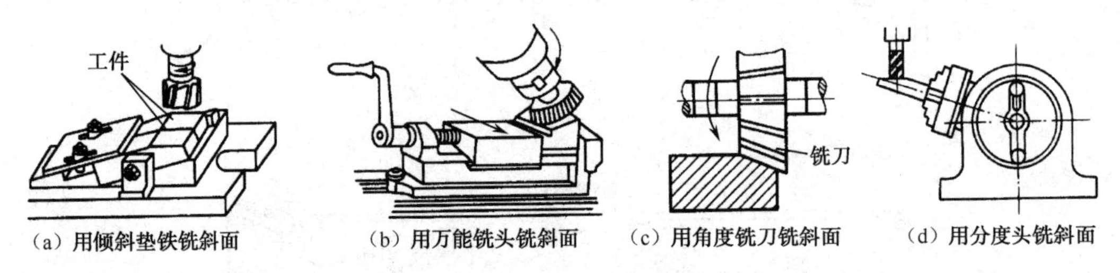

图 8-13　铣斜面的几种方法

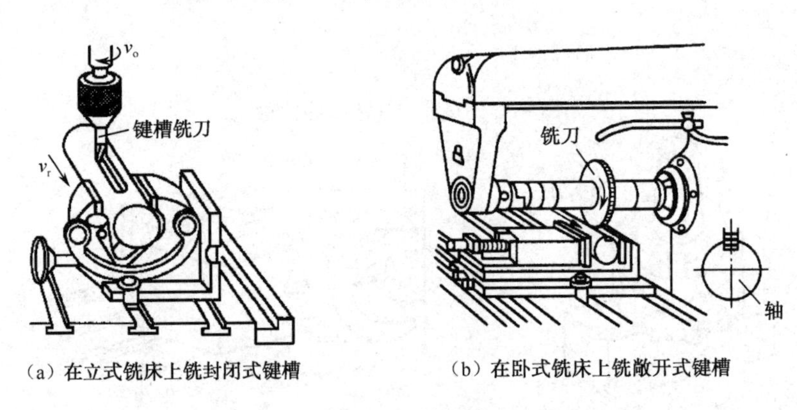

图 8-14　铣键槽

若用立铣刀加工，则由于立铣刀中央无切削刃，不能向下进刀，因此必须预先在槽的一端钻一个落刀孔，才能用立铣刀铣键槽。

（2）铣 T 形槽及燕尾槽，如图 8-15 所示。

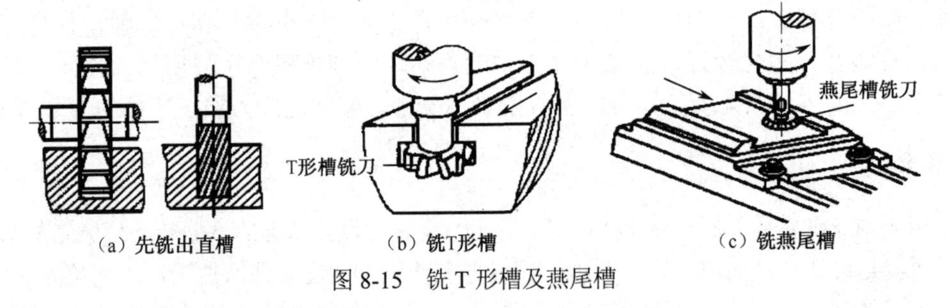

图 8-15　铣 T 形槽及燕尾槽

要加工 T 形槽及燕尾槽，必须首先用立铣刀或三面刃铣刀铣出直角槽，然后在立铣上用 T 形槽铣刀铣削 T 形槽或用燕尾槽铣刀铣削成形。

4．铣成形面

若零件的某一表面在截面上的轮廓线是由曲线和直线所组成的，这个面就是成形面。成形面一般在卧式铣床上用成形铣刀来加工，如图 8-16 所示。

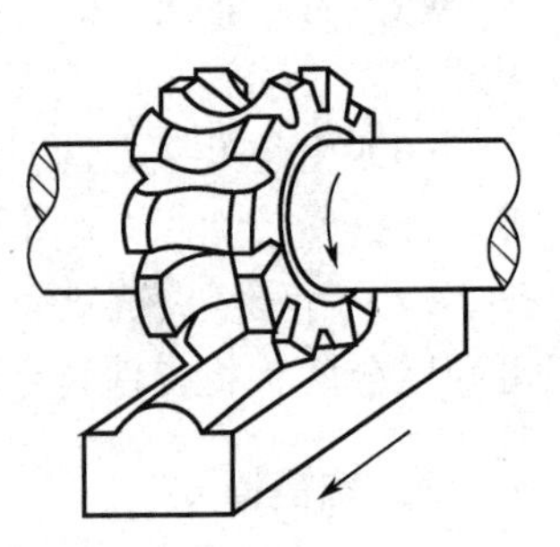

图 8-16　铣成形面

5．铣齿形

齿轮齿形的加工原理可分为两大类：展成法，它是利用齿轮刀具与被切齿轮的互相啮合运转而切出齿形的方法，如插齿和滚齿加工等；成形法，它是利用仿照与被切齿轮齿槽形状相符的盘状铣刀或指状铣刀切出齿形的方法，如图 8-17 所示。

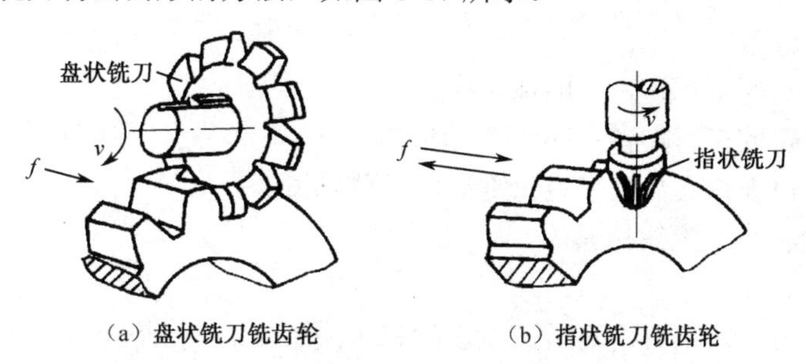

图 8-17　用盘状铣刀和指状铣刀加工齿轮

铣削时，常用分度头和尾架装夹工件，如图 8-18 所示。可用盘状模数铣刀在卧式铣床上铣齿，也可用指状模数铣刀在立式铣床上铣齿。

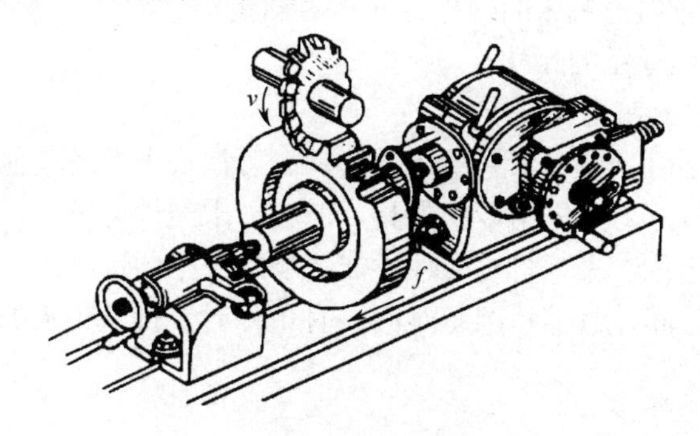

图 8-18　用分度头和尾架装夹工件

项目二　铣工基本工艺

【知识准备】

一、铣床加工工艺的基本特点

（1）铣刀是一种多齿刀具，在铣削时，铣刀的每个刀齿不像车刀和钻头那样连续地进行切削，而是间歇地进行切削，刀具的散热和冷却条件好，铣刀的耐用度高，切削速度可以提高。

（2）铣削时经常是多齿切削，可采用较大的切削用量，与刨削相比，铣削有较高的生产率，在成批及大量生产中，铣削已几乎全部代替了刨削。

（3）由于铣刀刀齿的不断切入、切出，铣削力不断变化，故而铣削容易产生振动。

二、工件的装夹方式

根据工件的形状，选用平口虎钳装夹工件。先将机用虎钳装在工作台上，再把工件装夹在机用虎钳上。装夹工件的过程如下。

（1）安装平口虎钳。

① 将平口虎钳底部与工作台台面擦干净。

② 将平口虎钳安放在工作台中间的T形槽内。

③ 双手拉动平口虎钳底盘，使定位键向同一侧贴紧。

④ 用T形螺栓将平口虎钳压紧。

（2）安装工件。

将平口虎钳的钳口和导轨面擦干净，在工件的下面放置平行垫块，使工件待加工面高出钳口5mm左右，夹紧工件后，用锤子轻轻敲击工件，并拉动垫块，检查是否贴紧。毛坯工件应在钳口处衬垫铜片以防损坏钳口。

铣床加工的特点对夹具提出了以下两个基本要求。

① 保证夹具的坐标方向与机床的坐标方向相对固定。

② 调整零件与机床坐标系的尺寸。

除此之外，还需考虑下列几点。

① 当零件加工批量小时，应尽量采用组合夹具、可调式夹具及其他通用夹具。

② 小批或成批生产时才考虑采用专用夹具，但应力求结构简单。

③ 夹具要开敞，其定位、夹紧机构元件不能影响加工中的进给。

④ 装卸零件要方便停靠，且缩短准备时间；有条件时，批量较大的零件应采用气动夹具或液压夹具、多工位夹具。

三、铣削方式的选择及加工路线的确定

铣平面时，一般应先试铣一刀，然后测量铣削平面与基准面的尺寸和平行度，以及铣削平面与侧面的垂直度。

铣削平面与基准面的尺寸控制可通过机床工作台升降手柄的转动来实现，即根据工件的测量尺寸与要铣削尺寸的差值，来确定手动升降手柄转过的刻度值。当试切后的铣削平面与基准面不平行时，可在工件下面垫入适当的纸片或铜片，然后再试切，直至调整到平行为止。当铣削平面与侧面不垂直时，可在侧面与固定钳口间垫纸片或铜片。当铣削平面与侧面交角大于90°时，垫片应垫在下侧面；如果两个交角小于90°，垫片应垫在上侧面。

铣平面时通常采用逆铣。如果采用顺铣，机床必须具有螺纹间隙调整机构，将丝杠螺母间隙调整在0.05mm以内，否则容易损坏铣刀。

1．铣削方式

（1）周铣和端铣。

用刀齿分布在圆周表面的铣刀进行铣削的方式叫作周铣。用刀齿分布在圆柱端面上的铣刀进行铣削的方式叫作端铣。与周铣相比，端铣铣平面时较为有利。

（2）逆铣和顺铣。

周铣有逆铣和顺铣之分。逆铣时，铣刀的旋转方向与工件的进给方向相反；顺铣时，铣刀的旋转方向与工件的进给方向相同。逆铣时，切屑的厚度从零开始渐增。实际上，铣刀的刀刃开始接触工件后，将在表面滑行一段距离才真正切入金属。这就使得刀刃容易磨损，并增加了加工表面的粗糙度。逆铣时，铣刀对工件有上抬的切削分力，影响工件安装在工作台上的稳固性，如图 8-19 所示。

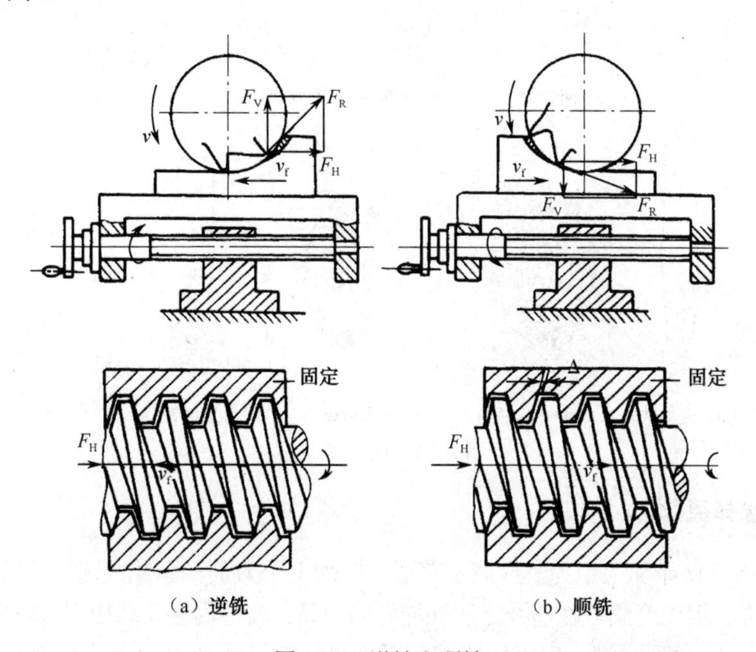

（a）逆铣　　（b）顺铣

图 8-19　逆铣和顺铣

顺铣时工件的进给会受工作台传动丝杠与螺母之间间隙的影响。因为铣削的水平分力方向与工件的进给方向相同，铣削力忽大忽小，就会使工作台窜动和进给量不均匀，甚至引起打刀或损坏机床。因此，必须在纵向进给丝杠处设置消除间隙的装置才能采用顺铣。但一般铣床上没有消除丝杠螺母间隙的装置，只能采用逆铣法。另外，对铸锻件表面的粗加工，因顺铣时刀齿首先接触黑皮，将加剧刀具的磨损，此时，也以逆铣为妥。

2．确定加工方案的原则

铣床的加工方案包括选择铣削方式，制定工序、工步及走刀路线等内容。在铣床加工过程中，由于加工对象复杂多样，特别是轮廓曲线的形状及位置千变万化，加上材料不同、批量不同等多方面因素的影响，在对具体零件制定加工方案时应进行具体分析和区别对待，只有这样才能使所制定的加工方案更加合理，从而达到质量优、效率高和成本低的目的。

四、刀具的选择

安装铣刀时，刀头伸出刀体外的距离不要太长，以免产生振动，同时刀体、刀头要夹紧牢固，以免产生振动或刀头飞出伤人，最后应将端铣刀装在短刀杆上，再把刀杆装在主轴孔内。为保证一次进给铣完一个平面，铣刀直径应按工件宽度的 1.2～1.5 倍选择。

1．铣刀的类型

常见铣刀如图 8-20 所示。

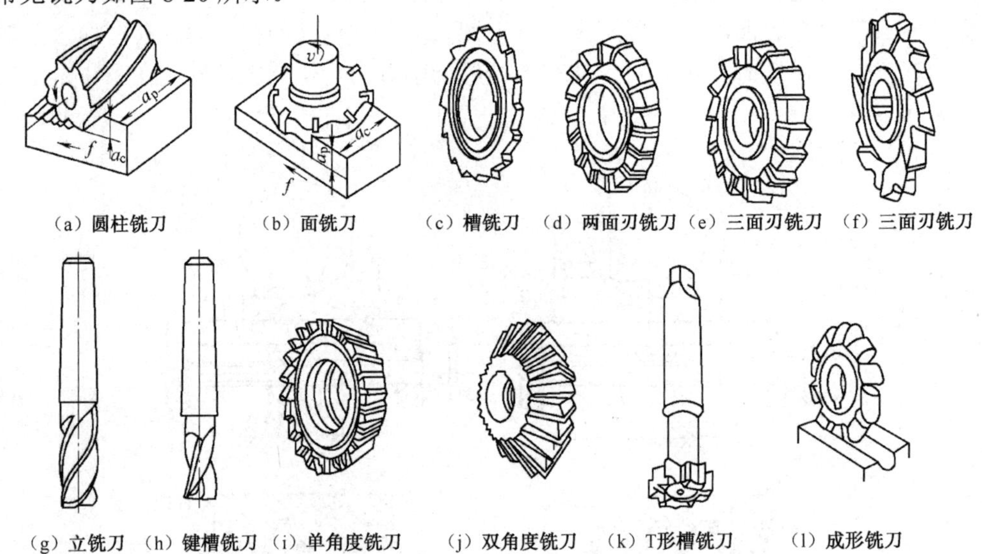

（a）圆柱铣刀 （b）面铣刀 （c）槽铣刀 （d）两面刃铣刀 （e）三面刃铣刀 （f）三面刃铣刀

（g）立铣刀 （h）键槽铣刀 （i）单角度铣刀 （j）双角度铣刀 （k）T形槽铣刀 （l）成形铣刀

图 8-20 铣刀的类型

2．铣刀的选择原则

在刀具性能上，铣床加工用刀具应高于普通机床加工用刀具。因此，选用刀具时应主要考虑切削性能好、精度高、耐用度高、断屑及排屑性能好的刀具。具体而言，选用刀具时应注意以下几点。

（1）在铣床上铣削平面时，应采用镶装不重磨可转位硬质合金刀片的铣刀。当连续切削时，粗铣刀直径应大一些，而精铣刀直径应小一些，最好能包容待加工面的整个宽度。加工余量大且加工面又不均匀时，刀具直径应选得小一些，否则，粗加工时会因接刀刀痕过深而影响加工质量。

（2）高速钢立铣刀多用于凸台和凹槽的加工，但应避免将其用于加工毛坯面，因为毛坯有硬化层和夹砂现象，刀具会很快被磨损。

（3）加工余量较小且要求表面粗糙度值较低时，应采用镶立方氮化硼刀片的端铣刀或镶陶瓷刀片的端铣刀。

（4）镶硬质合金的立铣刀可用于凹槽、窗口面、凸台面和毛坯表面的加工。

（5）镶硬质合金的玉米铣刀可进行强力切削，铣削毛坯表面及用于孔的粗加工。

（6）加工精度要求较高的凹槽时，可采用直径比槽宽小一些的立铣刀，先铣槽的中间部分，然后利用刀具半径补偿功能铣削槽的两边，直到达到精度要求。

（7）钻孔，一般不采用钻模。钻孔深度为直径的 5 倍左右时容易折断钻头，可采用固定循环程序，多次自动进退，以利于冷却和排屑。需要注意的是，钻孔前最好先用中心钻钻个中心孔或用一个刚性好的短钻头锪窝引正。

3．铣刀材料的选择

（1）高速钢刀具（白钢刀）。

高速钢刀具易磨损，但价格便宜，常用于加工硬度较低的工件。

（2）硬质合金刀具（钨钢刀、合金刀）。

硬质合金刀具耐高温、硬度高，主要用于加工硬度较高的工件，如前模、后模等。硬质合金刀具需以较高转速加工，否则容易出现崩刃现象。硬质合金刀具加工效率和质量比高速钢刀具好。镶硬质合金刀片的端铣刀和立铣刀主要用于加工凸台、凹槽和箱口面等。为了提高槽宽的加工精度、减少铣刀的种类，加工时应采用直径比槽宽小的铣刀，先铣槽的中间部分，然后利用刀具半径补偿（或称直径补偿）功能对槽的两边进行铣加工。

4．铣刀形状的选择

（1）平刀（平底刀、端铣刀）。

平刀主要用于粗加工、平面精加工、外形精加工和清角加工，在粗加工和精加工时均可使用。使用平刀加工时要注意：由于刀尖很容易磨损，可能影响加工精度。

（2）圆鼻刀（牛鼻刀、圆角刀）。

圆鼻刀主要用于模坯粗加工、平面精加工和侧面精加工，适合加工硬度较高的材料。常用圆鼻刀圆角半径为 0.2～6mm。在加工时应优先选用圆鼻刀。

（3）球刀（球头刀、R 刀）。

球刀主要用于曲面精加工，对平面开粗及光刀时粗糙度大、效率低。当曲面形状复杂时，为了避免干涉，建议使用球头刀，调整好加工参数也可以达到较好的加工效果。

5．铣刀结构形式的选择

（1）整体式铣刀的刀具整体由硬质合金材料制成，价格高，加工效果好，多用在光刀阶段。此类型刀具通常为小直径的平刀及球刀。对于要求较高的细小部位的加工，可使用整体式硬质合金刀，它可以取得较高的加工精度。但是刀具悬升不能太大，否则刀具不但让刀量大、易磨损，而且会有折断的危险。

（2）可转位式铣刀前端采用可更换的可转位刀片，刀片用螺钉固定。刀片材料为硬质合金，表面有涂层，刀杆采用其他材料。刀片改变安装角度后可多次使用，且损坏不重磨。可转位式铣刀使用寿命长，综合费用低。刀片形状有圆形、三角形、方形和菱形等，圆鼻刀多采用此类型，球刀也有此类型。

【课堂训练】

图 8-21 所示为铣削零件图，分析其铣床加工工艺，按图示尺寸进行铣削练习。工件材料为 45 钢。

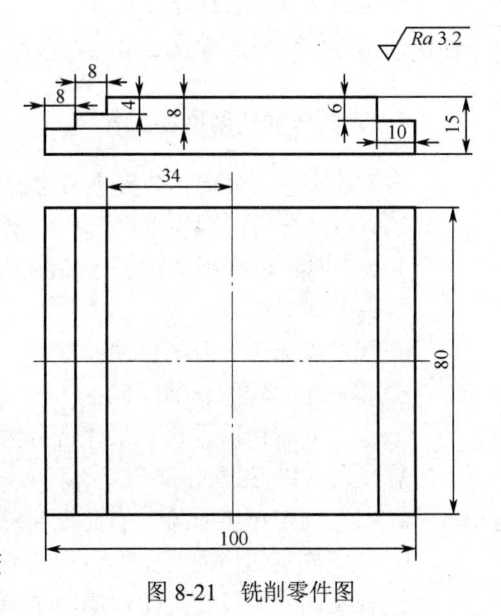

图 8-21　铣削零件图

任务实施

一、六面体的技术要求分析

1．技术分析

（1）尺寸公差：长和高应该保证在 100±0.10mm，宽应该保证在 70±0.10mm。

（2）形位公差：平面 2 和平面 4 对平面 1 的垂直度公差为 0.08；平面 3 对平面 1 的平行度公差为 0.05；平面 6 对平面 5 的平行度公差为 0.05，对平面 1 的垂直度公差为 0.08。

（3）表面粗糙度：全部表面粗糙度均为 Ra=3.2。

2．六面体的铣削方法分析

本零件适合用端铣法，工件为六面体，且无沟槽类等结构，用端铣不仅能提高效率，而且能控制表面粗糙度。

3．确定切削用量

确定背吃刀量a_p：粗铣$a_p = 2.5\text{mm}$，精铣$a_p = 0.5\text{mm}$。

确定进给量f_z和f：粗铣$f_z = 0.05\text{mm/z}$，精铣$f = 0.1\text{mm/r}$。

确定铣削速度v_c：粗铣$v_c = 60\text{m/min}$，取铣刀直径为 100mm，齿数$z = 6$，则铣床的主轴转速$n = \dfrac{1000v_c}{\pi D} = \dfrac{1000\times60}{3.14\times100}\text{r/min} \approx 191\text{r/min}$，实际调整机床的主轴转速为 190r/min；精铣$v_c = 100\text{m/min}$，则铣床主轴的转速$n = \dfrac{1000v_c}{\pi D} = \dfrac{1000\times100}{3.14\times100}\text{r/min} \approx 318\text{r/min}$，实际调整机床的主轴转速为 300r/min。

粗铣的每分钟进给速度$v_f = f_z zn = 0.05\times6\times190 = 57\text{mm/min}$，实际调整速度为 63mm/min，精铣的每分钟进给速度$v_f = fn = 0.1\times300 = 30\text{mm/min}$，实际调整速度为 30mm/min。

4．六面体的铣削准备工作

（1）装夹方法分析、装夹夹具选择及安装、找正。

装夹方法分析：因为工件形状简单，尺寸也相对不大，所以用平口虎钳装夹工件。

装夹夹具：选择平口钳进行装夹。

装夹夹具安装：

a. 擦净铣床工作台的台面；

b. 擦净平口钳的安装平面；

c. 保证固定钳口垂直于工作台台面。

装夹夹具找正：

a. 找正固定钳口面与工作台纵向进给方向的平行度；

b. 找正固定钳口面与工作台面的垂直度；

c. 找正固定钳口与工作台横向进给方向的平行度。

（2）机床选择及零位调整。

选择立式铣床，先将立铣头调到大概正确的位置，然后将磁性表架固定在上面，并连接千分表，先用千分表在铣床工作台 1 点测量，再旋转 180°，在 2 点测量一下，1 点和 2 点的距离为 300mm，若误差控制在 2 格以内，则零位调节好。

（3）刀具、量具、准备及平行度。

5．平行度检测

将六面体的基准面放在平板上，再用磁性表架和千分表去测量与基准面有平行关系的面，先在平面的一边测量一下，并将千分表调零，再移到另一边测量，看误差是多少。

6．垂直度检测

首先用 90° 角尺放在垂直的两个面上，再用塞尺去测，看偏差是多少。

二、项目实施方案编制

铣削加工工艺如表 8-2 所示。

表 8-2　铣削加工工艺

序号	加工内容及要求	工 序 简 图
1	以 1 面为粗基准，粗加工平面 2 至 50.5mm，然后松开工件，以较小夹紧力重新夹紧，再精铣至 50mm	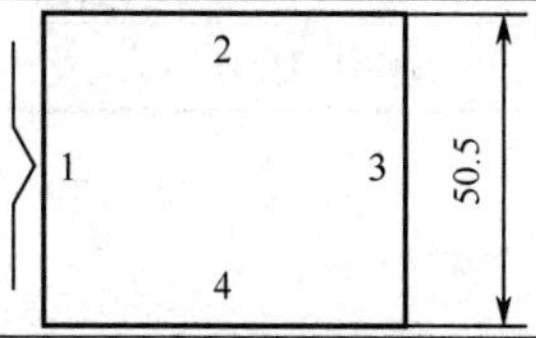 2 1　3　50.5 4
2	把 2 面和固定钳口贴平，垫好垫铁，用圆棒夹紧。粗、精铣 1 面至 60mm，并去毛刺	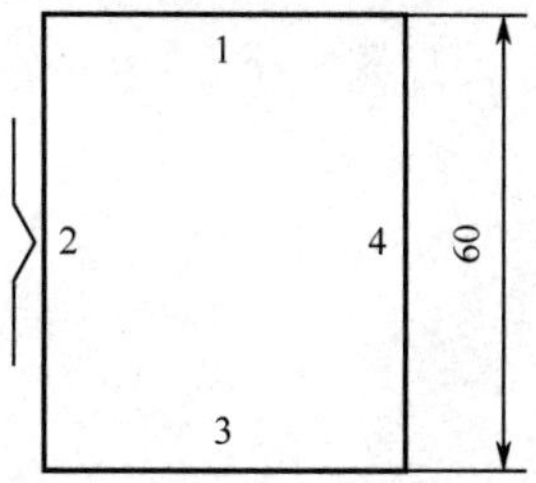 1 2　4　60 3
3	把 2 面和固定钳口贴平，垫好垫铁，以 2 面和 1 面为定位基准，粗、精铣 3 面至尺寸 60mm，并去毛刺	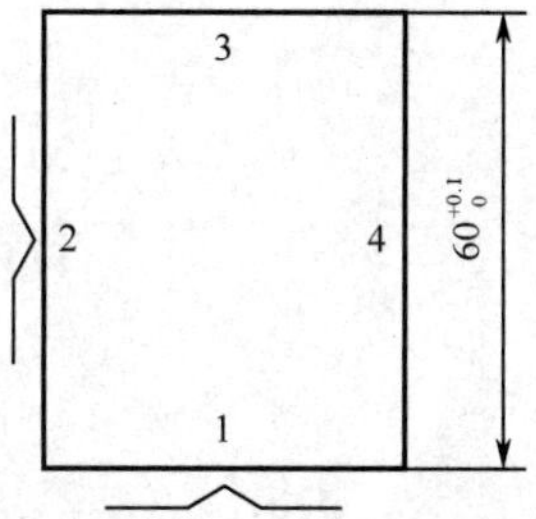 3 2　4　$60^{+0.1}_{0}$ 1
4	把 3 面和固定钳口贴平，垫好垫铁，以 3 面和 4 面为定位基准，粗、精铣 2 面至 50mm，并去毛刺	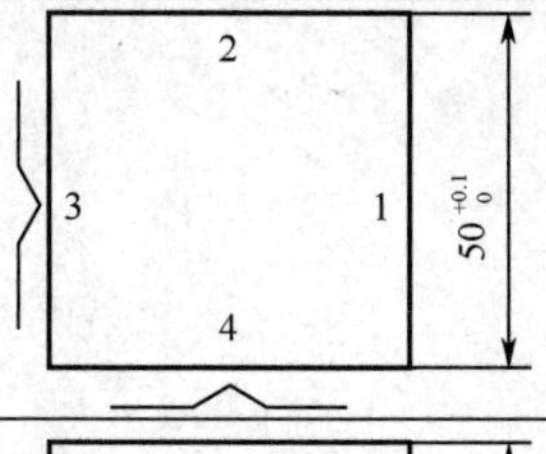 2 3　1　$50^{+0.1}_{0}$ 4
5	把 2（或 4）面和固定钳口贴平，垫好垫铁，然后用直角尺校正好垂直度。粗、精铣 5 面至尺寸 70mm，并去毛刺	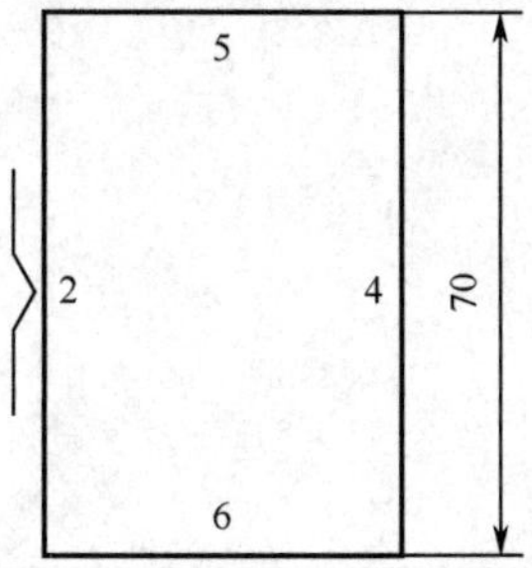 5 2　4　70 6

续表

序号	加工内容及要求	工序简图
6	把 2（或 4）面和固定钳口贴平，垫好垫铁；以 2 面和 5 面为定位基准，然后用直角尺校正好垂直度。粗、精铣 6 面至 70mm，并去毛刺	6 2 4 70±0.1 5
7	钳工去除毛刺	—
8	按零件图检验	—

第9章 刨工训练与实践

学习要点

（1）了解刨床的种类；

（2）掌握刨床的基本操作方法；

（3）掌握刨刀的种类及装夹方法；

（4）熟悉各种工件的装夹操作；

（5）掌握刨工的各项基本工艺知识，能完成简单零件的工艺编制，具有一定的实践操作能力。

学习案例

图 9-1 所示为刨削平面零件图。为了提高生产率并保证加工质量，采用硬质合金刨刀在牛头刨床上进行刨削。该零件的材料为 45 钢。

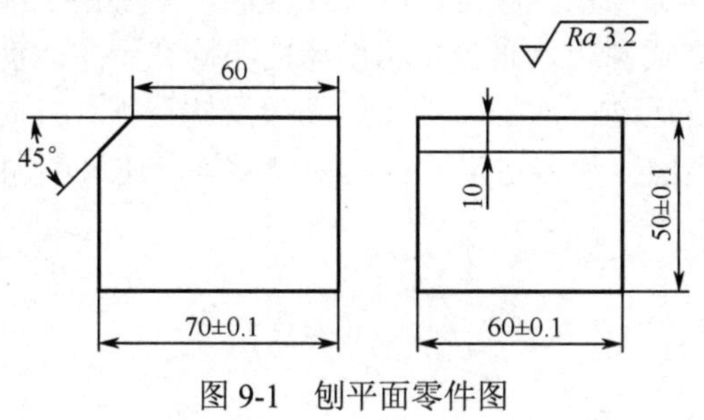

图 9-1　刨平面零件图

一、工艺分析

平面零件刨床加工的工艺分析主要包括产品的零件图分析和结构性分析两部分。零件图分析主要明确加工内容及技术要求、确定加工方案、制定刨床加工路线。

二、加工准备

（1）使用毛坯：45 钢，毛坯为 52×62×72 的方料。

（2）使用设备：普通 B6065 牛头刨床、机用平口虎钳。

（3）使用工具、量具：钢板尺、划针、直角尺等。

任务分析

（1）了解刨床的结构组成及工艺范围；

（2）掌握牛头刨床的操作方法。

相关知识

项目一　刨工基本知识；
项目二　刨工基本工艺。

知识链接

项目一　刨工基本知识

【知识准备】

刨床类机床主要分为牛头刨床、龙门刨床、插床。牛头刨床因其滑枕和刀架形似“牛头”而得名，主要用于刨削中、小型零件，适用于单件小批生产及修配加工。龙门刨床主要用来刨削大型零件，特别适用于刨削各种水平面、垂直面及各种平面组合的导轨面，可以同时安装多把刨刀对工件进行刨削，其加工精度和生产率都比较高，主要用于加工较大型的箱体、支架、床身等零件。插床又称为立式刨床，它与牛头刨床的不同在于主运动方向不同，牛头刨床的滑枕在水平方向上作直线往复运动，而插床的主运动为滑枕在垂直方向上的直线往复运动，插床主要用来加工工件的内部表面，如多边形孔或孔内键槽等，还可以加工内外曲面。

一、牛头刨床

1．牛头刨床的型号

按照GB/T 15375—1994《金属切削机床型号编制方法》，牛头刨床的型号采用规定的字母和数字表示，如B6065中字母和数字的含义如下。

B——类别：刨床类。

6——组别：牛头刨床组。

0——系别：普通牛头刨床型。

65——主参数：最大刨削长度的1/10，即最大刨削长度为650mm。

2．牛头刨床的组成

牛头刨床主要由床身、滑枕、刀架、工作台、横梁等部分组成，如图9-2所示。

（1）床身。

床身用来支承和连接刨床的各部件，其顶面的水平导轨供滑枕作往复运动，前端面两侧的垂直导轨供横梁升降，床身内部中空，装有主运动变速机构和摆杆机构。

（2）滑枕。

滑枕的前端装有刀架，用来带动刀架和刨刀沿床身水平导轨作直线往复运动。滑枕往复运动的快慢及滑枕行程的长度和位置，均可根据加工需要进行调整。

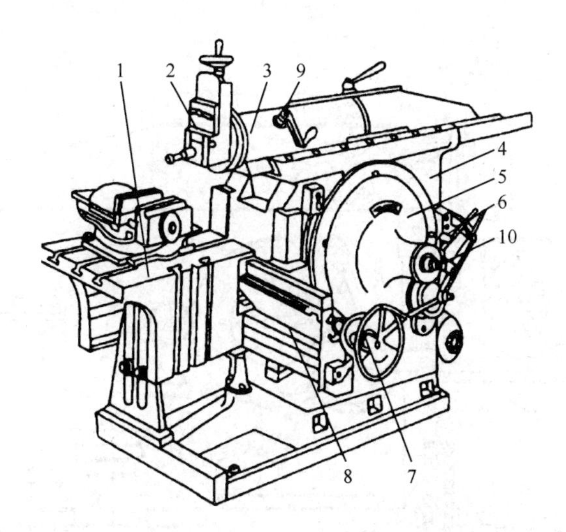

1—工作台；2—刀架；3—滑枕；4—床身；5—摆杆机构；6—变速机构；7—进刀机构；
8—横梁；9—行程位置调整手柄；10—行程长度调整手柄

图 9-2 B6065 牛头刨床

（3）刀架。

刀架用来夹持刨刀，如图 9-3 所示。转动刀架进给手柄，滑板可沿转盘上的导轨上下移动，以此调整刨削深度，或在加工垂直面时实现进给运动。

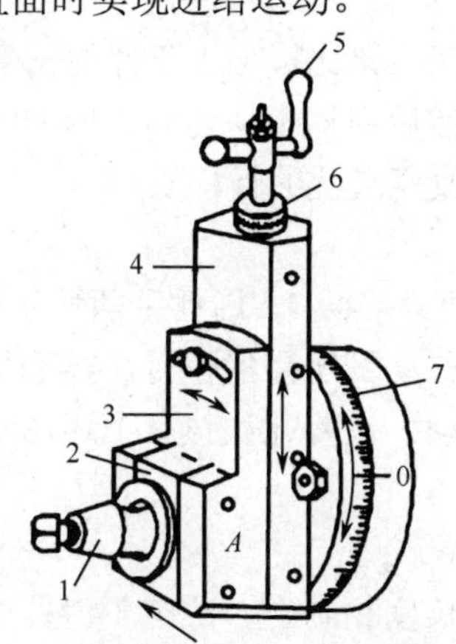

1—刀夹；2—抬刀板；3—刀座；4—滑板；5—刀架进给手柄；6—刻度盘；7—转盘

图 9-3 牛头刨床刀架

松开转盘上的螺母、将转盘扳转一定角度后，可使刀架作斜向进给运动，完成斜面刨削加工。滑板上还装有可偏转的刀座，合理调整刀座的偏转方向和角度，可以使刨刀在返回行程中绕抬刀板刀座上的 *A* 轴向上抬起的同时，自动少许离开工件的已加工表面，以减少返程时刀具与工件之间的摩擦。

（4）横梁与工作台牛头刨床的横梁上装有工作台及工作台进给丝杠，丝杠可带动工作台沿床身导轨作升降运动。

3．牛头刨床的传动系统和调整方法

传动系统图 B6065 牛头刨床的传动系统图如图 9-4 所示。

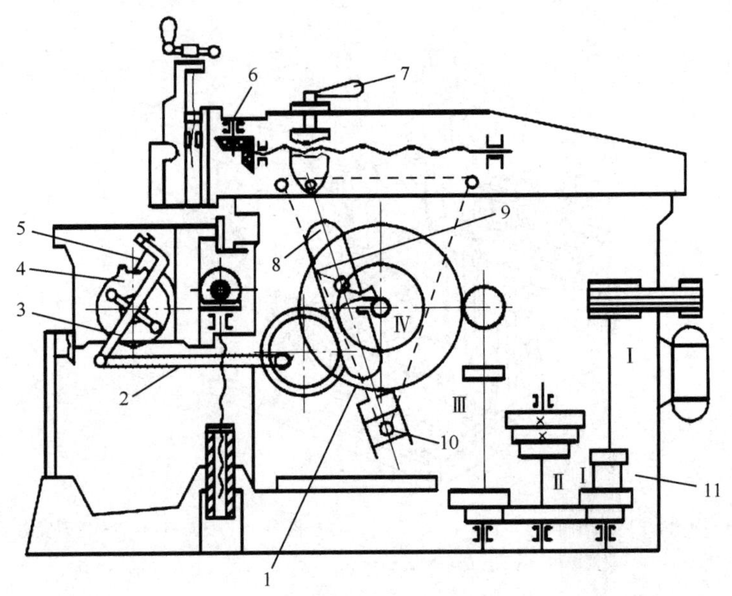

1—摆杆机构；2—连杆；3—摇杆；4—棘轮；5—棘爪；6—行程位置调整方样；

7—滑枕锁紧手柄；8—摆杆；9—滑块；10—卡支点；11—变速机构

图 9-4　B6065 牛头刨床的传动系统图

（1）滑枕行程长度的调整。

牛头刨床工作时滑枕的行程长度应该比被加工工件的长度大 30～40 mm 。调整时，先松开图 9-2 中的行程长度调整手柄 10，然后用摇手柄转动手柄 10 来改变曲柄滑块在摆杆上的位置，使摆杆的摆动幅度随之变化，从而改变滑枕的行程长度。

（2）滑枕行程位置的调整。

调整时，松开图 9-4 中的滑枕锁紧手柄 7，用摇手柄转动行程位置调整方样，通过一对伞齿轮传动，即可使丝杠旋转，将滑枕移动到所需的位置。摇手柄顺时针转动时，滑枕的起始位置向后方移动；反之，滑枕向前方移动。反复几次执行上述两步调整动作，即可将刨刀调整到所需的正确位置。

（3）滑枕行程次数的调整。

滑枕的行程次数与滑枕的行程长度相结合，决定了滑枕的运动速度，这就是牛头刨床的主运动速度。调整时，可以根据刨床上变速铭牌所示的位置，兼顾考虑滑枕的行程长度来扳动变速手柄，使滑枕获得六挡不同的主运动速度。

（4）棘轮机构的调整。

牛头刨床工作台的横向进给运动为间歇运动，它是通过棘轮机构来实现的。棘轮机构的工作原理如图 9-5 所示。

当牛头刨床的滑枕往复运动时，连杆 3 带动棘爪 4 相应地往复摆动；棘爪 4 的下端是一面为直边、另一面为斜面的拨爪，拨爪每摆动一次，便拨动棘轮 5 带动丝杠转过一定的角度，使工作台实现一次横向进给。由于拨爪的背面是斜面，当它朝反方向摆动时，爪内弹簧被压缩，拨爪从棘轮齿顶滑过，不会带动棘轮转动，所以工作台的横向进给是间歇的。调整棘轮护罩 6 的缺口位置，使棘轮 5 所露出的齿数改变，便可调整每次行程的进给量。若提起棘爪转动 180° 之后放下，棘爪可以拨动棘轮 5 反转，带动工作台反向进给；若提起棘爪转动 90° 后放下，棘爪被卡住空转，与棘轮 5 脱离接触，进给动作自动停止。

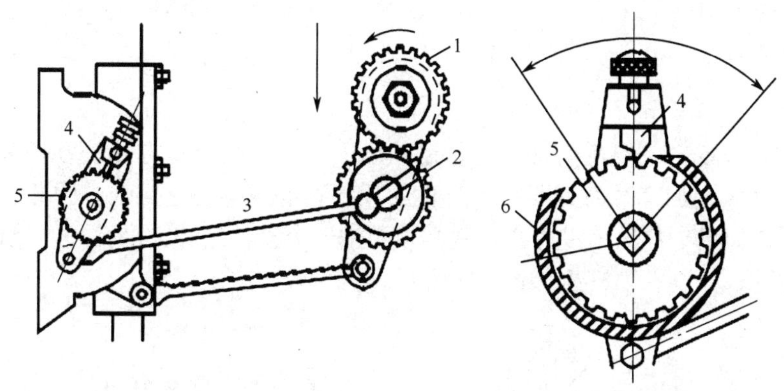

1、2—齿轮；3—连杆；4—棘爪；5—棘轮；6—护罩

图 9-5　棘轮机构

二、龙门刨床

龙门刨床因有一个“龙门”式的框架而得名，按其结构特点可分为单柱式或双柱式两种。B2010A 双柱龙门刨床如图 9-6 所示。

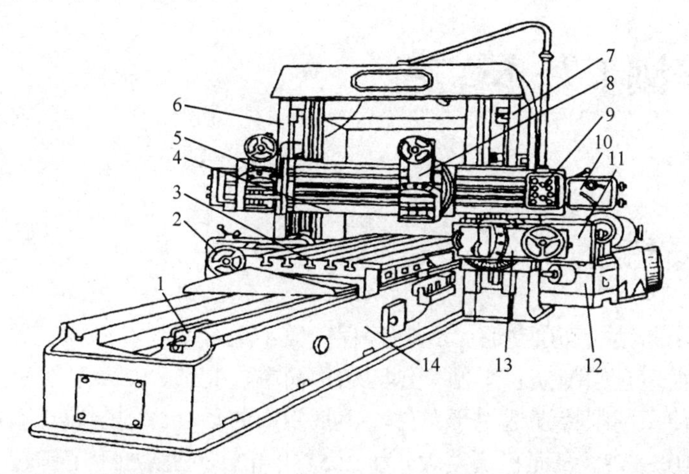

1—液托安全器；2—左侧刀架进给箱；3—工作台；4—横梁；5—左垂直刀架；6—左立柱；7—右立柱；8—右垂直架；9—悬挂按钮；10—垂直架进给箱；11—右侧刀架进给箱；12—工作台减速箱；13—右侧刀架；14—床身

图 9-6　B2010A 双柱龙门刨床

龙门刨床的主运动是工作台（工件）的往复运动，进给运动是刀架（刀具）的横向或垂直间歇移动。

刨削时，横梁上的刀架可在横梁导轨上作横向进给运动，以刨削工件的水平面；立柱上的左、右侧刀架可沿立柱导轨作垂直进给运动，以刨削工件的垂直面；各个刀架均可偏转一定的角度，以刨削工件的各种斜面。龙门刨床的横梁可沿立柱导轨升降，以调整工件和刀具的相对位置，适应不同高度工件的刨削加工。

龙门刨床的结构刚性好，切削功率大，适用于加工大型零件上的平面或沟槽，并可同时加工多个中型零件。龙门刨床上加工的工件一般采用压板螺钉，直接将工件压紧在往复运动的工作台面上。

三、插床

插床的生产率较低，主要用于加工工件的内表面，如方孔、长方孔、各种多边形孔、孔内键槽等。由于在插床上加工时刀具要穿入工件的预制孔内方可进行插削，因此工件的加工部分必须先有一个孔。如果工件原来没有孔，就必须预钻一个直径足够大的孔，才能进行插削加工。在插床上插削方孔、插削孔内键槽如图 9-7 所示。

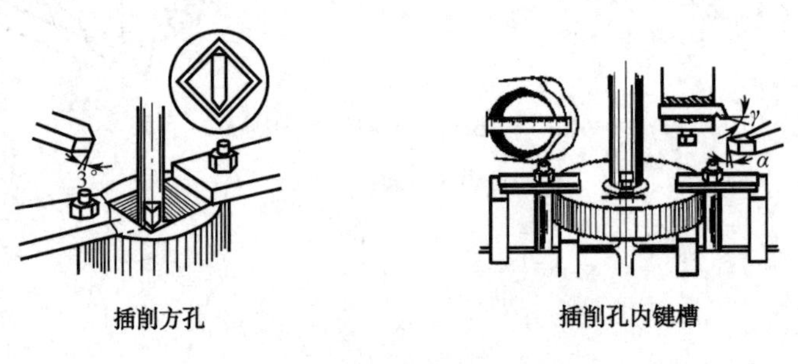

图 9-7 插削方孔和孔内键槽

项目二 刨工基本工艺

【知识准备】

一、刨削的基本特点

刨削过程是一个断续的切削过程，返回行程一般不进行切削，刨刀又属于单刃刀具，因此生产率比较低，但很适宜刨削狭长平面。刨刀结构简单，制造、刃磨和工件安装比较简便，刨床的调整也比较方便，刨削特别适用于单件、小批生产的场合。刨削属于粗加工和半精加工的范畴，可以达到 IT10～IT7、表面粗糙度 *Ra* 为 12.5～0.4μm。刨削加工范围较广，如图 9-8 所示。

二、工件的装夹

当刨削中小型工件或形状简单的工件时，一般使用平口钳装夹；对于大型工件或外形不规则的不便于用平口装夹的工件，可用螺栓、压板、垫铁直接装夹在刨床的工作台上；大型工件则需在龙门刨床上装夹加工。平口钳固定在刨床工件台上。对于大批量生产的工件，还可以采用专用夹具来装夹，它既能保证加工质量，又能使装夹迅速可靠。

1．工件的装夹方式

（1）平口虎钳装夹。在牛头刨床上，常采用平口虎钳装夹工件，其方法与铣削加工操作相同。

（2）压板、螺栓装夹。对于大型工件和形状不规则的工件，如果用平口虎钳难以装夹，则可根据工件的特点和外形尺寸，采用相应的简易工具把工件固定在工作台上直接进行刨削。

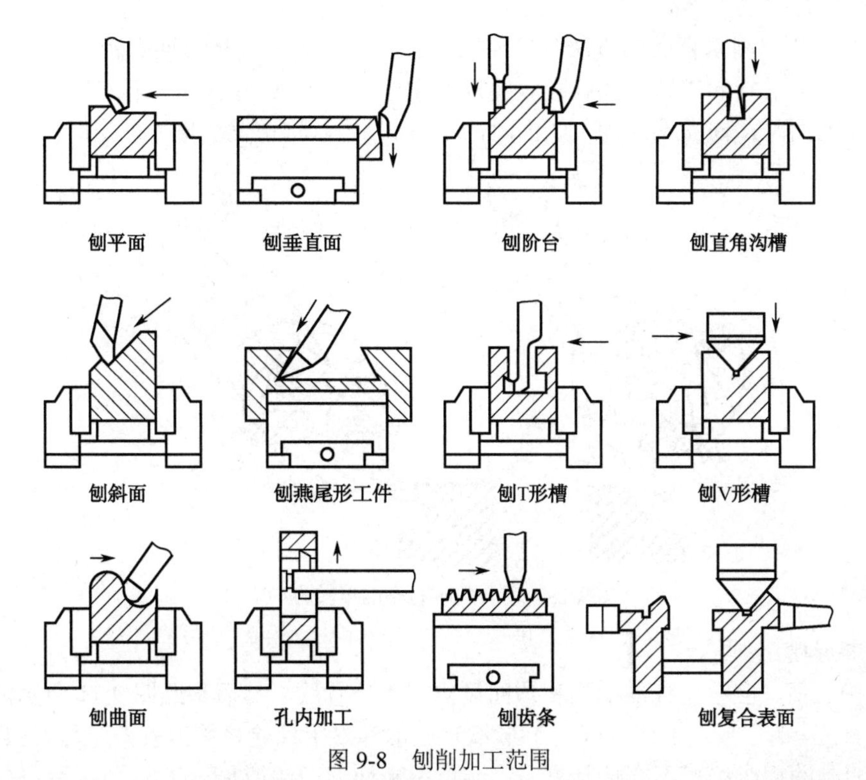

图 9-8　刨削加工范围

（3）专用夹具装夹。专用夹具是用来完成工件某一工序特定加工内容专门设计制造的高效工艺装备，它既能使装夹过程迅速完成，又能保证工件加工后的正确性，特别适合于批量生产使用。

2．刨削加工方法

（1）刨平面。

粗刨时，采用普通平面刨刀；精刨时，采用较窄的精刨刀，刀尖圆弧半径为 0.3～5mm，刨削深度一般约为 0.2～2mm，进给量约为 0.33～0.66mm/往复行程，切削速度约为 17～50m/min，粗刨时的刨削深度和进给量可取大值，切削速度宜取小值；精刨时的刨削深度和进给量可取小值，切削速度可适当取偏大值。

（2）刨垂直面和斜面。

刨垂直面通常采用偏刀刨削，利用手工操作摇动刀架手柄，使刀具作垂直进给运动来加工垂直平面，其加工过程如图 9-9 所示。

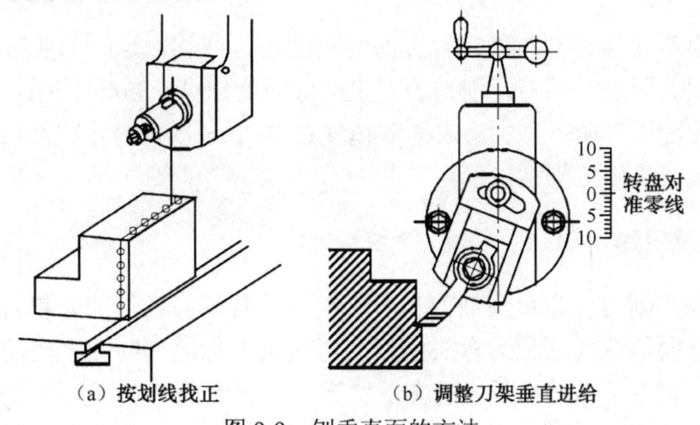

图 9-9　刨垂直面的方法

刨斜面的方法与刨垂直面的方法基本相同，应当按所需斜度将刀架扳转一定的角度，使刀架手柄转动时刀具沿斜向进给。刨斜面时要特别注意按图 9-10 所示方位来调整刀座的偏转方向和角度（刨左侧面时，向左偏；刨右侧面时，向右偏），以防止发生重大操作事故。

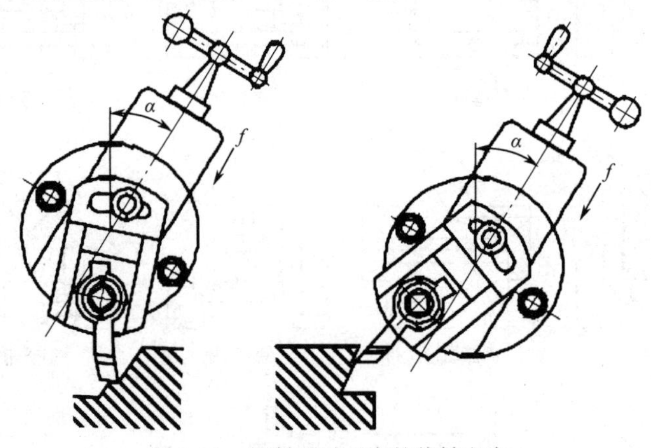

图 9-10　刨斜面时刀座的偏转方向

（3）刨 T 形槽。

刨 T 形槽之前，应在工件的端面和顶面划出加工位置线，然后参照图 9-11 所示的步骤，按线进行刨削加工。为了安全起见，刨削 T 形槽时通常都要用螺栓将抬刀板刀座与刀架固连起来，使抬刀板在刀具回程时绝对不会抬起来，以避免拉断切刀刀头或损坏工件。

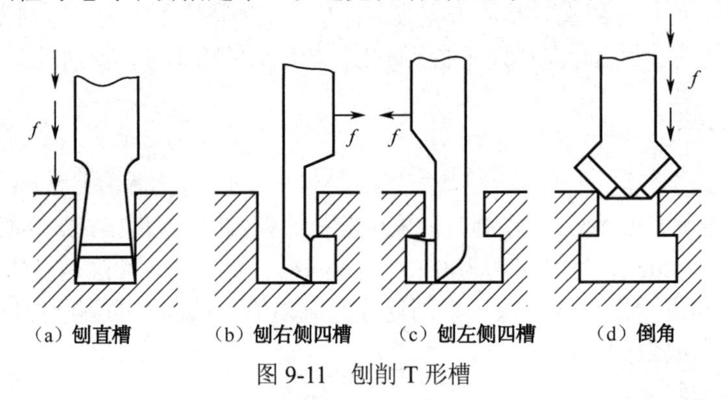

（a）刨直槽　（b）刨右侧凹槽　（c）刨左侧凹槽　（d）倒角

图 9-11　刨削 T 形槽

三、刨刀的选择

加工铸铁时，通常采用钨钴类硬质合金的弯头刨刀，或将高速钢刀头装在刨刀杆的方槽内使用。粗刨平面一般采用尖头刨刀，刨刀的刀尖部分应磨出 1～3mm 圆弧，然后用油石研磨，这样可以延长刨刀的使用寿命。当加工表面粗糙度在 3.2μm 以下时，粗刨后还要进行精刨。精刨时常用圆头刨刀或宽头刨刀刨削。

1．刨刀的种类及用途

按刨刀形状来分，刨刀分为直头刨刀和弯头刨刀。若刨刀切削部分和刀杆是直的称为直头刨刀；刨刀切削部分向后弯曲的称为弯头刨刀。弯头刨刀如遇切削力突然增加，刀杆将产生向后方向的弯曲变形，避免了刀杆折断或啃伤工件已加工表面，所以弯头刨刀应用广泛。

按加工表面的形状不同，刨刀有平面刨刀、偏刀、切刀、角度刀和成形刀等。平面刨刀用于刨水平面，偏刀用来刨垂直面和斜面；切刀用于刨直角槽或切断工件；角度刀用来刨削角度工件，如燕尾槽等；成形刀用来刨削成形表面，如 V 形槽等。

按进给方向的不同，刨刀分为左刨刀和右刨刀。

常见刨刀的形状及应用如图 9-12 所示。

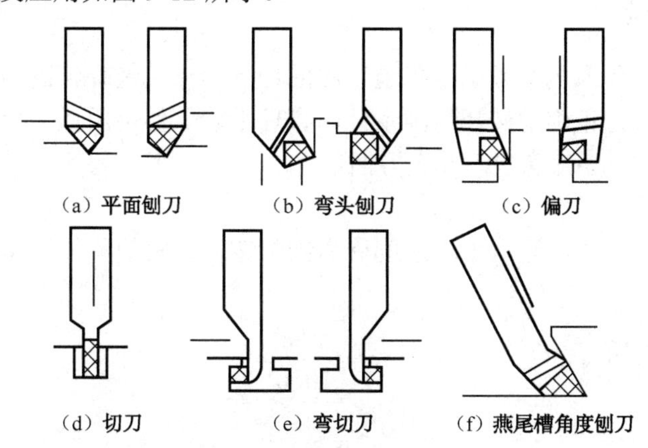

图 9-12　刨刀的形状及应用

2．刨刀的结构特点

刨刀的结构、几何形状均与车刀相似，但由于刨削属于断续切削，刨刀切入时受到较大的冲击力，刀具容易损坏，所以刨刀刀体的横截面一般比车刀大 1.2～1.5 倍。刨刀的前角γ_0比车刀稍小，刀倾角λ_s取较大的负值（-10°～-20°），以增强刀具强度。

3．刨刀的装夹

在牛头刨床上装夹刨刀的方法如图 9-13 所示。刨削水平面时，在装夹刨刀前先松开转盘螺钉，调整转盘对准零线，以便准确地控制吃刀深度；再转动刀架进给手柄，使刀架下端与转盘底侧基本平齐，以增加刀架的刚性，减少刨削中的冲击振动；最后将刨刀插入刀夹内，用扳手拧紧刀座螺钉，将刨刀夹紧。装刀时应注意刀头的伸出量不要太长；刨削斜面时还需要调整刀座偏转一定的角度，防止回程拖刀。

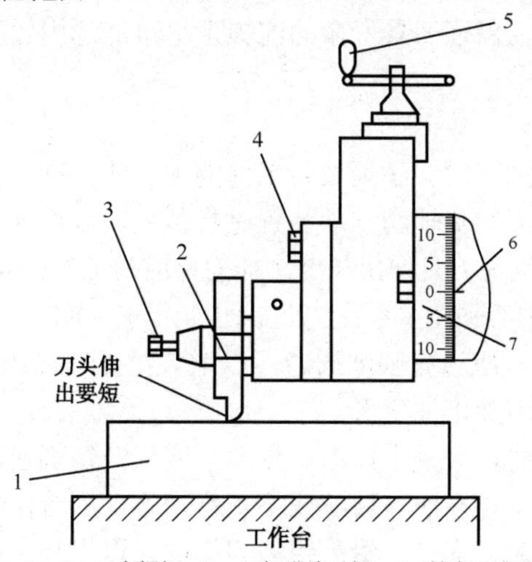

1—工件；2—刀夹；3、4—刀座螺钉；5—刀架进给手柄；6—转盘对准零线；7—转盘螺钉

图 9-13　刨刀的装夹方法

四、切削用量的选择

1．切削用量的确定

在刨削加工时，操作人员必须确定每道工序的切削用量。选择切削用量时，一定要充分考虑影响切削的各种因素，正确地选择切削条件，合理地确定切削用量，可有效地提高机械加工质量和产量。具体操作时要注意以下几个方面。

（1）刨削速度 v_c。

刨刀或工件在刨削时的主运动平均速度称为刨削速度，它的单位为 m/min，其值可按下式计算：

$$v_c = \frac{2Ln}{1000}$$

式中：L——行程长度（mm）；

n——滑枕每分钟的往复次数（往复次数/min ）。

（2）进给量 f。

刨刀每往复一次工件横向移动的距离称为进给量。它的单位为 mm 每次往复。在 B6065 牛头刨床上的进给量为：

$$f = \frac{k}{3}$$

式中：k——刨刀每往复行程一次，棘轮被拨过的齿数。

（3）刨削深度 a_p。

刨削深度 a_p 指已加工面与待加工面之间的垂直距离，它的单位为 mm。

（4）切削用量的选取原则。

① 粗刨加工首先选用尽可能大的背吃刀量；其次根据机床动力和刚性的限制条件等选取尽可能大的进给量；最后根据刀具寿命确定最佳的切削速度。

② 精刨加工首先根据粗加工后的加工余量确定背吃刀量；其次根据已加工表面粗糙度的要求选用较小的进给量；最后在保证刀具寿命的前提下尽可能选用较高的切削速度。

2．刨削加工注意事项

（1）多件划线毛坯同时加工时，必须按各工件的加工线找准在同一表面上。

（2）工件高度较大时，应增加辅助支承装置进行装夹，以增加工件支承的稳定性和刚性。

（3）装夹刨刀时，尽量缩短刀具伸出长度；插刀杆应与工作台表面垂直；插槽刀和成形刀的主切削刃中线应与圆工作台中心平面重合；装夹平面插刀时，主切削刃应与横向进给方向平行。

（4）刨削薄板类工件时，应该先刨削周边，以增大撑板的接触面积；并根据余量情况，多次翻面装夹加工，以减少和消除工件变形。

（5）刨插有空刀槽的面时，为减小冲击、振动，应降低切削速度，并严格控制刀具行程。

（6）精刨时，如果发现工件表面有波纹或不正常声音，应该停机检查。

（7）在龙门刨床上加工时，应该尽量采用多刀刨削，以提高生产效率、降低成本。

第10章 磨工训练与实践

学习要点

（1）了解磨床的种类；
（2）了解磨削的特点；
（3）了解磨床的主要类型及特点；
（4）合理地选择磨削方法及磨具；
（5）掌握磨工的各项基本工艺知识。

学习案例

图 10-1 所示为磨削零件。为了保证加工质量，选用在万能外圆磨床上进行磨削，砂轮为白刚玉磨料、60#粒度的中软平行砂轮。该零件的材料为 45 钢。

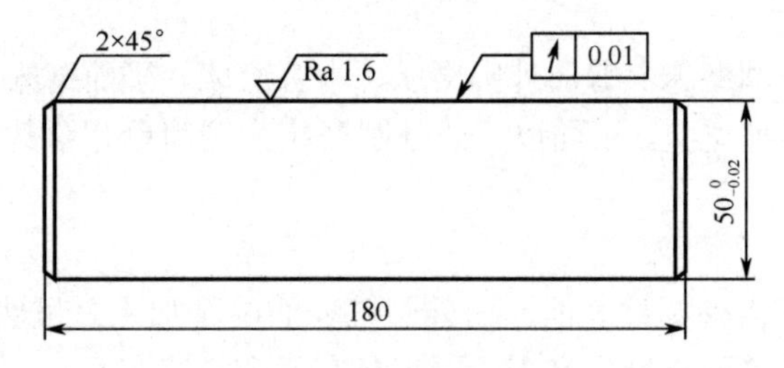

图 10-1　磨削零件图

磨床加工的工艺分析主要包括产品的零件分析和结构性分析两部分。零件图分析主要明确加工内容及技术要求，确定加工方案，制定磨床加工路线。

一、工艺分析

该零件组成轮廓的各几何元素关系清楚，条件充分。材料为 45 淬火钢。

将夹头紧固工件左端，清洁顶针孔，并加油。调整顶针尾座与前顶针之间距离，安装好工件。

二、加工准备

（1）使用毛坯：45 钢，毛坯大小为 180×ϕ55 棒料；
（2）使用设备：M1432A 万能外圆磨床；
（3）使用工具、量具：钢板尺、千分尺、游标卡尺等。

相关知识

项目一　磨工基本知识；

项目二　磨工基本工艺。

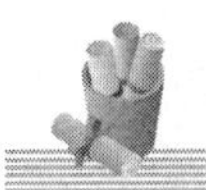

知识链接

项目一　磨工基本知识

【知识准备】

磨削是用磨具以较高的线速度对工件表面进行切削加工的方法。在磨削过程中，磨具以砂轮为主，能加工一般的金属材料和高硬度材料。砂轮的高速转动是主运动，进给运动由工件和砂轮的直线运动来完成，磨削时需要使用大量的切削液。磨削主要用于回转面、平面及成形面的精加工。它是零件精密加工的主要方法之一。其加工精度可达IT6～IT4，表面粗糙度 *Ra* 可达1.25～0.01。

常用的磨床有万能外圆磨床、普通外圆磨床、内圆磨床、平面磨床、无心磨床、工具磨床、齿轮磨床、螺纹磨床等多种类型。下面以万能外圆磨床为例简单介绍其型号、组成及传动方式。

1．万能外圆磨床

万能外圆磨床可用于内外圆柱表面、内外圆锥表面的精加工。虽然生产率较低，但由于其通用性较好，被广泛用于单件小批生产车间、工具车间和机修车间。

如图10-1所示为M1432A型万能外圆磨床，其中M1432A的字母和数字的含义如下。

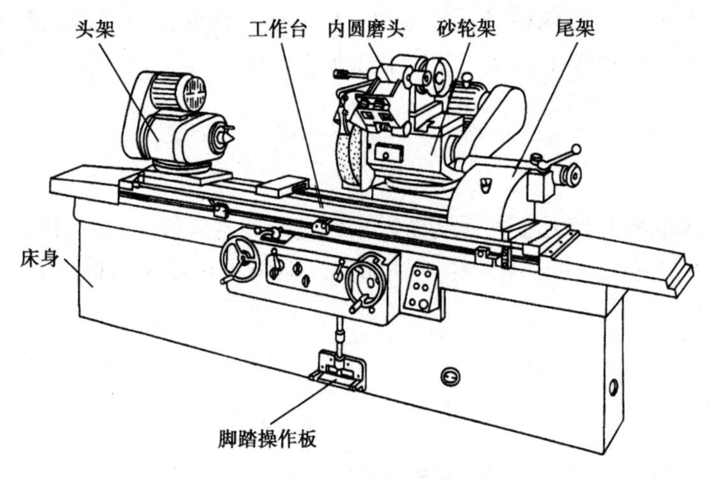

图10-1　万能外圆磨床

M—类别：磨床类。

1—组别：外圆磨床组。

4—型别：万能外圆磨床型。

32—主参数：最大磨削直径的 1/10，最大磨削直径为 320mm。

A—改进次数：第一次重大改进。

M1432A 型万能外圆磨床的主要部件如下：床身、头架、尾架、工作台、砂轮架和内圆磨头等。

（1）床身：安装在底座上，主要用来支撑和连接各零部件。其上部装有工作台和砂轮架，内部装有液压传动系统。床身上的纵向导轨供工作台移动用，横向导轨供砂轮架移动用。

（2）砂轮架：主要用来安装砂轮，并有单独电动机，通过皮带传动使其高速旋转。砂轮架可在床身后部的导轨上作横向移动并能绕垂直轴旋转一定的角度。

（3）头架：主要用来在其主轴上安装顶尖、拨盘或卡盘等，以便装夹工件。头架上的主轴由单独的电动机通过皮带和变速机构传动，使与其相连的工件获得不同的转动速度，且头架可在水平面内偏转一定的角度。

（4）尾架：主要用来支承工件的另一端，其内部有顶尖。尾架在工作台上可纵向移动，其位置可根据所要加工工件的长度进行调整。扳动尾架上的杠杆，顶尖套筒可以伸出或缩进，以便装夹工件。

（5）工作台：主要用来直接安装尾架、换向挡块（操纵工作台自动换向，也可手动）、砂轮修整工具等，台面上有 T 形槽供安装使用。工作台由液压驱动，能沿着床身上的纵向导轨作直线往复运动，并实现工件的纵向进给。工作台分为上下两层，上层可在水平面内偏转一个不大的角度（±8°），以便磨削锥度较小的圆锥面。

（6）内圆磨头：主要用安装磨削内圆表面用的砂轮。它的主轴由另外一个电动机带动并可绕支架旋转，使用时翻下，不用时翻向砂轮架上方。

2．其他常见磨床

（1）卧轴矩台平面磨床：主要用来磨削工件的平面，如图 10-2 所示。

（2）内圆磨床：主要用来磨削圆柱孔、圆锥孔、端面等，如图 10-3 所示。

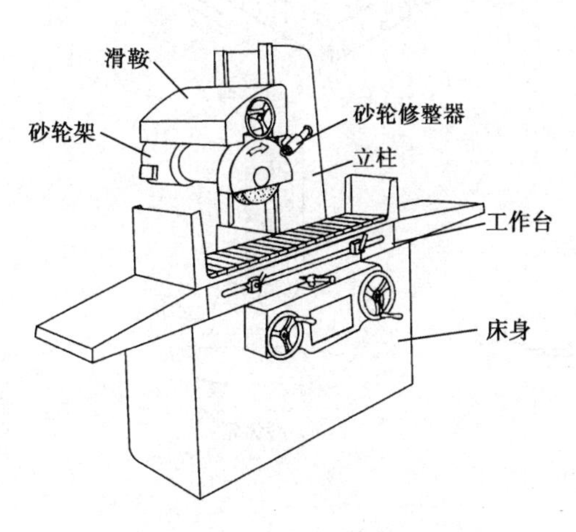

图 10-2　卧轴矩台平面磨床

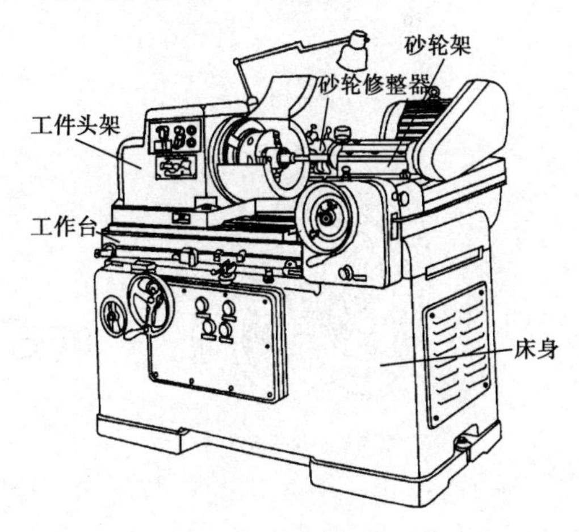

图 10-3　内圆磨床

（3）无心磨床：主要用来磨削大批量的细长轴及无中心孔的轴、套、销等零件的外圆。它是高效率、高自动化的磨床。其原理是将工件放置在磨轮与导轮之间的托板上，磨轮与导轮同向转动并带动工件旋转，磨削外圆。导轮轴线的略微倾斜所产生的轴向分力使工件自动沿轴向移动进给，如图 10-4 所示。

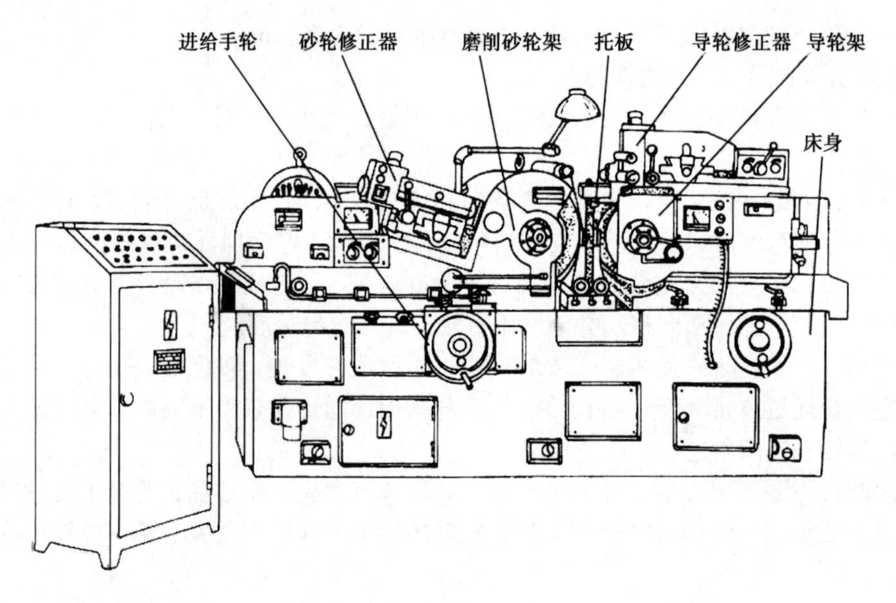

图 10-4 无心磨床

（4）其他专用精密磨床。

3．磨削工艺范围

磨削工艺范围如图 10-5 所示。

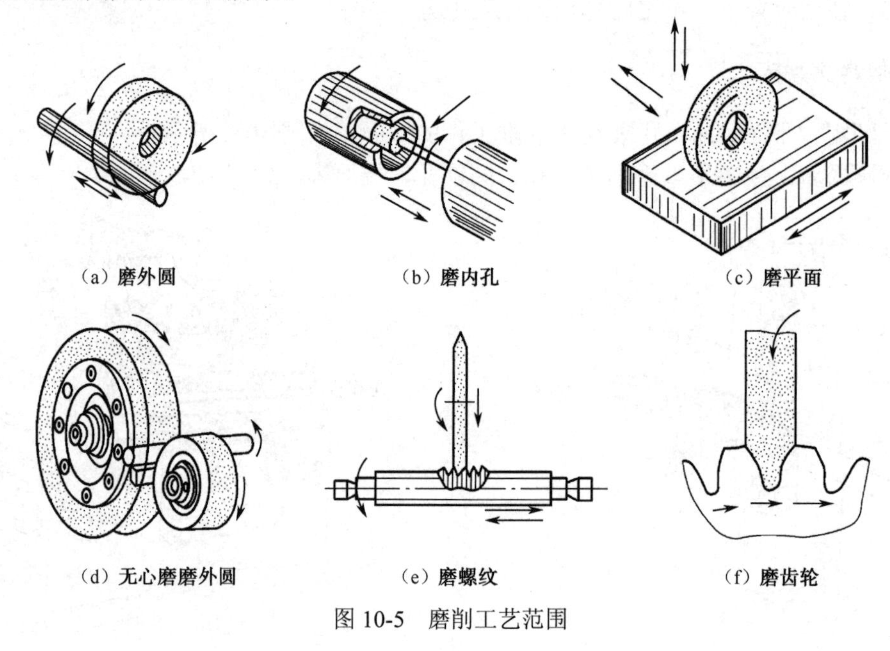

图 10-5 磨削工艺范围

项目二　磨工基本工艺

【知识准备】

一、磨削加工的特点

磨削加工能获得极高的加工精度和极低的表面粗糙度。每颗磨粒切去切削厚度很薄，一般只有几微米，一般精度可达 IT6～IT7 级，表面粗糙度可达 0.08μm～0.05μm，精度磨削可达到更高，故磨削常用于精加工工序。

磨削是机械加工的精加工工艺，工件经过粗加工后，只切除工件表层极薄的金属层，最终达到工件的加工精度和表面粗糙度要求。

一般磨削加工的金属切除效率较低，生产效率较低；高速磨削、强力磨削则有较高的金属切除率，高速磨削的推广具有重要意义。

二、工件的装夹及磨削过程

磨削时，必须将工件装夹在工作台或夹具上，经过校正、夹紧，使工件在整个加工过程中始终保持正确的位置，这个工作叫工件的装夹。

磨削加工时，应根据工件的大小、形状及加工的位置正确选择工件的装夹方法。这样有利于合理使用机床并保证工件的加工精度。万能外圆磨床上工件的装夹与卧式车床的装夹基本相同，一般使用前后顶尖装夹、三爪卡盘、四爪卡盘、花盘、心轴等。不同之处在于用前后顶尖装夹时，磨削顶尖不随工件一起转动且中心孔在装夹前需要修研，以提高加工精度。中心孔修研后和顶尖一起擦净，并加上适当的润滑脂。

1．工件的装夹方式

（1）顶尖装夹。轴类零件常用双顶尖装夹。

（2）卡盘装夹。磨削短工件的外圆时用三爪自定心或四爪单动卡盘装夹。

（3）心轴装夹。盘套类空心工件常以内圆柱孔定位进行磨削，其装夹方法与在车床上相同。磨削内圆时，一般以工件的外圆和端面作为定位基准，通常用三爪自定心或四爪单动卡盘装夹工件，其中，四爪单动卡盘通过找正装夹工件用得最多，当工件支承在前后顶尖上时，顶尖固定不动；当用三爪或四爪卡盘夹持工件磨削时，主轴则随法兰盘一起转动；当自磨主轴顶尖时，拨盘直接带动主轴和顶尖旋转，依靠机床自身修磨顶尖。

2．磨削加工方法

磨外圆时一般采用以下几种基本方法，如图 10-6 所示，其中常用的有纵磨法和横磨法。

（1）纵磨法。

磨削时，砂轮高速旋转为主运动，工件低速旋转并随工作台作纵向直线往复的进给运动。在工件往复行程的终点，砂轮再作周期性的径向间歇进给运动。

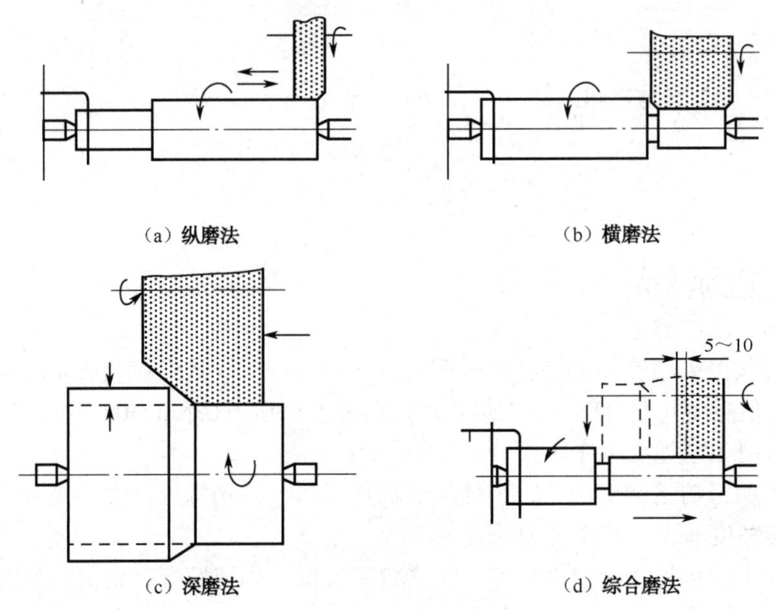

（a）纵磨法　　（b）横磨法

（c）深磨法　　（d）综合磨法

图 10-6　磨削方法

该方法可以用同一砂轮磨削不同长度的工件，而且由于砂轮前部磨削、后部起抛光作用，且磨削深度很小（一般为 0.005～0.01mm 左右）；因此，加工质量高，但加工效率较低。一般用于单件、小批量生产中磨削长度与直径之比较大的工件（即细长件）及精磨，在目前的实际生产中应用最广。

（2）横磨法（又称径向切入磨法）。

磨削时，工件无往复直线进给运动，砂轮以很慢的速度作连续或断续的径向进给运动，直至加工余量全部磨去。

该方法充分发挥了砂轮的切削能力，生产效率高；但在磨削时，工件与砂轮的接触面积大，工件易变形和烧伤（温度高）；因此，加工质量差。一般用于成批或大批量生产中刚性好且磨削长度较短的工件、台阶轴及其轴颈、工件的粗磨等。

（3）深磨法。

磨削时，用较小的纵向进给量（一般为 1～2mm/r）和较大的切深（一般为 0.03mm 左右），在一次行程中去除全部加工余量。

该方法生产效率很高，但要求加工表面两端有较大的距离，以便砂轮切入和切出。一般只用于成批或大批量生产中刚性好的工件。

（4）综合磨法。

先用横磨法粗磨（相邻两段的搭接长度为 5～10mm），当工件上的加工余量为 0.01～0.03mm 时，再采用纵磨法精磨。

3．磨削加工过程

（1）磨削前，先识图，弄清零件的加工部位和加工要求，并选择适当的装夹方法。

（2）正确装夹零件并调整机床，检查砂轮是否需要修整。

（3）开动机床，使砂轮和工件旋转；将砂轮慢慢靠近工件，直至与工件稍微接触。打开切削液，调整背吃刀量，使工作台纵向往复进给，进行磨削。

（4）当磨至尺寸后，停止砂轮的横向进给，但要继续使工作台纵向往复进给几次，直到几乎不产生火花为止。拆卸工件后检查。

三、砂轮的选择

1．砂轮的结构及特性

砂轮是磨削的主要工具。它主要由磨粒和结合剂按一定比例粘结在一起，经压缩后焙烧而成的疏松多孔体。它由磨粒、结合剂、空隙三要素组成。磨粒形成切削刃口，起切削作用；结合剂则固定各磨粒；空隙则有助于排屑和冷却。砂轮的特性由磨料、粒度、结合剂、硬度、组织、形状和尺寸等因素决定。

（1）磨料。磨料是制造砂轮的主要原料，具有很高的硬度、耐热性、一定的韧性等。

（2）粒度。粒度表示磨粒的粗细程度。粒度分为磨粒及微粉两类。磨粒用筛选法分级，如粒度 60＃的磨粒，表示其大小正好能通过 1 英寸长度上孔眼数为 60 的筛网。直径小于 40μm 的磨粒称为微粉，微粉按实际尺寸表示，如尺寸为 28μm 的微粉，其粒度号标为 W28 。

（3）结合剂将磨粒粘结成具有一定强度、形状和尺寸的砂轮。

（4）硬度。硬度指砂轮工作表面上的磨粒在切削力的作用下自行脱落的难易程度。砂轮的硬度与磨粒本身的硬度是两个不同的概念。磨粒易脱落，表明砂轮硬度低；反之则表明砂轮硬度高。一般情况下，未淬火钢选 L～N，淬火合金钢选 H～K，高表面质量选 K～L，硬质合金刀具选 H～J。

（5）组织：指磨料、结合剂、空隙三者之间的比例关系，也指砂轮的疏密程度。

（6）形状和尺寸：是保证磨削各种形状和尺寸工件的必要条件。

为方便使用和保管，根据 GB 2484—1984《磨具代号》的规定，砂轮的特性参数全部以代号形式标在砂轮的端面上（非工作面）。其顺序为：砂轮的形状、尺寸、磨料、磨料粒度、硬度、组织、结合剂及安全工作线速度。例如，P400×40×127A60L5V35 即表示如下含义。形状：平行；尺寸：大径 400mm、厚 40mm、孔径 127mm；磨料—棕刚玉；粒度：60 目（0.256mm）；硬度：中软；组织：中等级；结合剂：陶瓷；安全工作线速度：35（n/s）。

2．砂轮的特征参数、用途及选择

砂轮的特征参数见表 10-1～表 10-4。

表 10-1　磨料

系别	名　称	代号	特　性	应　用	选择原则
氧化物	棕刚玉	A	棕褐色，硬度较高、刚性大、价廉	碳钢、合金钢、可锻铸铁、硬青铜等	一般根据被磨削工件的材料和形状来选择磨料
	白刚玉	WA	白色，硬度比 A 高，自锐性好，磨削力和热较小；但韧性比 A 差	淬火钢、高速钢、高碳钢、薄壁件、细长轴及成形件（螺纹、齿轮、刀具）等	
	铬刚玉	PA	粉红色，硬度与 WA 相近，但韧性较好	合金钢、高速钢、锰钢及高表面质量件和成形件等	
	单晶刚玉	SA	浅灰或浅黄色，硬度和韧性比 WA 高，自锐性好	不锈钢、高钒钢、高速钢等	

续表

系别	名称	代号	特性	应用	选择原则
氧化物	微晶刚玉	CW	棕黑色，硬度高，韧性和自锐性都好	不锈钢、特征球墨铸铁等	一般根据被磨削工件的材料和形状来选择磨料
碳化物	黑碳化硅	C	黑色或深蓝色，硬度比刚玉类高，导热性好，但脆	铸铁、黄铜耐火材料及其他非金属材料等	
	绿碳化硅	GC	硬度和脆性比C高，导热性好	硬质合金、钛合金、宝石、陶瓷、光学玻璃等	
	碳化硼	BC	黑色，硬度比GC高，耐磨性好，但高温易氧化	硬质合金的研磨	
金刚石	人造金刚石	MBD	白、黑、淡绿色，硬度最高，磨削性能好，但耐热性较差	硬质合金、宝石、光学玻璃、陶瓷等高硬度材料	
	天然金刚石	JT			
氮化硼		CBN	黑色，硬度仅次于MBD，且韧性比MBD好	钛合金、高性能高速钢、不锈钢、耐热钢及其他难加工材料	

表 10-2 结合剂

	名称	代号	特性	应用	选择原则
结合剂	陶瓷	V	耐热、油、酸、碱等的侵蚀，强度较高，成本低；但脆性大	除薄片砂轮外的各种砂轮外，最常用，用于各类磨削	选择与磨削方式及工件表面质量有关。除切断砂轮外，一般都选用陶瓷砂轮
	树脂	B	强度比V高，弹性和抛光作用好，不耐热、酸、碱	荒磨、窄槽、切断、镜面等砂轮，用于高速磨削	
	橡胶	R	强度比B高，弹性和抛光作用更好，不耐油、酸，易堵塞	轴承沟道、切割薄片、抛光、无心磨导轮等砂轮，用于切断、开槽等	
	青铜	J	强度最高，磨耗少，导电性好，自锐性差	用于金刚石砂轮	

表 10-3 粒度

	类别	粒度号	应用	选择原则
粒度	磨粒	8#、10#、12#、14#、16#、20#、22#、24#	荒磨	一般粗磨或磨软金属，选粗磨料；反之，选细磨料
		30#、36#、40#、46#	一般磨削，*Ra* 可达 0.8	
		54#、60#、70#、80#、90#、100#	半精磨、精磨和成形磨，*Ra* 可达 0.8～0.16	
		120#、150#、180#、220#、240#	精磨、精密磨、超精磨、珩磨、成形磨、刀具等	
	微粒	W60、W50、W40W28	精磨、精密磨、超精磨、珩磨、螺纹磨等	
		W20、W14、W10、W7、W5、W3.5、W2.5、W1.5、W1.0、W0.5	超精密磨、镜面磨、精研等，*Ra* 可达 0.05～0.012	

表 10-4　硬度

硬度等级	大级	超软	软			中软		中		中硬			硬		超硬	选择原则
	小级	超软	软 1	软 2	软 3	中软 1	中软 2	中 1	中 2	中硬 1	中硬 2	中硬 3	硬 1	硬 2	超硬	工件越硬，越应选软砂轮；相反选硬砂轮
代号		D、E、F	G	H	J	K	L	M	N	P	Q	R	S	T	Y	

3．砂轮的安装与修整

（1）检查。砂轮安装前可先进行外观检查并用敲击法检查其是否有裂纹。

（2）平衡试验。将砂轮装在心轴上，放在平衡架轨道的刀口上。如果砂轮不平衡，较重的部分总是转在下面，通过改变法兰盘端面环形槽内的若干个平衡块的位置达到平衡后，再进行检查。如此反复进行，直到砂轮在刀口上的任意位置都可以静止（即砂轮的重心与其回转中心重合）。一般进行两次平衡试验，先粗平衡，然后装在磨床上修整后取下再进行精平衡。一般直径大于 125mm 的砂轮在安装前必须进行平衡试验。

（3）安装。安装时要求砂轮不松不紧地套在砂轮主轴上，在砂轮两端面与法兰盘之间垫上弹性垫片（一般厚为 1～2mm）。

砂轮工作一段时间以后，磨粒逐渐变钝，工作表面的空隙被堵塞，正确的几何形状被改变。砂轮必须进行修整，以恢复其切削能力和精度。砂轮常用金刚石刀修整，且修整时要用大量切削液，以避免因温升而损坏金刚石刀。

四、磨削用量的选择

1．磨削的基本运动

磨削的运动分为主运动和进给运动两种。外圆磨削的进给运动为工件的圆周进给运动、工件的纵向进给运动和砂轮的横向吃刀运动。平面磨削的进给运动为工件的纵向（往复）进给运动、砂轮或工件的横向进给运动和砂轮的垂直吃刀运动。

2．磨削用量

磨削用量表示磨削加工中主运动及进给运动参数的速度或数量。磨削主运动的磨削用量为砂轮圆周速度，磨削进给量有些区别。外圆磨削的磨削用量包括：砂轮圆周速度 v_s、工件圆周速度 v_y、纵向进给量 f、被吃刀量 a_p。

第 11 章　先进制造基础知识

学习要点

（1）先进制造技术及其主要特点；
（2）先进制造技术的构成及分类；
（3）先进制造技术的发展趋势；
（4）先进制造工艺技术概论。

学习案例

先进制造技术的特点及应用。

任务分析

（1）了解先进制造技术的特点；
（2）了解先进制造技术的体系结构；
（3）熟悉先进制造工艺及其发展。

相关知识

项目一　先进制造基本知识；
项目二　先进制造工艺知识。

知识链接

项目一　先进制造基本知识

【知识准备】

一、先进制造技术的概念

先进制造技术（Advanced Manufacturing Technology，AMT）是一个相对的、动态的概念，是为了适应时代要求，提高竞争能力，对制造技术不断优化所形成的。先进制造技术是制造业不断吸收机械、电子、信息（计算机与通信、控制理论、人工智能等）、能源及现代系统管理等方面的成果，并将其综合应用于产品设计、制造、检测、管理、销售、使用、服务乃至回收的全过程，以实现优质、高效、低耗、清洁、灵活生产，提高对动态多变的产品市场的适应能力和竞争能力并取得理想经济效果的制造技术的总称。

二、先进制造技术的特点

先进制造技术与传统制造技术相比，其特点如表 11-1 所示。

表 11-1　先进制造技术与传统制造技术比较

特　　点	传统制造技术	先进制造技术
系统性	仅驾驭生产过程中的物质流和能量流	能驾驭生产过程中的物质流、信息流和能量流
广泛性	仅指将原材料变为成品的加工工艺	贯穿从产品设计、加工制造到产品销售的整个过程
集成性	学科专业单一、独立，相互间界限分明	专业和学科不断渗透、交叉融合，其界限逐渐淡化甚至消失
动态性	—	不同时期、不同国家，其特点、重点、目标和内容不同
实用性	—	注重实践效果，促进经济增长，提高综合竞争力

三、先进制造技术的体系结构

先进制造技术的体系结构如图 11-1 所示。

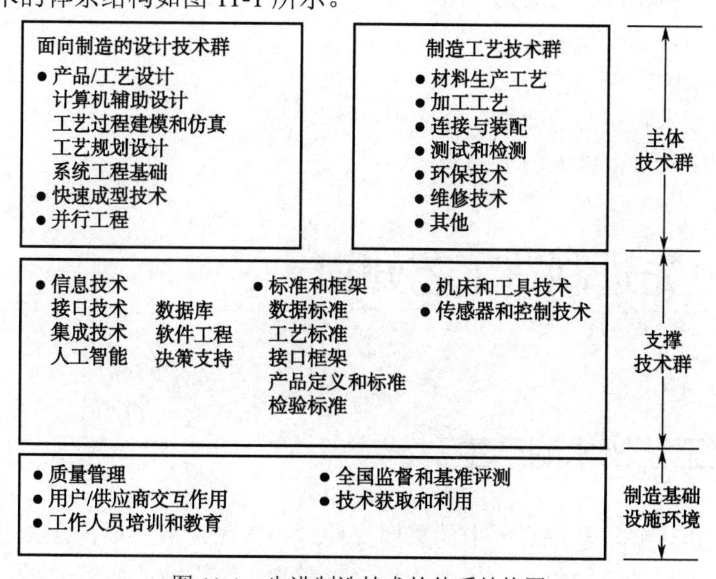

图 11-1　先进制造技术的体系结构图

四、先进制造技术的分类

1．现代设计技术

现代设计方法、产品可信性设计、设计自动化技术。

2．先进制造工艺

高效精密成形技术，高效、高精度切削加工工艺，现代特种加工工艺，现代表面工程技术。

3．加工自动化技术

数控技术、工业机器人技术、柔性制造技术。

4．现代生产管理技术

MRPII（制造资源计划，Manufacturing Resource Planning）、ERP（企业资源计划，Enterprise Resource Planning）、PDM（产品数据管理，Product Data Management）。

五、先进制造技术的发展趋势

（1）信息技术、管理技术与工艺技术紧密结合，现代制造生产模式将得到不断发展；
（2）设计技术与手段更现代化；
（3）成型及制造技术精密化，制造过程实现低消耗；
（4）形成新型特种加工方法；
（5）开发新一代超精密、超高速制造装备；
（6）加工工艺由技艺型发展为工程科学型；
（7）实施无污染绿色制造；
（8）虚拟现实技术将在制造业中广泛应用；
（9）制造过程中将贯彻以人为本的概念。

项目二　先进制造工艺知识

【知识准备】

一、先进制造工艺技术的产生

制造业是现代国民经济和综合国力的重要支柱，在国民经济建设、社会进步、科技发展与国家安全中占有重要的战略地位。市场竞争越来越激烈，制造业的经营战略不断发生变化，生产规模、生产成本、产品质量、市场响应速度相继成为企业的经营核心。为此，要求制造技术必须适应这种变化，并形成一种高效、灵活的制造工艺技术。

20世纪末，美国政府批准了由联邦科学协会、工程与技术协调委员会（FCCSET）主持实施的先进制造技术（Advanced Manufacturing Technology，AMT）计划。先进制造技术计划是美国根据本国制造业面临的挑战和机遇，为增强制造业的竞争力和促进国家经济增长，首先提出的。此后，欧洲各国、日本及亚洲新兴工业化国家（如韩国）等也相继做出响应。

二、先进制造工艺技术的概念

先进制造工艺是制造业不断吸收机械工程技术、电子信息技术（包括微电子、光电子、计算机软/硬件、现代通信技术）、自动化控制理论技术（自动化技术生产设备）、材料科学、能源技术、生命科学及现代管理科学等方面的成果，并将其综合应用于制造业中产品设计、制造、管理、销售、使用、服务及对报废产品的回收处理的制造全过程。

与传统的制造技术相比,先进制造工艺技术以其高效率、高品质和对于市场变化的快速响应能力为主要特征。先进制造工艺技术是生产力的主要构成因素，是国民经济的重要支柱。它担负着为国民经济各部门和科学技术的各个学科提供装备、工具和检测仪器的重要任务，成为国民经济和科学技术赖以生存和发展的条件。一些尖端科技，如航空、航天、微电子、光电子、激光、分子生物学和核能等技术的出现和发展，如果没有先进制造工艺作为基础，是难以实现的。

先进制造技术并不是一成不变的， 而是一个动态过程，要不断吸取各种高新技术成果，并将其渗透到产品的设计、制造、生产管理及市场营销的所有领域及全部过程，并实现优质、高效、低耗、清洁的生产。

三、先进制造工艺技术的特点

（1）优质。以先进制造工艺加工制造出的产品质量高、性能好、尺寸精确、表面光洁、组织致密、无缺陷杂质、使用性能好、使用寿命长、可靠性高。

（2）高效。与传统制造工艺相比，先进制造工艺可极大地提高劳动生产率，大大降低了操作者的劳动强度和生产成本。

（3）低耗。先进制造工艺可大大节省原材料消耗，降低能源的消耗，提高了对日益枯竭的自然资源的利用率。

（4）清洁。应用先进制造工艺可做到零排放或少排放，生产过程不污染环境，符合日益严格的环境保护要求。

（5）灵活。它能快速对市场和生产过程的变化及产品设计内容的更改做出反应，可进行多品种的柔性生产，适应多变的产品消费市场需求。

四、先进制造工艺技术的内容

1．精密、超精密加工技术

实现以现有普通精密加工手段达不到的高精度加工，就其量来说是要加工出亚微米乃至毫微米级的形状与尺寸并获得纳米级的表面粗糙度，但究竟多少精度值才算得上超精密加工，一般要视零件大小、复杂程度及是否容易变形等因素而定。超精密加工主要包括超精密切削、超精密磨削和超精密研磨。根据加工的尺寸精度和表面粗糙度，可大致分为三类，如表 11-2 所示。

表 11-2　先进制造技术与传统制造技术比较

	尺寸精度/μm	表面粗糙度/μm
精密加工	3～0.3	0.3～0.03
超精密加工（亚微米加工）	0.3～0.03	0.3～0.005
纳米加工	<0.03	<0.005

2．精密成形技术

零件成形后，仅需少量加工或不再加工就可用作机械构件的成形技术称为精密成形技术。它建立在新材料、新能源、信息技术、自动化技术等多学科高新技术成果的基础上，改造了传统的毛坯成形技术，使之由粗糙成形变为优质、高效、高精度、轻量化、低成本、无公害的成形。它使得成形的机械构件具有精确的外形、很高的尺寸精度和形位精度、很好的表面粗糙度。该项技术包括近净形铸造成形、精确塑性成形、精确连接、精密热处理、表面改性等，是新工艺、新材料、新装备及各项新技术成果的综合集成技术。

3．特种加工技术

特种加工是近几十年发展起来的新工艺，是对传统加工工艺方法的重要补充与发展，目前仍在继续研究开发和改进。它直接利用电能、热能、声能、光能、化学能和电化学能，有时也结合机械能对工件进行加工。特种加工中，以采用电能为主的电火花加工和电解加工应用较广，泛称电加工。

4．表面工程技术

表面经过预处理后，采用物理、化学、金属学、高分子化学、电学和光学等技术，通过表面涂覆、表面改性或多种表面技术复合处理，改变固体金属表面或非金属表面的形态、化学成分、组织结构和应力状况，以获得表面所需性能的系统工程，称为表面工程技术。它不但大大减少了消耗，还能消除对环境的污染。

五、先进制造工艺技术的发展方向

成形及改性工艺包括各种热加工及表面处理工艺，近年来的发展方向和目标有以下几个方面。

1．外形尺寸的精密化——近无余量成形

成形的毛坯工件从接近零件的外形尺寸向直接制成工件（即净成形或近无余量成形）方向发展，做到有的零件成形后仅需磨削即可直接装配。

2．内部组织及质量的精密化——近无缺陷成形及改性

毛坯成形与改性质量高低的另一指标是缺陷的多少、大小和危害程度。由于热加工过程十分复杂，因素多变，所以很难避免缺陷的产生。近年来，热加工界提出了向“近无缺陷方向发展”的目标。

3．从三废治理到清洁生产走向“绿色制造”

热加工和表面保护过程产生大量的废水、废渣、废气、噪声、振动、热辐射等，劳动条件繁重、危险，远不符合当代清洁生产的要求。近年来，重在从源头抓起的生产成为成形与改性工艺的一个新的发展方向及目标。

六、我国先进制造工艺的现状

早从 20 世纪 60 年代开始，我国就启动了制造技术主要是机械制造技术的国家部委与地方级重点攻关研究开发，由于体制所限，这方面的规划、研究开发主要是按行业分块进行的。企业开发先进制造技术的能力薄弱，人力与资金投入都不足。

多年来，通过技术引进和人才培养等各方面的努力，我国不少企业已掌握了一批相对先进的制造技术，但是和发达国家还有很大差距。当务之急是要改善实施先进制造技术的基础条件，包括扩大数控机床、加工中心的应用，建立完善的国产数控系统产业群，扩大市场占有率；大力发展和推广国产 CAD/CAM 计算机辅助设计与制造系统，在各大高校开设相关专业，加大人才培养力度。相信我国的先进制造工艺技术在不久的将来会翻开崭新的一页。

【课后思考】

（1）论述先进制造技术及其主要特点。

（2）叙述先进制造技术的分类及主要技术。

（3）叙述先进制造工艺技术的发展方向。

第12章　CAD/CAM训练与实践

学习要点

（1）了解计算机辅助设计的概念和特点；
（2）理解三维几何建模技术；
（3）掌握CAXA制造工程师软件的操作和使用方法。

学习案例

利用CAXA制造工程师软件进行三维造型及制造。

任务分析

（1）了解计算机辅助设计的概念、特点和建模技术；
（2）熟悉CAXA制造工程师软件的应用。

相关知识

项目一　CAD/CAM概述；
项目二　CAXA制造工程师软件的应用。

知识链接

项目一　CAD/CAM概述

【知识准备】

一、CAD

计算机辅助设计（Computer Aided Design，CAD）技术是计算机科学与工程科学之间跨学科的综合性科学。计算机辅助设计是以设计者为主体，由设计者利用计算机辅助设计系统的资源，对产品设计进行规划、分析、综合、模拟、评价、修改、决策并形成工程文档的创造性活动。

计算机辅助设计的工作过程大致是：①进行功能设计，选择合适的科学原理或构造原理；

②进行产品结构的初步设计，产品造型和外观的初步设计；③从总图派生出零件，对零件的造型、尺寸、色彩等进行详细设计，对零件进行有限元分析，使结构及尺寸与应力相适应；④对零件进行加工模拟，如对注塑（对于塑料制品）、压铸（对金属件）、锻压或机械加工等过程进行模拟，从模拟过程中发现制造中的问题，进而提出对零件设计的修改方案；⑤对产品实施运动模拟或功能模拟，对其性能做出评价、分析和优化，最终完成零件的结构设计。

二、CAM

计算机辅助制造 CAM（Computer Aided Manufacture）是指利用计算机系统，通过计算机与生产设备直接或间接的联系，规划、设计、管理和控制产品的生产制造过程，进行产品的生产制造。

CAM 有两种类型：一种是联机应用，使计算机实时控制制造系统，如机床的 CNC 系统；另一种是脱机应用，使用计算机进行生产计划的编制和非实时地辅助制造零件，如在软盘或穿孔纸带上编制零件的程序，或在机械加工中模拟显示刀具轨迹等。

三、CAD/CAM 系统软件

目前，市场上流行的 CAD/CAM 系统软件主要有以下几类。

1．Pro/Engineer

Pro/Engineer 是美国参数技术公司/PTC（Parametric Technology Corporation）开发的 CAD/CAM 软件，它采用面向对象的统一数据库和全参数化造型技术，为三维实体造型提供优良的平台。该软件具有基于特征、全参数、全相关和单一数据库的特点，可以直接读取内部的零件和装配文件，当原始造型被修改后，具有自动更新的功能。其 MOLDESIGN 模块用于建立几何外形，产生模具的模芯和腔体，产生精加工零件和完善的模具装配文件。该软件还支持高速加工和多轴加工，带有多种图形文件接口。

2．UGNX

UGNX 是美国 UGS（Unigarphics Solutions）公司发布的 CAD/CAE/CAM 一体化软件。广泛应用于航空、航天、汽车、通用机械及模具等领域，不仅具有复杂造型和数控加工的功能，还具有管理复杂产品装配、进行多种设计方案的对比分析和优化等功能。UGNX 可以运行于 Windows NT 平台，无论是装配图还是零件图设计，都从三维实体造型开始，可视化程度很高。三维实体生成后，可自动生成二维视图，如三视图、轴测图、剖视图等。其三维 CAD 是参数化的，一个零件尺寸的修改可致使相关零件的变化。该软件还具有人机交互方式下的有限元求解程序，可以进行应力、应变及位移分析。UGNX 的 CAM 模块功能非常强大，它提供了一种产生精确刀具路径的方法，该模块允许用户通过观察刀具运动来图形化地编辑刀具轨迹，如延伸、修剪等，它所带有的后置处理模块支持多种数控系统。UGNX 具有多种图形文件接口，可用于复杂形体的造型设计，特别适合大型企业和研究所使用。

3．Master CAM

Master CAM 是一种应用广泛的中低档 CAD/CAM 软件，由美国 CNC Software 公司开发，

V5.0 以上运行于 Windows 或 Windows NT 中。该软件三维造型功能稍差，但具有很强的加工功能，尤其是在对复杂曲面自动生成加工代码方面，具有独到的优势。新的加工任选项使用户具有更大的灵活性，如多曲面径向切削和将刀具轨迹投影到数量不限的曲面上等功能。这个软件还包括新的 C 轴编程功能，可顺利地将铣削和车削结合。其后处理程序支持铣削、车削、线切割、激光加工及多轴加工。另外，Master CAM 提供了多种图形文件接口，如 SAT、IGES、VDA、DXF、CADL 及 STL 等。由于该软件主要针对数控加工，设计造型功能不强，但对硬件的要求不高，且操作灵活、易学易用、价格较低，受到中小企业的欢迎。

4．CAXA 制造工程师

CAXA 制造工程师是由北京北航海尔软件有限公司研制开发的全中文、面向数控铣床和加工中心的三维 CAD/CAM 软件。CAXA 是英文 Computer Aided X Alliance——Always a step Ahead 的缩写，其含义是“领先一步的计算机辅助技术和服务”。该软件基于微机平台，采用原创 Windows 菜单和交互方式，全中文界面，便于学习和操作。它全面支持图标菜单、工具条、快捷键。用户还可以自由创建符合自己习惯的操作环境。它既具有线框造型、曲面造型和实体造型的设计功能，又具有生成二至五轴加工代码的数控加工功能，可用于加工具有复杂三维曲面的零件。其特点是易学易用、价格较低，已在国内众多企业和研究院所得到应用。

5．CATIA

CATIA 最早是由法国达索飞机公司研制的，是一个高档 CAD/CAM 系统，广泛用于航空、汽车等领域。CATIA 是最早实现曲面造型的软件，它开创了三维设计的新时代。它的出现，首次实现了计算机完整描述产品零件的主要信息，使 CAM 技术的开发有了现实的基础。它采用特征造型和参数化造型技术，允许自动指定或由用户指定参数化设计、几何或功能化约束的变量式设计。根据其提供的 3D 线架，用户可以精确地建立、修改与分析 3D 几何模型。其曲面造型功能包含高级曲面设计和自由外形设计，用于处理复杂的曲线和曲面定义，并有许多自动化功能，包括分析工具，加速了曲面设计过程。CATIA 提供的装配设计模块可以建立并管理基于 3D 的零件和约束机械装配件，自动对零件间的连接进行定义，便于对运动机构进行早期分析，大大加速了装配件的设计过程，后续应用则可利用此模型进行进一步的设计、分析和制造。

6．SolidWorks

SolidWorks 是美国 Dassault System 公司旗下 SolidWorks 子公司的产品。它是世界上第一个基于 Windows 开发的三维 CAD 系统，有全面的实体造型功能，可快速生成完整的工程图纸，还可进行模具制造及计算机辅助分析。目前 SolidWorks 软件已成为三维机械设计软件的标准。该软件最大的特点是易学易用，容易掌握，对硬件的要求较低。另外，在世界范围内有数百家公司基于 SolidWorks 开发了专业的工程应用系统，作为插件集成到 SolidWorks 的软件界面中，其中包括模具设计、制造、分析、产品演示、数据转换等，使它成为具有实际应用解决方案的软件系统。

四、三维几何建模技术

几何建模（Geometric Modeling）方法即物体的描述和表达是建立在几何信息和拓扑信息处

理基础上的。几何信息一般指物体在欧氏空间中的形状、位置和大小，而拓扑信息则是物体各分量的数目及其相互间的连接关系。根据描述方法及存储的几何信息、拓扑信息的不同，三维几何建模技术可以分为三种不同层次的建模类型，即线框建模、表面建模和实体建模。

1．线框建模

线框建模是 CAD/CAM 系统中应用最早的三维建模方法。线框模型是二维图的直接延伸，即把原来的平面直线、圆弧扩展到空间，所以点、直线、圆弧和某些二次曲线是线框模型的基本几何元素。

在线框模型中，三维实体仅通过顶点和棱边来描述形体的几何形状和特点。这种描述方法所需信息量最少，因此具有数据结构简单、对硬件要求不高、占用的内存空间小、对操作的响应速度快、通过对投影变换可以快速地生成三视图、生成任意视点和方向的视图和轴测图、保证各视图正确的投影关系等优点。

2．表面建模

表面建模又称曲面建模，是对物体的各种表面或曲面进行描述的一种三维建模方法，主要适用于其表面不能用简单的数学模型进行描述的复杂物体，如汽车、飞机、船舶、水利机械和家用电器等产品的外观设计，以及地形、地貌、石油分布等资源描述中。这种建模方法的重点是由给出的离散点数据构成光滑过渡的曲面，使这些曲面通过或逼近这些离散点。目前应用最广泛的是双参数曲面，它仿照参数曲线的定义，将参数曲面看成是一条变曲线 $\overline{r}=\overline{r}(u)$ 按某参数 v 运动形成的轨迹。这些年来，通过大量的生产实践，在曲线、曲面的参数化数学表示及 NC 编程技术方面取得了很大进展，广泛使用的几种参数曲线、曲面有：贝赛尔（Bezier）、B 样条、孔斯（Coons）、非均匀有理 B 样条（NURBS）曲线、曲面等。

表面模型的特点是：增加了面、边的拓扑关系，因而可以进行消隐处理、剖面图的生成、渲染、求交计算、数控刀具轨迹的生成、有限元网格划分等作业。但表面模型仍缺少体的信息及体、面间的拓扑关系，无法区分面的哪一侧是体内或体外，仍不能进行物性计算和分析。因此在 NC 加工中只针对某一表面处理是可行的，倘若同时考虑多个表面的加工及检验，可能会出现干涉现象，必须采用三维实体建模技术。

3．实体建模

实体建模是利用一些基本元素，如长方体、圆柱体、球体、锥体、圆环体及扫描体等，通过集合运算（布尔运算）生成复杂形体的一种建模技术。这种建模方法不仅描述了实体的全部几何信息，而且定义了所有的点、线、面、体的拓扑信息和特点；可对实体信息进行全面、完整的描述，能够实现消隐、剖切、有限元分析、数控加工、对实体着色、光照及纹处理、外形计算等各种处理和操作。实体建模主要包括两部分内容：体素的定义及描述；体素之间的布尔运算（交、并、差）。

项目二 CAXA 制造工程师软件应用基础知识

一、软件应用流程

1. 加工工艺的确定

加工工艺的确定目前主要依靠人工进行，其主要内容有：核准加工零件的尺寸、确定公差和精度要求、确定装卡位置、选择刀具、确定加工路线、选定工艺参数等。

2. 加工模型的建立

利用 CAM 系统提供的图形生成和编辑功能将零件的被加工部位绘制在计算机屏幕上，作为计算机自动生成刀具轨迹的依据。

加工模型的建立是通过人机交互方式进行的。被加工零件一般用工程图的形式表达在图纸上，用户可根据图纸建立三维加工模型。被加工零件数据也可由其他 CAD/CAM 系统传入，因此 CAM 系统针对此类需求应提供标准的数据接口，如 DXF、IGES、STEP 等。

3. 刀具轨迹生成

建立了加工模型后，即可利用 CAXA 制造工程师系统提供的多种形式的刀具轨迹生成功能进行数控编程。用户可以根据所要加工工件的形状特点、不同的工艺要求和精度要求，灵活地选用系统中提供的各种加工方式和加工参数等，方便、快速地生成所需要的刀具轨迹（即刀具的切削路径）。为满足特殊的工艺需要，CAXA 制造工程师能够对已生成的刀具轨迹进行编辑。还可通过模拟仿真检验生成的刀具轨迹的正确性和是否有过切产生，并可通过代码校核，用图形方法检验加工代码的正确性。

4. 后置代码生成

在屏幕上用图形方式显示的刀具轨迹要变成可以控制机床的代码，需要进行后置处理。后置处理的目的是形成数控指令文件，也就是平常说的 G 代码程序或 NC 程序。CAXA 制造工程师提供的后置处理功能是非常灵活的，它可以通过用户自己修改某些设置而适应各自的机床要求。用户按机床规定的格式进行定制，即可方便地生成和特定机床相匹配的加工代码。

5. 加工代码输出

生成数控指令之后，可通过计算机的标准接口与机床直接连通。CAXA 制造工程师可以提供自己开发的通信软件，通过计算机的串口或并口与机床连接，将数控加工代码传输到数控机床，控制机床各坐标的伺服系统，驱动机床。

二、界面介绍

制造工程师的用户界面如图 12-1 所示。和其他 Windows 风格的软件一样，是全中文界面，各种应用功能通过菜单和工具条驱动。状态栏指导用户进行操作并提示当前状态和所处位置；特征树记录了历史操作和它们之间的相互关系。绘图区显示各种功能操作的结果；同时，绘图区和特征树为用户提供了数据交互功能。而且工具条中每一个按钮都对应一个菜单命令，单击按钮和选择菜单命令的效果是完全一样的。

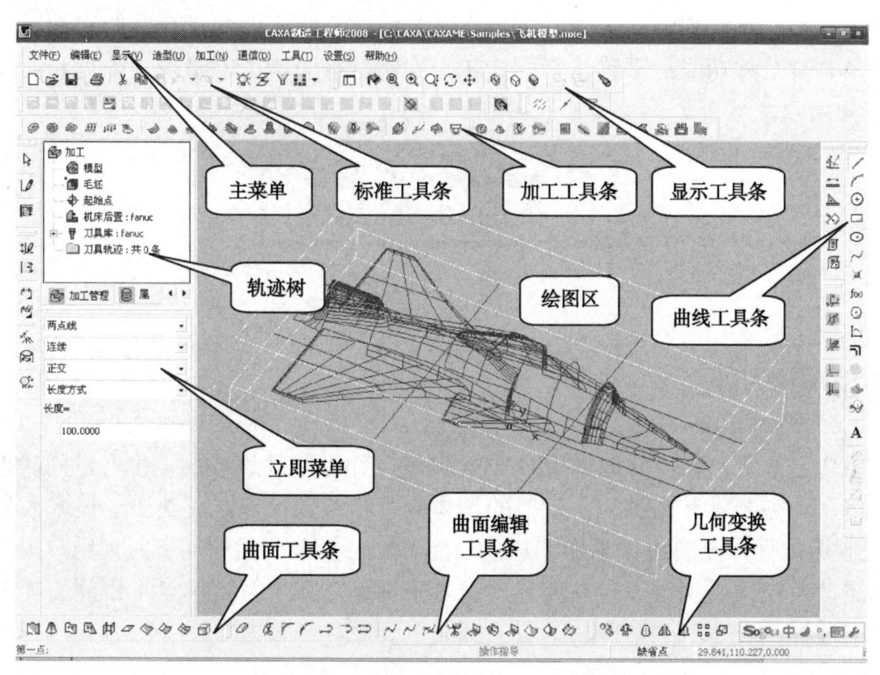

图 12-1　CAXA 制造工程师操作界面

三、曲线的绘制

CAXA 制造工程师为曲线绘制提供了十六项功能：直线、圆弧、圆、矩形、椭圆、样条、点、公式曲线、多边形、二次曲线、等距线、曲线投影、相关线、样条、圆弧和文字等。用户可以利用这些功能，方便、快捷地绘制出各种各样复杂的图形，如图 12-2 所示。

图 12-2　曲线生成栏

四、曲线的编辑

曲线编辑功能包括曲线裁剪、曲线过渡、曲线打断、曲线组合和曲线拉伸五种，如图 12-3 所示。

图 12-3　线面编辑栏

五、几何变换

几何变换对于编辑图形和曲面有着极为重要的作用，可以极大地方便用户。几何变换是指对线、面进行变换，对造型实体无效，而且几何变换前后线、面的颜色、图层等属性不发生变换。几何变换共有七种功能：平移、平面旋转、旋转、平面镜像、镜像、阵列和缩放。几何变换栏如图 12-4 所示。

图 12-4　几何变换栏

六、零件的知识加工

为了使用户更方便、更容易地使用 CAXA 制造工程师软件进行加工生产，同时也为了新的技术人员入门，不需要掌握多种加工功能的具体应用和参数设置，解决企业技术人员缺少的问题，CAXA 制造工程师专门提供了知识加工功能，针对复杂曲面的加工，为用户提供一种零件整体加工思路，用户只需观察出零件整体模型是平坦还是陡峭，运用老工程师的加工经验即可快速完成加工过程。

项目三　实训操作

本节结合连杆件零件的造型与加工讲解制造工程师软件的实际操作。连杆零件如图 12-5 所示。

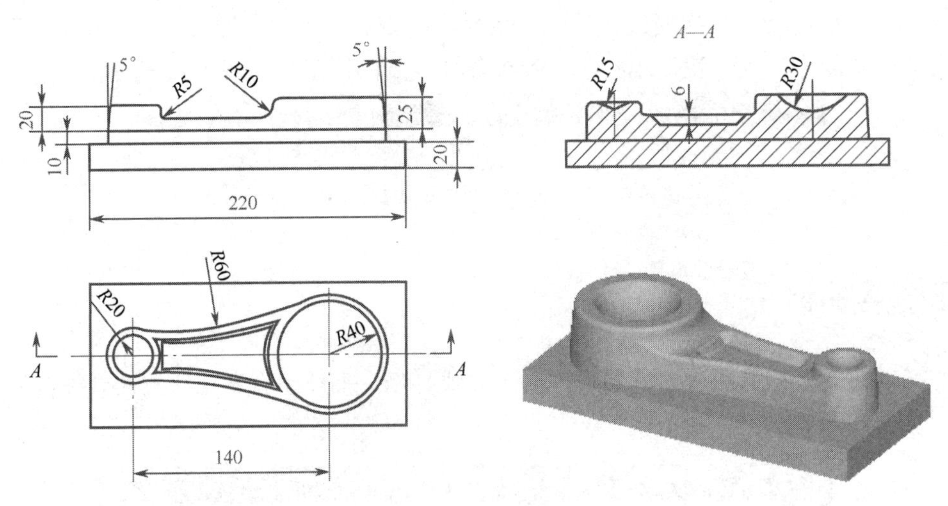

图 12-5　连杆零件

一、实体造型

1．造型思路

根据连杆的造型及其三视图可以分析出连杆主要包括底部的托板、基本拉伸体、两个凸台、凸台上的凹坑和基本拉伸体上表面的凹坑。底部的托板、基本拉伸体和两个凸台通过拉伸草图得到，凸台上的凹坑使用旋转除料来生成。基本拉伸体上表面的凹坑先使用等距实体边界线得到草图轮廓，然后使用带有拔模斜度的拉伸减料来生成。

2．造型过程

（1）绘制基本拉伸体的草图。

① 选择零件特征树的“平面 XOY”，选择 *XOY* 面为绘图基准面。

② 单击绘制草图按钮，进入草图绘制状态。

③ 绘制整圆。单击曲线生成工具栏上的整圆按钮，在菜单中选择作圆方式为“圆心_半径”，按 Enter 键，在弹出的对话框中先后输入圆心（70，0，0），半径 *R*=20，并确认。然后单击鼠标右键，结束该圆的绘制。用同样的方法输入圆心（−70，0，0），半径 *R*=40，绘制另一圆，并连续单击鼠标右键两次，退出圆的绘制，结果如图 12-6 所示。

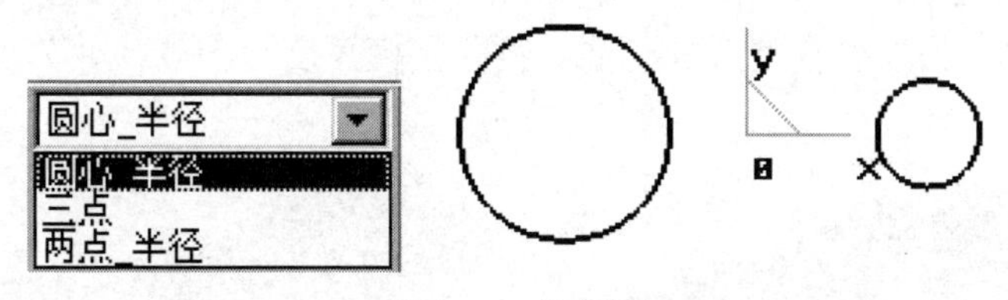

图 12-6　绘制圆

④ 绘制相切圆弧。单击曲线生成工具栏上的圆弧按钮，在特征树下的菜单中选择作圆弧方式为“两点_半径”，然后按回车键，在弹出的点工具菜单中选择“切点”命令，拾取两圆上方的任意位置，按 Enter 键，输入半径 *R*=250 并确认完成第一条相切线。接着拾取两圆下方的任意位置，同样输入半径 *R*=250，结果如图 12-7 所示。

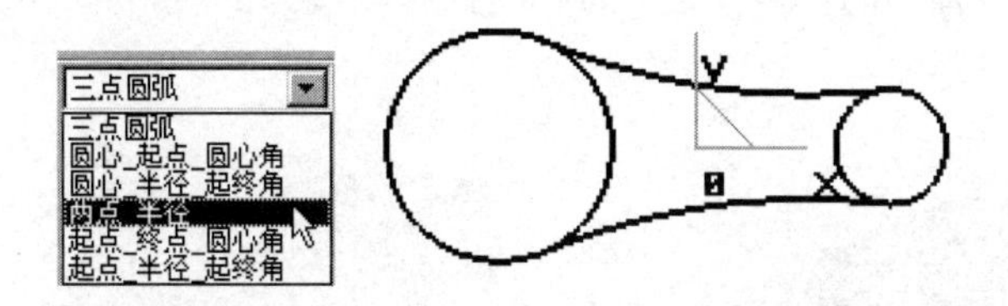

图 12-7　绘制相切圆弧

⑤ 裁剪多余的线段。单击线面编辑工具栏上的“曲线裁剪”按钮，拾取需要裁剪的圆弧上的线段，结果如图 12-8 所示。

（2）利用拉伸增料生成拉伸体。

① 单击特征工具栏上的拉伸增料按钮，在文本框中输入深度为 10，选中“增加拔模斜度”复选框，输入拔模角度为 5 度，并单击“确定”按钮，结果如图 12-9 所示。

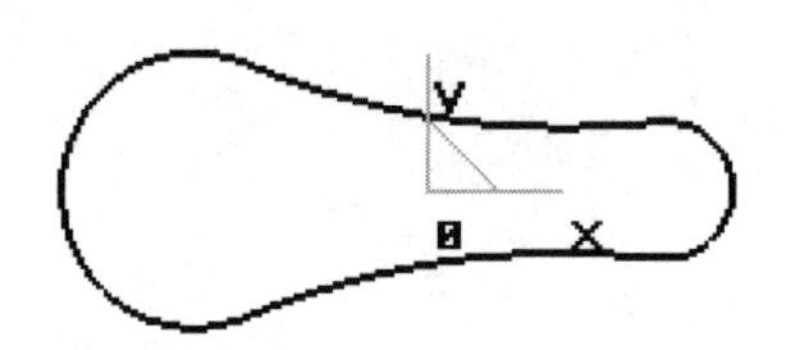

图 12-8 裁剪多余的线段

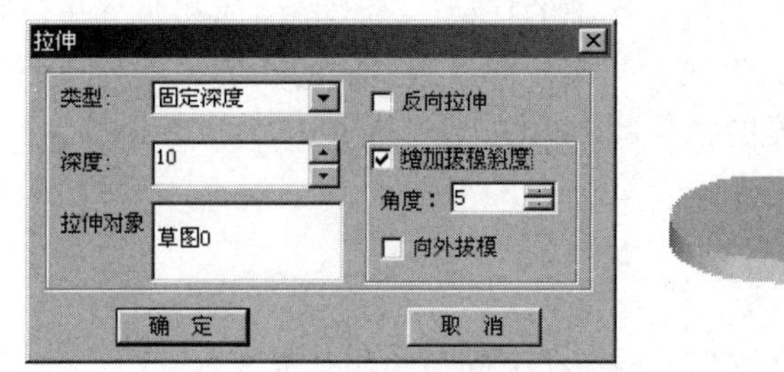

图 12-9 拉伸特征

② 拉伸小凸台。单击基本拉伸体的上表面，选择该上表面为绘图基准面，然后单击绘制草图按钮，进入草图绘制状态。单击整圆按钮，按空格键，选择“圆心”命令，单击上表面小圆的边，拾取到小圆的圆心，再次按空格键，选择“端点”命令，单击上表面小圆的边，拾取到小圆的端点，单击鼠标右键，完成草图的绘制。

③ 单击绘制草图按钮，退出草图状态。然后单击 “拉伸增料”按钮，在文本框中输入深度为 10，选中“增加拔模斜度”复选框，输入拔模角度为 5 度，并单击“确定”按钮，结果如图 12-10 所示。

图 12-10 拉伸小凸台

④ 拉伸大凸台。与绘制小凸台草图步骤相同，拾取上表面大圆的圆心和端点，完成大凸台草图的绘制。

⑤ 与拉伸小凸台步骤相同，输入深度为 15、拔模角度为 5 度，生成大凸台，结果如图 12-11 所示。

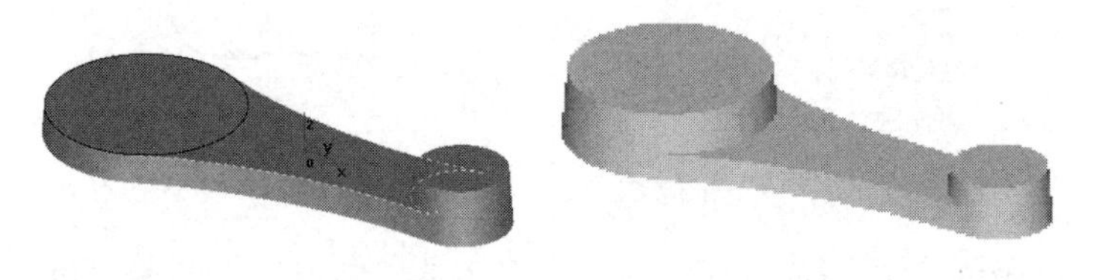

图 12-11 拉伸大凸台

（3）利用旋转减料生成小凸台凹坑。

① 单击零件特征树的“平面 XOZ”，选择平面 *XOZ* 为绘图基准面，然后单击“绘制草图”按钮，进入草图绘制状态。

② 作直线 1。单击直线按钮，按空格键，选择“端点”命令，拾取小凸台上表面圆的端点为直线的第 1 点；按空格键，选择“中点”命令，拾取小凸台上表面圆的中点为直线的第 2 点。

③ 单击曲线生成工具栏的等距线按钮，在弹出的对话框中输入距离 10，拾取直线 1，选择等距方向为向上，将其向上等距 10，得到直线 2，如图 12-12 所示。

图 12-12　生成等距线

④ 绘制用于旋转减料的圆。单击整圆按钮，按空格键，选择“中点”命令，单击直线 2，拾取其中点为圆心，按 Enter 键，输入半径 15，单击鼠标右键，结束圆的绘制，如图 12-13 所示。

⑤ 删除和裁剪多余的线段。拾取直线 1，单击鼠标右键，在弹出的菜单中选择“删除”命令，将直线 1 删除。单击 “曲线裁剪”按钮，裁剪掉直线 2 的两端和圆的上半部分，如图 12-14 所示。

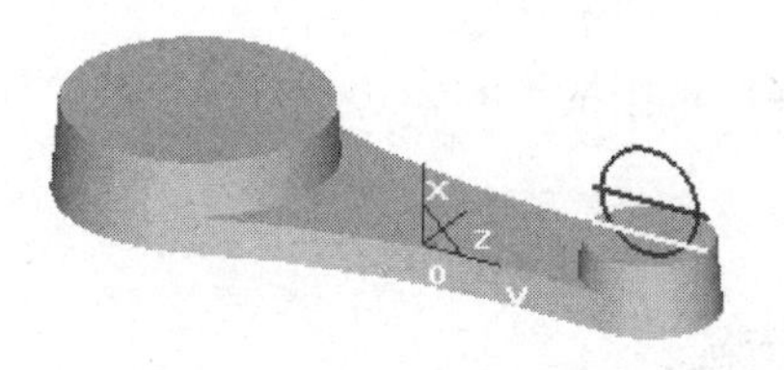

图 12-13　绘制草图圆

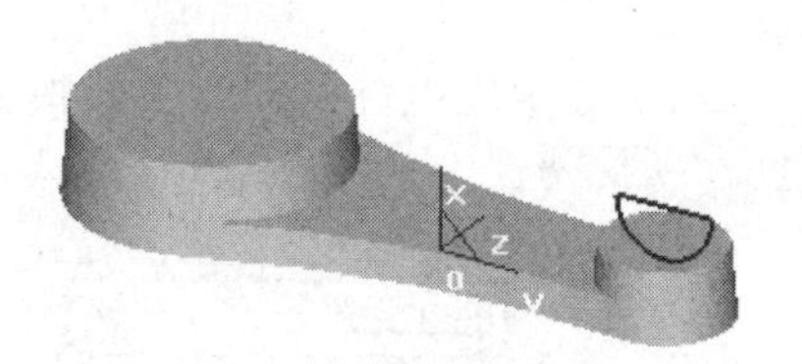

图 12-14　曲线裁减后的结果

⑥ 绘制用于旋转轴的空间直线。单击绘制草图按钮，退出草图状态。单击“直线”按钮，按空格键，选择“端点”命令，拾取半圆直径的两端，绘制与半圆直径完全重合的空间直线，如图 12-15 所示。

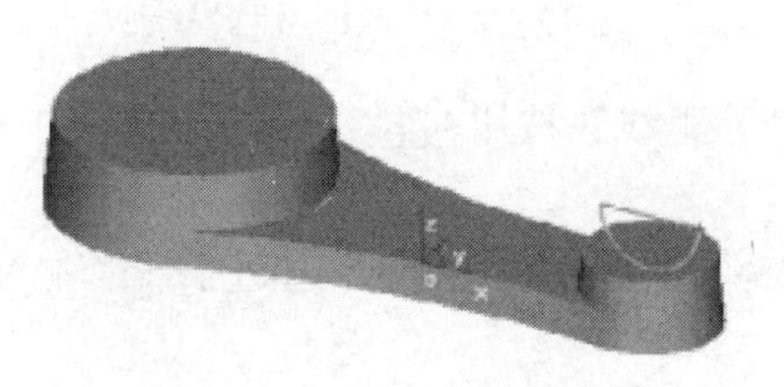

图 12-15　生成空间直线

⑦ 单击特征工具栏的旋转除料按钮，拾取半圆草图和作为旋转轴的空间直线，并单击“确定”按钮，然后删除空间直线，结果如图 12-16 所示。

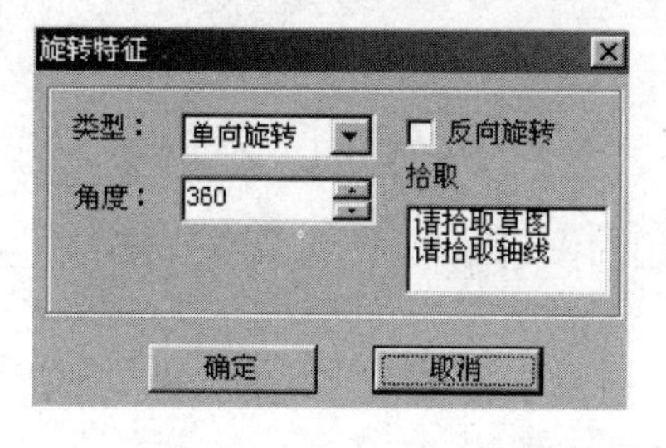

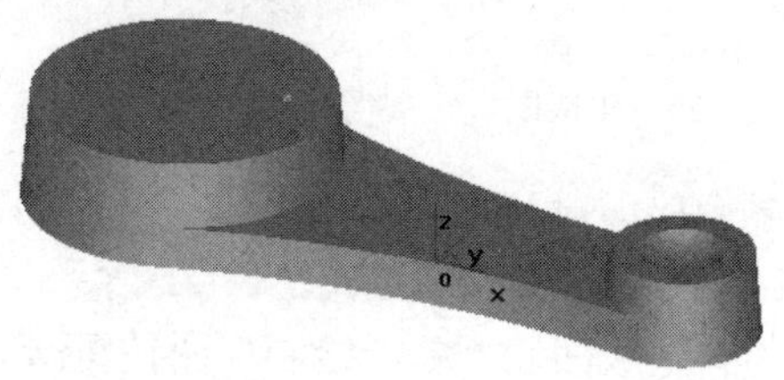

图 12-16　旋转除料结果

（4）利用旋转除料生成大凸台凹坑。

① 按照与绘制小凸台上旋转除料草图和旋转轴空间直线完全相同的方法，绘制大凸台上旋转除料的半圆和空间直线。具体参数：直线等距的距离为 20，圆的半径 R=30。结果如图 12-17 所示。

② 单击旋转除料按钮，拾取大凸台上半圆草图和作为旋转轴的空间直线，并单击“确定”按钮，然后删除空间直线，结果如图 12-18 所示。

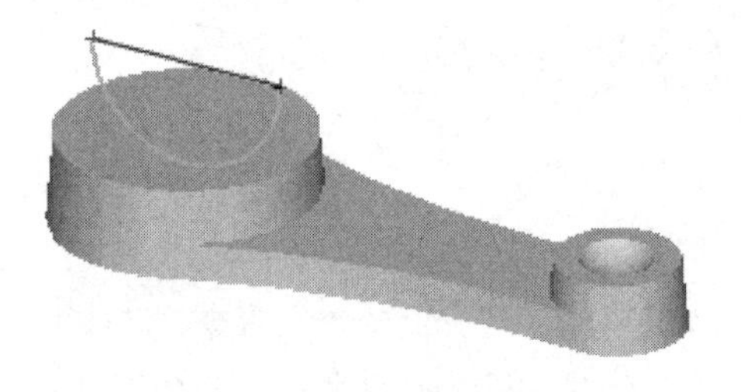

图 12-17　大凸台旋转除料草图

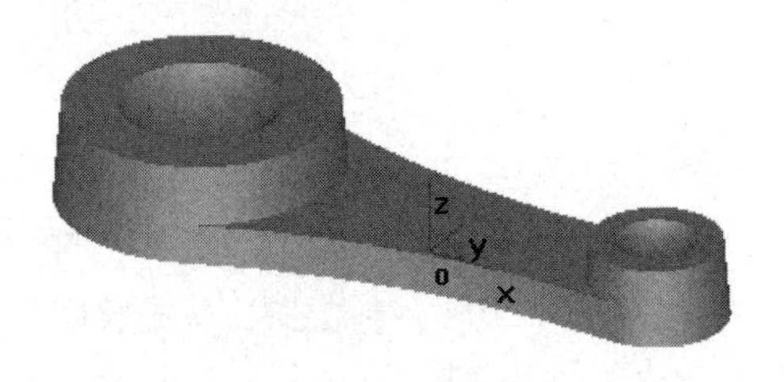

图 12-18　大凸台旋转除料结果

（5）利用拉伸减料生成基本体上表面的凹坑。

① 单击基本拉伸体的上表面，选择拉伸体上表面为绘图基准面，然后单击绘制草图按钮，进入草图状态。

② 单击曲线生成工具栏的相关线按钮，选择菜单中的“实体边界”项，拾取如图 12-19 所示的四条边界线。

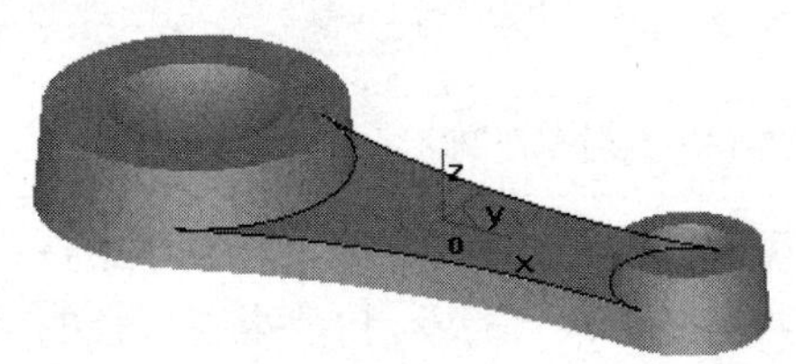

图 12-19　生成凹坑边界线

③ 生成等距线。单击 “等距线”按钮，以等距距离 10 和 6 分别作刚生成的边界线的等距线，如图 12-20 所示。

④ 曲线过渡。单击线面编辑工具栏的曲线过渡按钮，输入半径 6，对等矩生成的曲线作过渡，结果如图 12-21 所示。

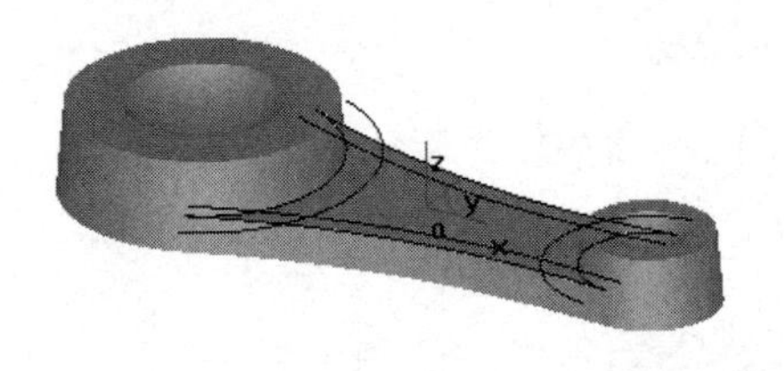

图 12-20　生成凹坑边界等距线

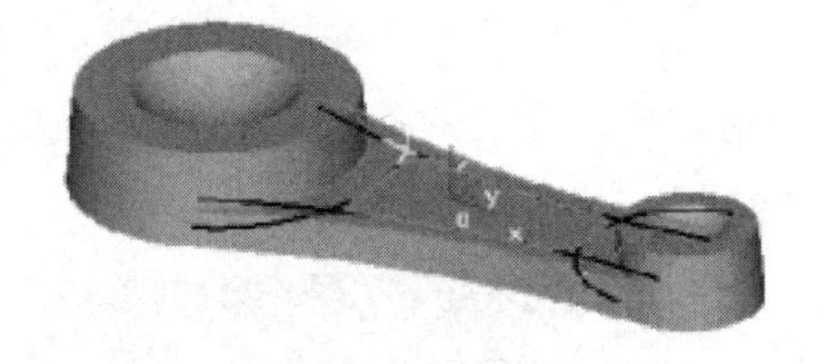

图 12-21　曲线过渡

⑤ 删除多余的线段。单击线面编辑工具栏的删除按钮，拾取四条边界线，然后单击鼠标右键，将各边界线删除，结果如图 12-22 所示。

⑥ 拉伸除料生成凹坑。单击绘制草图按钮，退出草图状态。单击特征工具栏的拉伸除料按钮，在对话框中设置深度为 6，角度为 30，结果如图 12-23 所示。

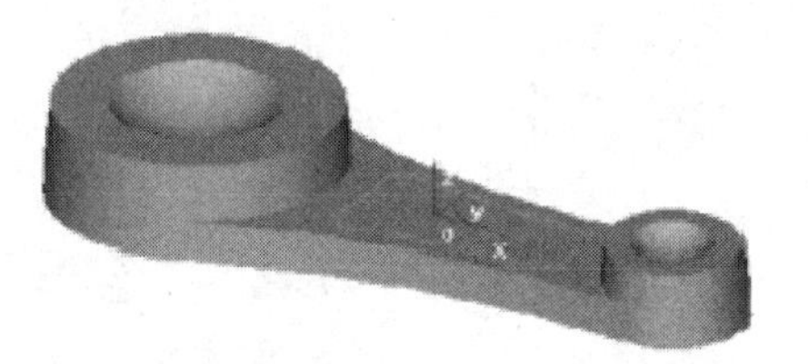

图 12-22　删除多余的线段

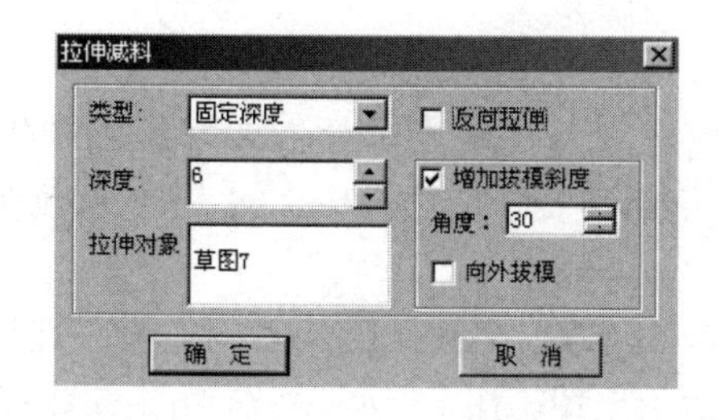

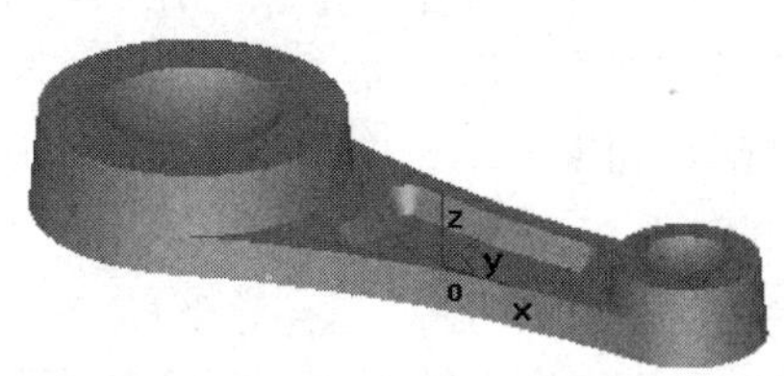

图 12-23　拉伸除料生成凹坑

（6）过渡零件上表面的棱边。

① 单击特征工具栏中的过渡按钮，在对话框中输入半径为 10，拾取大凸台和基本拉伸体的交线，并单击“确定”按钮，结果如图 12-24 所示。

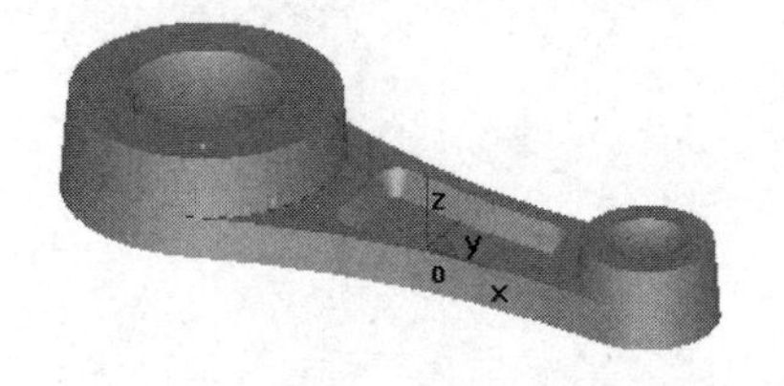

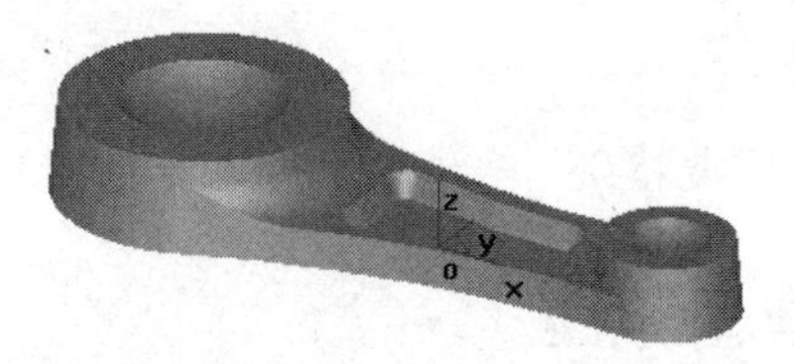

图 12-24　凹坑边界过渡

② 单击过渡按钮，在对话框中输入半径为 5，拾取小凸台和基本拉伸体的交线，并单击“确定”按钮。

③ 单击过渡按钮，在对话框中输入半径为 3，拾取上表面的所有棱边并单击“确定”按钮，结果如图 12-25 所示。

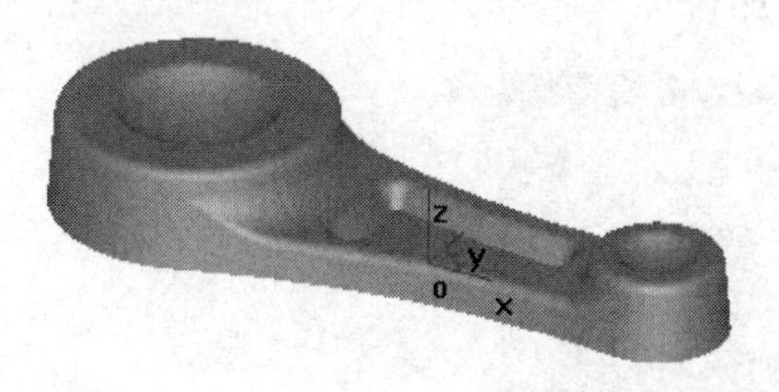

图 12-25　过渡其他边界操作

（7）利用拉伸增料延伸基本体。

① 单击基本拉伸体的下表面，选择该拉伸体下表面为绘图基准面，然后单击绘制草图按钮，进入草图状态。

② 单击曲线生成工具栏上的曲线投影按钮，拾取拉伸体下表面的所有边，将其投影，得到草图，如图 12-26 所示。

③ 单击绘制草图按钮，退出草图状态。单击拉伸增料按钮，在对话框中输入深度 10，取消选择“增加拔模斜度”复选框，并单击“确定”按钮。结果如图 12-27 所示。

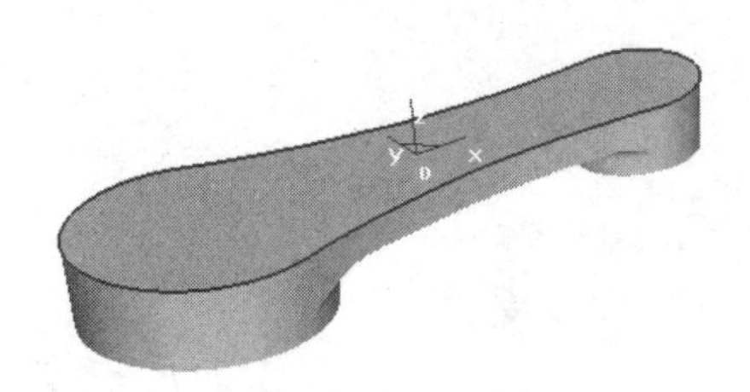
图 12-26　曲线投影操作

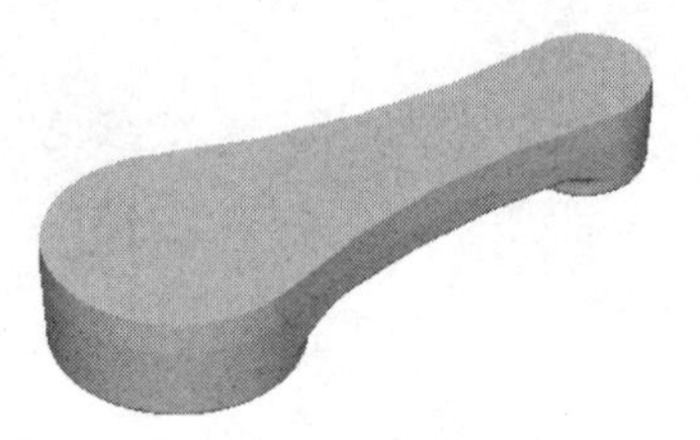
图 12-27　拉伸增料结果

（8）利用拉伸增料生成连杆电极的托板。

① 单击基本拉伸体的下表面和绘制草图按钮，进入以拉伸体下表面为基准面的草图状态。

② 按 F5 键，切换显示平面为 *XY* 面，然后单击曲线生成工具栏上的矩形按钮，绘制如图 12-28 所示的矩形。

③ 单击绘制草图按钮，退出草图状态。单击拉伸增料按钮，在对话框中输入深度 10，取消选择“增加拔模斜度”复选框，并单击“确定”按钮。按 F8 键，其轴测图如图 12-29 所示。

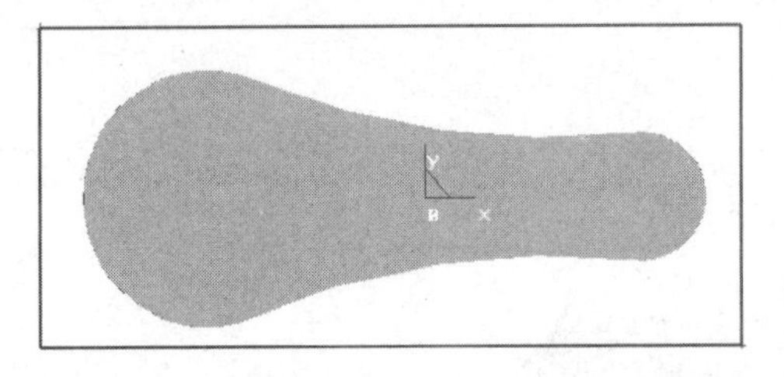
图 12-28　绘制矩形

图 12-29　造型结果

二、加工准备流程

1．设定加工刀具

（1）选择“应用”→“轨迹生成”→“刀具库管理”命令，弹出“刀具库管理”对话框，如图 12-30 所示。

（2）增加铣刀。单击“增加铣刀”按钮，在文本框中输入铣刀名称，如图 12-31 所示。

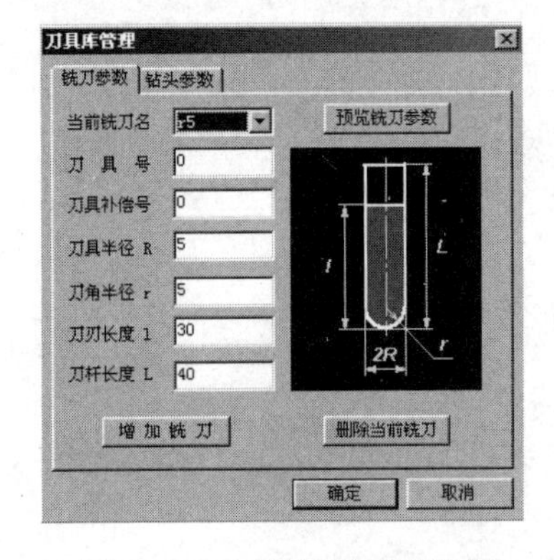

图 12-30　刀具管理库对话框

图 12-31　“增加铣刀”对话框

以铣刀的直径和刀角半径来表示，刀具名称尽量和工厂中用刀的习惯一致。刀具名称一般表示形式为“D10，r3”，D 代表刀具直径，r 代表刀角半径。

（3）设定增加的铣刀的参数。在“刀具库管理”对话框中输入正确的数值，刀具定义即可完成。其中的刀刃长度和刃杆长度与仿真有关而与实际加工无关，在实际加工中要正确选择吃刀量和吃刀深度，以免损坏刀具。

2．后置设置

（1）选择“应用”→“后置处理”→“后置设置”命令，弹出“后置设置”对话框。
（2）增加机床设置。选择当前机床类型。
（3）后置处理设置。打开“后置处理设置”选项卡，根据当前的机床设置各参数。

3．设定加工范围

单击曲线生成工具栏上的“矩形”按钮□，拾取连杆托板的两对角点，绘制如图 12-32 所示的矩形，作为加工区域。

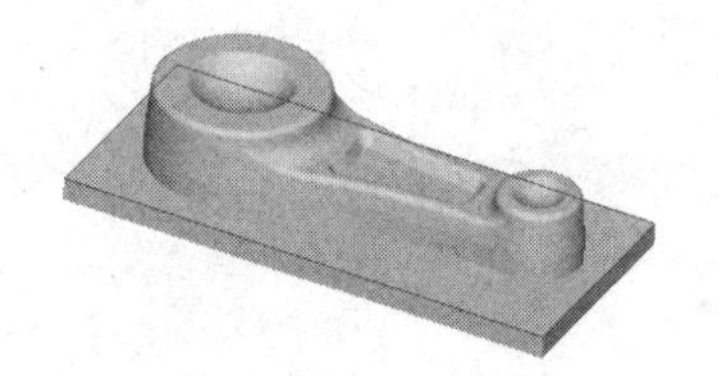

图 12-32　设定加工范围

三、连杆件加工

加工思路：连杆件电极的整体形状较为陡峭，整体加工选择等高粗加工，精加工采用等高精加工。对于凹坑的部分，根据加工需要还可以应用“曲面区域加工”方式进行局部加工。

1．等高粗加工

（1）设置粗加工参数。

选择“应用”→“轨迹生成”→“等高粗加工”命令，在弹出的“粗加工参数表”对话框中设置如图 12-33 所示粗加工的参数。根据所使用的刀具设置切削用量参数，如图 12-34 所示，并单击“确定”按钮。

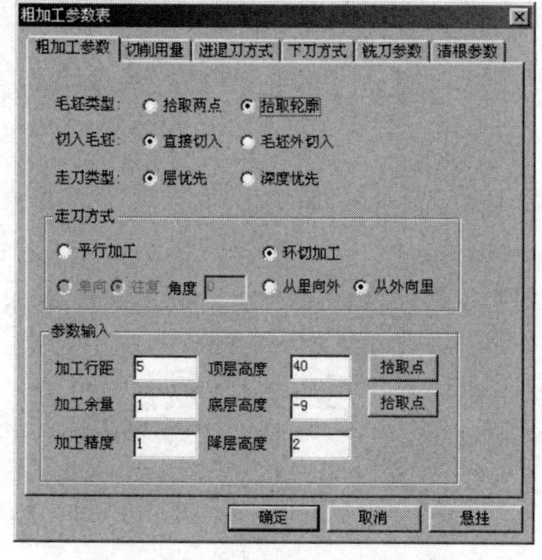

图 12-33　等高粗加工参数设置

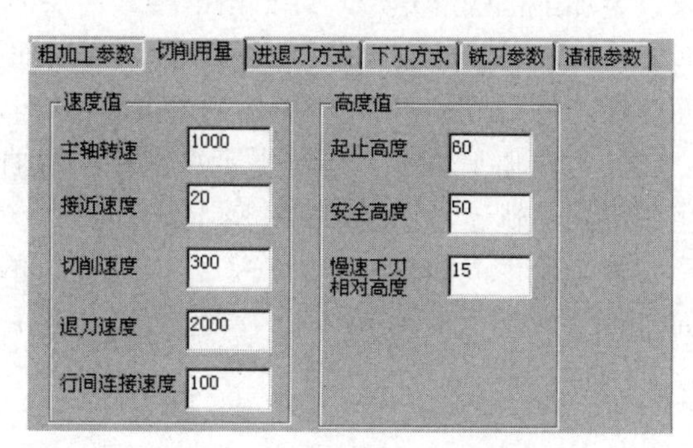

图 12-34　粗加工切削用量设置

注意：毛坯类型为“拾取轮廓”。顶层高度和底层高度可以通过单击“拾取点”按钮并拾取零件上的点来得到。

（2）打开“进退刀方式”和“下刀方式”选项卡，设定进退刀方式和下刀切入方式均为“垂直”，如图 12-35 和图 12-36 所示。

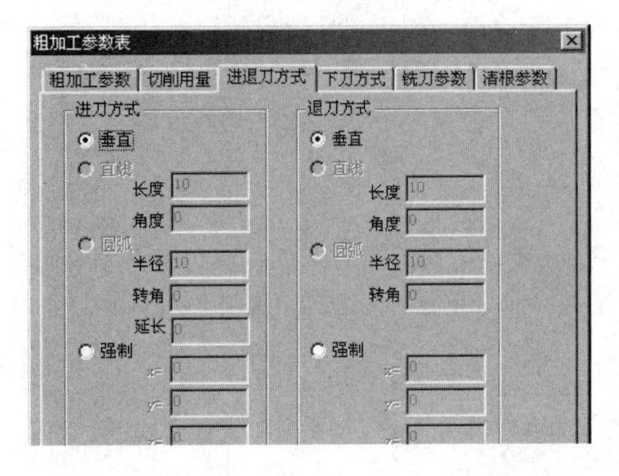

图 12-35　进退刀方式设置

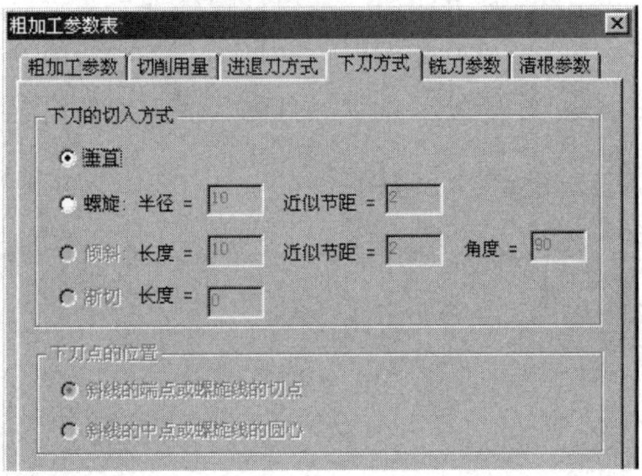

图 12-36　下刀方式设置

（3）打开“铣刀参数”选项卡，选择在刀具库中已经定义好的铣刀 R5 球刀，并可再次设定和修改球刀的参数，如图 12-37 所示。打开“清根参数”选项卡，设置清根参数，如图 12-38 所示。

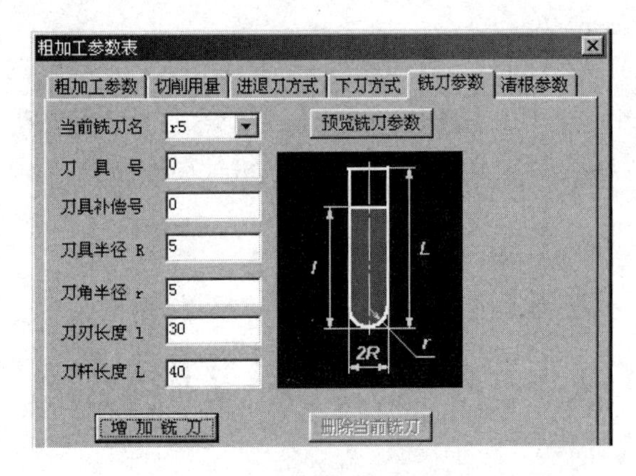

图 12-37　铣刀参数设置

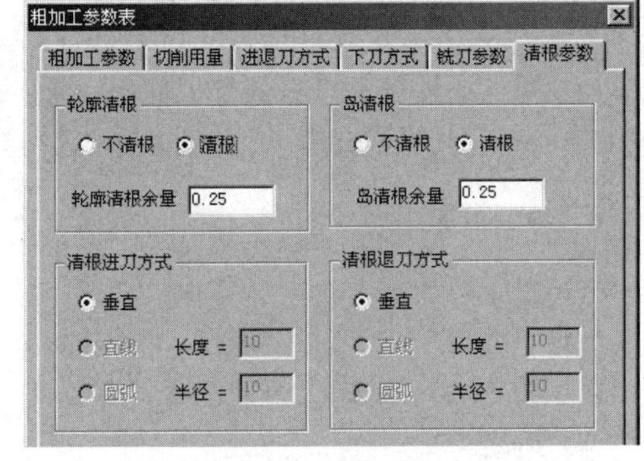

图 12-38　清根参数设置

（4）粗加工参数表设置好后，单击“确定”按钮，屏幕左下角状态栏提示“拾取加工轮廓”。拾取设定加工范围的矩形，并单击链搜索箭头即可。

（5）拾取加工曲面。系统提示“拾取加工曲面”，选中整个实体表面，系统将拾取到的所有曲面变红，然后按鼠标右键结束，如图 12-39 所示。

（6）生成加工轨迹。系统提示“正在准备曲面请稍候”、“处理曲面”等，然后系统就会自动生成粗加工轨迹，如图 12-40 所示。

（7）隐藏生成的粗加工轨迹。拾取轨迹，单击鼠标右键，在弹出的菜单中选择“隐藏”命令即可。

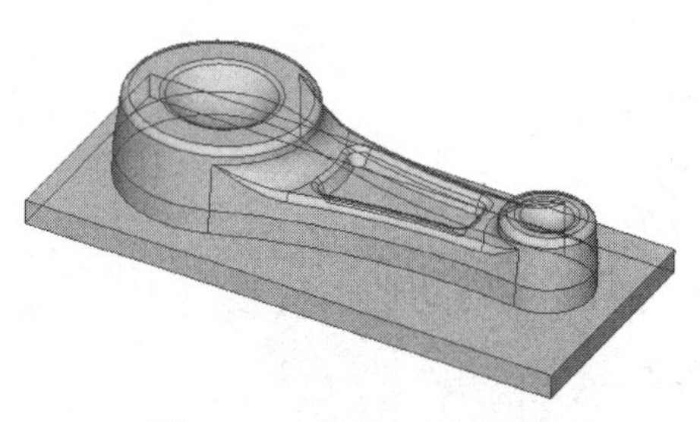

图 12-39　拾取加工曲面

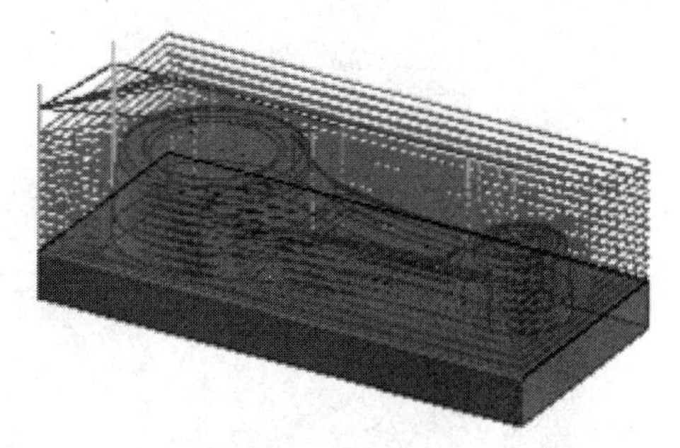

图 12-40　粗加工轨迹

2．等高精加工

（1）设置精加工的等高线加工参数。选择“应用”→“轨迹生成”→“等高精加工”命令，在弹出的“等高线加工参数表”中设置精加工的参数，如图 12-41 所示，注意加工余量为“0”，补加工时选中“需要”单选按钮。

（2）切削用量参数、进退刀方式和铣刀参数的设置与粗加工时方法相同。

（3）根据左下角状态栏提示拾取加工曲面。拾取整个零件表面，单击鼠标右键确定。系统开始计算刀具轨迹，几分钟后生成精加工的轨迹，如图 12-42 所示。

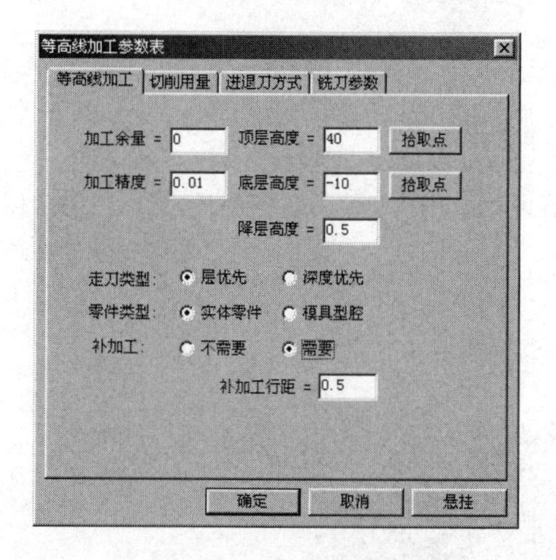

图 12-41　精加工参数设置

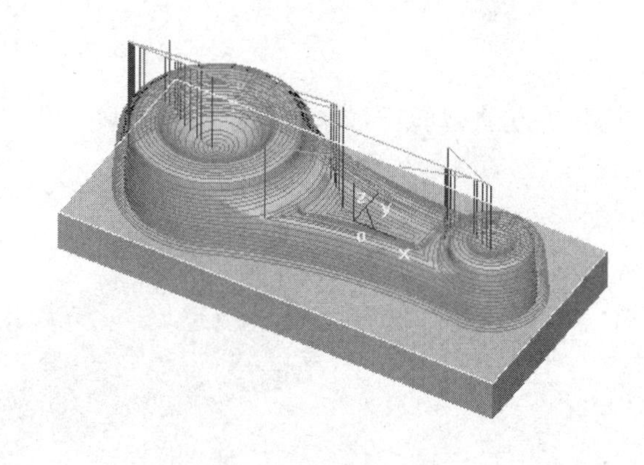

图 12-42　精加工轨迹

（4）隐藏生成的精加工轨迹。拾取轨迹，单击鼠标右键，在弹出的菜单中选择“隐藏”命令即可。

3．轨迹仿真、检验与修改

（1）设置轨迹仿真的拾取点。单击几何变换工具栏中的“平移”按钮，输入距离为 Z=40，拾取托板的一边界线，沿 Z 轴正方向等距得到一条空间直线，如图 12-43 所示。

（2）单击“线面可见”按钮，显示所有已经生成的加工轨迹，然后拾取粗加工轨迹，按鼠标右键确认。

（3）选择“应用”→“轨迹仿真”命令。在菜单中选择“拾取两点”方式。拾取粗加工刀具轨迹，单击鼠标右键结束。

（4）拾取两角点。先拾取空间直线的端点 A，然后拾取体上的对角点 B，系统立即进行加工仿真，如图 12-44 所示。

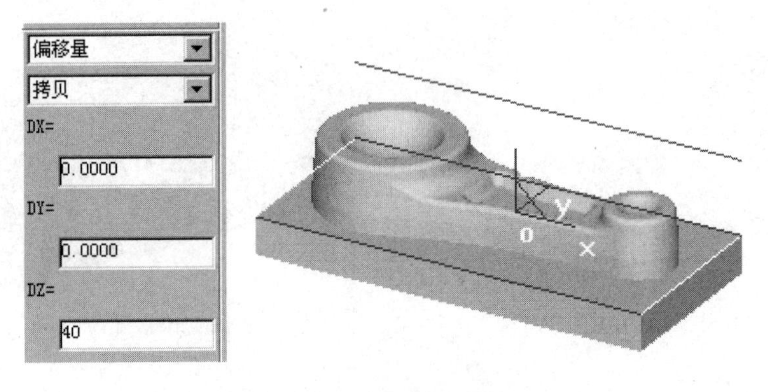

图 12-43　设置轨迹拾取点

图 12-44　加工仿真示意图

（5）在仿真过程中，系统显示走刀速度。仿真结束后，拾取点观察仿真截面，如图 12-45 所示。

图 12-45　精加工仿真截面观察

（6）仿真检验无误后，单击“文件”→“保存”命令，保存粗加工和精加工轨迹。

4．生成 G 代码

（1）前面已经做好了后置设置。选择“应用”→“后置处理”→“生成 G 代码”命令，弹出“选择后置文件”对话框，填写文件名“粗加工代码”，单击“保存”按钮。

（2）拾取生成的粗加工刀具轨迹，单击鼠标右键确认，立即弹出粗加工 G 代码文件，如图 12-46 所示，保存即可。

（3）用同样的方法生成精加工 G 代码，如图 12-47 所示。

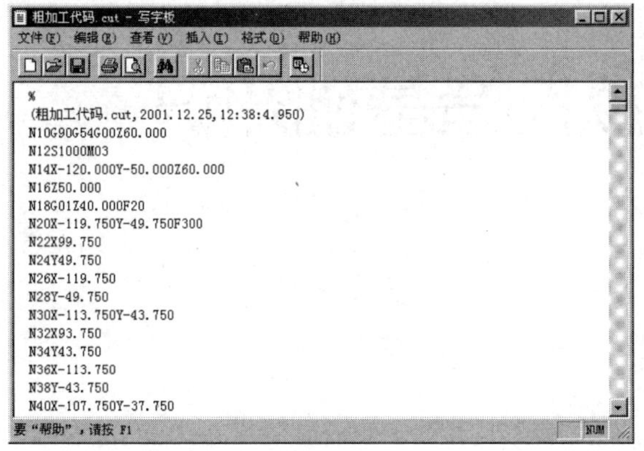

```
%
(粗加工代码.cut,2001.12.25,12:38:4.950)
N10G90G54G00Z60.000
N12S1000M03
N14X-120.000Y-50.000Z60.000
N16Z50.000
N18G01Z40.000F20
N20X-119.750Y-49.750F300
N22X99.750
N24Y49.750
N26X-119.750
N28Y-49.750
N30X-113.750Y-43.750
N32X93.750
N34Y43.750
N36X-113.750
N38Y-43.750
N40X-107.750Y-37.750
```

图 12-46　粗加工 G 代码

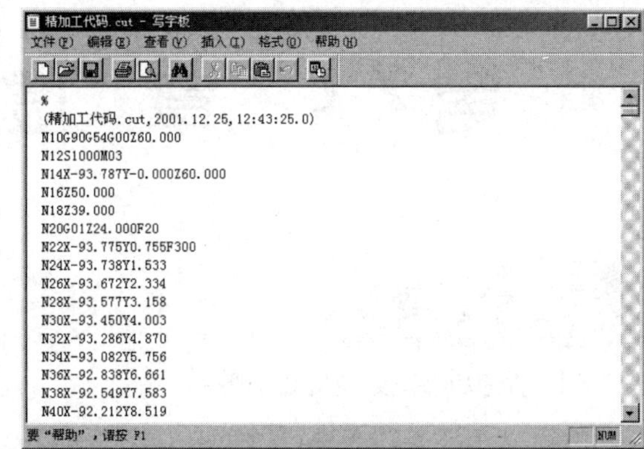

```
%
(精加工代码.cut,2001.12.25,12:43:25.0)
N10G90G54G00Z60.000
N12S1000M03
N14X-93.787Y-0.000Z60.000
N16Z50.000
N18Z39.000
N20G01Z24.000F20
N22X-93.775Y0.755F300
N24X-93.738Y1.533
N26X-93.672Y2.334
N28X-93.577Y3.158
N30X-93.450Y4.003
N32X-93.286Y4.870
N34X-93.082Y5.756
N36X-92.838Y6.661
N38X-92.549Y7.583
N40X-92.212Y8.519
```

图 12-47　精加工 G 代码

5．生成加工工艺单

（1）选择“应用”→“后置处理”→“生成工序单”命令，弹出“选择 HTML 文件名”对话框，输入文件名，单击“保存”按钮。

（2）屏幕左下角提示拾取加工轨迹，用鼠标选取或用窗口选取，或按“W”键，选中全部刀具轨迹，单击鼠标右键确认，立即生成加工工艺单。加工轨迹明细单如图 12-48 所示。

加工轨迹明细单						
序号	代码名称	刀具号	刀具参数	切削速度	加工方式	加工时间
1	粗加工代码.cut	0	刀具直径=10.00 刀角半径=5.00 刀刃长度=30.000	300	粗加工	129分钟
2	精加工代码.cut	0	刀具直径=10.00 刀角半径=5.00 刀刃长度=30.000	300	等高线	75分钟

图 12-48　加工轨迹明细单

至此，连杆的造型、生成加工轨迹、加工轨迹仿真检查、生成 G 代码程序，生成加工工艺单的工作已经全部做完，可以把加工工艺单和 G 代码程序通过工厂的局域网送到车间。把工件打表找正，按加工工艺单的要求找好工件零点，再按工序单中的要求装好刀具，找好刀具的 *Z* 轴零点，就可以开始加工了。

【课后思考】

（1）简述 CAD/CAM 的基本概念及功能。

（2）阐述 CAD/CAM 的工作特点。

（3）CAXA 制造工程师中曲线的绘制功能有哪些？

（4）CAXA 制造工程师实体造型方法有哪些？

（5）CAXA 制造工程师提供了哪些零件加工方法？

第13章 虚拟制造基础知识

学习要点

（1）虚拟制造技术及其主要特点；
（2）虚拟制造技术的分类；
（3）虚拟制造技术的发展趋势；
（4）虚拟制造的应用。

学习案例

虚拟制造的应用。

任务分析

（1）了解虚拟制造技术的特点；
（2）了解虚拟制造技术的体系结构；
（3）熟悉虚拟制造的应用。

相关知识

项目一 虚拟制造基本知识；
项目二 数控加工仿真。

知识链接

项目一 虚拟制造基本知识

【知识准备】

一、虚拟制造技术的概念

以计算机仿真技术、制造系统与加工过程建模理论、VR 技术、分布式计算理论、产品数据管理技术等为理论基础，研究如何在计算机网络环境及虚拟现实环境下，利用制造系统各层次及各环节的数字模型，完成制造系统整个过程的计算与仿真的技术。

二、虚拟制造技术的特点

1．以模型为核心

产品模型：产品信息在计算机上的表示。
过程模型：设计过程、工艺规划过程、加工制造过程；
活动模型：对企业生产组织和经营活动建立的模型；
资源模型：对企业人力、物力建立的模型。

2．以模型信息集成为根本

产品模型、过程模型、活动模型、资源模型之间的信息集成。

3．以高逼真度仿真为特色

仿真结果的高可信度，以及人与这个虚拟制造环境的交互的自然化。

三、虚拟制造技术的体系结构

虚拟制造技术的体系结构如图 13-1 所示，虚拟制造的功能框图如图 13-2 所示。

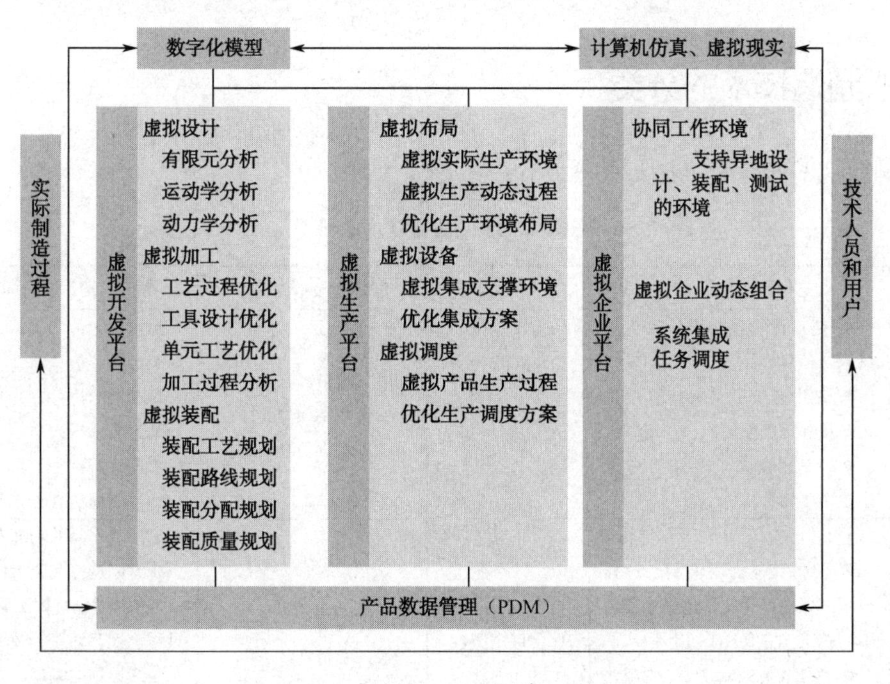

图 13-1　虚拟制造技术的体系结构

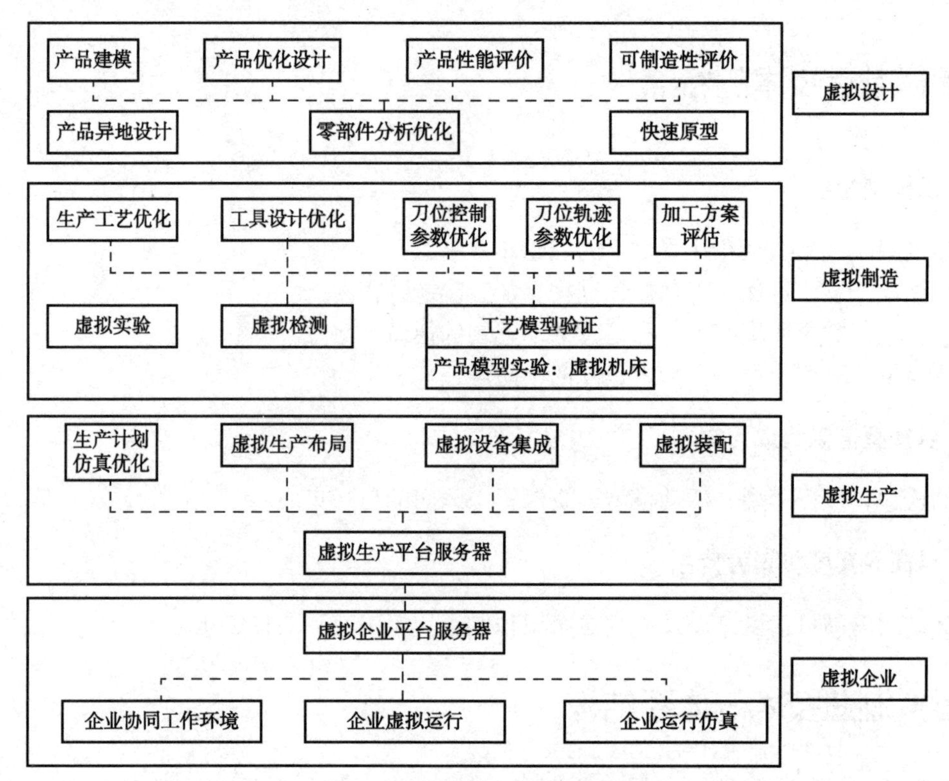

图 13-2　虚拟制造的功能框图

四、虚拟制造技术的分类

虚拟制造技术的分类如表 13-1 所示。

表 13-1　虚拟制造技术的分类

类　别	特　点	主要目标	主要技术支持	应用领域
以设计为中心	● 在设计阶段为设计人员提供制造信息； ● 使用基于制造的仿真以优化产品和工艺的设计； ● 通过“在计算机上制造”产生多个“软”样机	评价可制造性	特征造型； 面向数学模型设计； 加工过程仿真技术	造型设计； 热力学分析； 运动学分析； 动力学分析； 容差分析； 加工过程仿真
以生产为中心	● 将仿真能力用于制造过程模型，以便低费用、快速地评价不同的工艺方案； ● 用于资源需求规划、生产计划的产生及评价的环境	评价可生产性	虚拟现实； 嵌入式仿真	工厂或产品的物理布局。 传统制造：主要考虑空间。 虚拟制造：总体协调、优化动态过程，人、环境、效率 生产计划的编排。 传统制造：静态、确定型。 虚拟制造：动态、随机型
以控制为中心	● 将仿真加到控制模型和实际处理中； ● 可“无缝”地仿真，使得实际生产周期期间不间断地优化		对离散制造——基于仿真的实时动态调度； 对连续制造——基于仿真的最优控制	

五、虚拟制造技术群

虚拟制造技术由三大主体技术群（建模技术群、仿真技术群和控制技术群）和一个支撑技术群（为三大主体技术群的实施提供支持）组成。由于 VMT 是一个有机整体，所以三大技术群并不是孤立的，它们之间有大量的信息交换。

1．建模技术群

用来开发虚拟制造系统（Virtual Manufacturing System，VMS）中各种模型的所有技术与方法。建模问题包括：表达、表述语言、抽象、联合、标准、重用性、多用性和配置控制。根据建模对象的不同，建模技术可分为产品和过程模型的建模技术、虚拟车间的建模技术、虚拟公司的建模技术。

2．仿真技术群

运行和操作构成 VMS 各种模型的所有方法和技术。仿真技术是在计算机中表达一个物理系统或环境的能力，仿真是通过对系统模型的运算来表达或研究一个存在或正在设计中的系统。计算机仿真就是利用计算机运算系统的数学模型来表达对被仿真系统的分析、研究、设计、培训等。

3．控制技术群

建模、仿真过程中所用到的各种管理、组织与控制技术与方法。主要包括：模型部件的组织，调度策略和交换技术，仿真过程的工作流程与信息流程控制，VMS 方法论，概念设计与制造方法、加工过程、成本估计集成技术，集成动态的、分布式的、协作模型的集成技术，实现最佳设计的冲突求解技术，基于仿真的推理技术，模型及仿真结果的验证确认技术。

4．支撑技术群

支持 VMS 开发、控制与运行取得进步的基础性技术。主要包括：数据库技术、人工智能技术、系统集成技术、分布式并行智能协同求解技术、综合可视化技术等。

虚拟制造系统的体系结构由三层构成，分别是：经营决策层、产品决策层和生产决策层。

经营决策层根据用户需求和市场信息、本企业的资源技术等情况，做出生产产品的种类、规模、性能、规格等决策。

产品决策层根据上层所做出的生产产品的性能、规格做出产品总体方案决策，并对其性能做出初步评价，对其成本做出初步预估。

生产决策层根据上层决策和企业人力、物力及技术资源与水平等情况，做出产品开发计划、生产任务规划、生产调度等决策，并在计算机上实现其制造过程。

以上三个层次的决策在同一的软/硬件支持环境下协同工作，求得全局最优的决策。

六、虚拟制造技术的发展

虚拟制造技术的发展首先是在其支撑技术的发展上取得进展，如虚拟现实技术、仿真技术等。特别是一些单元技术与制造业的紧密结合不断深入，更推动了这些技术的进一步发展。同时，支撑技术和单元技术的不断成熟和在制造业中发挥越来越大的作用，也推动了虚拟制造技术的组合和集成。但由于各技术的相对独立性，其统一的特征模型的建立、数据共享和交换等遇到了巨大的挑战。基于 step、edi、tcp/ip 等标准的集成技术是唯一的发展方向。虚拟制造技术虽然于 20 世纪 80 年代才刚刚提出来的。但随着计算机技术的迅速发展，在 20 世纪 90 年代得到了人们的极大重视并获得迅速发展。1983 年美国国家标准局人员发展并提出了“虚拟制造单元”的报告，以更大的柔性完成分析、行程和时序安排、报告和监控等功能。1989 年麻省理工学院的“虚拟制造”报告提出了虚拟制造在产品概念设计和性能早期评价方面的优势。1993 年爱荷华大学的报告“制造技术的虚拟环境”提出了建立支持虚拟制造的环境，包括虚拟制造的评估系统、装配顺序计划和材料去除过程模拟及离线编程等技术。里海大学的报告则提出了与 cad/cam、cim、capp、快速原型、敏捷制造、柔性制造有关的可制造性等问题。1995 年，美国标准与技术研究所的报告“国家先进制造实验台的概念设计计划”，强调分散的、多节点的分散虚拟制造（dvm），即虚拟企业的概念，强调企业、政府和大学的联合。美国国家研究委员会的报告“制造中的信息技术”探讨了产品集成、过程设计、车间控制、虚拟工厂等的信息技术问题。1997 年美国标准与技术研究所的报告“使用 vrml 的制造系统建模”则探讨了虚拟现实技术及其在网络上的应用。

可见，美国已经从虚拟制造的环境和虚拟现实技术、信息系统、仿真和控制、虚拟企业等方面进行了系统的研究和开发，多数单元技术已经进入实验和完善阶段。例如，美国华盛顿大学的虚拟制造技术实验室发展的用于设计和制造的虚拟环境 vedam、用于设计和装配的虚拟环境等，已经初具规模。但虚拟制造作为一个完整的体系，尚没有进行全面的集成。应特别说明的是，虚拟企业（工厂）的研究在美国得到政府和企业界的极大关注，研究异常活跃，成为敏捷制造技术的主要分支之一。

欧洲以大学为中心纷纷开展了虚拟制造技术的研究，如虚拟车间、建模与仿真工程等的研究。日本在 20 世纪 60～70 年代的经济崛起受益于先进制造与管理技术的采用。日本对虚拟制造技术的研究也秉承其传统的特点——重视应用，主要进行虚拟制造系统的建模和仿真技术及虚拟工厂的构造环境研究。

我国在虚拟制造技术方面的研究还刚刚起步，其研究也多数是在原先的 cad/cae/cam 和仿真技术等基础上进行的，目前主要集中在虚拟制造技术的理论研究和实施技术准备阶段，系统的研究尚处于国外虚拟制造技术的消化和与国内环境的结合上。由于我国受到 cad/cae/cam 基础软件、仿真软件、建模技术的制约，阻碍了虚拟制造技术的发展。但这几年，我国虚拟制造技术受到普遍重视，发展很快，发展势头强劲。例如，机械科学研究院与同济大学、香港理工大学合作进行的分散网络化制造、异地设计与制造等技术的理论研究和实践活动已经取得了很大进展；清华大学进行了虚拟设计环境软件、虚拟现实、虚拟机床、虚拟汽车训练系统等方面的研究；浙江大学进行了分布式虚拟现实技术、vr 工作台、虚拟产品装配等研究；西安交通大学和北京航空航天大学进行了远程智能协同设计研究；天津大学、北京机床所、大连机床所进行了机床的虚拟设计和轴机床的研究；西北工业大学进行了虚拟样机的研究；哈尔滨工业大学、北京机电所、上海交通大学、南京理工大学等单位也进行了这方面的研究。据不完全调查统计，国内进行虚拟制造技术研究的单位达到了 100 家，已经取得了一些可喜的进展。在虚拟现实技术、建模技术、仿真技术、信息技术、应用网络技术等单元技术方面的研究都很活跃。但研究的进展和研究的深度还属于初级阶段，与国际研究水平尚有很大的差距，除了三维建模已经有了 4 种商业软件外，其他方面还没有形成产业化。我国的研究多集中于高等院校和少量的研究院所，企业和公司介入较少。

项目二　数控加工仿真实训

【知识准备】

一、数控加工仿真系统的特点

（1）系统完全模拟真实数控机床的控制面板和屏幕显现，易教、易学，可轻松操作。

（2）培训学员可根据需要，任意选择机床设备进行操作训练。

（3）在虚拟环境下对 NC 代码的切削状态进行检验，仿真性、真实感强。

（4）学员可看到各种机床真实的三维加工仿真过程，并能检查和测量加工后的工件，可以更迅速地掌握数控机床的实操过程。

（5）采用虚拟机床替代真实机床进行教学与培训，在降低费用的同时获得了更佳的教学和培训效果，使用更经济。

二、数控加工仿真系统的系统组成及功能

数控仿真系统的核心是虚拟数控机床，该类系统完全模拟零件的切削过程，能检验数控指令正确与否，提供一套功能齐全的调试、编辑、修改和跟踪执行等功能，其界面如图 13-3 所示，组成和功能如下。

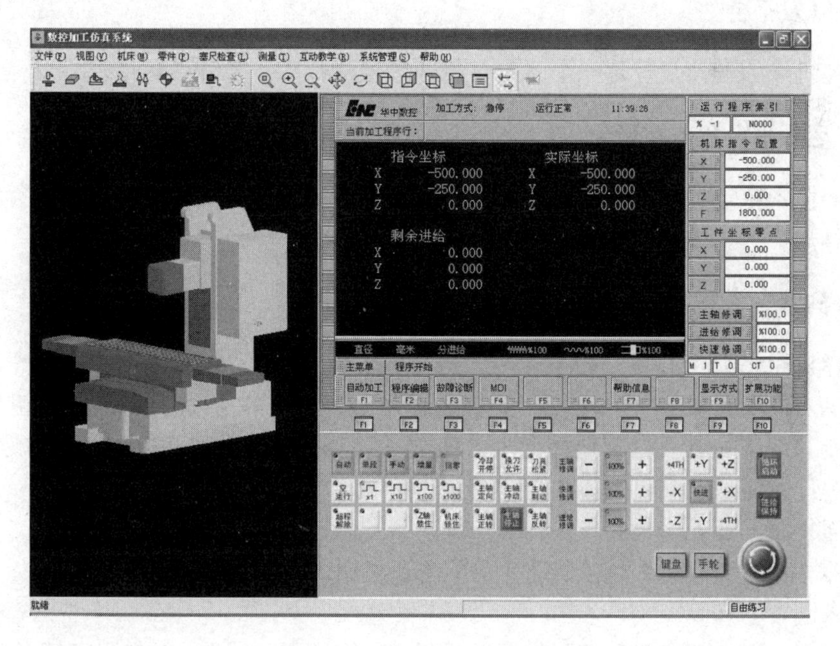

图 13-3　数控加工仿真系统

1. NC 解释平台

NC 解释平台包括 NC 解释器和 NC 验证器。任务分配数据库从任务调度中接受数控代码并

将其翻译为虚拟机床的部件、刀具等的运动信息，并将其通过计算模块来模拟机床的响应，NC解释器能够被自由地配置，从而能够模拟任何一种数控机床的CNC控制器。

2．NC验证器

NC验证器能够验证NC代码的语法正确性。

3．刀具库

刀具库应包括一台数控机床所需的刀具，并能自由配置刀具库中的刀具号，从而能模拟任何一种数控机床的换刀形式。

4．仿真平台

仿真平台包括刀具轨迹仿真、切削力仿真、加工精度仿真、三维动画仿真、加工工时统计分析。仿真平台是虚拟数控机床的核心，操作者可以在虚拟的环境中进行机床运动和切削过程等的仿真，从中获得相关的加工数据。通过加工过程的仿真，了解所设计工件的可加工性、验证NC代码的正确性及评价和优化加工过程，并通过在线修改NC代码来优化NC代码。

5．计算平台

计算平台用来完成虚拟数控机床中的各种计算，如根据NC代码计算加工零件新的几何形状，根据刀具的材料、运行时间、零件的材料性质和润滑介质的性质计算刀具的补偿量和热补偿量。

6．设计开发平台

虚拟数控机床的设计平台是一个面向对象的数控软件库及其开发环境。

7．操作运行平台和监控平台

在虚拟环境中完全实现真实机床的操作，让使用者完全感受到真实机床的运行特性。

【教师指导】

1．准备机床

（1）选择机床。

打开菜单“机床”→“选择机床…”，或者单击工具条上的小图标，在“选择机床”对话框中，在控制系统下拉列表框中选择相应的控制系统，在机床类型下拉列表框中选择相应的类型，按“确定”按钮，此时界面如图13-4所示。

（2）激活机床。

检查急停按钮是否松开，若未松开，单击该按钮，将其松开。

（3）机床回参考点。

单击回零按钮，使回零指示灯亮，转入回零模式。在回零模式下，依次单击操作面板上的+Z +X +Y按钮，此时z、x、y轴将回零。

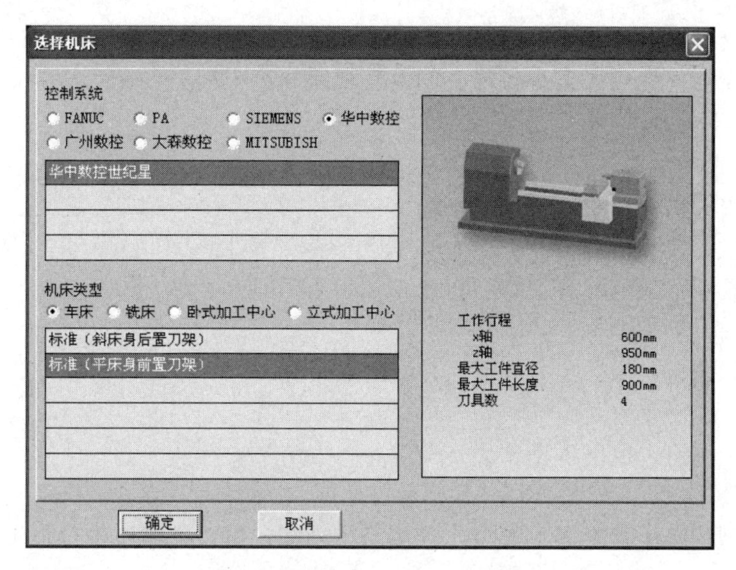

图 13-4　选择“机床”对话框

2．准备工件

（1）定义毛坯。

打开菜单“零件”→“定义毛坯”，或在工具条上选择▱，系统弹出如图 13-5 所示的对话框。

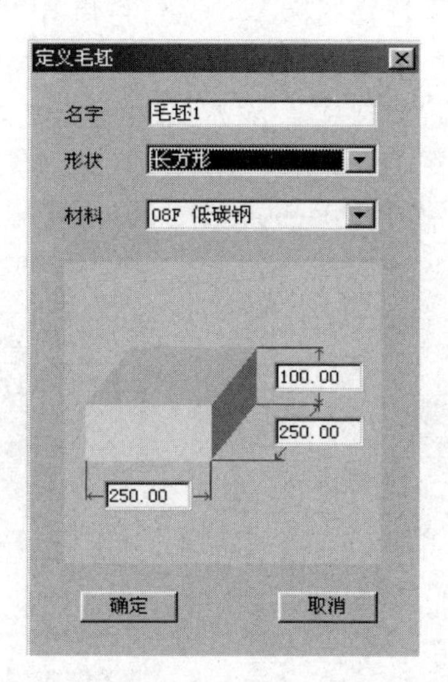

（a）长方形毛坯定义

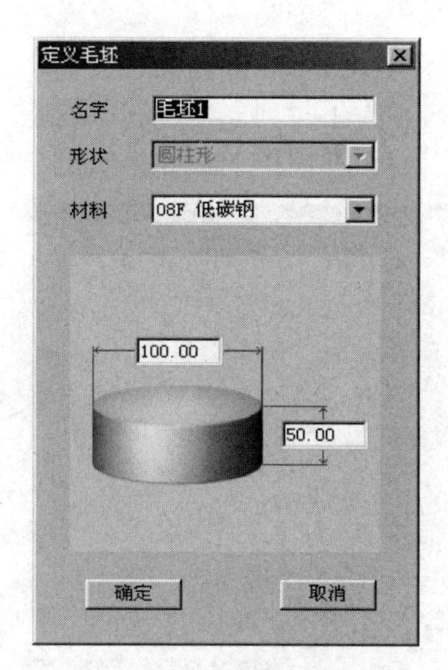

（b）圆柱形毛坯定义

图 13-5　“定义毛坯”对话框

① 名字输入。

在毛坯名字输入框内输入毛坯名，也可以使用默认值。

② 选择毛坯形状。

铣床、加工中心有两种形状的毛坯供选择：长方形毛坯和圆柱形毛坯。可以在“形状”下拉列表中选择毛坯形状。车床仅提供圆柱形毛坯。

③ 选择毛坯材料。

毛坯材料列表框中提供了多种供加工的毛坯材料，可根据需要在“材料”下拉列表中选择毛坯材料。

④ 参数输入。

尺寸输入框用于输入尺寸。

圆柱形毛坯直径的范围为 10～160mm，长度的范围为 1～280mm。

长方形毛坯长和宽的范围为 10～1000mm，高度的范围为 10～200mm。

⑤ 保存退出。

单击“确定”按钮，保存定义的毛坯并退出本操作。

⑥ 取消退出。

单击“取消”按钮，退出本操作。

（2）导出零件模型。

导出零件模型相当于保存零件模型，利用这个功能，可以把经过部分加工的零件作为成型毛坯予以存放。

（3）导入零件模型。

打开菜单“文件”→“导入零件模型”，系统将弹出“打开”对话框，在此对话框中选择并打开所需的扩展名为“PRT”的零件文件，则选中的零件模型被放置在工作台面上。此类文件为已通过“文件/导出零件模型”所保存的成型毛坯。

（4）使用夹具。

选择“零件”→“安装夹具”命令或在工具条上选择图标，系统将弹出“选择夹具”对话框。只有铣床和加工中心可以安装夹具。

在“选择零件”下拉列表框中选择毛坯。在“选择夹具”下拉列表框中选夹具。

长方形零件可以使用工艺板或平口钳，分别如图 13-6 和图 13-7 所示。

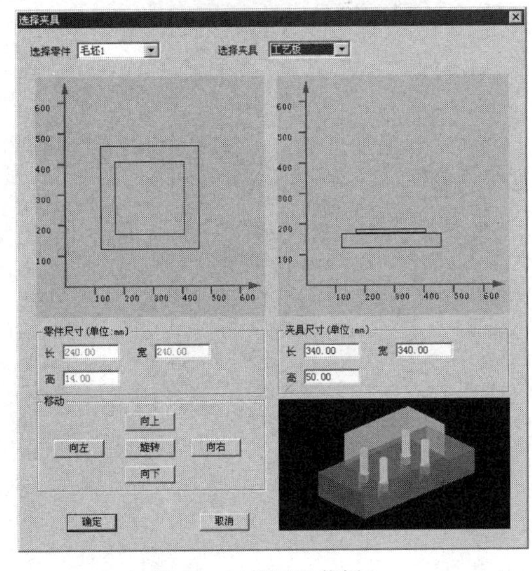

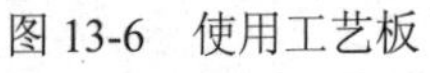

图 13-6　使用工艺板

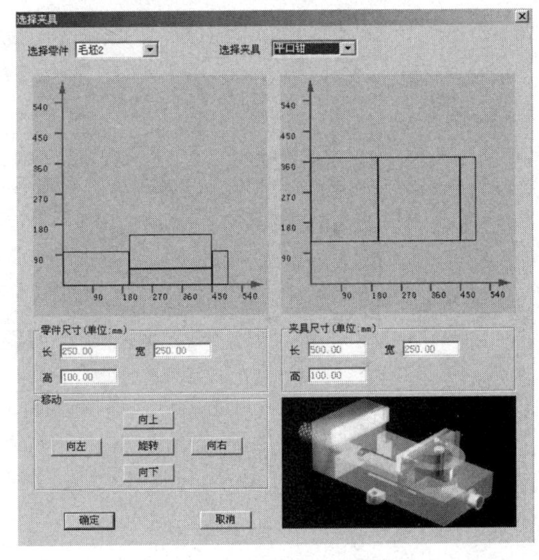

图 13-7　使用平口钳

圆柱形零件可以选择工艺板或卡盘，如图 13-8 和图 13-9 所示。

（5）放置零件。

① 选择“零件”→“放置零件”命令或在工具条上选择图标，系统弹出操作对话框，如

图 13-10 所示。

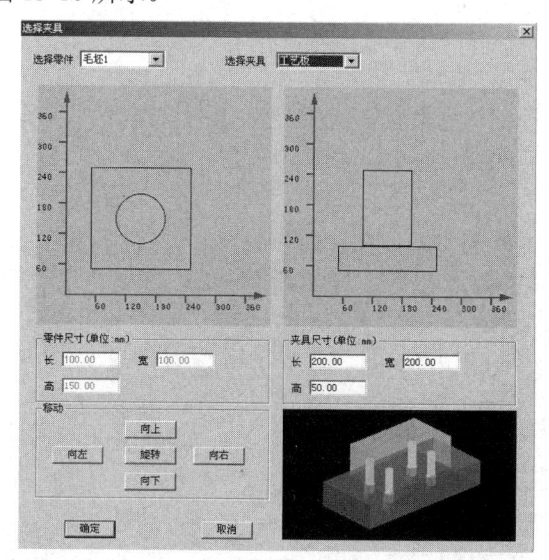

图 13-8　圆柱形零件使用工艺板

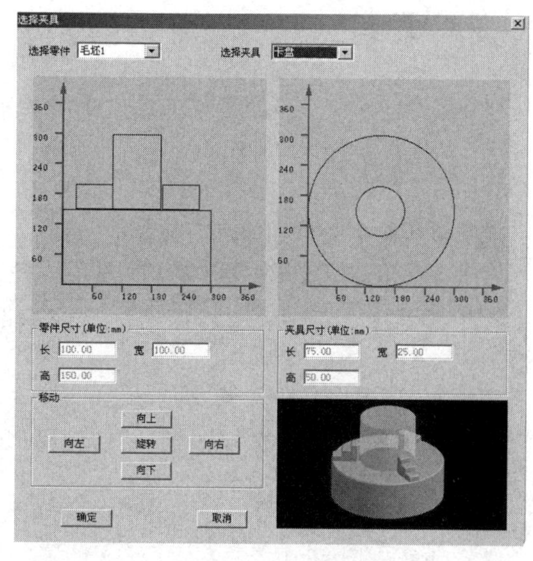

图 13-9　使用卡盘

② 在列表中单击所需的零件，选中的零件信息加亮显示，单击“确定”按钮，系统自动关闭对话框，零件和夹具将被放到机床上。对于卧式加工中心，还可以在上述对话框中选择是否使用角尺板。如果选择了使用角尺板，那么在放置零件时，角尺板会同时出现在机床台面上，如图 13-11 所示。

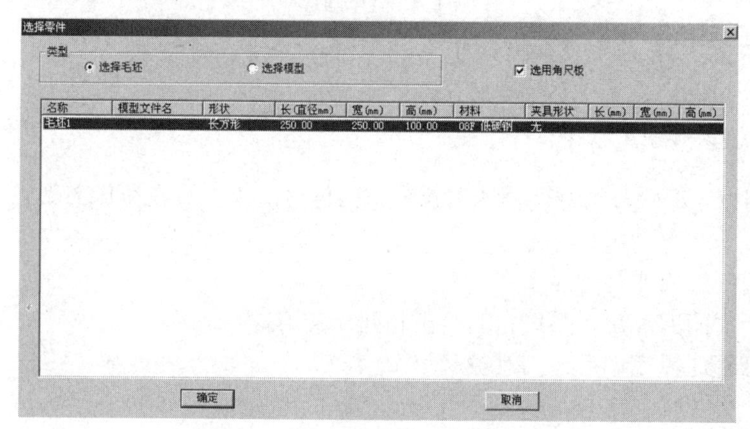

图 13-10　“选择零件”对话框

图 13-11　零件放置示意

③ 经过“导入零件模型”的操作后，对话框的零件列表中会显示模型文件名。若在类型框中选择“选择模型”，则可以选择导入的零件模型文件。选择后，零件模型（即经过部分加工的成型毛坯）被放置在机床台面上，如图 13-12 所示。

（6）调整零件位置。

零件放置好后可以在工作台面上移动。毛坯放上工作台后，系统将自动弹出一个小键盘，通过按动小键盘上的方向按钮，可实现零件的平移和旋转。小键盘上的“退出”按钮用于关闭小键盘。选择菜单“零件”→“移动零件”也可以打开小键盘。

图 13-12　内孔零件模型

三、选择刀具

打开菜单“机床”→“选择刀具”或在工具条中选择图标，系统弹出刀具选择对话框。

1．车床选刀

系统中数控车床允许同时安装8把刀具，对话框图13-13所示。

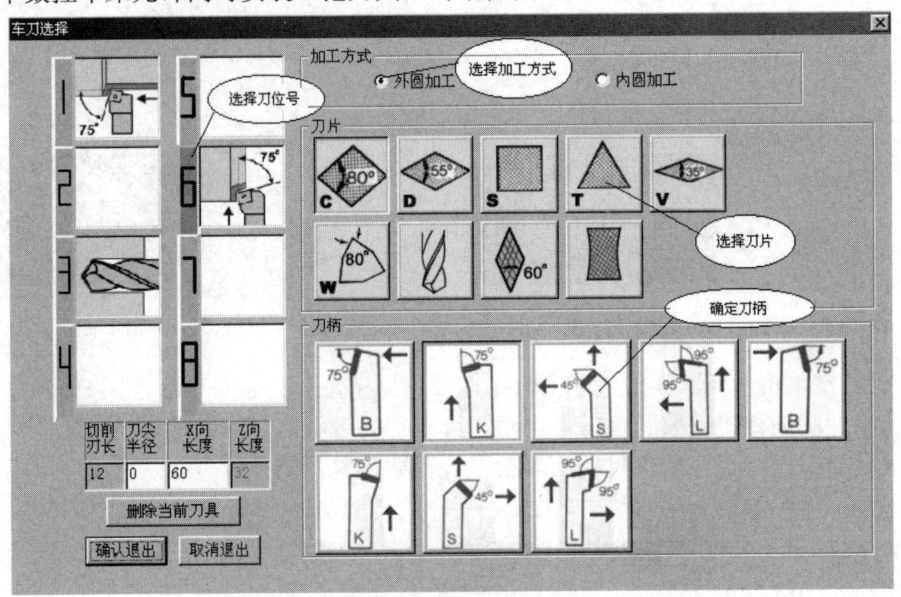

图13-13 “车刀选择”对话框

（1）选择车刀。

① 在对话框左侧排列的编号1～8中，选择所需的刀位号。刀位号即为刀具在车床刀架上的位置编号。

② 指定加工方式，可选择内圆加工或外圆加工。

③ 在刀片列表框中选择了所需的刀片后，系统自动给出相匹配的刀杆。

④ 选择刀杆。当刀片和刀杆都选择完毕后，刀具被确定。

（2）刀尖半径修改。

允许操作者修改刀尖半径，刀尖半径范围为0～10mm。

（3）刀具长度修改。

允许修改刀具长度。刀具长度是指从刀尖开始到刀架的距离，刀具长度的范围为60～300mm。

（4）输入钻头直径。

当在刀片中选择钻头时，“钻头直径”一栏变亮，允许输入直径。钻头直径的范围为0～100mm。

（5）删除当前刀具。

当前选中的刀位号中的刀具可通过“删除当前刀具”键删除。

（6）确认选刀。

选择完刀具，完成刀尖半径（钻头直径）、刀具长度的修改后，单击“确认退出”完成选刀。

2．铣床和加工中心选刀

（1）按条件列出工具清单。

① 在“所需刀具直径”输入框内输入直径，如果不把直径作为筛选条件，请输入数字“0”。

② 在“所需刀具类型”选择列表中选择刀具类型。可供选择的刀具类型有平底刀、平底带 R 刀、球头刀、钻头等。

③ 按下“确定”按钮，符合条件的刀具在“可选刀具”列表中显示。

（2）指定序号。

在对话框的下半部中指定序号，如图 13-14 所示。这个序号就是刀库中的刀位号。卧式加工中心允许同时选择 20 把刀具；立式加工中心允许同时选择 24 把刀具；铣床只能放置一把刀。

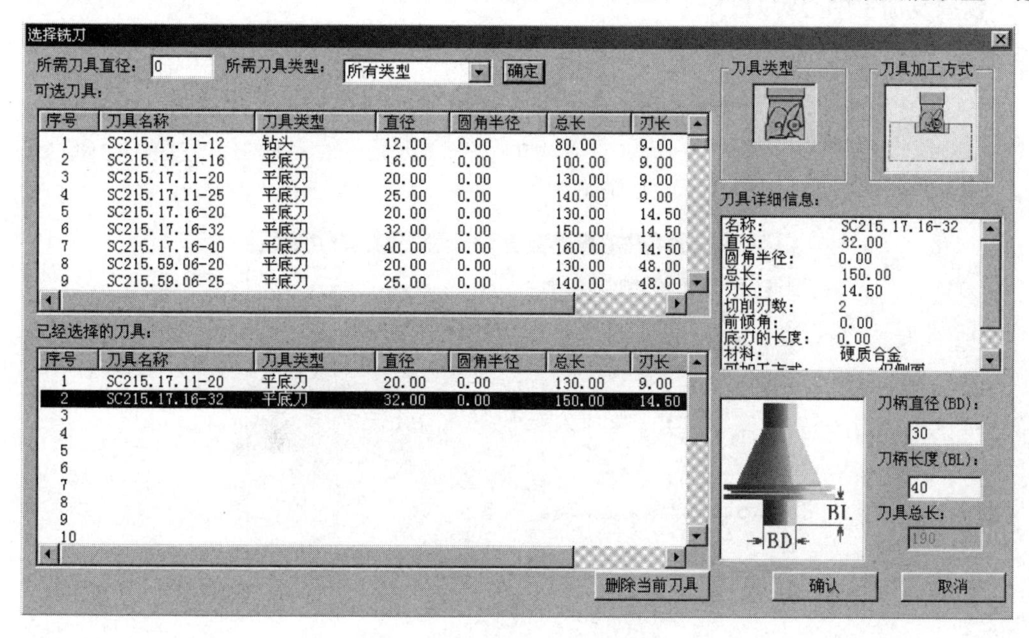

图 13-14 “选择铣刀”对话框

（3）选择需要的刀具。

在加工中心机床上，先单击“已经选择刀具”列表中的刀位号，再单击“可选刀具”列表中所需的刀具，选中的刀具对应显示在“已经选择刀具”列表中选中的刀位号所在行，按下“确定”按钮，完成刀具选择。刀位号最小的刀具被装在主轴上。

（4）输入刀柄参数。

操作者可以按需要输入刀柄参数。参数有直径和长度两个，总长度是刀柄长度与刀具长度之和。

（5）删除当前刀具。

按“删除当前刀具”按钮可删除此时“已选择的刀具”列表中光标所停留的刀具。

（6）确认选刀。

选择完刀具，完成刀尖半径（钻头直径）、刀具长度的修改后，按“确认”按钮，完成选刀。

项目三 实训操作

一、对刀

下面分别具体说明铣床、加工中心、车床对刀的方法。工件右端面中心点（车床）设为工件坐标系原点。

1．铣床及加工中心对刀

（1）*X*、*Y* 轴对刀。

一般铣床及加工中心在 *X*、*Y* 方向对刀时使用的基准工具包括刚性靠棒和寻边器两种。

单击菜单“机床”→“基准工具”，在弹出的“基准工具”对话框中，左边的是刚性靠棒基准工具，右边的是寻边器，如图 13-15 所示。

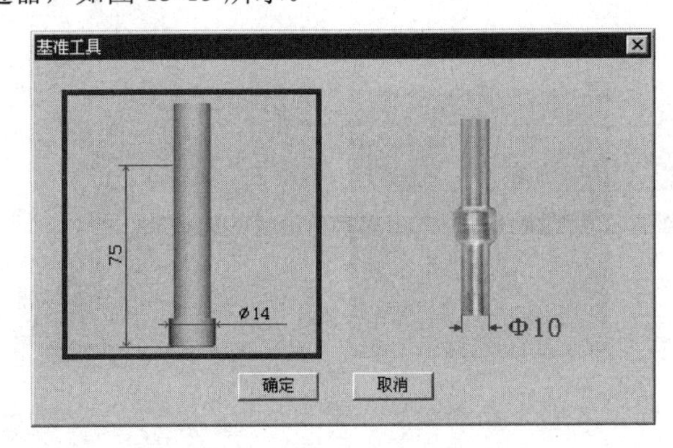

图 13-15 “基准工具”对话框

① 刚性靠棒。

刚性靠棒采用检查塞尺松紧的方式对刀，具体过程如下。

a．*X* 轴方向对刀。

单击操作面板中手动按钮，切换到“手动”方式；借助“视图”菜单中的动态旋转、动态放缩、动态平移等工具，利用操作面板上的按钮 -X +X、-Y +Y、-Z +Z，将机床移动到如图 13-16 所示的大致位置。

移到大致位置后，单击菜单“塞尺检查/1mm”，使操作面板按钮增量亮起，通过调节操作面板上的倍率按钮 x1 x10 x100 x1000 移动靠棒，使得“提示信息”对话框显示“塞尺检查的结果：合适”，如图 13-17 所示。

或采用手轮方式移动机床，单击菜单“塞尺检查”，选择相应的塞尺厚度，单击手轮按钮，显示手轮，选择旋钮和手轮移动量旋钮，调节手轮。使得“提示信息”对话框显示“塞尺检查的结果：合适”。

记下塞尺检查结果为“合适”时 CRT 界面上机床坐标系中 *X* 坐标值，此为基准工具中心的 *X* 坐标，记为 X_1. 将零件的长度记为 a；将塞尺厚度记为σ；将基准工件直径记为 D。则工件上表面中心的 *X* 的坐标为 $X=X_1-a/2-\sigma-D/2$。

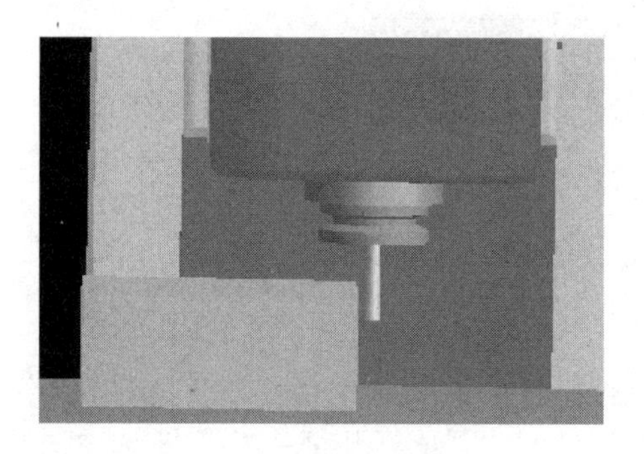

图 13-16　机床移动示意图

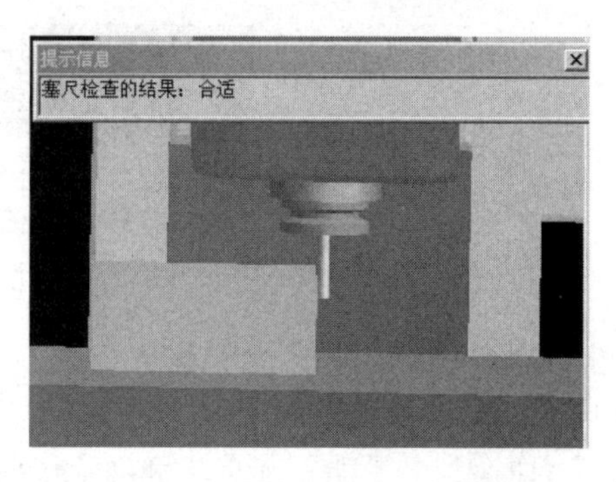

图 13-17　塞尺检查机床位置

b．*Y* 方向对刀。

Y 方向对刀采用与 *X* 轴方向同样的对刀方法。得到工件中心的 *Y* 坐标，记为 *Y*。

完成 *X*，*Y* 方向对刀后，单击菜单“塞尺检查/收回塞尺”将塞尺收回；单击操作面板中的 手动 切换到“手动”方式；利用操作面板上的按钮 +Z，将 *Z* 轴提起，再单击菜单“机床/拆除工具”，拆除基准工具。

② 寻边器。

寻边器由固定端和测量端两部分组成。固定端由刀具夹头夹持在机床主轴上，中心线与主轴轴线重合，在测量时，主轴以 400rpm 的速度旋转。通过手动方式，使寻边器向工件基准面移动、靠近，让测量端接触基准面。在测量端未接触工件时，固定端与测量端的中心线不重合，两者呈偏心状态，如图 13-18 所示。当测量端与工件接触后，偏心距减小，寻边器晃动幅度逐渐减小，直至几乎不晃动。这时使用增量方式或手轮方式微调进给，寻边器继续向工件移动，偏心距逐渐减小。在测量端和固定端的中心线重合的瞬间，如图 13-19 所示，这时主轴中心位置距离工件基准面的距离等于测量端的半径。

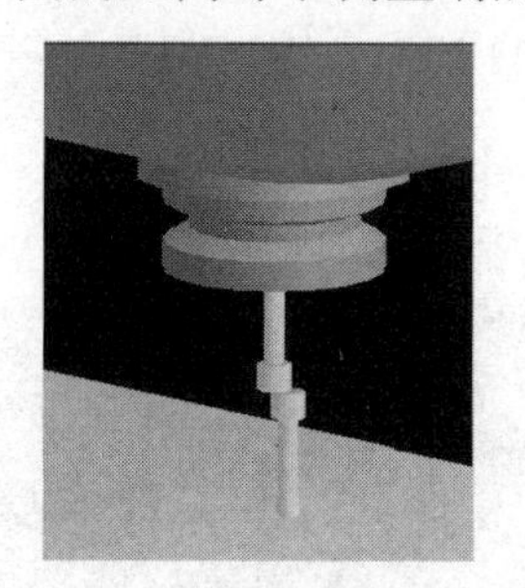

图 13-18　偏心状态

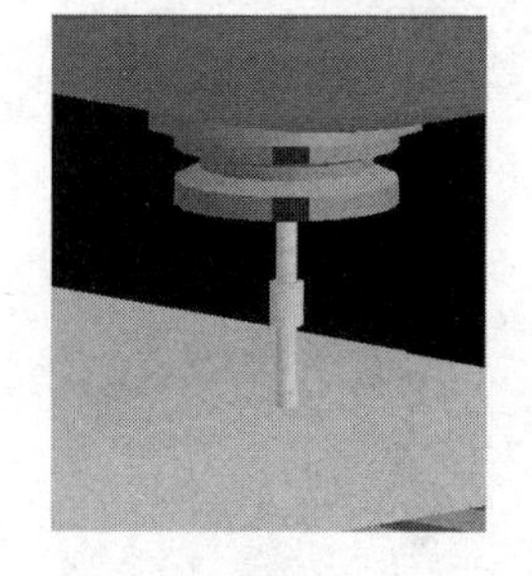

图 13-19　重合状态

记下寻边器与工件恰好吻合时 CRT 界面上机床坐标系中的 *X* 坐标，记为 X_1，零件的长度记为 *a*，基准工件直径记为 *D*。则工件上表面中心 *X* 的坐标为 $X=X_1-a/2-D/2$，*Y* 方向对刀采用同样的方法。

（2）*Z* 轴对刀。

① 塞尺检查法。

单击菜单“机床”→“选择刀具”或单击工具条上的小图标，选择所需刀具。单击操作面板中 手动，切换到“手动”方式。

借助“视图”菜单中的动态旋转、动态放缩、动态平移等工具，利用操作面板上的按钮 -X +X、-Y +Y、-Z +Z，在 *X*，*Y* 方向对刀的方法进行塞尺检查，得到“塞尺检查：合适”时 *Z* 的坐标值，记为 Z_1，如图 13-20 所示，则工件中心的 *Z* 坐标值为：$Z=Z_1-$塞尺厚度。

图 13-20 Z 轴塞尺检查

② 试切法。

单击菜单“机床/选择刀具” 或单击工具条上的小图标，选择所需刀具。单击操作面板中的，切换到“手动”方式，将机床移动到接触工件的位置；打开菜单“视图/选项...”中的“声音开”和“铁屑开”选项，单击操作面板上的或按钮，使主轴转动；单击 +Z 或 -Z 按钮，移动 Z 轴，切削零件的声音刚响起时停止，用铣刀将零件切削小部分，记下此时 Z 的坐标值，记为 Z，此为工件表面一点处 Z 的坐标值。

通过对刀得到的坐标值（X，Y，Z）即为工件坐标系原点在机床坐标系中的坐标值。

2．车床对刀

将工件右端面中心点设为工件坐标系原点，用所选的刀具试切零件的外圆和端面，经过测量和计算得到零件端面中心点的坐标值。

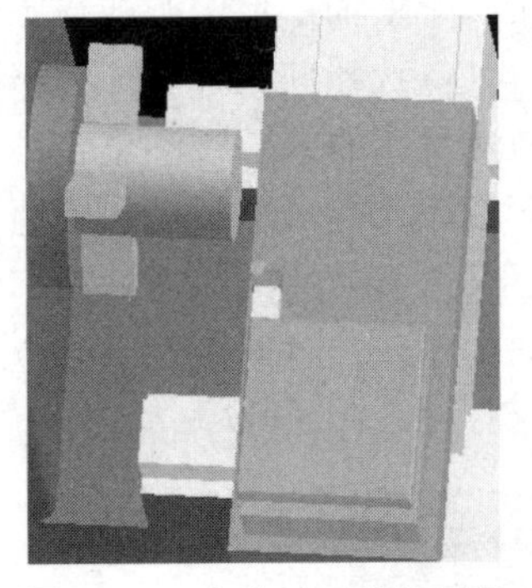

图 13-21 车床对刀移位示意

装好刀具后，单击操作面板中的，切换到“手动”方式；使刀具移动到可切削零件的大致位置，如图 13-21 所示。

（1）X 轴方向的对刀。

单击操作面板上的或按钮，使主轴转动；单击 -Z 按钮，移动 Z 轴，用所选刀具试切工件外圆，如图 13-22 所示。单击操作面板上的，主轴停止转动；单击菜单“测量/剖面图测量”，打开“车床工件测量”对话框，如图 13-23 所示，用游标卡尺测量已加工过的外圆直径，记为 X_D。X 轴不动，单击刀偏表，打开“刀偏表”对话框，如图 13-24 所示，在相应的刀偏号的试切直径框中输入直径 X_D。

图 13-22 试切外圆

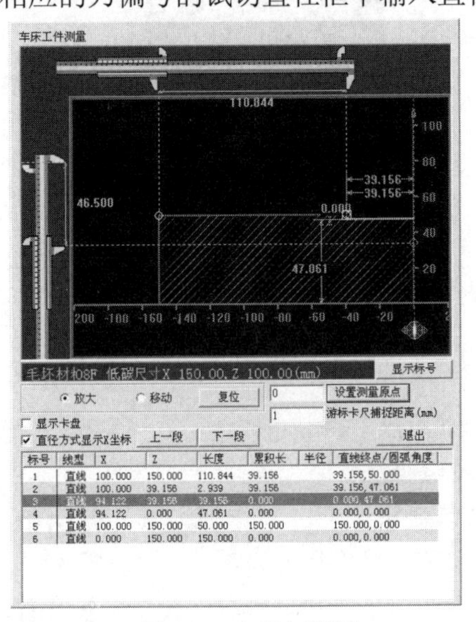

图 13-23 坐标测量

（2）Z 轴方向的对刀。

单击操作面板上的主轴反转或主轴正转按钮，使主轴转动，单击 +Z 按钮，移动 Z 轴，将刀具退回。单击 -X 试切工件端面，如图 13-25 所示。单击主轴停止，主轴停止转动，Z 轴不能动，单击“刀偏表”，打开“刀偏表”对话框，如图 13-24 所示，在相应的刀偏号的试切长度框中输入 0。

刀偏表：

刀偏号	X偏置	Z偏置	X磨损	Z磨损	试切直径	试切长度
#0001	0.000	0.000	0.000	0.000	0.000	0.000
#0002	0.000	0.000	0.000	0.000	0.000	0.000
#0003	0.000	0.000	0.000	0.000	0.000	0.000
#0004	0.000	0.000	0.000	0.000	0.000	0.000
#0005	0.000	0.000	0.000	0.000	0.000	0.000
#0006	0.000	0.000	0.000	0.000	0.000	0.000
#0007	0.000	0.000	0.000	0.000	0.000	0.000
#0008	0.000	0.000	0.000	0.000	0.000	0.000
#0009	0.000	0.000	0.000	0.000	0.000	0.000
#0010	0.000	0.000	0.000	0.000	0.000	0.000
#0011	0.000	0.000	0.000	0.000	0.000	0.000
#0012	0.000	0.000	0.000	0.000	0.000	0.000
#0013	0.000	0.000	0.000	0.000	0.000	0.000

图 13-24　车床刀偏表

图 13-25　试切端面

二、设置参数

1．坐标系参数设置

（1）按软键 MDI F4，进入 MDI 参数设置界面。

（2）在弹出的下级子菜单中单击软键坐标系 F3，进入自动坐标系设置界面，如图 13-26 所示。

（3）按键 PgUp 或 PgDn 选择自动坐标系 G54～G59。

（4）在控制面板的 MDI 键盘上按字母和数字键，输入地址字（X、Y、Z）和通过对刀得到的工件坐标系原点在机床坐标系中的坐标值。设通过对刀得到的工件坐标系原点在机床坐标系中的坐标值为（−150，−120，−280），需采用 G54 编程，则在自动坐标系 G54 下按如下格式输入“X-150Y-120Z-280”。

（5）按 Enter 键，将输入域中的内容输入到指定坐标系中。

2．设置铣床及加工中心刀具补偿参数

在起始界面下按软键 MDI F4，进入 MDI 参数设置界面，此时在弹出的下级子菜单中可见软键刀具表 F2。按该软键进入参数设定页面，如图 13-27 所示，将光标移动到对应刀号的半径栏中，按 Enter 键后，此栏中可以输入字符，根据需要输入刀具半径补偿值。修改完毕，按 Enter 键确认，或按 Esc 键取消。长度补偿参数在刀具表中按需要输入。

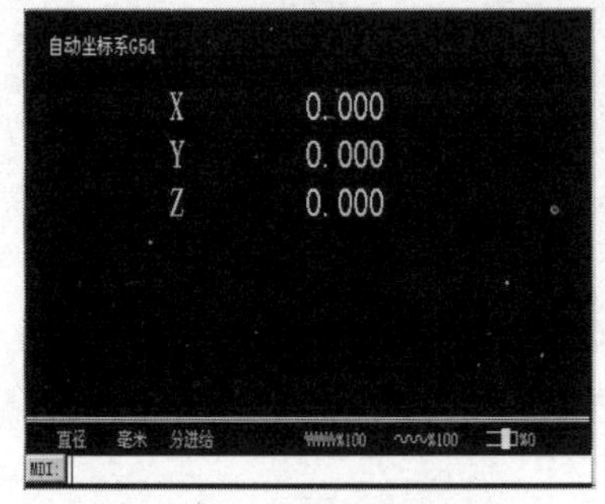

图 13-26　坐标系设置

刀具表：

刀号	组号	长度	半径	寿命	位置
#0000	-1	0.000	0.000	0	-1
#0001	-1	0.000	0.000	0	-1
#0002	-1	0.000	0.000	0	-1
#0003	-1	0.000	0.000	0	-1
#0004	-1	0.000	0.000	0	-1
#0005	-1	0.000	0.000	0	-1
#0006	-1	0.000	0.000	0	-1
#0007	-1	0.000	0.000	0	-1
#0008	-1	0.000	0.000	0	-1
#0009	-1	0.000	0.000	0	-1
#0010	-1	0.000	0.000	0	-1
#0011	-1	0.000	0.000	0	-1
#0012	-1	0.000	0.000	0	-1

直径　毫米　分进给　%100　%100　%0

图 13-27　刀具表

3．设置车床刀具补偿参数

车床的刀具补偿包括在刀偏表中设定的刀具的偏置补偿，磨损量补偿和在刀补表里设定的刀尖半径补偿可在数控程序中调用。

（1）磨损量补偿参数。

在起始界面下按软键 MDI F4，进入 MDI 参数设置界面，按软键 刀偏表 F2 进入参数设定页面；按软键 刀补表 F3 进入参数设定页面，如图 13-28 所示。

刀补表：

刀补号	半径	刀尖方位
#XX00	0.000	0
#XX01	0.000	0
#XX02	0.000	0
#XX03	0.000	0
#XX04	0.000	0
#XX05	0.000	0
#XX06	0.000	0
#XX07	0.000	0
#XX08	0.000	0
#XX09	0.000	0
#XX10	0.000	0
#XX11	0.000	0
#XX12	0.000	0

直径　毫米　分进给　%100　%100　%0

MDI:

图 13-28　刀补参数设置

用光标移动键及翻页键将光标移到对应刀偏号的磨损栏中，按 Enter 键后，此栏可以输入字符，可通过控制面板上的 MDI 键盘输入磨损量补偿值。修改完毕，按 Enter 键确认，或按 Esc 键取消。

（2）刀具半径补偿参数。

刀具半径补偿的输入方法和磨损量补偿参数输入方法基本一致，但要注意刀位方向。

车床中刀尖共有九个方位，如图 13-29 所示。数控程序中调用刀具补偿命令时，需在刀补表中设定所选刀具的刀尖方位参数值。刀尖方位参数值根据所选刀具的刀尖方位参照图示得到，输入方法同输入刀尖半径补偿参数类似。

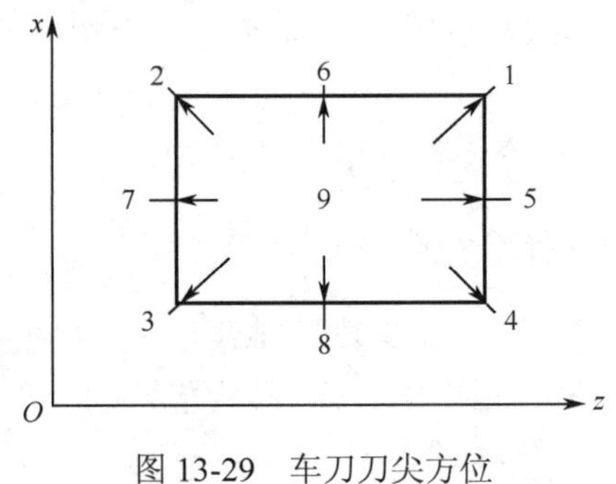

图 13-29　车刀刀尖方位

三、程序准备

1．新建程序

若要创建一个新的程序，则在“选择编辑程序”的菜单中选择“磁盘程序”命令，在文件名栏输入新程序名，按 Enter 键即可，此时 CRT 界面上显示一个空文件，可通过 MDI 键盘输入所需的程序。

2．编辑程序

（1）选择磁盘程序。

按软键，根据弹出的菜单按软键 F1，选择“显示模式”，根据弹出的下一级子菜单再按软键 F1，选择“正文”，按软键，进入程序编辑状态。在弹出的下级子菜单中，按软键，弹出菜单“磁盘程序；当前通道正在加工的程序”，按软键 F1 或用方位键将光标移到“磁盘程序”上，再按键确认，则选择了“磁盘程序”，弹出如图 13-30 所示的对话框。

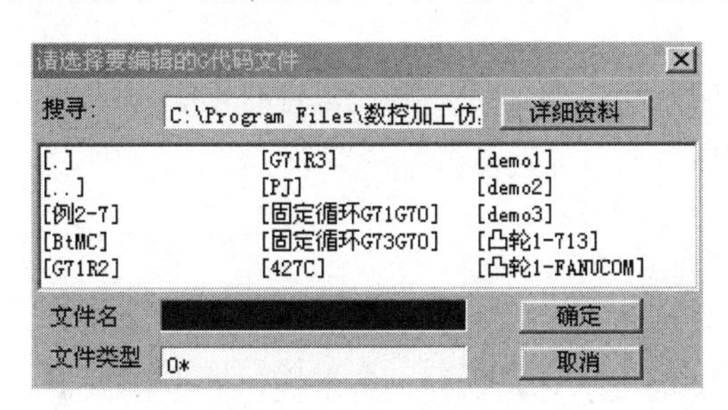

图 13-30　磁盘程序选择

单击控制面板上的按钮，使光标在各文本框间切换。光标停留在“文件类型”文本框中，单击光标下移键，可在弹出的下拉列表框中通过光标上、下移动键选择所需的文件类型；光标停留在“搜寻”文本框中，单击光标下移键，可在弹出的下拉列表框中通过光标上、下移动键选择所需搜寻的磁盘范围，此时文件名列表框中显示所有符合磁盘范围和文件类型的文件名；光标聚焦在文件名列表框中时，可通过选定所需程序，再按键确认所选程序。

（2）选择当前正在加工的程序。

按照选择磁盘程序的操作步骤，当弹出菜单“磁盘程序；当前通道正在加工的程序”时，按软键 F2 或用上下方位键将光标移到“当前通道正在加工的程序”上，再单击“确认”按钮，则选择了“当前通道正在加工的程序”，此时 CRT 界面上显示当前正在加工的程序。

3．保存程序

编辑好的程序需要进行保存或另存为操作，以便再次调用。

四、程序运行

1．程序校验

单击控制面板上的或按钮，进入自动加工模式。在自动加工模式下，选择了一个数控程序后，单击控制面板上的软键。此时单击操作面板上的按钮，即可观察程序的运行轨迹，还可通过“视图”菜单中的动态旋转、动态放缩、动态平移等方式对运行轨迹进行全方位的动态观察。

2．单段运行

单击控制面板上的按钮，进入单段加工模式。

3．自动运行

单击控制面板上的自动按钮，进入自动加工模式。

4．中断运行

按软键停止运行 F7，循环启动可使数控程序暂停运行。

5．急停

按下急停按钮，数控程序中断运行，继续运行时，先将急停按钮松开，再按循环启动按钮，余下的数控程序从中断行开始作为一个独立的程序执行。

五、查看轨迹

检查控制面板上的自动或单段指示灯是否亮，若未亮，单击自动或单段按钮，使其指示灯变亮，进入自动加工模式。

在自动加工模式下，选择了一个数控程序后，程序校验 F3软键变亮，单击控制面板上的程序校验 F3软键。

此时单击操作面板上的运行控制按钮循环启动，即可观察程序的运行轨迹，还可通过“视图”菜单中的动态旋转、动态放缩、动态平移等方式对运行轨迹进行全方位的动态观察。

【课后思考】

（1）论述先进制造技术及其主要特点。

（2）叙述先进制造工艺技术的发展方向。

（3）假设工件坐标系原点在长方体毛坯上表面左下角、左上角、右上角、右下角，分别考虑如何在数控仿真系统的数控铣床上对刀。

（4）简述数控仿真系统数控车床的对刀操作步骤。

（5）根据如图 13-31 所示的零件设计工艺路线、编写加工程序，在仿真系统上完成零件的加工。

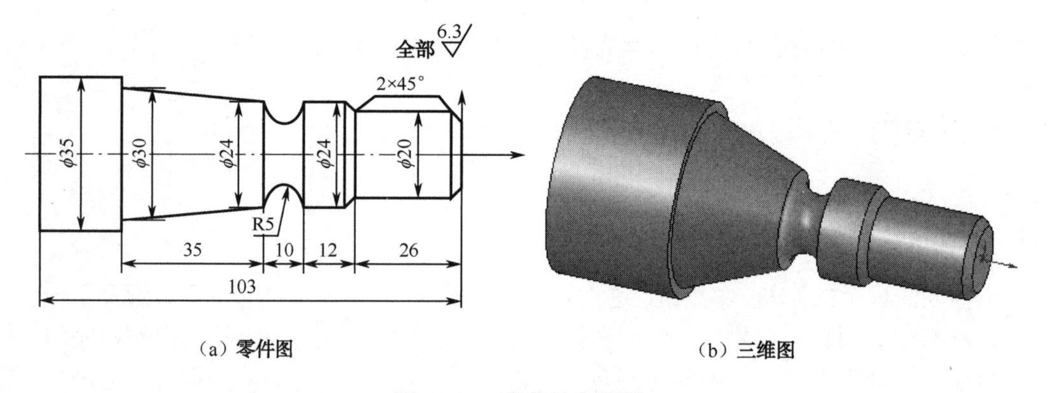

（a）零件图　　（b）三维图

图 13-31　零件及实体图

（6）根据如图 13-32 所示的零件设计工艺路线、编写加工程序，在仿真系统上完成零件的加工。

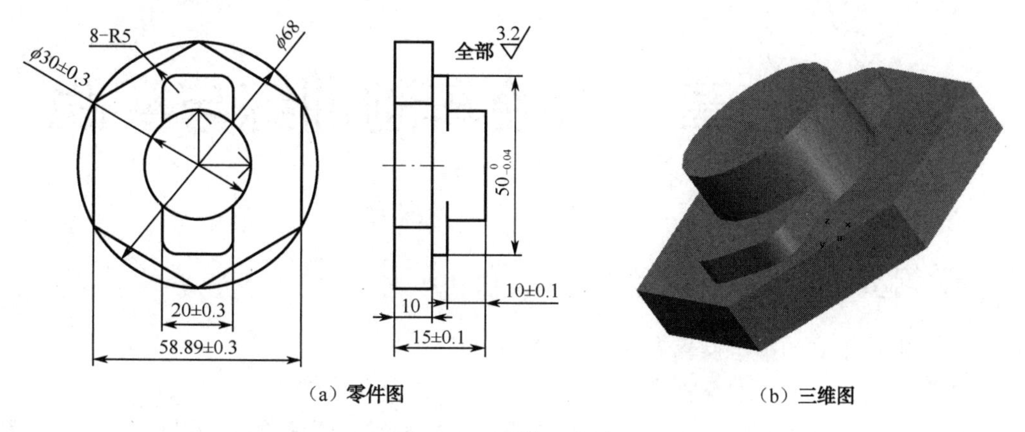

（a）零件图　　（b）三维图

图 13-32　零件及实体图

第14章 数控车削训练与实践

学习要点

（1）掌握数控车床的基本操作方法及步骤；

（2）掌握常用数控车床的编程指令；

（3）能够正确制定数控车削加工工艺并能正确选择和确定工艺路线、刀具、夹具、切削用量、量具；

（4）能够编制典型零件的数控程序，完成数控加工；

（5）了解数控车削技术新发展。

学习案例

编制图14-1所示工件的数控加工程序，要求切断，1#为外圆刀，2#为切槽刀，3#为缧纹刀，切槽刀宽度为4mm，毛坯直径为42mm。

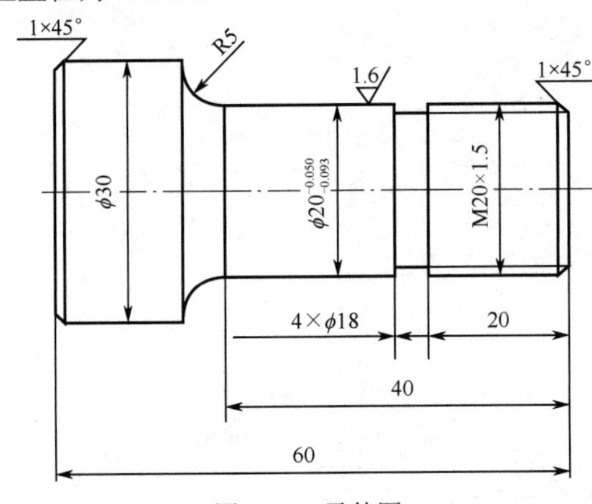

图14-1 零件图

任务分析

（1）首先根据图纸要求，按先主后次的加工原则确定工艺路线；

（2）选择刀具、对刀、确定工件原点；

（3）确定切削用量；

（4）编制加工程序。

相关知识

项目一　数控车削基本知识；
项目二　数控车削加工工艺；
项目三　数控车削新技术。

知识链接

项目一　数控车削基本知识

【知识准备】

数控车床是一种自动化程度高、结构复杂的先进加工设备。与普通车床相比，不但能加工各种回转表面（内、外圆柱面、圆锥面、成型回转表面及螺纹面），还可加工高精度的曲面与端面螺纹。其加工零件的尺寸精度可达 IT5～IT6，表面粗糙度可达 1.6μm 以下。

一、数控车床的组成及工作原理

数控车床由数控加工程序、输入装置、数控系统、伺服系统、辅助控制装置、检测反馈装置和车床本体等组成，其组成框图如图 14-2 所示。

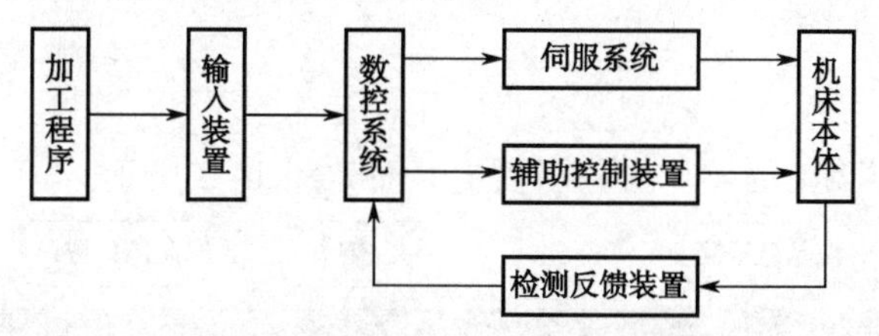

图 14-2　数控车床的组成框图

采用数控车床加工零件时，只需将零件图形和工艺参数、加工步骤等以数字信息的形式编成零件加工程序。然后将编好的数控程序输入到车床数控系统中，再由其进行运算处理后转化成驱动伺服机构的指令信号，从而控制车床主运动的变速、启动，进给运动的方向、速度和位移大小，以及换刀、工件的夹紧松开和切削液的开关等动作，自动地加工出形状、尺寸和精度符合要求的零件。

二、数控车床的分类

随着数控技术的不断发展，数控车床的品种和数量也越来越多，其分类如表 14-1 所示。

表 14-1　数控车床的分类

分类方法		结构特点	功能特点
按主轴位置	立式数控车床	车床主轴垂直于水平圆形工作台	用于加工径向尺寸大、轴向尺寸小的大型零件
	卧式数控车床	车床主轴水平，有导轨水平和导轨倾斜两种	倾斜导轨结构车床刚性大，并易于排除切屑
按刀架数量	单刀架数控车床	四工位立式刀架或多工位转塔式刀架	—
	双刀架数控车床	双刀架配置平行或相互垂直	—
按功能分类	经济型数控车床	采用步进电动机和单片机对进给系统进行控制	自动化程度和功能差，车削精度不高
	普通数控车床	结构上配有通用数控系统	可同时控制 X 轴和 Z 轴，自动化程度和加工精度高
	车削加工中心	增加了 C 轴和动力头，可控制 X、Z 和 C 三个坐标轴	除一般车削外，还可进行径向和轴向铣削、曲面铣削、中心线不在零件加转中心的孔和径向孔的钻削等加工
按加工零件类型分类	卡盘式数控车床	无尾座，夹紧多为电动或液压	适合车削盘类零件
	顶尖式数控车床	配普通尾座或数控尾座	适合车削较长的零件及直径不太大的盘类零件

【课堂训练】

华中世纪星 HNC-21T 数控系统是目前实习培训常用的数控系统。本书以 CJK6150H 数控车床为例，熟悉数控车床操作面板上各功能键的作用。

训练任务 1　熟练掌握 HNC-21T 系统面板的组成

1．控制面板

华中数控系统 HNC-21T 的操作控制面板主界面如图 14-3 所示。

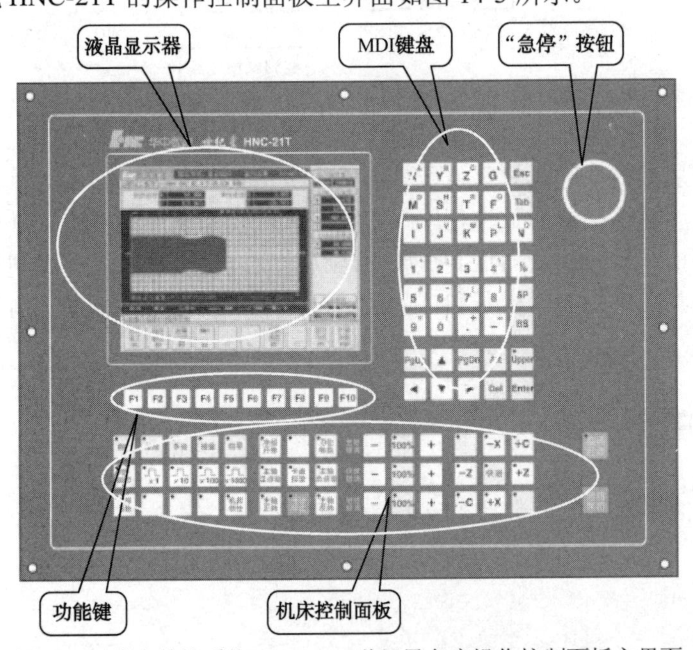

图 14-3　华中数控系统 HNC-21T 世纪星车床操作控制面板主界面

2．MPG 手持单元

图 14-4　MPG 手持单元

MPG 手持单元由手摇脉冲发生器、坐标轴选择开关组成，用手摇方式增量进给坐标轴，其结构如图 14-4 所示。

3．操作界面

主界面上的显示屏幕如图 14-5 所示，具体功能如下。

① 显示窗口，可以通过 F9 键来选择显示内容。
② 菜单命令行，可以通过对应的 F1～F10 键选择系统功能。
③ 运行程序索引，可以显示当前正在运行的程序名和程序段号。
④ 选定坐标系下的坐标值。
⑤ 工件坐标零点在机床坐标系下的坐标。
⑥ 辅助机能，自动加工中的 M、S、T 代码。
⑦ 当前加工程序行。
⑧ 当前加工方式、系统运行状态、当前时间。
⑨ 机床坐标、剩余进给。
⑩ 直径/半径编程、公制/英制编程、每分钟进给/每转进给、快速修调/进给修调/主轴修调。

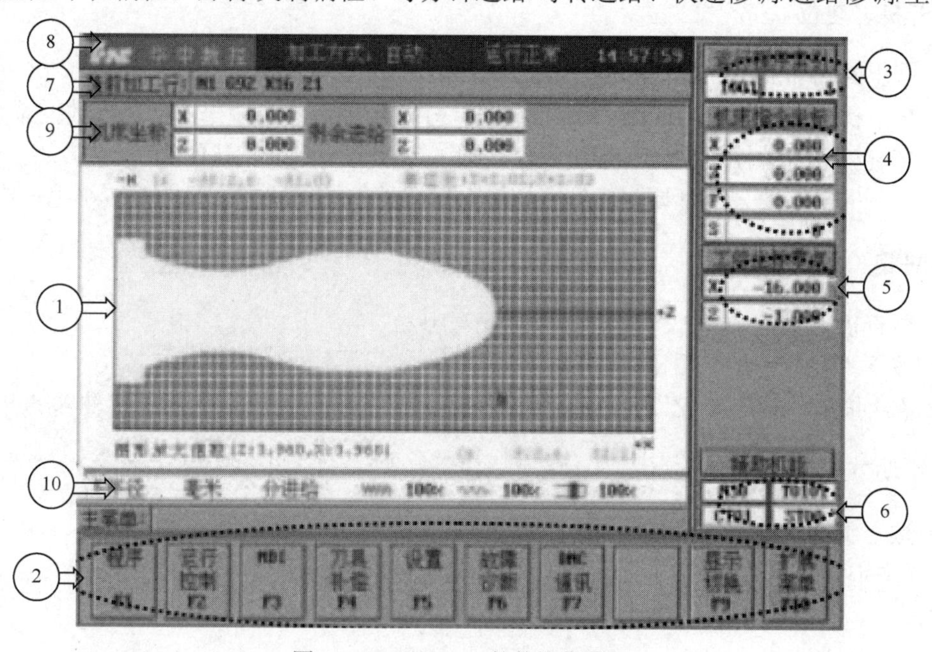

图 14-5　HNC-21T 软件操作界面

训练任务 2　华中 HNC-21T 数控系统的主要功能

1．工作状态的选择与切换

（1）数控系统的工作状态在自动、单段、回零、增量、急停、复位之间切换。
（2）运行状态有正常和出错两种显示状态。

（3）主菜单命令行和子菜单间的转换操作可以通过对应的 F1～F10 键选择输入程序、编辑程序、对刀、修改刀补参数、坐标系的设定、修改机床参数等对应的系统功能菜单。

2．MDI 输入和编辑键盘区

标准化的字母和数字键及编辑键盘中，大部分键具有上挡功能键。使用上挡“UPPER”键进行切换。“DEL”键为退格键，用于删除光标前的字符；“BS”用于删除光标后的字符。

3．机床控制按键区

主要用于各种手动操作，如手动控制各移动轴、倍率修调、锁住机床和工作状态功能选择，通常在机床开机返回参考点和首件试切对刀时使用。

4．机床急停按钮

当机床运行中出现紧急状况，需要紧急停机时，应按下急停按钮，避免重大事故的发生。

训练任务 3　华中 HNC-21T 型 CJK6150H 数控车床的基本操作

1．开机、复位

（1）合上断路器到“ON”的位置。
（2）按下操作面板右侧 NC 的“ON”按钮，打开数控系统系统电源，进入数控系统界面。
（3）右旋松开“急停”按钮，系统复位，加工方式显示系统默认的“手动”。
注：开、关机操作之前都要先确保“急停”按钮处于按下状态，目的是减小电冲击。

2．回零（回参考点）

（1）检查机床坐标系的 X、Z 坐标值要小于-100；
（2）按下“回参考点”按钮；
（3）依次按下“+X”、“+Z”键，刀架移动回到机床参考点，“+X”和“+Z”键零点指示灯亮。

3．手动方式

（1）按“手动”键，指示灯亮；
（2）先按住“-X”，使机床坐标 X 移至-100 位置左右；再按住“-Z”，使机床坐标 Z 移至-200 位置左右。

4．对刀

具体对刀过程见下节。

5．退刀

以手动方式或增量方式使刀具处于安全位置（距离工件 120mm）。

6．编辑、校验程序

（1）主菜单→程序→编辑程序→新建程序→输入文件名：O2014→Enter。

（2）输入完毕→保存→Enter。
（3）显示切换（F9→图像页）。
（4）手动→机床锁住→程序校验（F5）→自动→循环启动（观察刀具切削轨迹）。
【课后思考】
（1）HNC-21/22T 华中世纪星车床数控装置操作面板由哪几部分组成？
（2）试述启动、关闭数控车床的步骤。

项目二　数控车削加工工艺

【知识准备】

一、加工工艺的确定

1．确定装夹方式

工件正确安装可使工件在整个切削过程中保证工件的加工质量和生产效率。外圆加工时，由于所有加工表面都位于零件的外表面上，加工中将产生较大的切削力。如果车削外圆时主切削力的方向与工件轴线不重合，将影响工件加工质量的稳定性。

2．刀具的选择

参考第 7 章。

3．切削用量选择

数控车床加工中的切削用量是表示车床主运动和进给运动速度的重要参数，包括背吃刀量、切削速度和进给量。切削用量的选择原则是：在保证工件的加工精度与表面粗糙度的前提下，充分发挥刀具的切削性能和车床的性能，最大限度地提高生产率，降低成本。
在生产实际中，切削用量一般根据经验并通过查表的方式选取。

二、工件坐标系

1．工件坐标系的建立

数控车床坐标系的建立保证刀具在车床上的正确运动。但是，加工程序通常是根据工件图针对某一工件进行编制的。因此，工件坐标系是编程人员在编程时使用的。选用工件上已知点为原点（也称程序原点）建立的坐标系称为工件坐标系。

2．工件坐标系原点

工件坐标系原点是根据加工工件的图样及加工工艺要求选定的工件上的某一点。工件坐标系中各轴的方向应该与所使用的数控车床相应的坐标轴方向一致，如图 14-6 所示。
工件坐标系原点的选择要尽量满足编程简单、尺寸换算少、引起的加工误差小等要求，一般选在设计基准或定位基准上。对数控车床而言，工件坐标系原点一般选在工件轴线与右端面或左端面的交点上。

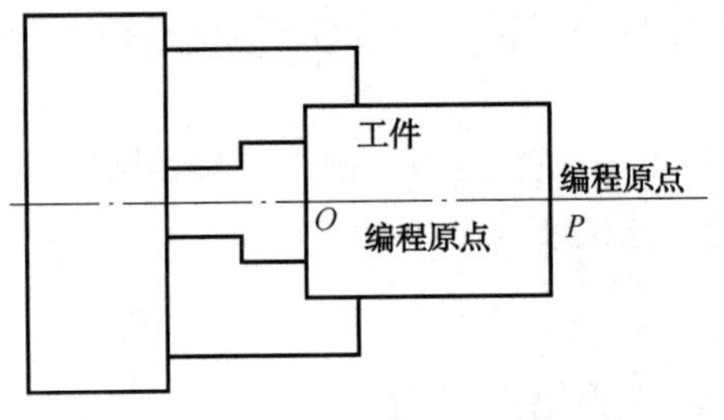

图 14-6　工件坐标系原点

三、编程基本指令

对于数控车床来说，采用不同的数控系统，其编程方法也不尽相同。这里以华中系统的代码来说明。

1．快速定位 G00

指令格式：G00 X（U）__ Z（W）__；其中 X（U）、Z（W）为指定的坐标值。

G00 一般用于加工前快速定位或加工后快速退刀。快移速度可由面板上的快速修调按钮修正。在执行 G00 指令时，由于各轴以各自的速度移动，不能保证各轴同时到达终点，因而联动直线轴的合成轨迹不一定是直线。操作者必须格外小心，以免刀具与工件发生碰撞。常见的做法是，将 *X* 轴移动到安全位置，再放心地执行 G00 指令。

2．直线插补 G01

指令格式为：G01　X（U）___Z（W）___F___；其中，X、Z 表示目标点绝对值坐标；U、W 表示目标点相对前一点的增量坐标，F 表示合成进给速度。

G01 指令刀具以联动的方式按 F 规定的合成进给速度，从当前位置按线性路线（联动直线轴的合成轨迹为直线）移动到程序段指令的终点。

3．圆弧进给 G02/G03

格式：G02X（U）_Z（W）_I_K_F；

说明：G02/G03 指令刀具按顺时针/逆时针进行圆弧加工。圆弧插补 G02/G03 的判断，是在加工平面内，根据其插补时的旋转方向为顺时针/逆时针来区分的。加工平面为观察者迎着 *Y* 轴的正向所面对的平面。

G02：顺时针圆弧插补。

G03：逆时针圆弧插补。

X、Z：为绝对编程时，圆弧终点在工件坐标系中的坐标。

U、W：为增量编程时，圆弧终点相对于圆弧起点的位移量。

I、K：圆心相对于圆弧起点的增加量（等于圆心的坐标减去圆弧起点的坐标，在绝对、增量编程时都以增量方式指定，在直径、半径编程时 I 都是半径值。

R：圆弧半径。

F：被编程的两个轴的合成进给速度。

4．螺纹切削 G82

格式：G82 X（U）__Z（W）__ F__；
说明：
X、Z 为绝对编程时，有效螺纹终点在工件坐标系中的坐标；
U、W 为增量编程时，有效螺纹终点相对于螺纹切削起点的位移量；
F 为螺纹导程，即主轴每转一圈，刀具相对于工件的进给值；
① 从螺纹粗加工到精加工，主轴的转速必须保持一常数。
② 在没有停止主轴的情况下，停止螺纹的切削非常危险；因此螺纹切削时进给保持功能无效，如果按下进给保持按键，刀具在加工完螺纹后停止运动。
③ 在螺纹加工中不使用恒定线速度控制功能。
④ 在螺纹加工轨迹中应设置足够的升速进刀段δ和降速退刀段δ'，以消除伺服滞后造成的螺距误差。

5．内（外）径切削循环 G80

圆柱面内（外）径切削循环　格式：G80 X__Z__F__；
说明如下。X、Z：绝对值编程时，为切削终点在工件坐标系下的坐标；增量值编程时，为切削终点相对于循环起点的有向距离。

6．端平面切削循环 G81

格式：G81 X__Z__F;
说明如下。X、Z：绝对值编程时，为切削终点在工件坐标系下的坐标；增量值编程时，为切削终点相对于循环起点的有向距离。

7．螺纹切削循环 G82

格式：G82 X（U）__Z（W）__F__；
说明如下。X、Z：绝对值编程时，为螺纹终点在工件坐标系下的坐标；增量值编程时，为螺纹终点相对于循环起点的有向距离。
F：螺纹导程。

四、试切法对刀

对刀是数控加工中比较复杂的工艺准备工作之一。对刀的精度将直接影响加工工件的尺寸。对刀是指在某一坐标系下，对不同刀具的刀位点经过测量和计算后，得到刀偏值，并将其值按刀号分别输入到刀偏表中，从而确定各刀位点与工件的相对位置、完成刀具的几何偏置补偿的过程。

1．刀位点

刀位点是指加工程序编制中，用以表示刀具位置的特征点，也是对刀和加工的基准点，如图 14-7 所示。

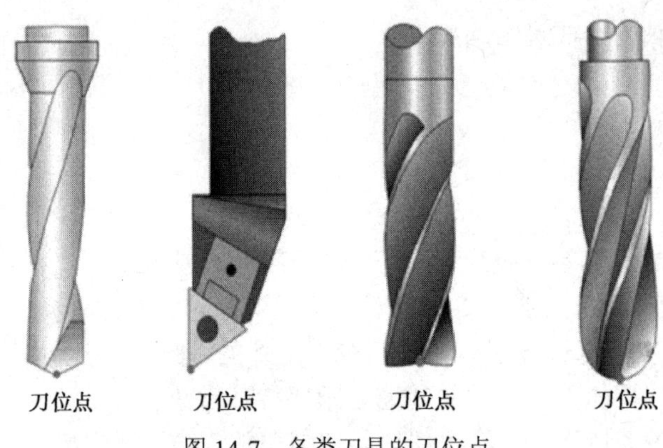

图 14-7 各类刀具的刀位点

目前，常用的机夹可转位刀片的刀尖都有过渡圆弧，所以数控编程时要考虑刀尖圆弧对工件加工的影响。

2. 刀偏值与刀具补偿功能

数控车削中，数控系统精确控制刀尖按程序给定的轨迹加工零件轮廓，由于加工一个零件时往往需要几把不同的刀具，而每一把刀具的形状、尺寸及在刀架上的位置是不同的，所以，数控系统实际上控制的是刀架上的某一固定点，此点常称为刀架参考点。因此，刀架上各把刀具的刀位点相对于刀架参考点的 X 轴和 Z 轴方向的尺寸称为刀偏值。

为了消除刀偏值造成的加工轮廓的误差，数控系统提供了刀具补偿功能。刀具补偿功能就是补偿刀具实际位置与理想位置之间的差距。它是数控车床的一种主要功能，分为刀具几何偏置补偿和刀具磨损偏置补偿。刀具几何偏置补偿通过对刀完成。

3. 对刀方法

对刀的方法有试切法对刀、光学对刀、机外对刀仪对刀、自动对刀。其中，试切法对刀是目前大多数经济型数控车床采用的对刀方式。

试切法对刀是指在数控车床上通过“试切-测量-输入”确定刀偏值的方法。试切法对刀步骤如下。

（1）安装工件及刀具。用三爪自定心卡盘装夹工件外圆，工件伸出卡盘一定距离，将 90°的外圆偏刀装在 1 号刀位。

（2）设立工件坐标系。工件的坐标系设置在工件右端面中心。

（3）车床必须回参考点，建立车床参考点。

（4）X 向对刀。在手动状态下，启动主轴，用 1 号外圆车刀试切一段外圆，按“-Z”键，$a_p \approx 0.2$mm，纵向进给车削工件 10mm。

（5）X 向不动，沿+Z 向退出，离开工件端面 100mm，停止主轴。测量试切外圆直径，如 d=28.10mm。

按“刀具补偿 F4”键，进入二级菜单后，再按“刀偏表 F1”键进入刀偏表界面。

（6）使用“光标”键将其蓝色亮条移动到#0001 号刀具设置行的“试切直径处”，按“Enter”键，手工在刀偏表界面所示屏幕中“试切直径”栏输入“28.10”，再按“Enter”键确认。这样，X 向偏置就设置好了。

（7）Z 向对刀。启动主轴，用 1 号刀手动试切工件的端面，$a_p \approx 0.2$mm，然后沿+X 轴方向退刀，离开外圆 50mm，停止主轴。

（8）使用“光标”键将其蓝色亮条移动到#0001 号刀具设置行的“试切长度处”，按“Enter”键，手工在刀偏表界面所示屏幕中“试切长度”栏输入“0”，再按“Enter”键确认。这样，*Z* 向偏置就设置好了。

其余刀具对刀可重复以上步骤。

【课后思考】

（1）简述刀具补偿的作用及补偿的方法。

（2）在 CJK6150 数控车床上加工工件，工件的材料为 45 钢，刀具的材料为硬质合金，当背吃刀量为 1.5mm，选取主轴转速的范围为多少？

任务实施

※STEP 1　确定工艺路线。

① 加工外圆与端面。

② 切槽。

③ 车螺纹。

④ 切断。

※STEP 2　选择刀具，对刀，确定工件原点。

根据加工要求需选用 3 把刀具，T01 号刀车外圆与端面，T02 号刀切槽，T03 号刀车螺纹。用碰刀法对刀以确定工件原点，此例中工件原点位于最右面。

※STEP 3　确定切削用量。

主轴转速为 800rpm，粗车进给量为 0.2mm/r，精车进给量为 0.1mm/r。

※STEP 4　编制加工程序。

```
00001
%1
G90 G95 T0101
M03 S800
G00 X100 Z150
G00 X47 Z5
G81 X0 Z0 F0.2
G80 X37 Z-64 F0.2
G80 X31 Z-64
G80 X26 Z-42.5 F0.2
G80 X21 Z-40 F0.2
G01 X16 Z1.0
G01 X19.8 Z-1
Z-24
X19.93
G01 Z-40
G02 X30 Z-45 R5
G01 Z-64.0
G00 X100 Z150
T0202
```

```
G00 X25 Z-24
G81 X18 Z-24 F0.1
G00 X100
Z150
T0303
G00 X25 Z4
G82 X19.2 Z-22 F1.5
G82 X18.6 Z-22 F1.5
G82 X18.2 Z-22 F1.5
G82 X18.05 Z-22 F1.5
G00 X100 Z150
T0202
G00 X46 Z-64
G81 X2.0 F0.1
G00 X100
Z150
M05
M30
```

项目三　数控车削新技术

知识拓展

数控机床（CNC）正朝着高速、高效和高精度的方向发展，为提高市场竞争力，各国机床制造商在数控机床的设计制造中采用了许多新技术。

1．网络制造系统

最近几年，网络技术已成为CNC机床加工中的主要通信手段和控制工具，势必形成一整套先进的网络制造系统。例如，通过开放式CNC系统，使用遥控诊断系统，机床在加工中若出现问题，可自动向设计部门发出信息，使问题得到及时解决。在机床CNC系统中自动存储、迅速处理的大量加工信息，可通过网络进行实时传输、交换，包括设计数据、图形文件、工艺资料、加工状态等，大大提高了生产效率。目前用得最多的还是通过网络改善服务，给用户以有力的技术支持等。

2．开放式CNC系统

采用开放式CNC系统，能大大提高机床的实时数据交换能力、实时响应能力和多任务并列处理能力等。日立精机机床公司开发的名为万能用户接口的开放式CNC系统，能将机床CNC操作系统软件与因特网连接，两者进行信息交换。

3．高效冷却系统

对于进行高速切削的CNC机床，各轴要在f=60m/min的进给速度下进行切削，这就会使采用滚珠丝杠的 CNC 机床在加工中产生高温，严重影响零件的尺寸精度和机床的定位精度。由日立精机公司开发的滚珠丝杠冷却器，通过在中空的滚珠丝杠中传输冷却液来降温，达到冷却丝杠和稳定加工尺寸的目的。Makino 公司开发的电子冷却器控制系统，可监控滚珠丝杠因摩擦等产生的温升，使滚珠丝杠温度保持在允许范围内。除对滚珠丝杠进行冷却外，对高速旋转的主轴的温升也要严格控制。Yamazen 公司将压力为 p=6.89MPa 的冷却液通过主轴中心孔对机床主轴、刀具及加工零件进行冷却。它不但能保证工件、刀具不受温升的影响，延长刀具使用寿命，还能使切屑顺利排出，净化加工环境。为了避免导轨受温升的影响，日立公司与轴承制造商联合开发出牌号为 Eco-Eco 的导轨润滑脂，具有冷却和润滑效果好、无有害物质、能进行自动润滑及不需要专用设备等优点。许多厂家使用证明，它具有良好的使用效果和经济效益。

4．多功能加工系统

一个零件在一台机床上完成全部加工工序是制造技术进步的必然趋势。最新开发的车床都具有类似于加工中心上的 4～5 轴加工功能及大功率、多功能 B 轴加工系统和自动换刀装置，使车床与加工中心之间的区别日渐减少，成为多功能加工机床。多功能加工机床的产生是 CNC 机床技术进步的标志之一。

第15章 数铣及加工中心训练与实践

学习要点

（1）数控铣削基本知识；
（2）数控铣削加工工艺知识；
（3）数控铣削程序的编制；
（4）数控铣削产品加工；
（5）数控铣削技术的发展。

学习案例

（1）数控铣床的基本知识；
（2）数控加工中心的基本知识；
（3）数控铣削加工工艺分析；
（4）数控铣削产品编程及加工。

任务分析

（1）了解数控铣床及加工中心的结构组成和功能；
（2）掌握数控铣床及加工中心的操作方法；
（3）掌握数控铣削程序的编制方法；
（4）学会简单零件的数控铣削加工。

相关知识

项目一 数控铣削基本知识；
项目二 数控铣床及加工中心操作；
项目三 数控铣削编程、工艺及加工；
项目四 数控铣削技术发展。

知识链接

项目一　数控铣削基本知识

【知识准备】

一、数控铣床的分类

1．按主轴的位置分类

（1）立式数控铣床。

主轴轴线垂直于水平面，如图 15-1 所示。该类机床是数控铣床中最常见的一种布局形式，应用范围最广泛，其中以三轴联动铣床居多，主要用于水平面内的型面加工，增加数控分度头后，可在圆柱表面上加工曲线沟槽。

（2）卧式数控铣床。

主轴线平行于水平面，如图 15-2 所示。该类机床主要用于垂直平面内的各种上型面加工。配置万能数控转盘后，可实现四轴或五轴加工，可以对工件侧面上的连续回转轮廓进行加工，并能在一次安装后加工箱体类零件的四个表面。

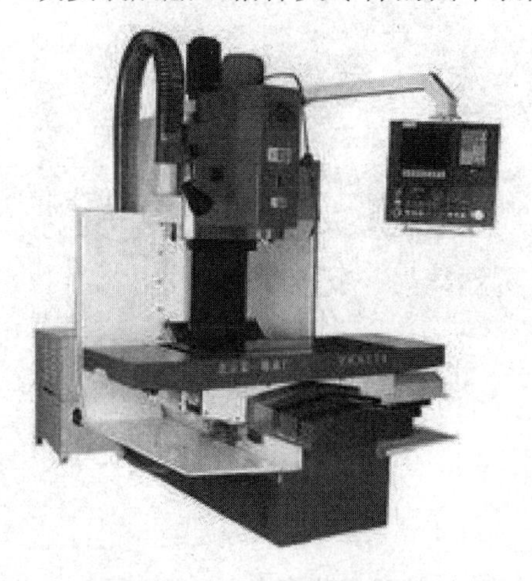

图 15-1　立式数控铣床

图 15-2　卧式数控铣床

（3）立卧两用数控铣床。

主轴轴线方向可以变换，既可以进行立式加工，又可以进行卧式加工，范围更大，功能更强，如图 15-3 所示。

2．按构造分类

（1）工作台升降式数控铣床。

这类数控铣床采用工作台移动、升降而主轴不动的方式，如图 15-4 所示。小型数控铣床一般采用此方式。

图 15-3　立卧两用数控铣床

图 15-4　工作台升降式数控铣床

（2）主轴头升降式数控铣床。

这类数控铣床采用工作台纵向和横向移动，且主轴箱沿立柱上的导轨上下运动，如图 15-5 所示。主轴头升降式数控铣床在精度保持、承载质量、系统构成等方面具有很多优点，已成为数控铣床的主流。

（3）龙门式数控铣床。

这类数控铣床主轴可以在龙门架的横向与竖向溜板上运动，而龙门架则沿床身做纵向运动，如图 15-6 所示。

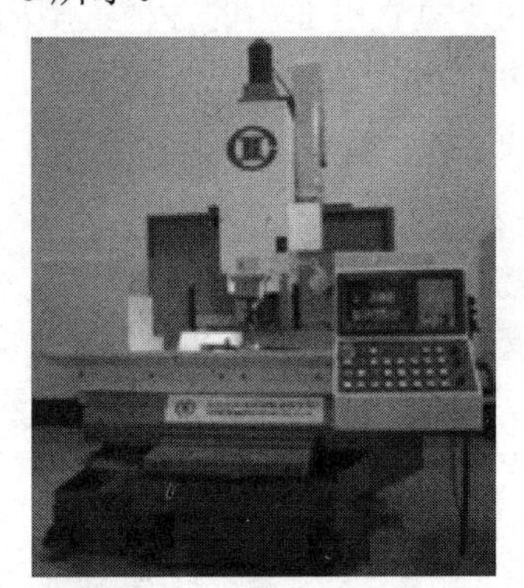

图 15-5　主轴头升降式数控铣床

图 15-6　龙门式数控铣床

3．按数控系统的功能分类

（1）简易型数控铣床。

是在普通铣床的基础上，对机床的机械传动结构进行简单的改造，并增加简易数控系统后形成的。这种数控铣床成本较低，自动化程度和功能都较差，一般只有 *X*、*Y* 两坐标联动功能，加工精度也不高，一般应用在加工平面曲线类零件和平面型腔类零件。

（2）普通数控铣床。

该类机床可以三坐标联动。用于各类复杂的平面、曲面和壳体类零件的加工，如各种模具、样板、凸轮和连杆的加工等。

（3）数控仿形铣床。

主要用于各种复杂型腔模具或工件的铣削加工，对不规则的三维曲面和复杂边界构成的工件更显示出其优越性。

（4）数控工具铣床。

在普通工具铣床的基础上，对机床的机械传动系统进行改造，并增加了数控系统，从而使工具铣床的功能大大增强。这类铣床适用于各种工装、夹具、刀具的加工。

二、数控铣床的组成

数控铣床一般由数控系统、主传动系统、进给伺服系统、冷却润滑系统等几大部分组成，如图 15-7 所示。

（1）主轴箱：包括主轴箱体和主轴传动系统。用于装夹刀具并带动刀具旋转，主轴转速范围和输出扭矩对加工有直接影响。

（2）进给伺服系统：由进给电动机和进给执行机构组成。按照程序设定的进给速度实现刀具和工件之间的相对运动，包括直线进给运动和旋转运动。

（3）控制系统：数控铣床运动控制的中心。执行数控加工程序，控制机床进行加工。

（4）辅助装置：如液压、气动、润滑、冷却系统和排屑、防护等装置。

（5）机床基础件：通常指底座、立柱、横梁等，它是整个机床的基础和框架。

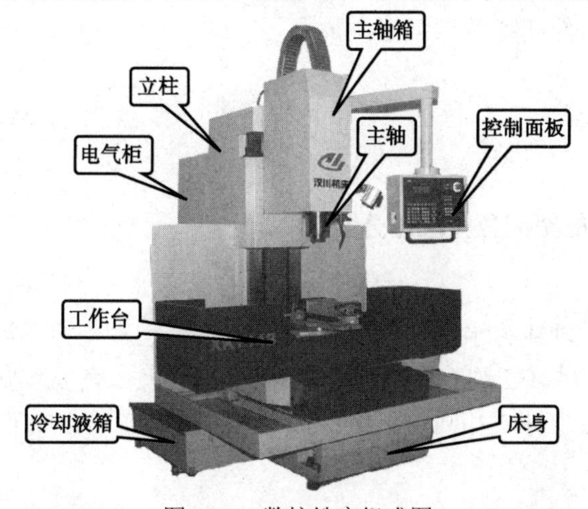

图 15-7　数控铣床组成图

三、数控铣床的加工对象

数控铣床主要用来对工件进行铣削加工，能够完成基本的铣削、镗削、钻削、攻螺纹及自动工作循环等工作，因此适用于加工各种具有复杂曲线轮廓及截面的零件，如凸轮、样板、叶片、弧形槽等，尤其适用于模具加工，也可以加工具有螺旋曲面的零件。

1．平面类零件

被加工面平行、垂直于水平面或与水平面的夹角为定角的零件称为平面类零件。平面类零件是数控铣削加工对象中最普遍的一类，一般只需用三坐标数控铣床的两坐标联动就可以把它们加工出来。

2．变斜角类零件

加工面与水平面的夹角呈连续变化的零件称为变斜角类零件。这类零件多数为飞机零件，如飞机上的整体梁、框、缘条与肋等，此外还有检验夹具与装配型架等。变斜角类零件的变斜角加工面不能展开为平面，但在加工过程中，加工面与铣刀圆周接触的瞬间为一条直线，最好采用 4 坐标和 5 坐标数控铣床摆角加工。

3．曲面类零件

加工面为空间曲面的零件称为曲面类零件。这类零件的特点是加工面不能展开为平面；加工面与铣刀始终为点接触，此类零件一般采用三坐标数控铣床。

加工中心是一种综合加工能力较强的数控加工机床。它把铣削、镗削、钻削、攻螺纹和切削螺纹等功能集中在一台设备上，使其具有多种工艺手段。

四、加工中心的特点和用途

特点：加工中心设置有刀库并能换刀具。这是它与数控铣床、数控镗床等机床的主要区别。能在一次装夹后实现多表面、多特征、多工位的连续、高效、高精度加工，即工序集中。

用途：加工中心承担精密、复杂的多任务加工。其加工的主要对象有箱体类零件、复杂曲面、异形件、盘套板类零件和特殊加工等。

五、加工中心的分类

1．按主轴在加工时的空间位置进行分类

（1）卧式加工中心。

卧式加工中心的主轴轴线为水平设置的，具有 3～5 个运动坐标，常见的是三个直线运动坐标加一个回转运动坐标（回转工作台），它能在工件一次装夹后完成除安装面和顶面以外的其余四个面的加工。分为固定立柱式和固定工作台式，此类机床最适合加工箱体类工件，如图 15-8 所示。

（2）立式加工中心。

立式加工中心主轴的轴线为垂直设置的，多为固定立柱式，工作台为十字滑台方式，一般具有三个直线运动坐标，也可以在工作台上安装一个水平轴（第四轴）的数控转台，用来加工螺旋线类工件，适合于加工盘类工件，如图 15-9 所示。

图 15-8　卧式加工中心

图 15-9　立式加工中心

（3）五面加工中心。

五面加工中心具有立式和卧式加工中心的功能，通过回转工作台的旋转和主轴头的旋转，能在工件一次装夹后完成除安装面以外的所有五个面的加工。可以将工件的形位误差降到最低，省去二次装夹的工装，提高生产效率，降低加工成本，如图 15-10 所示。

2．按功能特征进行分类

（1）镗铣加工中心：以镗、铣加工为主，如图 15-11 所示。适用于加工箱体、壳体及各种复杂零件的特殊曲线和曲面轮廓的多工序加工。

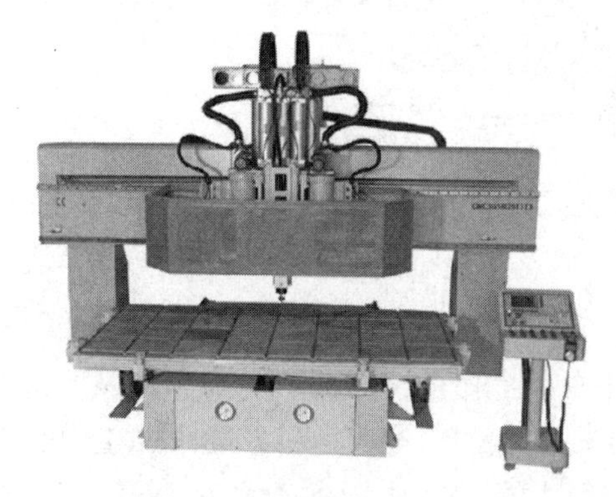

图 15-10　五面加工中心

图 15-11　镗铣加工中心

（2）钻削加工中心：以钻削加工为主，刀库形式以转塔头形式为主，如图 15-12 所示。适用于中小零件的钻孔、扩孔、铰孔、攻螺纹及连续轮廓的铣削等多工序加工。

（3）复合加工中心：此类机床除了可以用各种刀具进行切削外，还可使用激光头进行打孔、清角，用磨头磨削内孔，用智能化在线测量装置检测、仿型等，如图 15-13 所示。

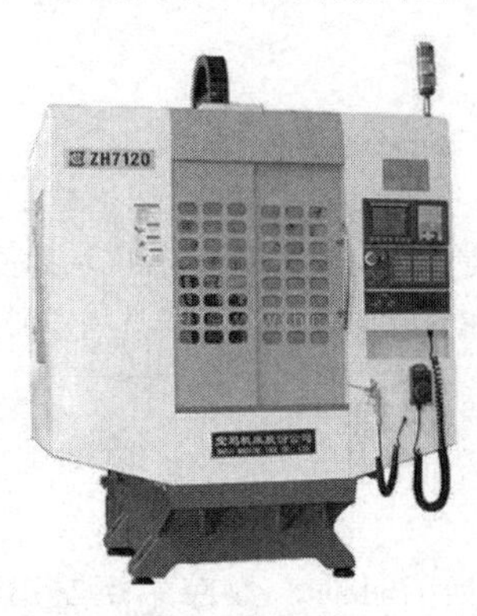

图 15-12　钻削加工中心

图 15-13　复合加工中心

3．按运动坐标数和同时控制的坐标数进行分类

加工中心有三轴二联动、三轴三联动、四轴三联动、五轴四联动、六轴五联动、多轴联动直线+回转+主轴摆动等。

六、加工中心的组成

加工中心的组成如图 15-14 所示。

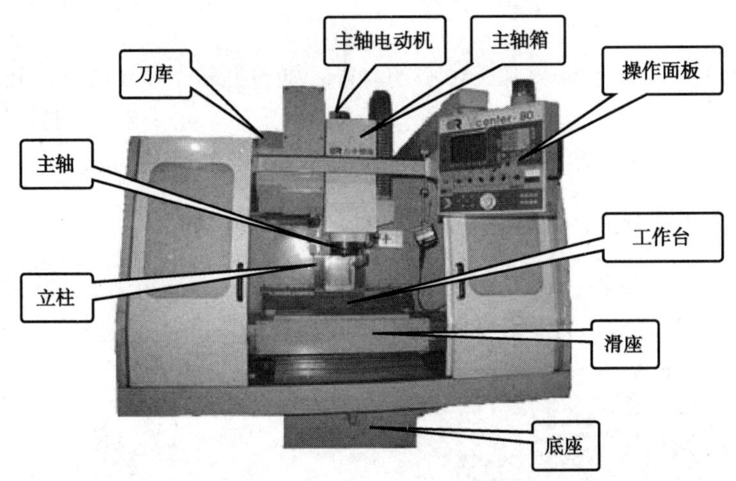

图 15-14 加工中心的组成

1．基础部件

基础部件是加工中心的基础结构，它主要由床身、工作台、立柱三大部分组成。这三部分不仅要承受加工中心的静载荷，还要承受切削加工时产生的动载荷。所以要求加工中心的基础部件必须有足够的刚度，通常这三大部件都是铸造而成的。

2．主轴部件

主轴部件由主轴箱、主轴电动机、主轴和主轴轴承等零部件组成。主轴是加工中心切削加工的功率输出部件，它的启动、停止、变速、变向等动作均由数控系统控制；主轴的旋转精度和定位准确性是影响加工中心加工精度的重要因素。

3．数控系统

加工中心的数控系统由 CNC 装置、可编程序控制器、伺服驱动系统及面板操作系统组成，它是执行顺序控制动作和加工过程的控制中心。CNC 装置是一种位置控制系统，其控制过程是：根据输入的信息进行数据处理、插补运算，获得理想的运动轨迹信息，然后输出到执行部件，加工出所需要的工件。

4．自动换刀系统（ATC）

换刀系统主要由刀库、机械手等部件组成。当需要更换刀具时，数控系统发出指令后，由机械手从刀库中取出相应的刀具装入主轴孔内，然后把主轴上的刀具送回刀库，完成整个换刀动作。刀库通常分为链式刀库和盘式刀库，如图 15-15 所示。

5．辅助系统

辅助系统包括润滑、冷却、排屑、防护、液压、气动和检测系统等部分。这些装置虽然不直接参与切削运动，却是加工中心不可缺少的部分。对机床的加工效率、加工精度和可靠性起着保障作用。

（a）链式刀库

（b）盘式刀库

图 15-15 加工中心刀库

项目二 数控铣床及加工中心操作

【实训操作】

一、数控铣床的操作步骤

1．开机

（1）检查机床状态是否正常；
（2）检查电源电压是否符合要求，接线是否正确；
（3）按下“急停”按钮；
（4）机床上电；
（5）数控上电；
（6）检查风扇电动机运转是否正常；
（7）检查面板上的指示灯是否正常。

2．复位

系统上电，进入软件操作界面时，系统初始模式显示为“急停”，顺时针旋转“急停”按钮使系统复位。

3．返回机床参考点操作

（1）进入系统后，首先检查机床坐标系中 X、Y、Z 坐标值要小于-100 才能执行回零操作；
（2）按下“回参考点”按键（指示灯亮）；
（3）依次按下“+Z”、“+X”、“+Y”键，各轴回到参考点，同时回零指示灯亮。

4．手动移动机床坐标轴

（1）点动进给。
① 按下“手动”按键（指示灯亮），系统处于点动运行方式。

② 选择进给速度。

③ 按住“+Y”或“-Y”按键（指示灯亮），*Y* 轴产生正向或负向连续移动；松开“+Y”或“-Y”按键（指示灯灭），*Y* 轴停止移动。依同样的方法，按下“+X”、“-X”、“+Z”、“-Z”按键，使 *X*、*Z* 轴产生正向或负向连续移动。

（2）点动快速移动。

在点动进给时，同时按下“快进”和坐标轴按键，该轴快速运动。

（3）点动进给速度选择。

① 按下进给修调或快速修调右侧的“+”按键，修调倍率增加 5%，按下“-”按键，修调倍率递减 5%。

② 按下“100%”按键（指示灯亮），进给修调或快速修调倍率被置为 100%。

（4）增量进给。

① 按下“增量”按键（指示灯亮），系统处于步进进给运行方式。

② 按下增量倍率按键（指示灯亮）。

③ 按下“+X”或“-X”按键，*X* 轴将向正向或负向移动一个增量值。依同样的方法，按下“+Y”、“-Y”、“+Z”、“-Z”按键，使 *Y*、*Z* 轴向正向或负向移动一个增量值。

④ 增量值选择。

增量值的大小由选择的增量倍率按键决定。

（5）手摇进给。

当手持单元的坐标轴选择波段开关置于“X”、“Y”、“Z”、“4TH”挡时，按一下控制面板上的增量按键（指示灯亮），系统处于手摇进给方式，可手摇进给机床坐标轴。

5．手动控制主轴

（1）主轴正反转及停止。

① 按下“手动”按键（指示灯亮），系统处于点动运行方式。

② 设定主轴转速。

③ 按下“主轴正转”按键（指示灯亮），主轴以机床参数设定的转速正转；按下“主轴反转”按键（指示灯亮），主轴以机床参数设定的转速反转；按下“主轴停止”按键（指示灯亮），主轴停止运转。

（2）主轴速度修调。

主轴正反转的速度可通过主轴修调来调节，按下主轴修调右侧的“100%”按键（指示灯亮），主轴修调倍率被置为 100%；按下“+”按键，修调倍率增加 5%，按下“-”按键，修调倍率减小 5%。

（3）主轴制动。

在手动方式下主轴处于停止状态时，按下“主轴制动”按键（指示灯亮），主轴电动机被锁定在当前位置。

（4）主轴冲动。

在手动方式下，当主轴制动无效时（指示灯灭），按下“主轴冲动”按键（指示灯亮），主轴电动机会以一定的转速瞬时转动一定的角度。该功能主要用于装夹刀具。

（5）主轴定向。

换刀时主轴上的刀具必须定位完成，否则会损坏刀具或刀爪。在手动方式下，当“主轴制动”无效时（指示灯灭），按下“主轴定向”按键，主轴立即执行主轴定向功能，定向完成后，按键内指示灯亮，主轴准确停止在某一固定位置。

6．其他手动操作

（1）刀具夹紧与松开。

在手动方式下，按下“允许换刀”按键，使得刀具松/紧操作有效（指示灯亮），按下“刀具松/紧”按键，实现松开/夹紧刀具（默认值为夹紧）。

（2）冷却启动与停止。

在手动方式下，按下“冷却开/停”，可实现冷却液的开、关（默认为冷却液关）。

（3）机床锁住。

禁止机床所有的运动。在手动运行方式下，按下“机床锁住”按键（指示灯亮），再进行手动操作，这时由于不输出伺服轴的移动指令，机床将停止不动。

（4）*Z* 轴锁住。

禁止进刀。在需要校验 *XY* 平面的机床运动轨迹时，使用“Z 轴锁住”功能。在手动方式下，按下“Z 轴锁住”按键（指示灯亮），再切换到自动方式下运行加工程序，*Z* 轴坐标位置信息变化但 *Z* 轴不运动。

7．MDI 运行

在系统控制面板上，按下菜单键中左数第 4 个“MDI F4”按键，进入 MDI 功能子菜单。

8．程序编辑

（1）进入程序编辑菜单。

在系统控制面板下，按“程序编辑 F2”按键，进入编辑功能子菜单。

（2）选择编辑程序。

按下“选择编辑程序 F2”按键，弹出一个含有三个选项的菜单编辑程序。

（3）编辑程序。

在进入编辑状态、程序被打开后，利用 MDI 键盘上的数字和功能键来进行编辑操作。

删除：光标落在需要删除的字符上，按“Delete”键删除内容。

插入：光标落在需要插入的位置，输入数据。

查找：按下菜单中的“查找 F6”按键，弹出对话框，在“查找”栏内输入要查找的字符串，然后按“查找下一个”键，当找到字符串后，光标会定位在找到的字符串处。

删除行：按“行删除 F8”键，将删除光标所在的程序行。

（4）保存程序。

按下“选择编辑程序 F2”按键；选择“新建程序”；弹出提示框，询问是否保存当前程序，单击“是”按钮确认并关闭对话框。

9．自动运行操作

（1）进入程序运行菜单。

在系统控制面板下，按下“自动加工 F1”按键，进入程序运行子菜单，在该菜单下，自动运行程序。

（2）选择运行程序。

按下“程序选择 F1”按键，弹出一个含有两个选项（磁盘程序、正在编辑的程序）的菜单，选择要运行的程序。

（3）程序校验。

按下“自动”键，进入程序运行方式，在程序运行子菜单下按“程序校验F3”按键，程序校验开始。如果程序正确，校验完成后，光标将返回到程序头；如果不正确，则出现提示语。

（4）单段运行。

按下“单段”按键（指示灯亮），进入单段运行方式。按下“循环启动”按键，运行一个程序段，机床就会减速停止，刀具、主轴均停止运行。再按下“循环启动”键，系统执行下一个程序段，执行完成后再次停止。

（5）启动自动运行。

按下“自动”键（指示灯亮），进入程序运行方式；按下“循环启动”键（指示灯亮），机床开始自动运行当前的加工程序。

10．超程解除

在伺服轴行程的两端各有一个极限开关，作用是防止伺服机构碰撞而损坏。每当伺服机构碰到行程极限开关时，就会出现超程报警信息。当某轴出现超程时，系统视其状况为紧急停止。要退出超程状态时，必须按照以下操作方式进行。

（1）松开急停按钮置，工作方式为“手动”或“手摇”方式；

（2）一直按住“超程解除”键（控制器会暂时忽略超程的紧急情况）；

（3）在手动（手摇）方式下，使该轴向相反方向退出超程状态；

（4）松开“超程解除”键。

若显示屏上运行状态栏中的“运行正常”取代了“出错”，表示恢复正常。

11．急停

机床运行过程中，在危险或紧急情况下按下“急停”按键，CNC即进入急停状态，伺服进给及主轴运转立即停止工作（控制柜内的进给驱动电源被切断）；松开“急停”按键，CNC进入复位状态。

12．关机

（1）按下“急停”按键，断开伺服电源；

（2）断开数控电源；

（3）断开机床电源。

二、加工中心的操作步骤

1．开机

加工中心要求有配气装置，首先应给加工中心供压缩空气（压力不小于 0.6MPa），启动计算机，进行开机前检查，然后按如下步骤开机：

（1）打开机床后面的电源总开关ON；

（2）操作面板Power ON；

（3）急停按钮向右旋转弹起，当CRT显示坐标画面时，开机成功。

在机床通电后，CNC 单元尚未出现位置显示或报警画面之前，不要碰 MDI 面板上的任何键。MDI 面板上的有些键专门用于维护或特殊操作。按这其中的任何键，都可能使 CNC 装置处于非正常状态。在这种状态下启动机床，有可能引起机床的误动作。

2．手动操作

（1）回参考点。

在下列几种情况下必须回参考点：每次开机后；超程解出以后；按急停按钮后；机械锁定解出后。

先按“POS 坐标位置显示”键，在综合坐标页面中查看各轴是否有足够的回零距离（回零距离应大于 100mm）。如果回零距离不够，可用“手动”或“手轮移动”方式移动相应的轴到足够的距离。为了安全，一般先回 Z 轴，再回 X 轴或 Y 轴。

回参考点步骤如下。

① 按返回参考点键；

② 选择较小的快速进给倍率（25%）；

③ 按“Z”键，再按“+”键，当 Z 轴指示灯闪烁，Z 轴即返回了参考点；

④ 依上述方法，依此按“X”键→“+”→“Y”→“+”键，X、Y 轴返回参考点。

（2）手动连续进给（JOG）。

刀具沿着所选轴的所选方向连续移动。操作前检查各种旋钮所选择的位置是否正确，确定正确的坐标方向，然后进行操作。

① 按“手动连续”键，系统处于连续点动运行方式。

② 调整进给速度的倍率旋钮。

③ 按进给轴和方向选择按键，选择将要使刀具沿其移动的轴及其方向。释放按键，移动停止。例如，按“X”键（指示灯亮），再按住“+”键或“-”键，X 轴产生正向或负向连续移动；松开“+”键或“-”键，X 轴减速停止。

④ 按方向选择按键的同时，按“快速移动”键，刀具会以快移速度移动。

（3）增量进给。

刀具移动的最小距离是最小的输入增量，每一步可以是最小输入增量的 110 100 倍或 1000 倍。增量进给的操作方法如下：

① 按“增量进给”键，系统处于增量移动方式；

② 通过按“单步倍率”键选择每一步将要移动的距离；

③ 按进给轴键和方向选择按键，选择将要使刀具沿其移动的轴及其方向，每按一次方向键，刀具移动一步；

④ 若在按方向键的同时按“快速移动”键，刀具会以快移速度移动。

（4）手轮进给。

① 按“手轮”键，系统处于手轮移动方式；

② 按“手持单元选择”键后，可用手轮选择轴和单步倍率；

③ 旋转选择轴旋钮，选择刀具要移动的轴；

④ 通过手轮旋钮选择刀具移动距离的放大倍数，旋转手轮一个刻度时刀具移动的距离等于最小输入增量乘以放大倍数（选择手轮旋转一个刻度时刀具移动的距离）；

⑤ 根据坐标轴的移动方向决定手轮的旋转方向。手轮顺时针转，刀具相对工件向坐标轴正方向移动；手轮逆时针转，刀具向负方向移动。

（5）手动装/卸刀具。

手动安装刀具时，选择“手动”模式，左手握紧刀柄，将刀柄的缺口对准端面键，右手按 Z 轴上的换刀按钮，压缩空气从主轴吹出，以清洁主轴的刀柄，按住此按钮，直到刀柄锥面与主轴锥孔完全贴合，松开按钮，刀具被自动拉紧。

卸刀时，选择“手动”模式，应先用左手握住刀柄，再按换刀按钮（否则刀具从主轴内掉下时会损坏刀具、工件和夹具等），取下刀柄。

（6）自动加工。

① 按自动键，系统进入自动运行方式；

② 打开所要使用的加工程序；

按“PROR（程序）”键以显示程序屏幕→按地址键“O”→使用数字键输入程序号→按“O 搜索”软键或按光标键；

③ 调整到显示“检视”的画面，将进给倍率调到较低位置；

④ 按循环启动键（指示灯亮），系统执行程序，进行自动加工；

⑤ 在刀具运行到接近工件表面时，必须在进给停止后，验证 Z 轴绝对坐标，Z 轴剩余坐标值及 X、Y 轴坐标值与加工设置是否一致。

（7）进给暂停。

程序执行中，按机床操作面板上的进给暂停键，可使自动运行暂时停止，主轴仍然转动，前面的模态信息全部保留，再按循环启动键，可使程序继续执行。

（8）程序停止。

① 按面板上的复位键，中断程序执行，再按循环启动键，程序将从头开始执行。执行 M00 指令，自动运行包含有 M00 指令的程序段后停止。前面的模态信息全部保留，按“循环启动”键，可使程序继续执行。

② 当机床操作面板上的选择性停止键有效后，执行含有 M01 指令的程序段，自动运行停止。前面的模态信息全部保留，按“循环启动”键，可使程序继续执行。

③ 执行 M02 或 M30 指令后，自动运行停止；执行 M30 时，光标将返回程序头。

（9）MDI 运行。

① 按 MDI 键，系统进入 MDI 运行方式。

② 按面板上的程序键，再按“MDI”软键，系统会自动显示程序号 O0000，如图 15-16 所示。

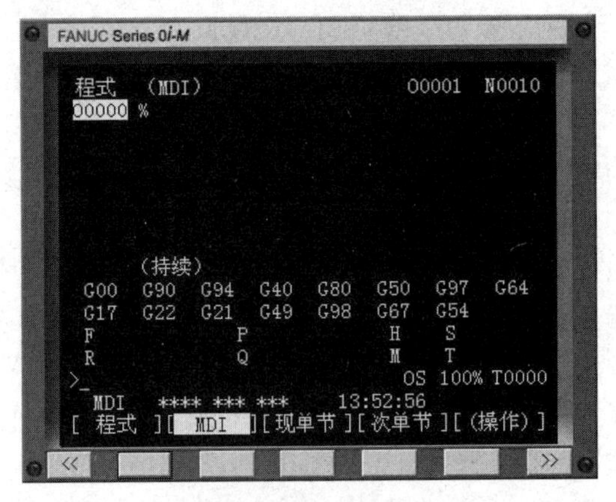

图 15-16 MDI 界面

③ 编制一个要执行的程序。若在程序段的结尾加上 M99，程序将循环执行。

④ 利用光标键，将光标移动到程序头（本机床光标也可以在最后）。

⑤ 按循环启动键（指示灯亮），程序开始运行。当执行程序结束语句（M02 或 M30）后，程序自动清除并且运行结束。

（10）停止/中断 MDI 运行。

① 停止 MDI 运行。

如果要中途停止，可按“进给暂停”键，这时机床停止运行，并且循环启动键的指示灯灭、进给暂停指示灯亮。再按“循环启动”键，就能恢复运行。

② 中断 MDI 运行。

按面板上的复位键，可以中断 MDI 运行。

（11）DNC 运行。

① 用 R232 电缆连接计算机和数控机床；

② 启动程序传输软件；

③ 打开程序文件；

④ 在 PC 传输软件中选择“发送”；

⑤ 机床模式调整为“DNC”；

⑥ 按“PROR（程序）”键切换程序显示画面；

⑦ 按“循环启动”键，开始在线加工。

（12）新建程序 DNC 运行。

① 按面板上的编辑键，系统处于编辑方式；

② 按面板上的程序键，显示程序画面；

③ 用字母和数字键输入程序号，如输入程序号“O0006”；

④ 按系统面板上的插入键；

⑤ 输入分号“；”；

⑥ 按系统面板上的插入键；

⑦ 这时程序屏幕上显示新建立的程序名，接下来可以输入程序内容。

在输入到一行程序的结尾时，按 EOB 键生成“；”，然后按插入键，程序自动换行，光标出现在下一行的开头。

（13）后台编辑。

在执行一个程序期间编辑另一个程序称为后台编辑。编辑方法与普通编辑方法相同。后台编辑的程序完成操作后，将被存到前台程序存储器中。操作方法如下：

① 选择“自动加工”方式或“编辑”方式；

② 按功能键“PROR（程序）”；

③ 按软键“操作”，再按软键“BG-EDT”，显示后台编辑画面；

④ 在后台编辑画面，用通常的程序编辑方法编辑程序；

⑤ 编辑完成之后，按软键“操作”，再按软键“BG-END”，编辑程序被存到前台程序存储器中。

（14）程序的输入（PC→CNC）。

① 确认输入设备准备好；

② 启动程序传输软件；

③ 打开程序文件；

④ 在PC中的传输软件中选择“发送”；
⑤ 按“编程”模式；
⑥ 按功能键“PROR（程序）”，显示程序内容画面或程序目录画面；
⑦ 按软键“操作”；
⑧ 按最右边的软键（菜单扩展键）；
⑨ 输入地址后，输入程序号，如果不指定程序号，将会使用原程序号；
⑩ 按软键“读入”和“执行”。

（15）输出程序（CNC→PC）。

① 确认输出设备准备好；
② 按“编程”模式；
③ 按功能键“PROR（程序）”，显示程序内容画面或程序目录画面；
④ 按软键“操作”；
⑤ 按最右边的软键（菜单扩展键）；
⑥ 输入地址后，输入程序号或指定程序号范围；
⑦ 按软键“输出”和“执行”。

（16）打开程序文件。

① 选“编辑”或“自动运行”方式→按“PROR（程序）”键，显示程序画面→输入程序号→按光标下移键即可。

② 按系统显示屏下方与“DIR”对应的软键，显示程序名列表；

③ 使用字母和数字键，输入程序名，在输入程序名的同时，系统显示屏下方出现“O检索”软键；

④ 输完程序名后，按“O检索”软键；

⑤ 显示屏上显示这个程序的程序内容。

（17）编辑程序。

① 字的检索。

a．按“操作”软键；

b．按向右箭头（菜单扩展键），直到软键中出现“检索（SRH）↑”和“检索（SRH）↓”软键；

c．输入需要检索的字，如要检索M03；

d．按“检索”键，带向下箭头的检索键为从光标所在位置开始向程序后面检索，带向上箭头的检索键为从光标所在位置开始向程序前面检索，可以根据需要选择一个检索键；

e．光标找到目标字后，定位在该字上。

② 字的插入。

a．使用光标移动键或检索，将光标移到插入位置前的字；

b．输入要插入的字；

c．按“INSERT（插入）”键；

③ 字的替换。

a．使用光标移动键或检索，将光标移到要替换的字上；

b．输入要替换的字；

c．按“ALTER（替换）”键。

④ 字的删除。

a．使用光标移动键或检索，将光标移到替换的字上；

b．按“DELETE（删除）”键。

⑤ 删除一个程序段。

a．使用光标移动键或检索，将光标移到要删除的程序段地址 N；

b．输入“；”；

c．按“DELETE（删除）”键。

⑥ 删除多个程序段。

a．使用光标移动键或检索，将光标移到要删除的第一个程序段的第一个字；

b．输入地址 N；

c．输入将要删除的最后一个段的顺序号；

d．按“DELETE（删除）”键。

（18）删除程序。

① 在“编辑”方式下，按“程序”键；

② 按 DIR 软键；

③ 显示程序名列表；

④ 使用字母和数字键，输入欲删除的程序名；

⑤ 按面板上的“DELETE（删除）”键，再按“执行”键，该程序将从程序名列表中删除。

（19）刀具号设定。

加工中心的控制系统对刀具号的设定和对刀具的调用与刀具在刀库中的位置号一致。当加工所需要的刀具比较多时，要在加工之前将全部刀具根据工艺设计放置到刀库中，并给每一把刀具设定刀具号码，然后由程序调用。

自动换刀时，将交换刀具，必须先确定换刀区域中无干涉的可能。把多把刀具按程序设定的刀具号逐次装入刀库，其操作步骤如下：

① 确认刀库中相应的刀号位置处没有刀具；

② 选择 MDI 方式；

③ 输入要设定的第一个刀具号，如 T01M06；

④ 按“循环启动”键；

⑤ 在主轴上装入 01 号刀具；

⑥ 输入 T02M06；

⑦ 按“循环启动”键；

⑧ 在主轴上装入 02 号刀具。

其他刀具按此操作方法依次设定。

（20）工件坐标原点的设置。

对刀并设置工件坐标原点的方法如下。

① 按工艺要求装夹工件。

② 按编程要求确定刀具编号并安装基准刀具。

③ 启动主轴。若主轴启动过，直接在“手动方式”下按“主轴正转”按钮即可；否则在“MDI 方式”下输入“M03S×××”，再按“循环启动”按钮。

④ 在“手轮”模式下，快速移动 X、Y、Z 轴到接近工件的位置→再移动 Z 轴到工件表面以下的某个位置，按“POS（位置）”键；在综合坐标中，按面板上的“Z”键，当 CRT 上的“Z”

闪动时，按“归零”键，或按“Z0[预定]”键，*Z* 轴相对坐标变为 0。

⑤ *X* 轴原点的确定：移动 *X* 轴到与工件的一边接触（为了不破坏工件表面，操作时可在工件表面贴上薄纸片），→把 *X* 坐标清零→提刀→移动刀具到工件的对边，使其与工件表面接触；再次提刀→把 *X* 的相对坐标值除以 2，使刀具移动 *X*/2 位置，该点就是编程坐标系 *X* 轴的原点。

⑥ *Y* 轴方向用相同的方法可找到原点。

⑦ *Z* 轴原点，移动刀具使刀位点与工件表面接触。

⑧ 工件坐标原点设定：对刀完成后，在“综合坐标”页面中查看并记下各轴的 *X*、*Y*、*Z* 值。选择 MDI 模式，按“OFFSET/SETING（补正/设置）”键，按“工件系”软键，把 *X*、*Y*、*Z* 的机械坐标值输入到坐标系的 G54～G59 中，按“输入”键或按“X0”、“Y0[测量]”和“Z0[测量]”键。

（21）刀具长度补偿参数设置。

对刀并设置刀具长度补偿参数的方法如下。

① 按工艺要求装夹工件。

② 按编程要求确定刀具编号并安装基准刀具，如 T01。

③ 启动主轴。若主轴启动过，直接在“手动方式”下按“主轴正转”按钮即可；否则在“MDI 方式”下输入“M03S×××”，再按“循环启动”按钮。

④ 在“手轮”模式下移动 *Z* 轴，使刀具与工件上表面（或指定点）刚好接触，此时按“POS（位置）”键，在综合坐标中按面板上的“Z”键，当 CRT 上的“Z”闪动时，按“归零”键，或按“Z0[预定]”键，*Z* 轴相对坐标变为 0。

⑤ 手动或自动换上另一把刀具，如 T02。

⑥ 在“手轮”模式下移动 *Z* 轴，使 T02 号刀具与工件上表面（或指定点）刚好接触，查看坐标显示页面，记下此时相对坐标的 *Z* 值。

⑦ 选择 MDI 模式，按“OFFSET/SETING（补正/设置）”键，按“补正”软键，将光标移动到目标刀具的补偿号码上，把 *Z* 坐标的相对值输入到相应的刀具补正 H 中（或输入地址键 Z→按[INP.C.]软键。则 *Z* 轴的相对坐标值被输入，并被显示为刀具长度补偿值）。

要设定补正值，输入一个值并按“输入”软键；要修改补偿值，输入一个将要加到当前补偿值的值（负值将减小当前的值）并按“+输入”软键。

⑧ 其他刀具的长度补偿用相同的方法进行。

（22）刀具半径补偿参数设置。

① 选择 MDI 模式；

② 按“OFFSET/SETING（补正/设置）”键；

③ 按“补正”软键；

④ 根据刀具的实际半径尺寸，同时考虑粗、精加工时的尺寸控制需要，适当改变半径值后输入到相应的刀具补正 D 中。

若自动编程中使用控制器补正，则在“形状”框中输入的数值没用。加工工件的误差补正应输入“磨损”框中。

（23）图形模拟。

图形显示功能能够在屏幕上画出正在执行程序的刀具轨迹。通过观察屏幕上的轨迹，可以检查加工过程。画图之前，必须设定图形参数，包括显示轴和设定图形范围。

图形模拟按以下步骤进行：

① 输入程序，检查光标是否在程序起始位置；

② 按CUSTOM GRAPH键，按“参数”软键，显示图形参数画面，对图形显示进行设置；

③ 运行模式选择“自动运行”；

④ 选择“机床空运行”→“机械锁住”→“Z 轴锁住”→“单程序段”→“辅助功能锁住”；

⑤ 按“循环启动”键。

⑥ 在“CUSTOM/GRAPH（用户宏/图形）”模式中，按“图形”软键，进入图形显示界面，检查刀具路径是否正确，否则对程序进行修改。当有语法和格式问题时，会出现报警（P/S ALARM）和一个报警号，查看光标停留位置，光标后面的两个程序段就是可能出错的程序段，根据不同的报警号查出产生的原因并进行相应的修改。

在检查完程序的语法和格式后，检查 *X*、*Y*、*Z* 轴的坐标和余量是否和图纸及刀具路径相符。

（24）抬刀运行程序。

① 输入程序，检查光标是否在程序起始位置；

② 选择 MDI 模式；

③ 按“OFFSET/SETING”键，再按“工件系”软键，翻页显示到 G54.1；

④ 在 G54.1 的 *Z* 轴上设置一个正的平移值，如 20；

⑤ 选择“自动运行”模式；

⑥ 按“机床空运行”→“循环启动”键；

⑦ 观察刀具的运动轨迹和机床动作，通过坐标轴剩余移动量判断程序及参数设置是否正确，同时检验刀具与工装、工件是否有干涉。

（25）关机。

① 将各轴移到中间位置；

② 按急停按钮；

③ 再按操作面板 Power OFF；

④ 最后关掉电源总开关。

项目三　铣削编程、工艺及加工

【综合实训】

任务 1

已铣削如图 15-17 所示的工件，材料为 45 钢，各尺寸加工余量为 3mm。

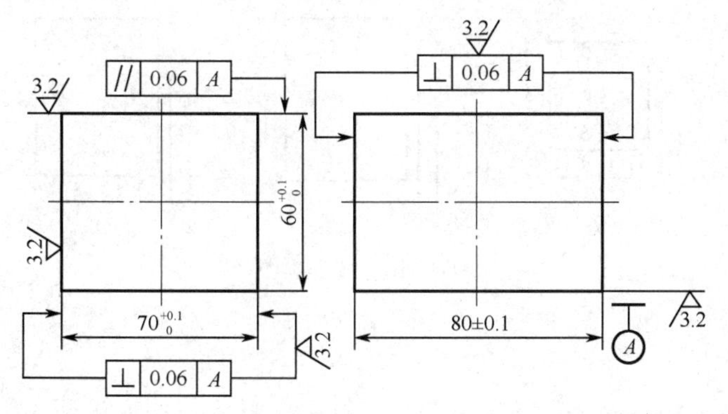

图 15-17　六面体零件图

1．工艺分析

该工件为六面体，关键在于保证其垂直度和平行度，因此，要选择好定位基准，每个面的铣削采用双向铣削的方式。工艺流程表如表 15-1 所示。

表 15-1 工艺流程表

<table>
<tr><td colspan="2">零件号</td><td>001</td><td>零件名称</td><td>六面体</td><td colspan="2">编制日期</td><td></td></tr>
<tr><td colspan="2">程序号</td><td colspan="3">O0001</td><td colspan="2">编制</td><td></td></tr>
<tr><td rowspan="2">工步号</td><td rowspan="2">程序段号</td><td colspan="2" rowspan="2">工步内容</td><td rowspan="2">刀具号</td><td colspan="3">切 削 用 量</td></tr>
<tr><td>S 功能</td><td>F 功能</td><td>切深/mm</td></tr>
<tr><td>1</td><td></td><td colspan="2">以 A 面为定位粗基准铣削 B 面，见图 15-18（a）</td><td>1</td><td rowspan="6">粗：S=250
精：S=400</td><td rowspan="6">粗：F=300
精：F=480</td><td rowspan="6">粗：ap=2.5
精：ap =0.5</td></tr>
<tr><td>2</td><td></td><td colspan="2">以 B 面为定位精基准铣削 A 面，见图 15-18（b）</td><td>1</td></tr>
<tr><td>3</td><td></td><td colspan="2">以 B 和 A 面为定位精基准铣削 C 面，见图 15-18（c）</td><td>1</td></tr>
<tr><td>4</td><td></td><td colspan="2">以 B 和 C 面为定位精基准铣削 D 面，见图 15-18（d）</td><td>1</td></tr>
<tr><td>5</td><td></td><td colspan="2">以 B 面为定位精基准铣削 E 面，见图 15-18（e）</td><td>1</td></tr>
<tr><td>6</td><td></td><td colspan="2">以 B 和 E 面为定位精基准铣削 F 面，见图 15-18（f）</td><td>1</td></tr>
</table>

2．装夹工件

工件为规则的六面体，采用平口虎钳装夹。将基准面 *A* 靠实固定钳口，工件底面垫等高垫铁装夹。

3．选择铣刀

加工内容为平面，采用ϕ100 可转位面铣刀，切削刃数为 6。

4．铣削顺序

各个加工面的铣削顺序为 *B*→*A*→*C*→*D*→*E*→*F*，如图 15-18 所示。

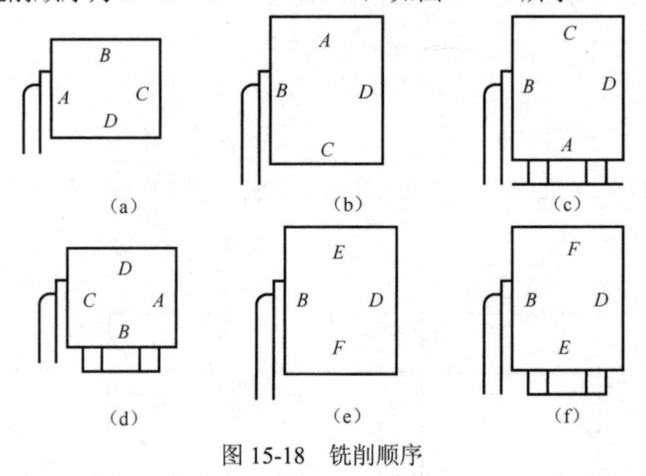

图 15-18 铣削顺序

5．编制程序

由于刀具直径大于工件宽度，所以采用对称铣削，以 *B* 面为例，粗加工程序如下：

O0001	接上段程序：
G90G54G00X0Y0	G01X40
M03S250	G00Z50
Z50	G00Z150
G00X-100Y0	M05
G01Z-2.5F300	M30

其余面加工程序参照此程序编制。

任务 2

加工零件如图 15-19 所示，零件由两个台阶面组成，毛坯尺寸为 50mm×25mm×40mm。

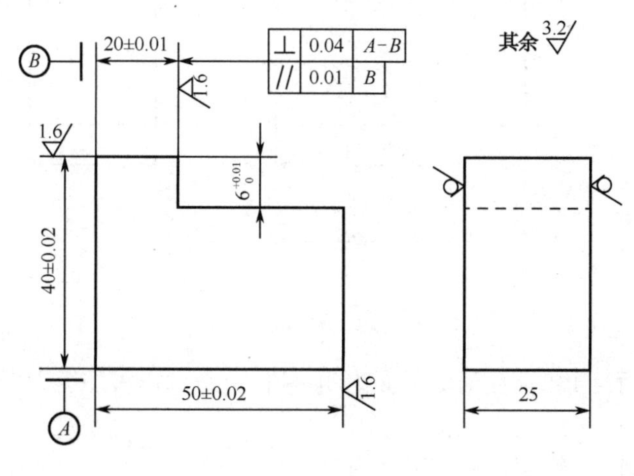

图 15-19 台阶平面

1．工艺分析

首先加工基准平面 *A*（以前后两侧平面为粗基准，校平），再加工基准平面 *B*（以底面 *A* 为精基准），再加工侧面（以 *A*、*B* 面为精基准），然后加工上平面及台阶面（为了保证垂直度、平行度要求，以 *A* 面为主要定位基准，校正 *B* 面与 *A* 面的垂直度达到技术要求）。

由于加工的平面最宽为 30mm、台阶高为 10mm，故选用主偏角为 90°、刀具直径为 ϕ40mm、加工深度可达 14mm、齿数为 8 的可转位面铣刀。

2．精加工程序

由于刀具直径大于加工平面，编程简单，下面是精加工台阶平面时的程序。

O0002	接上段程序：
G90 G54 G00 X0 Y0;	X40.;
M03 S500;	G01 Y-40.;
M08;	G00 Z100.;
Z50.	X-100.Y100.;
G00 X80. Y0.;	M09;
G01 Z0. F150;	M05;
G01 X-25.;	M30;
G00 Y40.;	

3．其他

完成零件的加工与检验。

任务 3

加工零件如图 15-20 所示，加工与水平面成夹角的平面。

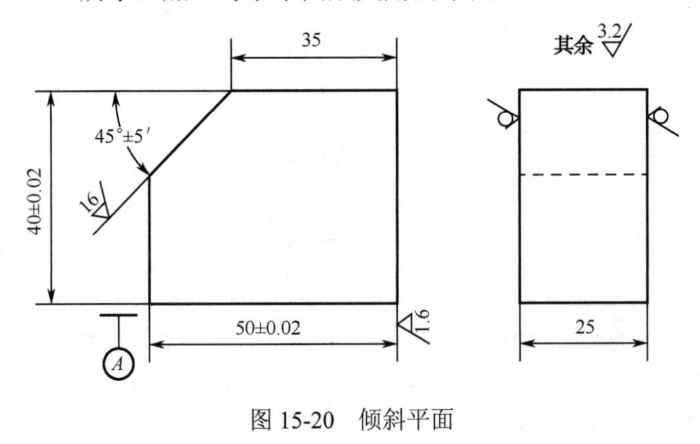

图 15-20 倾斜平面

1．工艺分析

首先加工基准平面 *A*（以前后两侧平面为粗基准，校平），再加工上平面及两侧面，最后加工斜面。

斜面粗加工采用ϕ12 立铣刀，精加工采用 R5 球头铣刀。

2．精加工程序

由于刀具直径大于加工平面，编程简单，下面是精加工台阶平面时的程序。

%2 G90 G54 G00 X0 Y0; M03 S500; M08; Z50. G00 X0. Y-12.5.; M98P0003L25 G90G00Z100 M09; M05; M30;	接上段程序： %3 G01 Z0. F150; G91X-25 Z-15; G00 Z17; X25 Y1 M99

3．其他

按图示要求加工零件。

任务 4

加工如图 15-21 所示的异形凸台零件，材料为 LY12，直径为ϕ50 棒料。

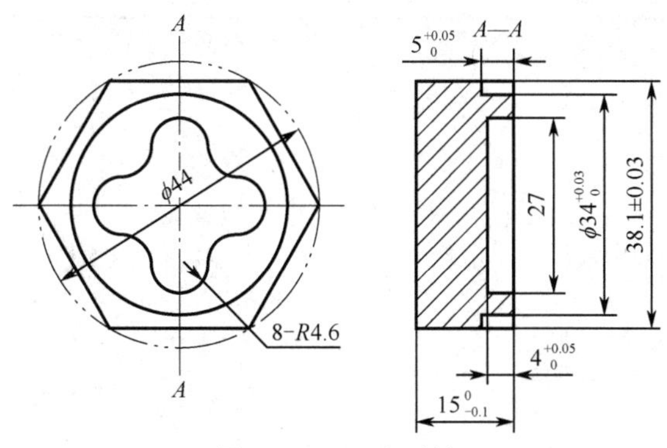

图 15-21　凸台零件

1．工艺分析

根据零件图，加工内容有正六边形、圆台两个外形轮廓和一个型腔，外形轮廓采用半径补偿方式分粗、精加工完成；型腔采用螺旋下刀，环切方式，分粗、精完成加工。具体步骤见表 15-2。

表 15-2　工艺流程表

零件号		002	零件名称	槽盘	编制日期		
程序号		O0002			编制		
工步号	程序段号	工步内容	刀具号		切削用量		
					S 功能	F 功能	切深/mm
1		六边形外形的粗、精加工	1		粗：S=250 精：S=400	粗：F=300 精：F=480	粗：ap=2.5 精：ap =0.5
2		外圆外形的粗、精加工					
3		十字对称花槽的加工	2				

2．装夹工件

毛坯为ϕ50 棒料，所以采用机用虎钳装夹工件，为了在一次装夹后能完成所有的加工内容，首先应该在毛坯上加工出两个工艺平面作为工艺装夹面，依次进行装夹，然后进行加工；加工完毕后再将此工艺面去除掉。

3．选择刀具

刀具参数表见表 15-3。

表 15-3　刀具参数表

刀具类型	直径（mm）	刀具材料	切削刃数	加工阶段	刀具号
立铣刀	ϕ16	高速钢	4	粗、精加工	1
键槽铣刀	ϕ8	高速钢	2	粗、精加工	2

4．加工程序

%0001 G54 G90 G0 X0 Y0 Z100 M03 S500	%1000 G41 G0 X-23 Y40 G03 X0 Y17 R23

```
Z50
Y40
Z5
G01 Z-15 F100
D01 M98 P1000（D01=16）
D02 M98 P1000（D02=8）
G01 Z-10 F100
D02 M98 P1100（D02=8）
G0 Z100 M05
M06 T02
G43 H02 G0 X0 Y0 Z100
M03 S500
Z5
X0 Y0
G01 Z-5 F100
D03 M98 P1200（D03=4）
G49 G0 Z100 M05
M30
%1000
G41 G0 X-21
G03 X0 Y19 R21
G01 X11
X22 Y-19
X-11
X-22 Y0
X-11 Y19
X0
G03 X21 Y40 R21
G40 G0 X0
M99
G02 J-17
G03 X23 Y40 R23
G40 G0 X0
M99
%1200
G42 G01 X13.5 Y0
G02 X9 Y-4.5 R4.5
G03 X9 Y-4.5 R4.5
G02 X-4.5 Y-9 R4.5
G03 X-9 Y-4.5 R4.5
G02 Y4.5 R4.5
G03 X-4.5 Y9 R4.5
G02 X4.5 R4.5
G03 X9 Y4.5 R4.5
G02 X13.5 Y0 R4.5
G40 G01 X0 Y0
M99
```

任务 5

加工图 15-22 中的ϕ20 的孔，工件材料为 45 钢。

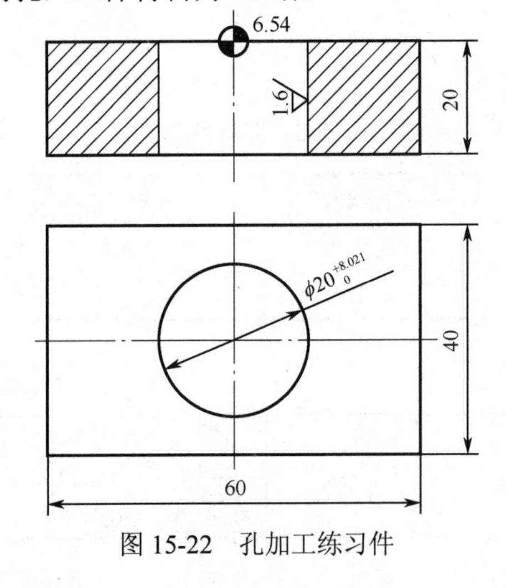

图 15-22　孔加工练习件

1．工艺分析

针对零件图纸要求，给出三种加工方案：一是采用钻、扩、铰；二是采用钻、铣、铰；三是采用钻、粗镗、精镗。考虑到镗刀刀具直径尺寸偏小，刀具难取，故采用方案一或方案二。将工件坐标系 G54 建立在工件上表面，ϕ20 的孔中心处。

2．工件装夹

从图 15-22 中可以看到孔的尺寸要求和粗糙度要求较高，而孔的位置要求不高。所采用的装夹为平口钳或置于工作台面上，下面两侧用等高垫块，上面用压板压紧。

3．刀具选择

方案一：所选择刀具为ϕ18 钻头、ϕ19.8 扩孔钻、ϕ20H7 铰刀。
方案二：所选择刀具为ϕ18 钻头、ϕ16 立铣刀、ϕ20H7 铰刀。

4．编制程序

方案一程序名为%0001；方案二程序名为%0002；子程序名为%0011 和%0022。
%0001 主程序：

%0001	程 序 名
G0 G90 G80 G40 G17	安全指令。绝对编程，取消固定循环，取消刀补，切削主平面指定
G0 G53 G49 Z0	Z 轴回机床坐标系零点，取消刀具长度补偿
M3 S180	主轴正转，转速为 180r/min
G54 G0 X0 Y0	工件坐标系建立，快速定位
M8	切削液开
G98 G83 X0 Y0 Z-29 R3 Q8 F35	钻孔循环定位钻孔（回起始平面）进给速度为 35mm/min
G80 G0 Z30	取消固定循环
G0G90Z100	快速回退
M5	主轴转停
M9	切削液关
M05	主轴停转，加工暂停，手动换扩孔钻
M3 S160	主轴正转，转速为 160r/min，进给速度为 30mm/min
G54 G0 X0 Y0	工件坐标系建立，快速定位
M8	切削液开
G98 G83 X0 Y0 Z-28 R3 Q8 F30	钻孔循环定位钻孔（回起始平面）进给速度为 30mm/min
G80 G0 Z30	取消固定循环
G0 G90 Z50	快速回退
M5	主轴转停
M9	切削液关
M05	主轴停转，暂停手动换铰刀
M3 S150	主轴正转，转速为 150r/min

续表

%0001	程 序 名
G54 G0 X0 Y0	工件坐标系建立，快速定位
M8	切削液开
G98 G85 X0 Y0 Z-28 R3 F15	铰孔循环定位钻孔（回起始平面），进给速度为 15mm/min
G80 G0 Z30	取消固定循环回退
G0 G90 Z50	快速回退
Y150	工作台退至工件装卸位
M9	切削液关
M5	主轴转停
M30	程序结束

%0002 主程序：

%0002	主 程 序 名
G0 G90 G40 G80 G17	安全指令。绝对编程，取消刀补，取消固定循环，切削主平面指定
G0 G53 G49 Z0	*Z* 轴回机床坐标系零点，取消刀具长度补偿；安全指令
M3 S180	主轴正转，转速为 180r/min
G0 G54 X0 Y0	工件坐标系建立，快速定位
M8	切削液开
M98 P0011	调用 O0011 子程序，钻孔
G0 G90 Z50	快速回退
M5	主轴转停
M9	切削液关
M05	主轴停转，加工暂停，手动换立铣刀
M3 S350	主轴正转，转速为 350r/min
G0 G54 X0 Y0	工件坐标系建立，快速定位
M8	切削液开
G1 Z-22 F500	进给到切削深度
G1 G42 X10 D13 F50	激活刀具半径右补偿进刀，半径补偿值加入，进给速度 50mm/min
G2 I-10	顺圆弧切削整圆
G1 Z5 F200	工进抬刀
G0 G40 X0	取消刀具半径补偿退刀
G0 G90 Z50	快速回退
M5	主轴转停
M9	切削液关
M05	主轴停转，加工暂停，手动换铰刀
M3 S150	主轴正转，转速为 150r/min
G0 G54 X0Y0	工件坐标系建立，快速定位
M8	切削液开
M98 P0022	调用 O0022 子程序，铰孔

续表

%0002	主 程 序 名
G0 G90 Z50	快速回退
Y150	工作台退至工件装卸位
M9	主轴转停
M5	切削液关
M30	程序结束

%0011 钻孔子程序：

%0011	子 程 序 名
G0 Z2	*Z* 轴快速定位
G1 Z-28 F35	工作进给到孔的最终深度，进给速度为 35mm/min
G0 Z50	快速回退
M99	子程序结束返回

%0022 铰孔子程序：

%0022	主 程 序 名
G0 Z2	*Z* 轴快速定位
G1 Z-23 F15	工作进给到孔的最终深度，进给速度为 15mm/min
G0 Z50	快速回退
M99	子程序结束返回

任务 6

图 15-23 所示为一配合件，图 15-23（a）为凹件，图 15-23（b）为凸件，配合间隙不大于 0.059，进行工艺分析及加工。

1. 工艺分析

图纸上零件所有尺寸、技术要求标注齐全，凸件尺寸为 6 级精度，凹件尺寸为 7 级精度，凸凹两件属于间隙配合，最大配合间隙为 0.059。

凸凹模两件相配合时，曲线轮廓尺寸公差的控制是一个难点。在加工凸凹模曲线轮廓时，由于轮廓深度为 20，加工中会产生让刀，导致轮廓面呈喇叭口形状，故深度方向必须分层加工，凸件轮廓最小圆弧半径 *R*10，选用ϕ16 立铣刀铣削曲线外轮廓；凹件轮廓最小圆弧半径 *R*9，选用ϕ12 立铣刀铣削曲线内轮廓。轮廓方向分为粗加工、半精加工、精加工，粗加工单边留量 0.5，半精加工单边留量 0.1，精加工完成加工。每个阶段必须测量尺寸，根据实际尺寸利用半径补偿保证轮廓公差。

为了提高配合精度、保证表面质量要求，进退刀路线必须沿轮廓切线方向光滑过渡，避免刀痕，内外轮廓均采用顺铣加工，如图 15-24 所示。

根据凸凹件尺寸精度要求，内外轮廓划分为三个阶段加工：粗加工、半精加工和精加工；六面体划分为两个阶段加工：粗加工和精加工。先加工凹件，再加工凸件，在每件加工中遵守基准先行原则，在每道工步中遵守先粗后精的原则。

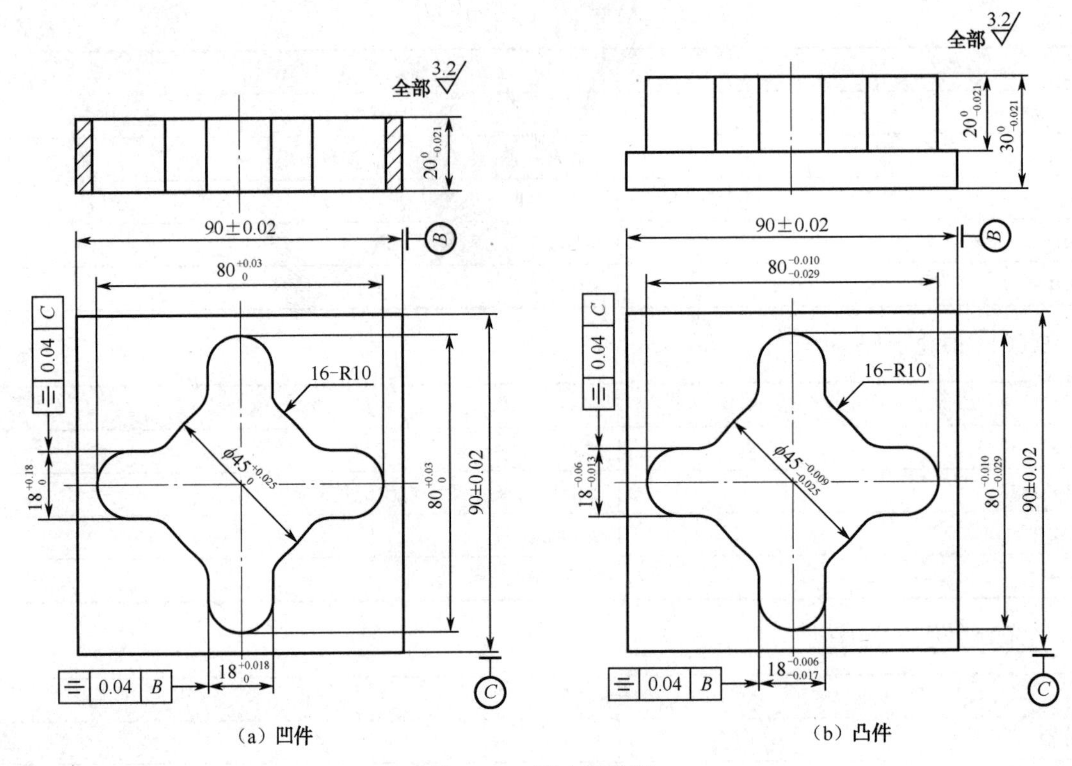

（a）凹件　　　（b）凸件

图 15-23　配合零件图

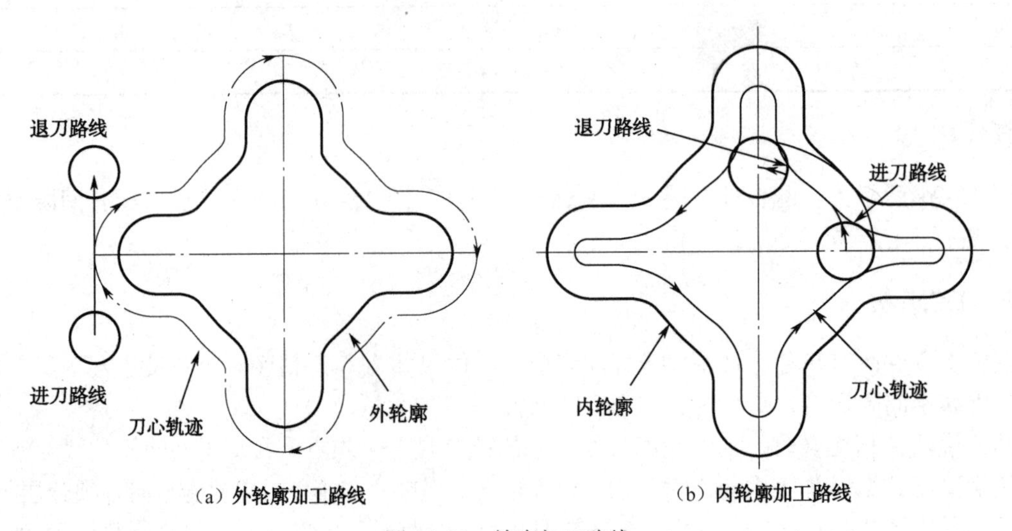

（a）外轮廓加工路线　　　（b）内轮廓加工路线

图 15-24　轮廓加工路线

2．工件装夹

毛坯为 100mm×100mm×23mm、100mm×100mm×33mm 两个厚度不同的六面体，零件外形规则，易于装夹，故选用平口虎钳和一块精密垫块装夹工件。

3．刀具选择

被加工的零件材质为 45 号钢，结合加工内容和阶段，选择刀具如表 15-4 所示。

表 15-4 刀具参数表

刀具类型	直径（mm）	材质	切削刃数	加工内容
可转位面铣刀	ϕ80	YT15	6	粗、精铣平面
立铣刀	ϕ16	高速钢	3	粗铣凸件外轮廓
立铣刀	ϕ12	高速钢	3	粗铣凹件内轮廓
立铣刀	ϕ12	高速钢	4	精铣凸件外轮廓 及凹件内轮廓
麻花钻	ϕ16	高速钢		凹件中心落刀孔

4．工件坐标原点的确定

凸凹件的设计基准为中心线，根据基准重合原则，选择上表面中心作为编程坐标系原点，保证了设计基准和工艺基准重合。

5．程序编制及加工

略。

任务 7

如图 15-25 所示为两配合件加工，件 1 为凸件，凸台分两层，均为十字状，零件外形为正方形，其中上层凸台过度圆角为 *R*5，下层凸台过度圆角为 *R*10，每层高度均为 5mm，上层高度公差为±0.1mm。件 2 为凹件，外形同件 1，凸台部分变为凹槽。要求两件配合间隙≤0.06mm。

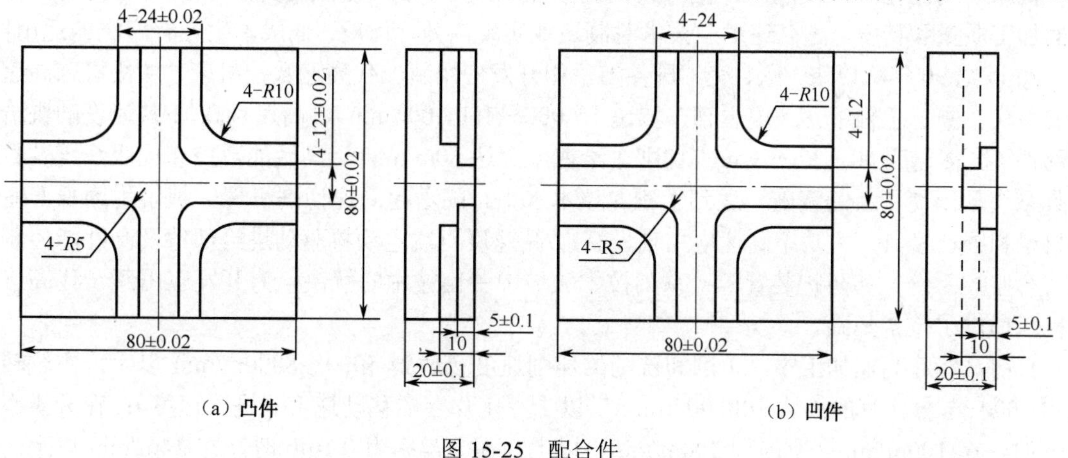

图 15-25 配合件

1．工艺分析

该配合件材料为铝合金，毛坯直径为ϕ100。根据配合精度，两件的加工均要分为两道工序，第一道工序是对凸台或凹槽的粗加工，第二道工序是对零件的精加工。粗精加工在程序上通过刀补值的修改来实现。

2．工件装夹

两件毛坯均为圆棒料，夹具选用 200mm 平口钳。首先以毛坯外圆为粗基准定位装夹，加工

出两个 Z 向的工艺面作为精基准定位平面并装夹，零件加工完再将两个工艺面设法去除。

3．刀具选择

凸件粗加工选用 $\phi16$ 圆柱立铣刀，精加工选用 $\phi8$ 圆柱立铣刀；凹件加工时均选用 $\phi10$ 圆柱立铣刀进行加工。

4．工件坐标原点的确定

两配合件均为对称零件，所以将对称中心作为工件原点。

5．程序编制及加工

略。

项目四　数控铣削技术的发展

知识拓展

1．高速、高效

机床向高速化方向发展，不但可大幅提高加工效率、降低加工成本，而且还可提高零件的表面加工质量和精度。超高速加工技术对制造业实现高效、优质、低成本生产有广泛的适用性。

20 世纪 90 年代以来，欧、美、日各国争相开发应用新一代高速数控机床，加快机床高速化发展步伐。高速主轴单元（电主轴，转速 15 000～100 000r/min）、高速且高加/减速度的进给运动部件（快移速度 60～120m/min，切削进给速度高达 60m/min）、高性能数控和伺服系统及数控工具系统都出现了新的突破，达到了新的技术水平。随着超高速切削机理、超硬耐磨长寿命刀具材料和磨料磨具、大功率高速电主轴、高加/减速度直线电动机驱动进给部件及高性能控制系统（含监控系统）和防护装置等一系列技术领域中关键技术的解决，为开发应用新一代高速数控机床提供了技术基础。

目前，在超高速加工中，车削和铣削的切削速度已达到 5000～8000m/min 以上；主轴转速在 30 000 转/分（有的高达 100 000r/min）以上；工作台的移动速度（进给速度）：在分辨率为 1μm 时，在 100m/min（有的到 200m/min）以上，在分辨率为 0.1μm 时，在 24m/min 以上；自动换刀速度在 1s 以内；小线段插补进给速度达到 12m/min。

2．高精度

从精密加工发展到超精密加工，是世界各工业强国致力发展的方向。其精度从微米级到亚微米级，乃至纳米级（<10nm），其应用范围日趋广泛。

当前，在机械加工高精度的要求下，普通级数控机床的加工精度已由±10μm 提高到±5μm；精密级加工中心的加工精度则从±3～5μm 提高到±1～1.5μm，甚至更高；超精密加工精度进入纳米级（0.001μm），主轴回转精度要求达到 0.01～0.05μm，加工圆度为 0.1μm，加工表面粗糙度 Ra=0.003μm 等。这些机床一般都采用矢量控制的变频驱动电主轴（电动机与主轴一体化），主轴径向跳动小于 2μm，轴向窜动小于 1μm，轴系不平衡度达到 G0.4 级。

高速高精加工机床的进给驱动主要有“回转伺服电机加精密高速滚珠丝杠”和“直线电机直接驱动”两种类型。此外，新兴的并联机床也易于实现高速进给。

滚珠丝杠由于工艺成熟，应用广泛，不仅精度较高（ISO3408 1 级），而且实现高速化的成本也相对较低，所以迄今仍为许多高速加工机床所采用。当前使用滚珠丝杠驱动的高速加工机床最大移动速度为 90m/min，加速度为 1.5g。

滚珠丝杠属于机械传动，在传动过程中不可避免地存在弹性变形、摩擦和反向间隙，相应地造成运动滞后和其他非线性误差，为了排除这些误差对加工精度的影响，1993 年开始在机床上应用直线电动机直接驱动，由于是没有中间环节的“零传动”，不仅运动惯量小、系统刚度大、响应快，可以达到很高的速度和加速度，而且其行程长度理论上不受限制，定位精度在高精度位置反馈系统的作用下也易达到较高水平，是高速高精加工机床，特别是中、大型机床较理想的驱动方式。目前使用直线电动机的高速高精加工机床最大快移速度已达 208m/min，加速度为 2g，并且还有发展空间。

3．高可靠性

随着数控机床网络化应用的发展，数控机床的高可靠性已经成为数控系统制造商和数控机床制造商追求的目标。对于每天工作两班的无人工厂而言，如果要求在 16 小时内连续正常工作，无故障率在 $P(t)$在 99%以上，则数控机床的平均无故障运行时间 MTBF 就必须大于 3000 小时。对一台数控机床而言，如主机与数控系统的失效率之比为 10∶1（数控的可靠比主机高一个数量级）。此时数控系统的 MTBF 就要大于 33333.3 小时，而其中的数控装置、主轴及驱动等的 MTBF 就必须大于 10 万小时。

当前国外数控装置的 MTBF 值已达 6000 小时以上，驱动装置达 30 000 小时以上，但是，可以看到与理想的目标还有差距。

4．复合化

在零件加工过程中有大量的无用时间消耗在工件搬运、上下料、安装调整、换刀和主轴的升、降速上，为了尽可能降低这些无用时间，人们希望将不同的加工功能整合在同一台机床上，因此，复合功能的机床成为近年来发展很快的机种之一。

柔性制造范畴的机床复合加工概念是指将工件一次装夹后，机床便能按照数控加工程序，自动进行同一类工艺方法或不同类工艺方法的多工序加工，以完成一个复杂形状零件的主要乃至全部车、铣、钻、镗、磨、攻丝、铰孔和扩孔等多种加工工序。就棱体类零件而言，加工中心便是最典型的进行同一类工艺方法多工序复合加工的机床。事实证明，机床复合加工能提高加工精度和加工效率，节省占地面积，特别是能缩短零件的加工周期。

5．多轴化

随着 5 轴联动数控系统和编程软件的普及，5 轴联动控制的加工中心和数控铣床已经成为当前的一个开发热点，由于在加工自由曲面时，5 轴联动控制对球头铣刀的数控编程比较简单，并且能使球头铣刀在铣削 3 维曲面的过程中始终保持合理的切速，从而显著改善加工表面的粗糙度并大幅度提高加工效率，而 3 轴联动控制的机床无法避免切速接近于零的球头铣刀端部参与切削，因此，5 轴联动机床凭借其无可替代的性能优势成为各大机床厂家积极开发和竞争的焦点。

最近，国外还在研究 6 轴联动控制使用非旋转刀具的加工中心，虽然其加工形状不受限制且切深可以很薄，但加工效率太低，一时尚难实用化。

6．智能化

智能化是21世纪制造技术发展的一个大方向。智能加工是一种基于神经网络控制、模糊控制、数字化网络技术和理论的加工。它要在加工过程中模拟人类专家的智能活动，以解决加工过程许多不确定性的、要由人工干预才能解决的问题。智能化的内容包含在数控系统中的各个方面。

（1）为追求加工效率和加工质量的智能化，如自适应控制，工艺参数自动生成。

（2）为提高驱动性能及使用连接方便的智能化，如前馈控制、电动机参数的自适应运算、自动识别负载、自动选定模型、自整定等。

（3）简化编程、简化操作的智能化，如智能化的自动编程，智能化的人机界面等；

（4）智能诊断、智能监控，方便系统的诊断及维修等。

世界上正在进行研究的智能化切削加工系统很多，其中日本智能化数控装置研究会针对钻削的智能加工方案具有代表性。

7．网络化

数控机床的网络化，主要指机床通过所配装的数控系统与外部的其他控制系统或上位计算机进行网络连接和网络控制。数控机床一般首先面向生产现场和企业内部的局域网，然后经由因特网通向企业外部，这就是所谓的Internet/Intranet技术。

随着网络技术的成熟和发展，最近业界又提出了数字制造的概念。数字制造又称“e-制造”，是机械制造企业现代化的标志之一，也是国际先进机床制造商当今标准配置的供货方式。随着信息化技术的大量采用，越来越多的国内用户在进口数控机床时要求具有远程通信服务等功能。机械制造企业在普遍采用CAD/CAM的基础上，更加广泛地使用数控加工设备。数控应用软件日趋丰富和具有“人性化”。虚拟设计、虚拟制造等高端技术也越来越多地为工程技术人员所追求。通过软件智能替代复杂的硬件，正在成为当代机床发展的重要趋势。在数字制造的目标下，通过流程再造和信息化改造，ERP 等一批先进企业管理软件已经脱颖而出，为企业创造出更大的经济效益。

8．柔性化

数控机床向柔性自动化系统发展的趋势是：从点（数控单机、加工中心和数控复合加工机床）、线（FMC、FMS、FTL、FML）向面（工段车间独立制造岛、FA）、体（CIMS、分布式网络集成制造系统）的方向发展，向注重应用性和经济性方向发展。柔性自动化技术是制造业适应动态市场需求及产品迅速更新的主要手段，是各国制造业发展的主流趋势，是先进制造领域的基础技术。其重点是以提高系统的可靠性、实用化为前提，以易于连网和集成为目标；注重加强单元技术的开拓、完善；CNC单机向高精度、高速度和高柔性方向发展；数控机床及其构成柔性制造系统能方便地与CAD、CAM、CAPP、MTS联结，向信息集成方向发展；网络系统向开放、集成和智能化方向发展。

9．绿色化

21世纪的金切机床必须把环保和节能放在重要位置，即实现切削加工工艺的绿色化。目前绿色加工工艺主要集中在不使用切削液上，这主要是因为切削液既污染环境和危害工人健康，又增加资源和能源的消耗。干切削一般是在大气氛围中进行的，但也包括在特殊气体氛围中（氮气中、冷风中或采用干式静电冷却技术）不使用切削液进行的切削。不过，对于某些加工方式和工件组合，完全不使用切削液的干切削目前尚难以实际应用，故又出现了使用极微量润滑（MQL）的准干切削。目前在欧洲的大批量机械加工中，已有 10%～15%的加工使用了干切削和准干切削。对于面向多种加工方法/工件组合的加工中心之类的机床来说，主要采用准干切削，通常是让极微量的切削油与压缩空气的混合物经由机床主轴与工具内的中空通道喷向切削区。在各类金切机床中，采用干切削最多的是滚齿机。

总之，数控机床技术的进步和发展为现代制造业的发展提供了良好的条件，促使制造业向着高效、优质及人性化的方向发展。可以预见，随着数控机床技术的发展和数控机床的广泛应用，制造业将迎来一次足以撼动传统制造业模式的深刻革命。

【课后思考】

（1）数控铣床分为哪几类？各有什么特点？

（2）数控铣床的组成和结构特点有哪些？

（3）数控铣床的加工对象有哪些？

（4）加工中心有哪几类？各有什么特点？

（5）简述配合件的特点。

（6）简述配合件的加工方法。

（7）如何控制配合间隙。

第16章 电火花线切割训练与实践

学习要点

（1）电火花线切割基本知识；
（2）电火花线切割加工工艺；
（3）电火花线切割产品加工；
（4）电火花线切割技术发展。

学习案例

（1）电火花线切割机床的操作；
（2）电火花线切割产品加工。

任务分析

（1）了解电火花线切割机床的结构；
（2）掌握电火花线切割机床的操作；
（3）进行电火花线切割产品加工训练。

相关知识

项目一 电火花线切割基本知识；
项目二 电火花线切割加工工艺；
项目三 电火花线切割实训项目；
项目四 电火花线切割技术的发展。

知识链接

项目一 电火花线切割基本知识

【知识准备】

一、电火花线切割的加工原理

电火花线切割加工（Wire Cut EDM，WEDM）基于电火花腐蚀原理，在工具电极与工件电极相互靠近时，电极间形成脉冲火花放电，在电火花通道中产生瞬时高温，使金属局部熔化，甚至气化，从而将金属蚀除下来。

线切割加工用的电极是一根很细（ϕ0.02mm～0.3mm）、很长（1000mm～5000mm）的金属丝（铜丝、钼丝）。不断运动的电极丝与工件之间产生火花放电，从而将金属蚀除下来，来实现轮廓切割。其加工原理如图 16-1 所示，工件固定在工作台上，与脉冲电源正极相连，电极丝沿导轮不断运动，与脉冲电源负极相连。当工件与电极丝的间隙（一般为 0.01mm）适当时，它们之间就产生火花放电，工作液通过液压泵浇注在电极丝与工件之间。而控制器通过进给电动机控制工作台的运动，使工件沿预定的轨迹运动，从而将工件腐蚀成规定的形状。

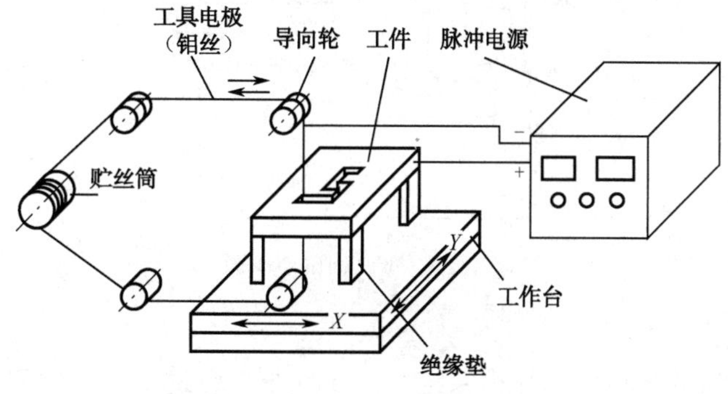

图 16-1　线切割加工示意图

二、电火花线切割的工艺特点

（1）不需要像电火花成形加工那样制造特定形状的电极，只需要输入控制程序。

（2）加工对象主要是平面形状，当机床上加上能使电极丝做相应倾斜运动的功能后，也可以加工锥面。

（3）利用数字控制的多轴复合运动，可方便地加工复杂的直纹面。

（4）电极丝很细，切缝很窄，有利于材料的利用，适合加工细小零件。

（5）电极丝在加工中是移动的，不断更新（低走丝机床）或往复使用，可以完全或短时不考虑电极丝损耗对加工的影响。

（6）依靠计算机对电极丝轨迹的控制和偏移轨迹的计算，可方便地调整凸凹模具的配合间隙，依靠锥度切割功能，又可实现凸凹模一次同时加工。

（7）常用去离子水（低走丝机床）和线切割液（高走丝机床）做工作液，不会起火，可连续运转。

（8）对于粗、半精、精加工，只需调整电参数，操作方便、自动化程度高、成本低。

三、电火花线切割机床的分类与组成

1．电火花线切割加工机床的分类

（1）按走丝速度分：分为慢速走丝方式和高速走丝方式线切割机床。

（2）按加工特点分：分为大、中、小型及普通直壁切割型与锥度切割型线切割机床。

（3）按脉冲电源形式分：分为 RC 电源、晶体管电源、分组脉冲电源及自适应控制电源线切割机床。

2．电火花线切割机床的基本组成

电火花线切割加工机床可分为机床主机和控制台两大部分，机床主机如图 16-2 所示。

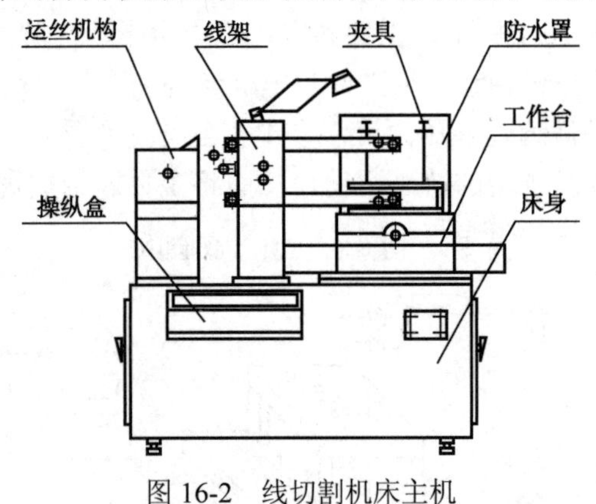

图 16-2 线切割机床主机

（1）控制台。

控制台中装有控制系统和自动编程系统，能在控制台中进行自动编程和对机床坐标工作台的运动进行数字控制。

（2）机床主机。

机床主机主要包括坐标工作台、运丝机构、丝架、冷却系统和床身五个部分。

① 坐标工作台。它用来装夹被加工的工件，其运动分别由两个步进电动机控制。

② 运丝机构。它用来控制电极丝与工件之间的相对运动。

③ 丝架。它与运丝机构一起构成电极丝的运动系统。它的功能主要是对电极丝起支撑作用，并使电极丝工作部分与工作台平面保持一定的几何角度，以满足各种工件加工的需要。

④ 冷却系统。它用来提供有一定绝缘性能的工作介质——工作液，同时可对工件和电极丝进行冷却。

四、电火花线切割的操作方法

本节以 DK7740 型线切割机床为例，介绍线切割机床的操作。图 16-3 所示为 DK7740 型线切割机床操作面板。

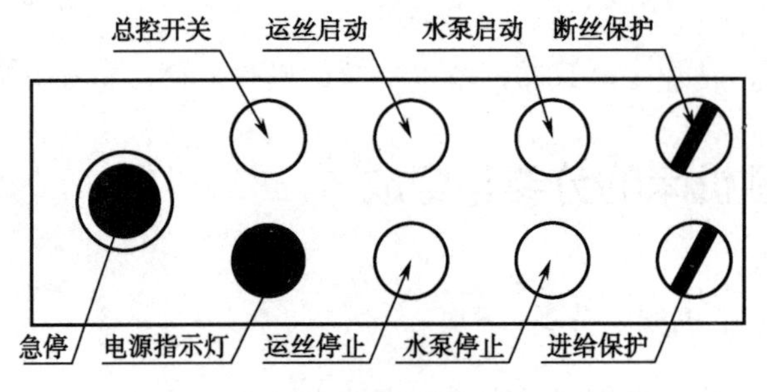

图 16-3 DK7740 型线切割机床操作面板

1．开机步骤

（1）合上给机床供电的闸刀开关；
（2）合上控制柜上电源开关，开计算机主机，进入线切割机床控制系统；
（3）松开机床电气面板上的急停按钮；
（4）按要求装上电极丝；
（5）按下运丝启动按钮，启动运丝电动机；
（6）按下水泵启动按钮，启动冷却泵。

2．关机步骤

（1）按下水泵停止按钮，冷却泵停止工作；
（2）按下运丝停止按钮，运丝电动机停止工作；
（3）按下急停按钮；
（4）关闭控制柜电源。

3．脉冲电源

（1）DK7740 型线切割机床电气柜脉冲电源操作面板如图 16-4 所示。

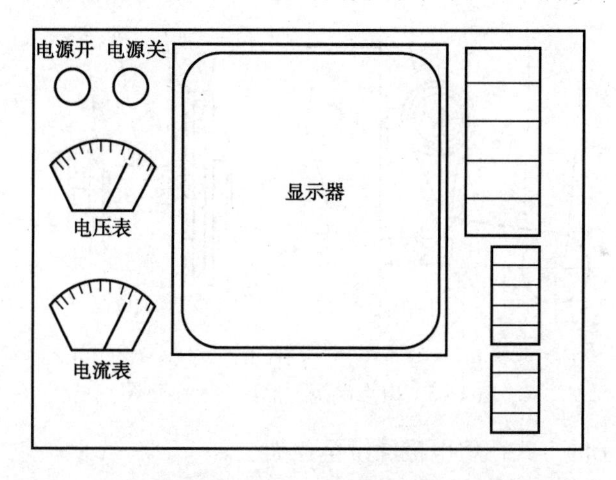

图 16-4　DK7740 型线切割机床电气柜脉冲电源操作面板

（2）电源参数简介。

① 脉冲宽度。

脉冲宽度（ti）选择开关共分六挡，单位为毫秒，从上往下分别为：第一挡（2μs）、第二挡（4μs）、第三挡（8μs）、第四挡（16μs）、第五挡（32μs）。

② 功率管。

功率管个数选择开关可控制参加工作的功率管个数，如果五个开关均接通，五个功率管同时工作，这时峰值电流最大。如果五个开关全部关闭，只有一个功率管工作，此时峰值电流最小。每个开关控制一个功率管。

③ 幅值电压。

幅值电压为空载脉冲电压幅值，系统设定电压为 100V 左右。

④ 脉冲间隙。

调节电位器阻值改变脉冲间隔，可改变输出矩形脉冲波形的脉冲间隔，即能改变加工电流的平均值，从上至下分别为：第一挡（1μs）、第二挡（2μs）、第三挡（4μs）、第四挡（8μs）。

脉冲间隔越小，加工电流的平均值越大，脉冲间隔越大，加工电流的平均值越大。

⑤ 电压表。

由 0～150V 直流表指示空载脉冲电压幅值。

4．电极丝的绕装

电极丝的绕装如图 16-5 所示，具体绕装过程如下。

（1）上丝起始位置在储丝筒右侧，用摇手手动将储丝筒右侧停在线架中心位置；

（2）右边撞块压住换向行程开关触点，左边撞块尽量拉远；

（3）松开上丝器上螺母 5，装上钼丝盘 6 后拧上螺母 5；

（4）调节螺母 5，将钼丝盘压力调节适中；

（5）将钼丝一端通过图中件 3 上丝轮后固定在储丝筒 1 右侧的螺钉上；

（6）空手逆时针转动储丝筒几圈，转动时撞块不能脱开换向行程开关触点；

（7）按下操纵面板上的运丝启动按钮，储丝筒转动，钼丝自动缠绕在储丝筒上，达到要求后，按操纵面板上的急停旋钮，即可将电极丝装至储丝筒上。

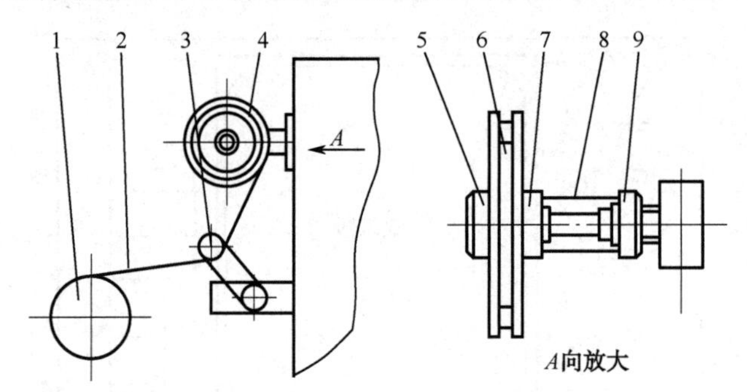

1—储丝筒；2—钼丝；3—排丝轮；4—上丝架；5—螺母；6—钼丝盘；7—挡圈；8—弹簧；9—调节螺母

图 16-5 电极丝绕至储丝筒上示意图

（8）按图 16-6 所示的方式，将电极丝绕至丝架上。

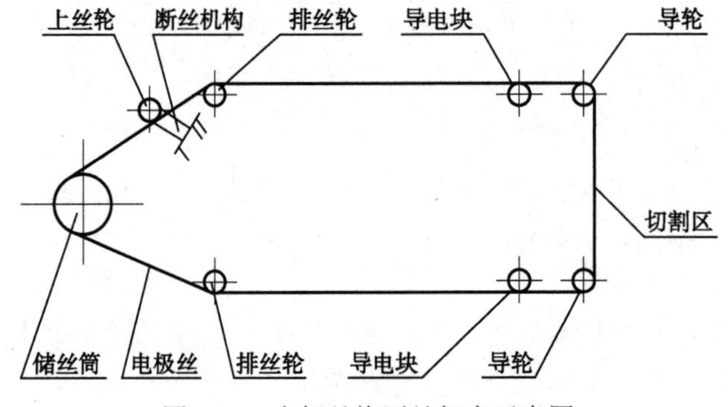

图 16-6 电极丝绕至丝架上示意图

5．机床操作步骤

（1）合上机床控制柜上的电源开关，启动计算机，进入线切割控制系统；

（2）解除机床主机上的急停按钮；

（3）按机床润滑要求加注润滑油；

（4）开启机床空载运行 2 分钟，检查其工作状态是否正常；

（5）按所加工零件的尺寸、精度、工艺等要求，在线切割机床自动编程系统中编制线切割加工程序，并送控制台，或手工编制加工程序，并通过软驱读入控制系统；

（6）在控制台上对程序进行模拟加工，以确认程序准确无误；

（7）工件装夹；

（8）开启运丝筒；

（9）开启冷却液；

（10）选择合理的电加工参数；

（11）手动或自动对刀；

（12）单击控制台上的“开始”按钮，开始自动加工；

（13）加工完毕后，关闭控制柜电源；

（14）拆下工件，清理机床；

（15）关闭机床控制柜电源。

项目二 电火花线切割加工工艺知识

【知识准备】

一、电火花线切割加工的工艺指标及影响因素

线切割的加工工艺主要是电加工参数和机械参数的合理选择。电加工参数包括脉冲宽度和频率、放电间隙、峰值电流等。机械参数包括进给速度和走丝速度等。应综合考虑各参数对加工的影响，合理地选择工艺参数，在保证工件加工质量的前提下，提高生产率，降低生产成本。

1．电参数对工艺指标的影响

（1）脉冲宽度 t_w。

t_w 增大时，单个脉冲能量增多，切割速度提高，表面粗糙度变大，放电间隙增大，加工精度有所下降。粗加工时取较大的脉宽，精加工时取较小的脉宽，切割厚大工件时取较大的脉宽。

（2）脉冲间隔 t。

t 增大，单个脉冲能量降低，切割速度降低，表面粗糙度数有所增大，粗加工及切割厚大工件时脉冲间隔取宽些，而精加工时取窄些。

（3）开路电压 u_0。

开路电压增大时，放电间隙增大，排屑容易，提高了切割速度和加工稳定性，但易造成电极丝振动，工件表面粗糙度变差，加工精度有所降低。通常精加工时取的开路电压比粗加工时低，切割大厚度工件时取较高的开路电压。一般 u_0=60～150V。

（4）放电峰值电流 i_p。

放电峰值电流是决定单脉冲能量的主要因素之一。i_p 增大，单个脉冲能量增多，切割速度迅速提高，表面粗糙度增大，电极丝损耗比加大，甚至容易断丝，加工精度有所下降。粗加工及

切割厚件时应取较大的放电峰值电流，精加工时取较小的放电峰值电流。

（5）放电波形。

电火花线切割加工的脉冲电源主要有晶体管矩形波脉冲电源和高频分组脉冲电源。在相同的工艺条件下高频分组脉冲能获得较好的加工效果，其脉冲波形如图 16-7 所示，它是矩形波改造后得到的一种波形，即把较高频率的脉冲分组输出。

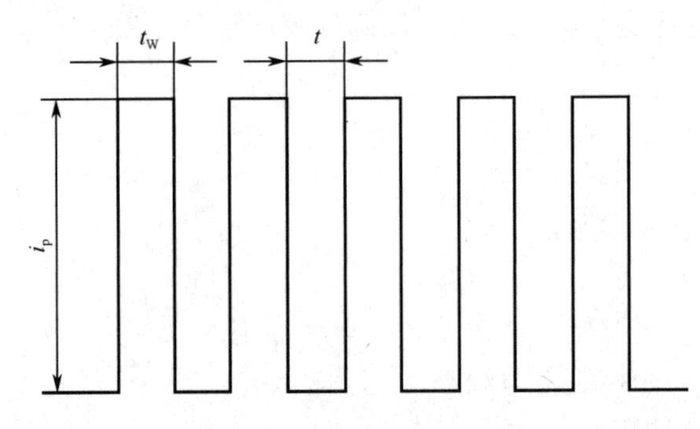

图 16-7　高频分组脉冲波形

（6）极性。

线切割加工因脉冲较窄，所以都用正极性加工，即工件接电源的正极，否则切割速度会变低而电极丝损耗增大。

（7）变频、进给速度。

即预置进给速度的调节，对切割速度、加工速度和表面质量的影响很大。因此，调节预置进给速度应紧密跟踪工件蚀除速度，以保持加工间隙恒定在最佳值上。如果预置进给速度调得太快，超过工件可能的蚀除速度，会出现频繁的短路现象，切割速度反而低，表面粗糙度也差，上下端面切缝呈焦黄色，甚至可能断丝；反之，进给速度调得太慢，大大落后于工件的蚀除速度，极间将偏于开路，会时而开路时而短路。这两种情况都大大影响了工艺指标。因此，应按电压表、电流表调节进给旋钮，使表针稳定不动，此时进给速度均匀、平稳，是线切割加工速度和表面粗糙度均较好的最佳状态。

2．非电参数对工艺指标的影响

（1）走丝速度对工艺指标的影响。

切割速度（或称加工速度）的定义是：单位时间内电极丝中心所切割过的有效面积，通常以 mm^2/min 表示。走丝速度与以下几个条件有关：

① 电极丝上任意一点在火花放电区域内停留时间的长短；

② 放电区域内电极丝的局部温升；

③ 电极丝在切割过程中将工作液带入放电区域内的速度；

④ 电极丝在切割过程中将放电区域内的电蚀产物带出的放电间隙。

显然，走丝速度越快，放电区域内的电极丝温升越低，工作液进入间隙的速度越快，电蚀产物的排出也越快。因此，走丝速度越快，切割速度就越快。

（2）工件厚度及材料对工艺指标的影响。

工件薄时，工作液容易进入并充满放电间隙，有利于排屑和消电离，加工稳定性好；但工件太薄时，电极丝容易抖动，对加工精度和表面粗糙度不利，且脉冲利用率低，切削速度因而下降。工件厚时，工作液难以进入和充满放电间隙，加工稳定性差，但电极丝不易抖动，因而加工精度和表面粗糙度较好，但过厚时排屑困难，导致切割速度下降。

（3）电极丝材料及直径对加工指标的影响。

高速走丝用的电极丝材料应具有良好的导电性、较大的抗拉强度和良好的耐电腐蚀性能，且电极丝的质量应该均匀，不能有弯折和打结现象。钼丝韧性好，放电后不易变脆、不易断丝，因而应用广泛。黄铜丝加工稳定，切割速度高，但电极丝损耗大。

电极丝直径大时，能承受较大的电流，从而使切割速度提高，同时切缝宽，放电产生的腐蚀物排出条件得到改善而使加工稳定，但加工精度和表面粗糙度下降。当直径过大时，切缝过宽，需要蚀除的材料增多，导致切割速度下降，而且难以加工出内尖角的工件。高速走丝时电极丝的直径可在 0.1～0.25mm 之间选用，低速走丝时直径可在 0.076～0.3mm 之间选用。电极丝直径及与之相适应的切割厚度见表 16-1。

表 16-1　电极丝直径与合适的切割厚度

电极丝材料	电极丝直径/mm	合适的切割厚度/mm
钨丝	ϕ0.05	0～5
	ϕ0.07	0～8
	ϕ0.10	0～30
铜丝	ϕ0.10	0～15
	ϕ0.15	0～30
	ϕ0.20	0～80
	ϕ0.25	0～100

（4）工作液对加工指标的影响。

在电火花线切割加工中，工作液为脉冲放电的介质，对加工工艺指标的影响很大。同时，工作液通过循环过滤装置连续地向加工区供给，对电极丝和工件进行冷却，并及时从加工区排出电蚀产物，以保持脉冲放电过程能稳定而顺利地进行。低速走丝线切割机床大都采用去离子水作为工作液，只有在特殊精加工时才采用绝缘性能较高的煤油。高速走丝线切割机床大都使用专用乳化液。

3．电加工参数的选择

（1）精加工。脉冲宽度选择最低挡，电压幅值选择低挡，幅值电压为 75V 左右，接通 1～2 个功率管，调节变频电位器，加工电流控制在 0.8～1.2A，加工表面粗糙度 $Ra \leqslant 2.5\mu m$。

（2）最大材料去除率加工：幅值电压为 100V 左右，功率管全部接通，调节变频电位器，加工电流控制在 4～4.5A。

（3）大厚度工件加工（>300mm）：功率管开 4～5 个，加工电流控制在 2.5～3A。

（4）较大厚度工件加工（60～100mm）：功率管开 4 个左右，加工电流调至 2.5～3A。

（5）薄工件加工：功率管开 2～3 个，加工电流调至 1A 左右。

4．机械参数的选择

切割加工时进给速度和电蚀速度要协调好，不要欠跟踪或跟踪过紧。进给速度的调整主要靠调节变频进给量，在某一具体加工条件下，只存在一个相应的最佳进给量，此时钼丝的进给速度恰好等于工件实际可能的最大蚀除速度。欠跟踪使加工经常处于开路状态，无形中降低了生产率，且电流不稳定，容易造成断丝；过紧跟踪容易造成短路。一般调节变频进给，使加工电流为短路电流的 0.85 左右，就可以保证为最佳工作状态，即此时变频进给速度最合理、加工最稳定、切割速度最高。表 16-2 给出了根据进给状态调整变频的方法。

表 16-2 根据进给状态调整变频的方法

实频状态	进给状态	加工面状况	切割速度	电极丝	变频调整
过紧跟踪	慢而稳	焦褐色	低	略焦，老化快	应减慢进给速度
欠跟踪	忽慢忽快，不均匀	不光洁，易出深痕	较快	易烧丝，丝上有白斑伤痕	应加快进给速度
欠佳跟踪	慢而稳	略焦褐，有条纹	低	焦色	应稍增加进给速度
最佳跟踪	很稳	发白，光洁	快	发白，老化慢	不需要再调整

5．影响线切割加工精度的因素

加工精度主要分为以切缝宽度精度为基础的形状精度和定位精度，严格地讲还有内部形状精度，见表 16-3。

表 16-3 影响线切割加工精度的因素

影响因素		影响情况
坐标工作台	导轨、齿轮的制造精度	使工作台在坐标方向移动，产生误差
	丝杠螺母的间隙、齿轮的啮合间隙及其他零件的装配精度	
走丝系统	丝架与工作台的垂直度	影响工件侧壁的垂直度，造成工件上下端的尺寸误差；影响电极丝的垂直度，造成电极丝位移和摆动，影响工件尺寸和切割面质量
	导轮的偏摆与磨损情况	
	卷丝筒的转动与移动精度	造成电极丝抖动，影响尺寸和粗糙度
	电极丝的张紧程度	张紧程度不够，切割中电极丝呈弧形，造成工件形状误差
运算控制精度		因控制系统失误，造成工件尺寸误差
脉冲电源的参数		影响电极丝的损耗，影响放电间隙
进给速度		使电极丝受力不呈直线状，影响工件形状
工件材料的内应力		切割过程中，因内应力变形影响尺寸；切割完成后，因内应力引起变形和开裂

二、线切割编程中的工艺处理

1．标注公差尺寸的编程计算

大量的统计表明，线切割加工后的实际尺寸大部分在公差带的中值附近。因此对标注有公差的尺寸，应采用中差尺寸编程。其计算公式为：

$$中差尺寸=基本尺寸+(上偏差+下偏差)/2$$

例如，半径 R 的中差尺寸为：20+(0−0.02)/2=19.99。

实际加工和编程时，要考虑钼丝半径 $r_{丝}$和单边放电间隙$\delta_{电}$的影响。对于切割凹体，应将编程轨迹减小（$r_{丝}+\delta_{电}$），切割凸体，则应偏移增大（$r_{丝}+\delta_{电}$）。切割模具时，还应考虑凸凹模之间的配合间隙δ隙。

2．间隙补偿量f的确定

在数控线切割加工时，控制装置所控制的是电极丝中心轨迹，如图 16-8 所示（图中双点画线为电极丝中心轨迹），加工凸模时电极丝中心轨迹应在所加工图形的外面；加工凹模时，电极丝中心轨迹应在要求加工图形的里面。工件图形与电极丝中心轨迹间的距离，在圆弧的半径方向和线段的垂直方向都等于间隙补偿量f。

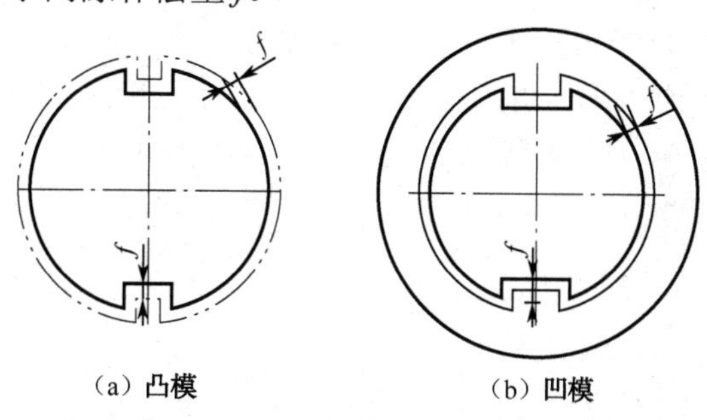

（a）凸模　（b）凹模

图 16-8　电极丝中心轨迹

（1）间隙补偿量的符号。

可根据在电极丝中心轨迹图形中圆弧半径及直线段法线长度的变化情况来确定。对于圆弧，当考虑电极丝中心轨迹后，其圆弧半径比原图形半径增大时取$+f$，减小时取$-f$；对于直线段，当考虑电极丝中心轨迹后，使该直线段的法线长度P增加时取$+f$，减小时则取$-f$。

（2）间隙补偿量的算法。

加工冲模的凸、凹模时，应考虑电极丝半径，丝、电极丝和工件之间的单边放电间隙$\delta_{电}$及凸模和凹模间的单边配合间隙$\delta_{配}$。当加工冲孔模具时（即冲后要求保证工件孔的尺寸），凸模尺寸由孔的尺寸确定。因$\delta_{配}$在凹模上扣除，故凸模的间隙补偿量$f_{凸}=r_{丝}+\delta_{电}$，凹模的间隙补偿量$f_{凹}=r_{丝}+\delta_{电}-\delta_{配}$。当加工落料模时（即冲后要求保证冲下的工件尺寸），凹模尺寸由工件尺寸确定。因$\delta_{配}$在凸模上扣除，固凸模的间隙补偿量$f_{凸}=r_{丝}+\delta_{电}-\delta_{配}$，凹模的间隙补偿量$f_{凹}=r_{丝}+\delta_{电}$。

3．切割路线走向及起点的选择

为了避免或减少工件材料内部组织及内应力对加工变形的影响，必须考虑工件在坯料中的取出位置，合理选择切割路线的走向和起点。

例如，在切割热处理性能较差的材料时，若工件取自坯料的边缘处，则变形较大；若工件取自坯料的里侧，则变形较小。所以，为保证加工精度，必须限制取件位置。

切割路线的走向和起点选择不当，也会严重影响工件的加工精度。如图 16-9 所示，加工程序引入点为A，起点为a，则切割路线走向有：

① $A \to a \to b \to c \to d \to e \to f \to a \to A$；

② $A \to a \to f \to e \to d \to c \to b \to a \to A$。

如果选②的路线加工，加工至f点后的工件刚度就降低了，容易产生变形而破坏加精度；如果选①的路线加工，则可在整个加工过程中保持较好的工件刚度，加工变形小。一般情况下，合理的切割路线应是工件与其夹持尺寸分离的切割段安排在切割程序的末端。

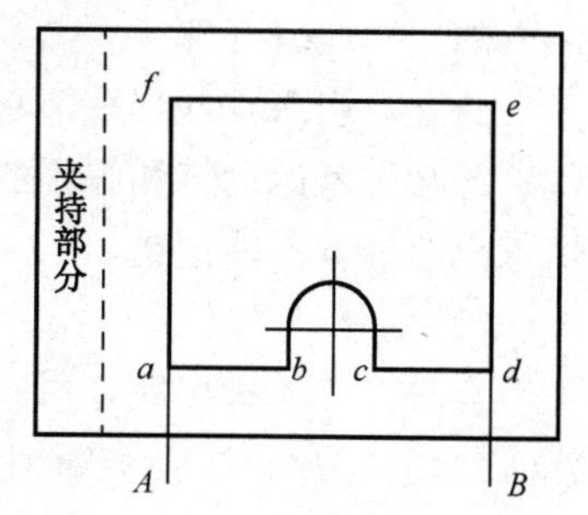

图 16-9　走向及起点对加工精度的影响

若加工程序引入点为 B，起点为 d，则无论选哪条路线加工，其切割精度都会受到材料变形的影响。

切割过程中的边切割边夹持也是用来减少工件变形的方法之一。

程序起点应按下述原则选定。

（1）被切割工件各表面的粗糙度要求不同时，应在粗糙度要求较低的面上选择起点。

（2）工件各面的粗糙度要求相同时，则尽量在截面图形的相交点上选择起点。当图形上有若干个相交点时，尽量选择相交角较小的交点作为起点。当各交角相同时，起点的优先选择顺序是：直线与直线的交点、直线与圆弧的交点、圆弧与圆弧的交点。

（3）对于各切割面既无技术要求的差异又没有型面的交点的工件，加工程序起点尽量选择在便于钳工修复的位置上。例如，外轮廓的平面、半径大的弧面，要避免选择在凹入部分的平面或圆弧上。

4．辅助程序的规划

（1）引入程序。

在线切割加工中，引入点通常不能与程序起点重合，这就需要一段从引入点切割至程序起点的引入程序。

对凹模类封闭形工件的加工，引入点必须选在材料实体之内。这就需要在切割前预制工艺孔（即穿丝孔），以便穿丝。对凸模类工件的加工，引入点可以选在材料实体之外，这时就不必预制穿丝孔。但有时也有必要把引入点选在实体之内而预制穿丝孔，这是因为坯件材料在切断时会在很大程度上破坏材料内部应力的平衡状态，造成工件材料的变形，影响加工精度，严重时甚至造成夹丝、断丝，使切割无法进行。当采用穿丝孔时，可以使工件坯料保持完整，避免可能出现的问题，如图 16-10 所示。

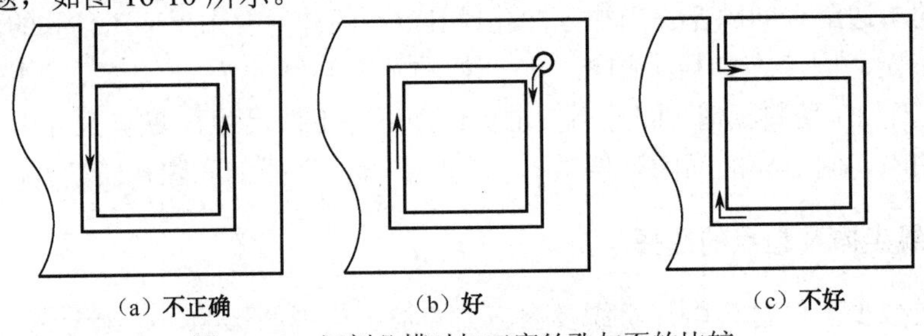

（a）不正确　　（b）好　　（c）不好

图 16-10　切割凸模时加工穿丝孔与否的比较

为了控制加工过程中的材料变形，应合理选择引入点和引入程序。对于窄沟加工引入点的选择，如图 16-11 所示。图 16-11（a）容易引起切缝变形和接刀痕迹、容易夹断钼丝；图 16-11（b）的选择比较合理。

此外，引入点应尽量靠近程序的起点，以缩短切割时间。当用穿丝孔作为加工基准时，其位置还必须考虑运算和编程的方便。在锥度切割加工中，引入程序直接影响着钼丝的倾斜方向，引入点的位置不能定错。

（2）切出程序。

有时工件轮廓切完之后，钼丝还需要沿切入路线反向切出。但是材料的变形易使切口闭合，当钼丝切至边缘时，会卡断钼丝。所以应在切出过程中增加一段保护钼丝的切出程序，如图 16-12 所示（图中的 $A'-A''$）。A' 点距工件边缘的距离应根据变形力的大小而定，一般为 1mm 左右。$A'-A''$ 斜度可取 1/3～1/4。

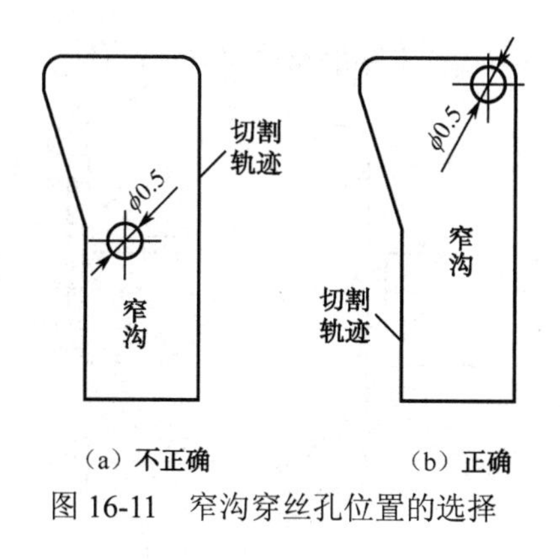

图 16-11　窄沟穿丝孔位置的选择

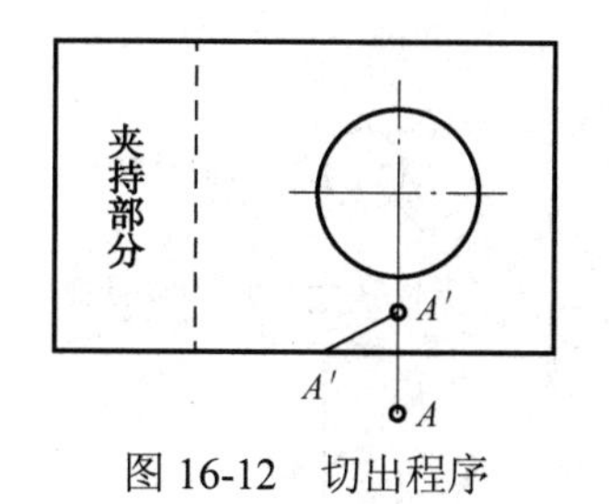

图 16-12　切出程序

三、工件的调整

1．百分表找正法

如图 16-13 所示，用磁力表架将百分表固定在丝架上，往复移动工作台，按百分表上指示值调整工件位置，直至百分表指针偏摆范围达到所要求的精度。

2．划线找正法

图 16-14 所示，利用固定在丝架上的划针对正工件上划出的基准线，往复移动工作台，目测划针与基准线间的偏离情况，调整工件位置，此法适用于精度要求不高的工件加工。

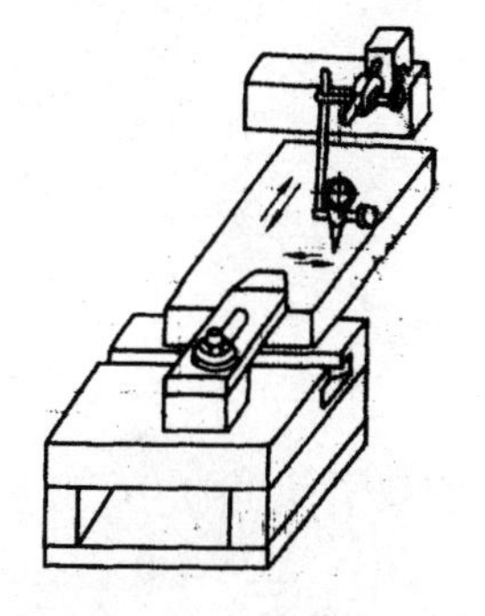

图 16-13　百分表找正法

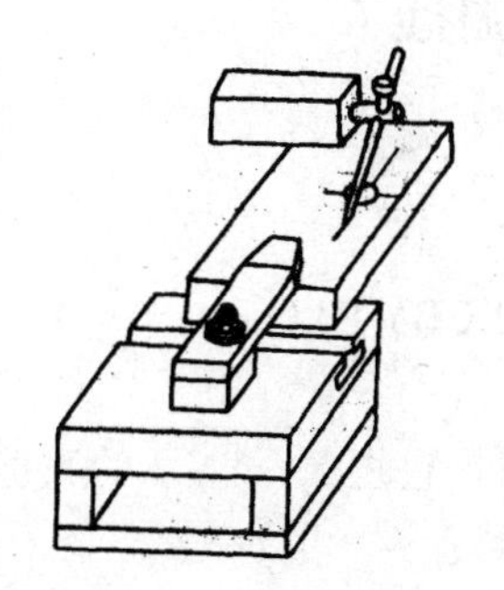

图 16-14　划线找正法

四、电极丝位置的调整

1．目测法

如图 16-15 所示，利用穿丝孔处划出的十字基准线，分别沿划线方向观察电极丝与基准线的相对位置，根据两者的偏离情况移动工作台，当电极丝中心分别与纵、横向基准线重合时，电极丝的中心位置就确定了。

2．火花法

如图 16-16 所示，开启高频及运丝筒，移动工作台，使工件的基准面靠近电极丝，在出现火花的瞬时，记下工作台的相对坐标值，再根据放电间隙计算电极丝的中心坐标。

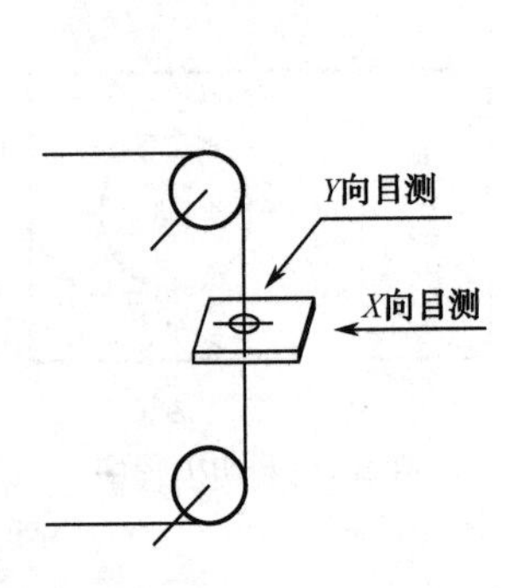

图 16-15 目测法调整电极丝位置

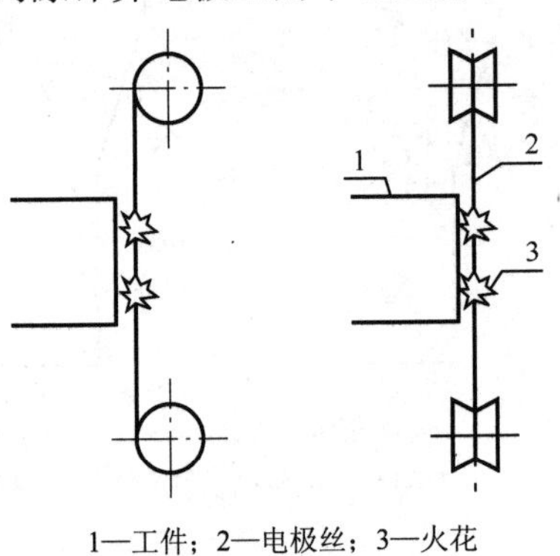

1—工件；2—电极丝；3—火花

图 16-16 火花法调整电极丝位置

3．自动找正

一般的线切割机床都具有自动找边、自动找中心的功能。

项目三 电火花线切割实训项目

【实训操作】

一、3B 代码编程

1．程序格式

一般格式：BX BY BJ G Z

其中：

B——分隔符，它将 X、Y、J 的数值分隔开，B 后的数字如果为 0，则 0 可省略不写，但分隔符号 B 不能省略；

X——x 轴坐标值，Y——y 轴坐标值，J——加工线段的计数长度；

G——加工线段的计数方向，分为按 x 方向计数（G_x）和按 y 方向计数（G_y）；

Z——加工指令（共有 12 种指令，直线 4 种，圆弧 8 种）；

X，Y，J 均取绝对值，单位为微米（μm）。

2．直线的编程

（1）建立坐标系。

采用相对坐标系，加工直线时，坐标系的原点取在线段的起点上。

（2）格式中每项的含义。

① X、Y 是线段的终点坐标值（X_e、Y_e），也可以是线段的斜率。

② 计数方向是线段终点坐标值中较大值的方向。如果 $X_e>Y_e$，记作 G_x，反之取 G_y，见图 16-17（注：当 $X_e=Y_e$ 时，45° 和 225° 取 G_y，135° 和 315° 取 G_x）。

③ 计数长度（J）由线段的终点坐标值中较大的值来确定。如果 $X_e>Y_e$，则取 X_e，反之取 Y_e，如图 16-18 和图 16-19 所示。

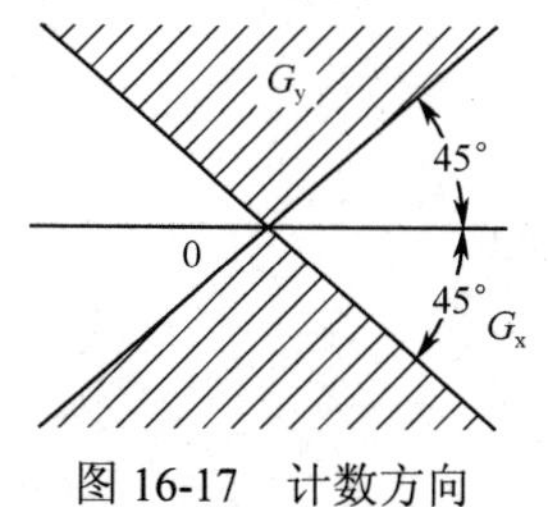

图 16-17　计数方向

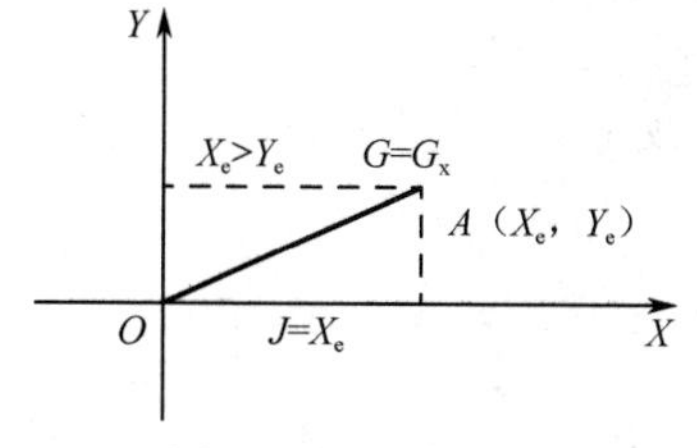

图 16-18　计数长度

④ 加工指令（Z）共有 4 种：L1、L2、L3、L4。第一象限 0° ≤α<90° 取 L1；第二象限 90° ≤α<180° 取 L2；第三象限 180° ≤α<270° 取 L3；第四象限 270° ≤α<360° 取 L4，见图 16-20。

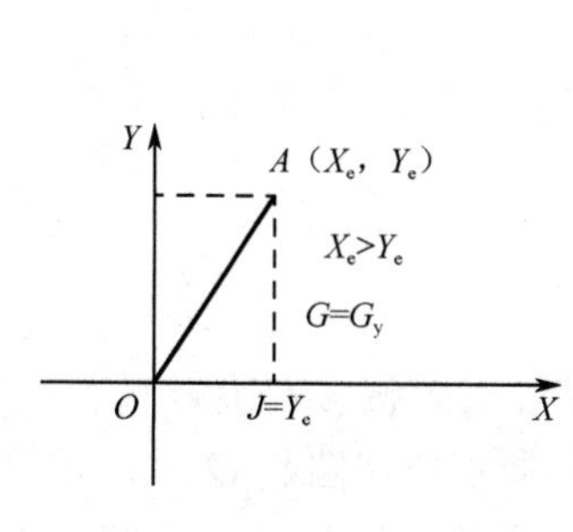

图 16-19　计数长度

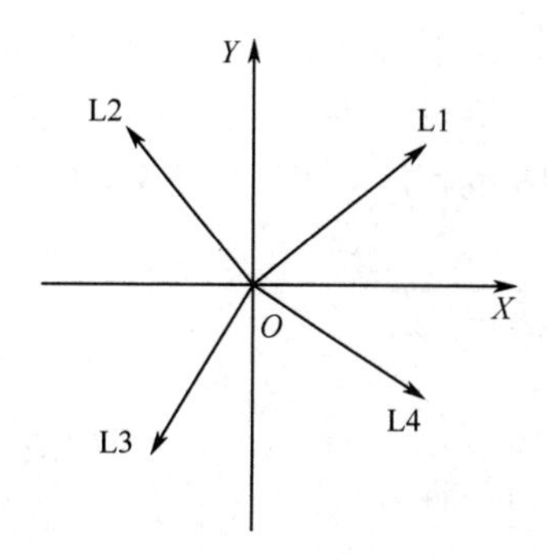

图 16-20　直线加工指令

3．圆弧的编程

（1）建立坐标系。

坐标系的原点取在圆弧的圆心上。

（2）格式中各项的含义。

① X、Y 是圆弧的起点坐标值。

② 计数长度（J）应取从起点到终点某一坐标轴移动的总距离。当计数方向确定后，就是被加工曲线在该计数方向投影长度的总和。对圆弧度来讲，它可能跨越几个象限。

③ 计数方向（G）由圆弧终点坐标值中较小的决定。如果 $X_e>Y_e$，取 G_y，反之取 G_x。

④ 加工指令（Z）由圆弧起点所在的象限决定。指令共有 8 种，逆圆 4 种，顺圆 4 种，如图 16-21 和图 16-22 所示。

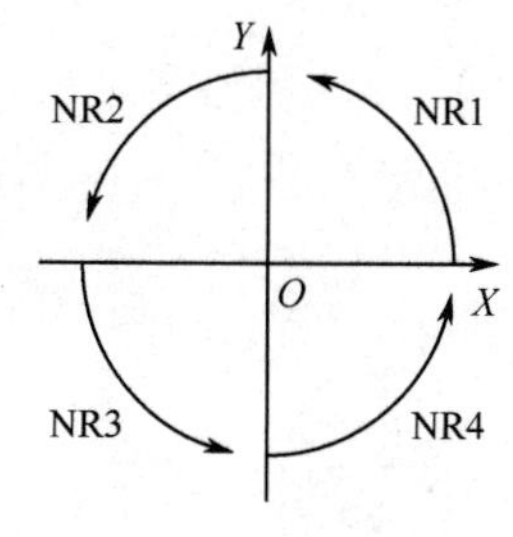

图 16-21　逆圆加工指令

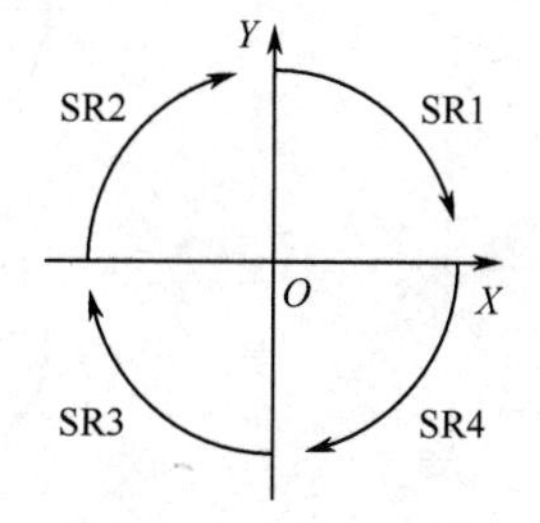

图 16-22　顺圆加工指令

二、实训项目一

如图 16-23 所示，试编写直线 *AB* 的程序。

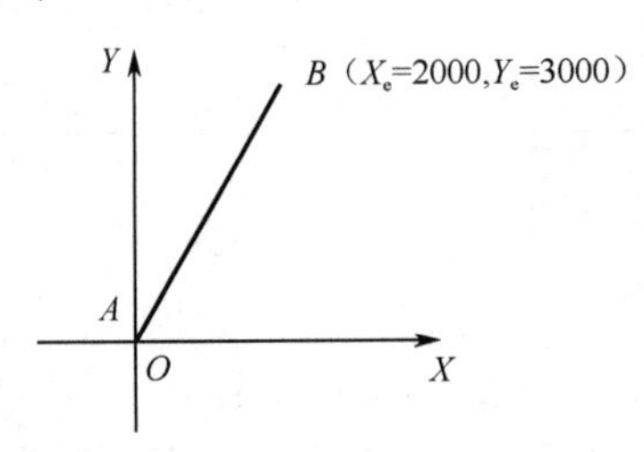

图 16-23 直线 *AB* 的编程

建立坐标系，把坐标原点取在直线的起点 *A*，则线段的终点坐标（X_e=2000，Y_e=3000）因为 $X_e<Y_e$，所以取 $G=G_y$，$J=J_y$=3000。直线位于第一象限，故取加工指令 Z 为 L1。

故直线 *AB* 的程序为 B2000 B3000 B3000 Gy L1 或 B2 B3 B3000 Gy L1。

三、实训项目二

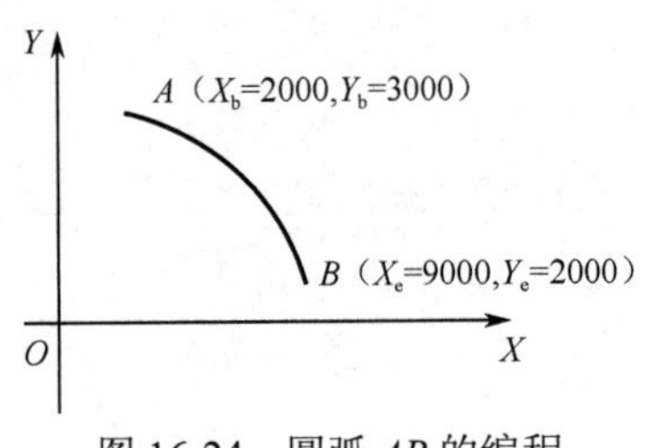

图 16-24 圆弧 *AB* 的编程

如图 16-24 所示，试编写圆弧 *AB* 的程序。

建立坐标系，把坐标原点取在圆心 *O* 上，则 *A* 点的坐标为（X_b=2000，Y_b=9000），终点的坐标为（X_e=9000，Y_e=2000）。因为 $X_e>Y_e$，所以取 $G=G_y$，$J=Y_A-Y_B$=9000−2000=7000。由于圆弧起点 *A* 位于第一象限，又圆弧 *AB* 为顺圆，所以取加工指令 Z 为 SR1。

圆弧 *AB* 的程序为：B2000 B9000 B7000 Gy SR1。

四、实训项目三

编制加工如图 16-25 所示零件的凹模和凸模线切割程序。已知该模具为落料模，$r_{丝}$=0.065，$\delta_{电}$=0.01，$\delta_{配}$=0.01。

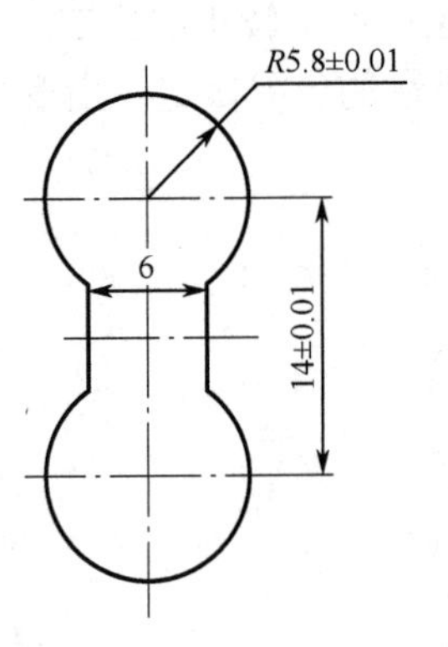

图 16-25 冲裁加工零件

1．编制凹模程序

因该模具为落料模，冲下的零件尺寸由凹模决定，模具配合间隙在凸模上扣除，故凹模的间隙补偿量为：

$$f_{凹}=r_{丝}+\delta_{电}=(0.065+0.01)\text{mm}=0.075\text{mm}$$

图 16-26 中点画线表示电极丝中心轨迹，此图对 x 轴上下对称，对 y 轴左右对称。因此，只要计算一个点，其余三个点均可得到，通过计算可得到各点的坐标为：O_1（0，7）；O_2（0，−7）；a（2.925，2.079）；b（−2.925，2.079）；c（−2.925，−2.079）；d（2.925，−2.079）。

若将穿丝孔钻在 O 处，切割路线为：$O→a→b→c→d→a→O$，程序编制如下：

```
B2925B2079B2925GxL1          (O→a)
B2925B4921 B17050GxNR4       (a→b)
BBB4158GY L4                 (b→c)
B2925B4921 B17050GxNR2       (c→d)
BBB4l58GYL2                  (d→a)
B2925B2079B2925GxL3          (a→O)
D
```

2．编制凸模程序

如图 16-27 所示，凸模的间隙补偿量，$f_{凸}=r_{丝}+\delta_{电}-\delta=(0.065+0.01-0.01)\text{mm}=0.065\text{mm}$。

计算可得到各点的坐标为：O_1（0，7）；O_2（0，−7）；a（3.065，2）；b（−3.065，2）；c（−3.065，−2）；d（3.065，−2）。

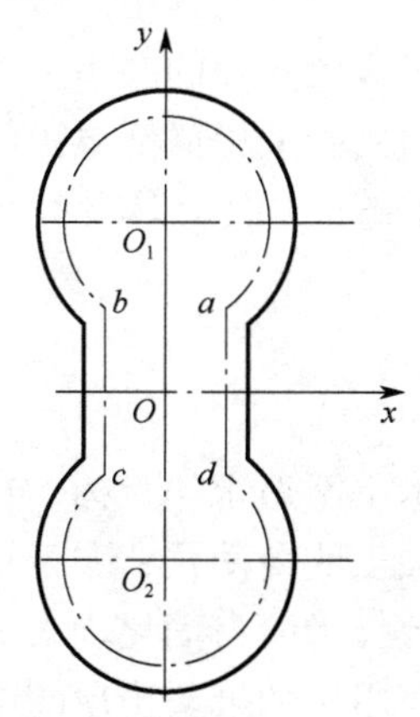

图 16-26　凹模电极丝中心轨迹

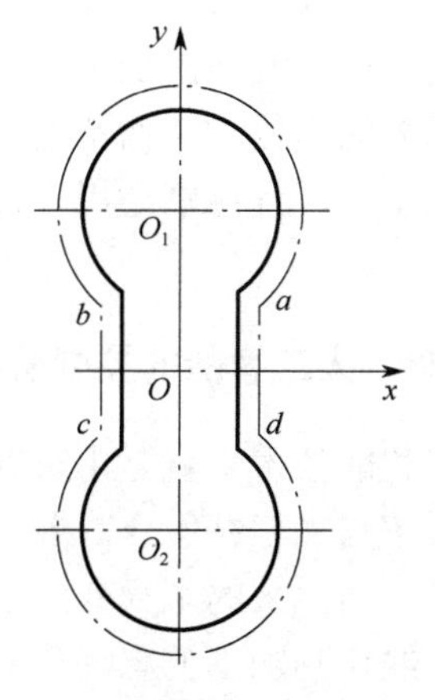

图 16-27　凸模电极丝中心轨迹

切割路线为：加工时先沿 Ll 切入 5mm 至 b 点，沿凸模按逆时针方向切割回 b 点，再沿 L3 退回 5mm 至起始点。程序如下：

```
BBB5000GxL1                  (沿 L1 切入 5mm 至 b 点)
BBB4000GYL4                  (b→c)
B3065B5000B17330GxNR2        (c→d)
BBB4000GYL2                  (d→a)
B3065B5000B17330GxNR4        (O→b)
BBB5000GxL3                  (沿 L3 退回 5mm 至起始点)
D
```

项目四　电火花线切割技术的发展

知识拓展

1．新型走丝系统

目前，新型的走丝系统在加工工艺中很好地集成了穿丝工艺，从而大大提高了系统的加工精度及加工效率。双丝系统能实现在一台机床上自动交换两种材质、直径都不同的电极丝，从而解决高精度与高速度加工之间的矛盾。在系统中，粗、细电极丝分别采用相互联锁的两套类似的走丝系统，但与导向器系统是统一的，没有移动部件，用以保证最佳精度。换丝时间不到45s。两种电极丝采用的加工规准、切割路径及偏移量等均由专家系统自动设定。粗加工时，采用直径较大的电极丝进行加工，使电极丝可承受更大的张力、机械力与热负载，因此可选择电流较大的工艺规准进行加工，提高加工速度。精加工时，选择直径小的电极丝，用精规准进行加工，确保良好的形状精度与尺寸精度。

2．微细电火花线切割加工

随着微型机械对制造技术的要求，微细电火花线切割加工技术近年来取得了迅速的发展，在国防、医疗、化学、仪器仪表工业等许多生产领域发挥了重要的作用。微细电极丝的电火花线切割加工一直是电火花线切割加工的难点，因为随着电极丝直径的减小，其物理、化学与机械特性都会发生很大的变化，从而不能进行正常加工。但由于采用微细电极丝加工可获得更好的加工表面与加工精度，且特别适用于微小零件窄槽、窄缝的加工，因此得到了国外许多研究机构与制造商的重视。

3．高度自动化、人工智能的控制系统

自动化、人工智能技术一直是电火花线切割加工技术不断追求的目标，自动化程度的高低直接决定了加工效率与加工精度。目前，电火花线切割加工的自动化、人工智能技术已进入了一个新的发展阶段，由原来的电火花线切割加工某项关键技术的自动化、人工智能技术的应用扩展到整体电火花线切割加工的自动化、人工能技术的应用，如最新出现的电极丝张力与丝速的多级控制、边界面切割的适应控制、拐角的补偿与适应控制、工作液参数的适应控制与调节、脉冲电源的适应控制等。此外，电火花线切割加工专家系统在不断完善后，已不是一个单纯的数据库，其内容变得十分丰富，功能十分强大，并具有很强的实用性。

4．四轴联动的数控线切割机床

随着生产技术的发展，越来越多地要求数控线切割能切割加工具有落料角的冲模，即电极丝不能始终处于垂直运动状态，而是能根据需要倾斜一定的角度，于是出现了能切割斜度的数控线切割机床。其基本原理是除了工件能在 X、Y 轴方向作数控运动外，电极丝的上支承在水平面内也可作小距离的运动，称作 U、V 轴运动，是四轴联动的数控线切割机床。最初的四轴联动数控线切割机床虽然能切割有锥度、落料角的模具或工件，但受编程软件等的限制，只能切

削上下截面相似的模具或工件。后来开发采用了可以对 *X*、*Y* 轴和 *U*、*V* 轴分别编程的软件，于是可以切割出上下异形锥面的模具和工件。

5. 高速走丝的多次切割技术

多次切割工艺是提高电火花线切割综合工艺指标的有效途径，在低速走丝电火花线切割机上早已普遍采用，但由于高速走丝电火花线切割自身的特性及其设备条件的限制，多次切割工艺目前还难以推广应用。无论是金属切削机床还是低速走丝线切割机，一次加工都无法得到良好的加工效果。今后的重点是把实验性的多次加工研究转化为商品化的用户可实用的多次加工技术。从目前高速走丝线切割的发展状况来看，脉冲电源、电动机进给策略（变频系统）、电极丝的速度和张力控制都是粗放式的，难以适应多次加工中精加工的要求，因此必须改造脉冲电源、进给策略和丝的控制，才有可能实现多次加工。为了保证多次加工的效率，必须提高一次加工速度，第一次加工的速度应稳定在 $100mm^2/min$ 以上。

【课后思考】

（1）电火花线切割的应用范围。

（2）电火花线切割的参数选择方法。

（3）电火花线切割新技术的发展。

第17章　产品开发与创新

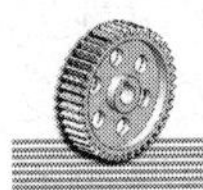

学习要点

（1）新产品开发的阶段；
（2）新产品开发的步骤；
（3）机械产品创新的方法；
（4）机械产品创新设计与制作案例。

学习案例

机械产品创新设计与制作。

任务分析

（1）了解新产品开发与创新的意义；
（2）了解新产品开发与创新的步骤；
（3）掌握机械产品创新设计与制作的方法；
（4）熟悉产品创新设计与制作。

相关知识

项目一　产品开发；
项目二　产品创新；
项目三　机构创新设计；
项目四　机械创新设计。

知识链接

项目一　产品开发

【知识准备】

一、机械产品开发的意义

消费者对产品功能、质量、外观、价格等不断提出新的需求及消费个性化，要求企业不断开发新产品。

国际国内市场竞争激烈，企业为了赢得竞争，需要不断开发新产品。

随着先进技术的应用，产品的更新换代不断加快，市场寿命越来越短，产品开发越来越重要。

二、新产品开发的决策

1．新产品分类

新产品按改进程度分为四大类：全新产品、换代产品、改进产品和仿制产品。

全新产品：应用新原理、新结构、新技术和新材料制造的前所未有的产品，往往成为科技史上的重大突破。

换代产品：由于采用新技术、新结构或新材料，使产品性能产生阶段性显著变化的新产品。

改进产品：对老产品的改进。

仿制产品：模仿市场已有的其他产品而生产。

2．新产品开发阶段

新产品开发各个阶段、资金投入及对企业发展前景和经济效益的影响度如图 17-1 所示。

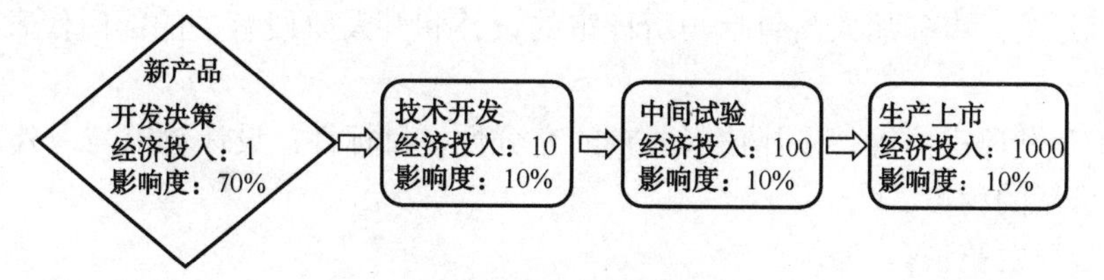

图 17-1　产品开发阶段图

三、新产品开发的方式

1．独立研制

独立研制：依靠本企业自身力量独立进行新产品开发。技术经济实力雄厚的企业往往采用这种方式。一般的企业开发不太复杂的产品或开发仿制、改进产品也比较适用于这种方式。

2．合作开发

由企业和高校或科研机构合作进行技术开发。由于新产品可能涉及较广阔的学术领域，需要各种检测设备、实验设备，需要各类人才进行创新工作，而高校和科研机构在这方面有比较强的优势。

3．技术引进

通过购买专利、引进国外先进技术等方式，使企业的产品迅速赶上先进水平，进入国际市场。对项目的引进应充分掌握国内外技术发展的状况，进行充分的市场分析，以减少风险和避免损失。

四、新产品开发的步骤

（1）编制《设计开发任务书》。

（2）编制《产品开发计划》。

（3）初步设计：按设计输入要求提出初步总体设计方案、基本参数、主要技术性能指标、主要部件的关系尺寸和工作原理等。

（4）技术设计：对初步设计方案进行设计和计算，确定各部分的结构、安装、相互关系，完成总体布置、各主要部分的装配图或原理图、主要性能计算及产品设计简要说明等。

（5）工作图设计：输出完整的产品图样和设计文件，如编制DFMEA，制定产试验大纲、原材料明细表、标准件明细表、外购件明细表、产品使用维护说明书、产品预防性维护计划、试验计划、试验程序、包装设计和防护要求等。

（6）工艺设计：输出完整的工艺设计文件，如产品分工明细、原材料定额明细、操作指导书、工艺规程、综合工艺卡片、工艺守则、工艺装备图样、检修标准和检修工艺手册等。

（7）设计和开发评审。

① 按产品开发计划组织设计和开发评审，设计和开发评审分会议评审和会签评审两种方式，相应记录分别为设计评审报告和文件质量控制卡。

② 设计和开发评审参加人员包括与所评审的设计和开发阶段有关的部门代表，需要时可邀请专家参加评审。

③ 设计和开发评审内容：设计输入要求的充分性、目标性；设计输出与内外部资源的适宜性，达到设计目标的程度。

（8）设计和开发验证。

① 图纸的审核、批准；

② 变换计算方法；

③ 新设计与已证实的类似设计比较；

④ 试制、试验和试制鉴定等活动；

⑤ 在验证中出现不符合设计输入和输出要求的，组织改进，改进后应再进行验证，直至满足要求。

（9）设计和开发确认：新产品的试制鉴定、可靠性试验、安全性试验、运用考核报告、工艺确认、工艺装备的确认；新产品试制鉴定，其内容包括设计总结、工艺总结、标准化工作、质量控制工作、采购及制造工作总结。

（10）涉及的各类图纸/文档等资料要存档。

项目二　产品创新

【知识准备】

一、机械创新设计与制作的意义

机械创新设计（Mechanical Creative Design，MCD）是指充分发挥设计者的创造力，利用已有的相关科学技术成果（含理论、方法、技术、原理等）进行创新构思，设计出具有新颖性、创造性、实用性的机构或机械产品的一种实践活动。

创新是技术和经济发展的原动力。人才竞争的关键是人才创造力的竞争。为了适应 21 世纪人才培养的要求，根据创造学和设计方法学的基本理论，研究讨论创造性思维、创造原理和创造技法；针对开发型创新、变异性创新、反求形创新等各种类型设计；利用机械原理、机构设计、结构设计及光电、化学、材料等相关知识，从各个角度广泛探讨创新设计的规律。

创新能力的培养和提高是一个长期实践的过程，要勤于思考，广泛吸收各门类知识，不断进行创造性设计实践，综合运用所学知识开拓思路，创新能力一定会逐步得到提高。

要进行创新设计的实践活动，首先要打破创新设计高不可测的思想禁锢，勇于实践、大胆创新。在日常生产生活中，随时都会出现问题，解决这些问题的过程就是创新设计的过程，所以要留心身边的事，在脑子里对这个问题有个印象，最好做个记录。要多善于思考，要想办法解决所记下的问题，能解决的方式可采用机、光、电、化学等，要想到方案制定的思维方式是发散性的，要培养自身的发散性思维模式。对于想到的方案或办法进行经济上的考核，也就是要看它有没有价值。下一步就是要做模拟或原理上的试验，也就是可行性研究，并作进一步改进，最后就是要推销出去，再好的创新设计得不到应用也等于零。

二、产品创新的方法

1．延伸法

对原有产品进行再创造，使之更为完美。

2．移植法

对原有产品进行改造，使之适用其他用途。

3．扩展法

利用现有的技术解决生产生活中的问题。

4．仿生法

模拟生物的动作、能力解决问题。

5．变异法

现有技术通过变化，构思出新的机构类型。

三、产品创新的特点

1．独创性

独创性体现为敢于提出与前人、众人不同的见解，敢于打破一般思维的常规惯例，寻找更合理的新原理、新机构、新功能、新材料，独创性能使设计方案标新立异，不断创新。

2．实用性

实用性体现在对市场的适应性和可生产性两方面，创新设计的最终目的在于应用。

3．突破性

人们往往从考虑某类问题获得成功的思维模式中寻求解题方案，受到“思维定势”的约束。突破性敢于克服心理上的惯性，从思维定势的框框中解脱出来，善于从新的技术领域中接受有用的事物，提出新原理、创造新模式、贡献新方法，为工程技术问题打开新局面。

4．多向性

善于从多种不同角度考虑问题，是创新设计的重要特征。

5．联动性

创造性思维也是一种联动思维，它引导人们由已知探索未知，开阔思路。联动思维包括纵向、横向、逆向思维。纵向思维针对某现象和问题进行纵深思考，探寻其本质而得到新的启示。横向思维通过某一现象联想到特点与它相似和相关的事物，从而发现新应用。逆向思维针对现象、问题和解法，分析其相反的方面，从另一角度探寻新的途径。

6．突变性

自觉思维、灵感思维是在创造性思维中对问题产生的一种突如其来的领悟和理解。在思维过程中突然闪现出一种新设想、新观念，从而使问题得到解决。如阿基米德从洗澡时浴缸中水的溢出产生灵感而推出浮力定律；又如，美国工程公司杜里埃看到妻子喷洒香水而受到启发，创造了发动机的汽化器。

四、产品创新设计的知识需求

1．需要扎实、广泛的基础知识

（1）机械设计基础；
（2）机械制图基础；
（3）力学基础；
（4）材料与制造基础；
（5）测控技术与基础；
（6）电工电子基础；
（7）计算机基础；
（8）其他学科基础。

2．需要与其他现代设计方法相结合，充分反映现代科学技术的最新进展

（1）机械创新设计（MCD）；
（2）机械系统设计（SD）；
（3）计算机辅助设计（CAD）；

（4）优化设计（OD）；
（5）可靠性设计（RD）；
（6）摩擦学设计（FD）；
（7）有限元设计（FED）；
（8）虚拟样机设计（VSD）。

项目三　机构创新设计

【知识准备】

一、机构创新设计的基本知识

机械产品的设计是为了满足产品的某种功能要求，机构运动简图设计是机械产品设计的第一步，其设计内容包括选定或开发机构构型并加以巧妙组合，同时进行各个组成机构的尺度综合，使此机械系统完成某种功能要求。

1．执行机构的基本运动

常用机构的执行构件的运动形式有回转运动、直线运动和曲线运动三种。回转运动和直线运动是最简单的机械运动形式。按运动有无往复性和间歇性，基本的运动形式如表 17-1 所示。

表 17-1　执行构件的基本运动形式

序　号	运动形式	举　例
1	单向转动	曲柄摇杆机构中的曲柄、转动导杆机构中的转动导杆、齿轮机构中的齿轮
2	往复摆动	曲柄摇杆机构中的摇杆、摆动导杆机构中的摆动导杆、摇块机构中的摇块
3	单向移动	带传动机构或链传动机构中的输送带（链）移动
4	往复移动	曲柄滑块机构中的滑块、牛头刨机构中的刨头
5	间歇运动	槽轮机构中的槽轮、棘轮机构中的棘轮、凸轮机构、连杆机构也可以构成间歇运动
6	实现轨迹	平面连杆机构中连杆曲线、行星轮系中行星轮上任意点的轨迹等

2．机构的基本运动

机构的功能是指机构实现运动变换和完成某种功用的能力。利用机构的功能可以组合成完成总功能的新机械。表 17-2 表示为常用机构的一些基本功能。

表 17-2　机构的基本功能

<table>
<tr><th>序　号</th><th colspan="2">基本功能</th><th>举　例</th></tr>
<tr><td rowspan="4">1</td><td rowspan="4">变换运动形式</td><td>（1）转动←→转动</td><td>双曲柄机构、齿轮机构、带传动机构、链传动机构</td></tr>
<tr><td>（2）转动←→摆动</td><td>曲柄摇杆机构、曲柄滑块机构、摆动导杆机构、摆动从动件凸轮机构</td></tr>
<tr><td>（3）转动←→移动</td><td>曲柄滑块机构、齿轮齿条机构、挠性输送机构、螺旋机构、正弦机构、移动推杆凸轮机构</td></tr>
<tr><td>（4）转动→单向间歇转动</td><td>槽轮机构、不完全齿轮机构、空间凸轮间歇运动机构</td></tr>
</table>

续表

序号	基本功能		举例
1	变换运动形式	(5)摆动←→摆动 (6)摆动←→移动 (7)移动←→移动 (8)摆动→单向间歇转动	双摇杆机构 正切机构 双滑块机构、移动推杆移动凸轮机构 齿式棘轮机构、摩擦式棘轮机构
2	变换运动速度		齿轮机构(用于增速或减速)、双曲柄机构
3	变换运动方向		齿轮机构、蜗杆机构、锥齿轮机构等
4	进行运动合成或分解		差动轮系、各种2自由度机构
5	对运动进行操纵或控制		离合器、凸轮机构、连杆机构、杠杆机构
6	实现给定的运动位置或轨迹		平面连杆机构、连杆-齿轮机构、凸轮-连杆机构、联动凸轮机构
7	实现某些特殊功能		增力机构、增程机构、微动机构、急回特性机构、夹紧机构、定位机构

3. 机构的分类

为了使所选用的机构能实现某种动作或有关功能，还可以将各种机构按运动转换的种类和实现的功能进行分类。表17-3介绍了按功能进行机构分类的情况。

表17-3 机构的分类

序号	执行构件实现的运动或功能	机构形式
1	匀速转动机构(包括定传动比机构、变传动比机构)	(1)摩擦轮机构; (2)齿轮机构、轮系; (3)平行四边形机构; (4)转动导杆机构; (5)各种有级或无级变速机构
2	非匀速转动机构	(1)非圆齿轮机构; (2)双曲柄四杆机构; (3)转动导杆机构; (4)组合机构; (5)挠性件机构
3	往复运动机构(包括往复移动和往复摆动)	(1)曲柄-摇杆往复运动机构; (2)双摇杆往复运动机构; (3)滑块往复运动机构; (4)凸轮式往复运动机构; (5)齿轮式往复运动机构; (6)组合运动
4	间歇运动机构(包括间歇转动、间歇摆动、间歇移动)	(1)间歇转动机构(棘轮、槽轮、凸轮、不完全齿轮机构); (2)间歇摆动机构(一般利用连杆上的近似圆弧或直线段实现); (3)间歇移动机构(由连杆机构、凸轮机构、齿轮机构、组合机构等来实现单侧停歇、双单侧停歇、步进移动)
5	差动机构	(1)差动螺旋机构; (2)差动棘轮机构; (3)差动连杆机构; (4)差动齿轮机构; (5)差动滑轮机构

续表

序　号	执行构件实现的运动或功能	机 构 形 式
6	实现预期轨迹机构	（1）直线机构（连杆机构、行星齿轮机构等）； （2）特殊曲线（椭圆、抛物线、双曲线等）绘制机构； （3）工艺轨迹机构（连杆机构、凸轮机构、凸轮-连杆机构等）
7	增力及夹持机构	（1）斜面杠杆机构； （2）铰链杠杆机构； （3）肘杆式机构
8	行程可调机构	（1）棘轮调节机构； （2）偏心调节机构； （3）螺旋调节机构； （4）摇杆调节机构； （5）可调式导杆机构

二、机构构型的创新设计方法

1．机构构型的变异的创新设计方法

为了满足一定的工艺动作要求，或为了使机构具有某些性能与特点，改变已知机构的结构，在原有机构的基础上，演变发展出新的机构，称此种新机构为变异机构。常用的变异方法有以下几类。

（1）机构的倒置。

机构内运动构件与机架的转换，称为机构的倒置。按照运动的相对性原理，机构倒置后各构件间的相对运动关系不变，但可以得到不同的机构。

（2）机构的扩展。

以原有机构为基础，增加新的构件，构成一个扩大的新机构，称为机构的扩展。机构扩展后，原有机构各构件的相对运动关系不变，但所构成的新机构的某些性能与原机构差别很大。

（3）机构局部结构的改变。

改变机构局部结构（包括构件运动结构和机构组成结构）可以获得有特殊运动性能的机构。

（4）机构结构的移植与模仿。

将一机构中的某种结构应用另一种机构中的设计方法，称为结构的移植。利用某一结构特点设计新的机构，称为结构的模仿。

（5）机构运动副类型的变换。

改变机构中的某个或多个运动副的形式，可设计、创新出不同运动性能的机构。通常的变换方式有两种：转动副和移动副之间的变换；高副和低副之间的变换。

2．利用机构运动特点创新机构

利用现有机构的工作原理，充分考虑机构的运动特点、各构件相对运动关系及特殊的构件形状等，创新设计出新的机构。

（1）利用连架杆或连杆运动特点设计新机构；

（2）利用两构件相对运动关系设计新机构；

（3）用成型固定构件实现复杂动作过程。

3．基于机构组成原理的机构创新设计

根据机构组成原理，将零自由度的杆组依次连接到原动件和机架上去，或者在原有机构的基础上搭接不同级别的杆组，均可设计出新机构。

（1）杆组依次连接到原动件和机架上去设计新机构；

（2）将杆组连接到机构上设计新机构；

（3）根据机构组成原理优选出合适的机构构型。

4．基于组合原理的机构创新设计

把一些基本机构按照某种方式组合起来，创新设计出一种与原机构特点不同的新的复合机构。机构的组合方式很多，常见的有串联组合、并联组合、混接式组合等。

（1）机构的串联组合。

将两个或两个以上的单一机构按顺序连接，每一个前置机构的输出运动是后续机构的输入运动，这样的组合方式称为机构的串联组合，三个子机构Ⅰ、Ⅱ、Ⅲ串联组合框图如图 17-2 所示。

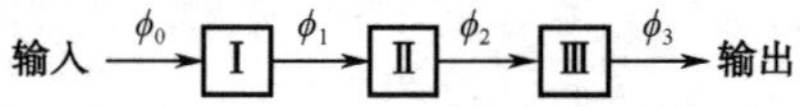

输入 —ϕ_0→ Ⅰ —ϕ_1→ Ⅱ —ϕ_2→ Ⅲ —ϕ_3→ 输出

图 17-2　机构的串联组合

① 构件固接式串联。

若将前一个机构的输出构件和后一个机构得输入构件固接，可串联组成一个新的复合机构。不同类型机构的串联组合有不同的效果。

a. 将匀速运动机构作为前置机构与另一个机构串联，可以改变机构输出运动的速度和周期。

b．将一个非匀速运动机构作为前置机构与工作机构串联，则可改变机构的速度特性。

c．由若干个子机构串联组合可得到传力性能较好的机构系统。

② 轨迹点串联。

假若前一个基本机构的输出为平面运动构件上某一点 M 的轨迹，通过轨迹点 M 与后一个机构串联，这种连接方式称轨迹点串联。

（2）机构的并联组合。

以一个多自由度机构为基础机构，将一个或几个自由度为 1 的机构的输出构件接入基础机构，这种组合方式称为并联组合。图 17-3 所示为并联组合的几种常见的连接方式的框图。最常见的，由并联组合而成的机构有共同的输入（如图 17-3（b）、（c）、（d）所示）；有的并联组合系统也有两个或多个不同输入（如图 17-3（a）所示）；还有一种并联组合系统的输入运动是通过本组合系统的输出构件回授的（如图 17-3（e）所示）。

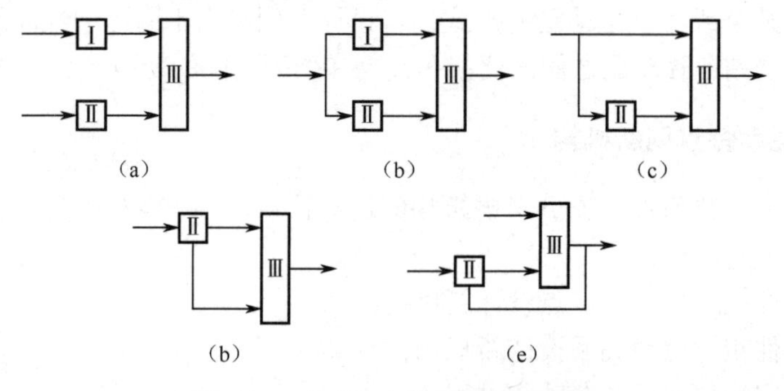

图 17-3　并联组合的几种常见形式

（3）机构的混接式组合。

综合运用串联—并联组合方式可组成更为复杂的机构，此种组合方式称为机构的混联式组合。基于组合原理的机构设计可按下述步骤进行。

① 确定执行构件所要完成的运动；

② 将执行构件的运动分解成机构易实现的基本运动或动作，分别拟定能完成这些基本运动或动作的机构构型方案。

③ 将上述各机构构型按某种组合方式组合成一个新的复合机构。

三、机构创新设计案例

1．小型地下车库栏杆启闭机构设计及制作

（1）栏杆启闭机构的用途和动作过程。

栏杆启闭机构用于居住小区的收费地下停车库，地下停车库用于停放家庭轿车和小型车辆。栏杆启闭机构有开启和关闭两个工作位置。栏杆开启时家庭轿车和小型车辆可以顺利出入车库；栏杆关闭时阻止车辆驶出驶入车库，如图 17-4 所示。

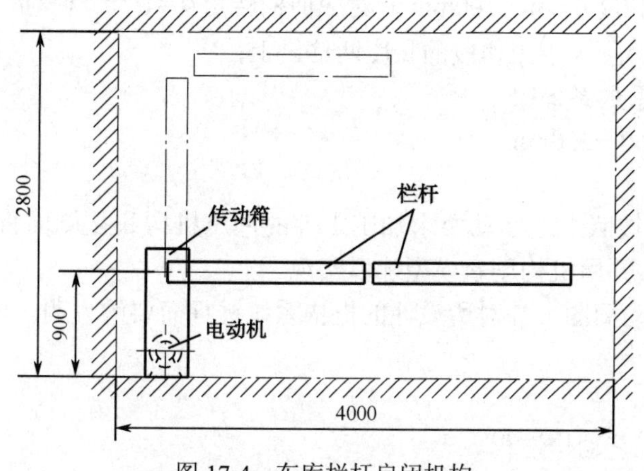

图 17-4 车库栏杆启闭机构

（2）原始数据及设计要求。

停车场的进出通道净高约 2.5～2.8m，宽约 4m。家庭轿车和小型车辆高约 1.5～2m，宽约 1.8～2.5m。

栏杆启闭机构开启或关闭的时间不大于 5s，开启和关闭的速度相等。

动力源：三相（或单相）交流电，原动机应靠近地面安装。

设计要求必须考虑狭小空间的实际情况，结构紧凑，动作灵活可靠，造型美观。

（3）设计任务。

① 设计能实现上述位置要求和运动要求的机构运动方案，并用机构创新模型加以实现。

② 绘制出机构运动简图，并对所设计的机构系统进行简要的说明。

2．冲置薄壁零件的冲压机构及与其相配合的送料机构的设计及制作

（1）工作原理及工艺动作过程。

如图 17-5 所示，上模先以较小的速度接近坯料，然后以近似匀速进行拉延成形工作，以后，

上模继续下行，将成品推出型腔，最后快速返回，上模退出下模以后，送料机构从侧面将坯料送至待加工位置，完成一个工作循环。

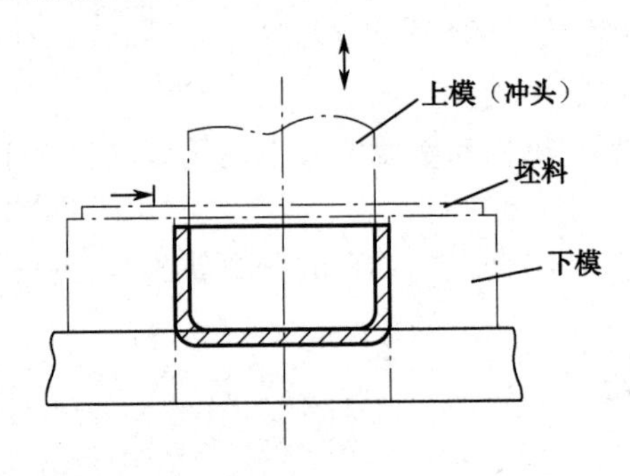

图 17-5 冲压及送料机构

（2）原始数据及设计要求。

a．动力源是作转动或作往复直线运动的电动机；

b．许用传动角 $[\gamma]=40^\circ$；

c．生产率为每分钟 10 件；

d．上模的工作段长度 $l=30\sim100\text{mm}$，对应曲柄转角 $\phi=(1/3\sim1/2)\pi$；

e．上模行程长度必须大于工作段的长度两倍以上；

f．行程速度变化系数 $K\geqslant1.5$；

g．送料距离 $H=60\sim250\text{mm}$。

（3）设计任务。

① 设计能使上模按照上述运动要求加工零件的冲压机构和从侧面将坯料送至下模上方的送料机构的运动方案，并用机构创新模型加以实现。

② 绘制出机构运动简图，并对所设计的机构系统进行简要的说明。

3．糕点切片机

（1）工作原理及工艺动作过程。

糕点先成形（如长方形、圆柱体等），经切片后再烘干。糕点切片机要求实现两个执行动作：糕点的直线间歇移动和切刀的往复运动。通过两者的动作配合进行切片。改变直线间歇移动的速度或每次间隔的输送距离，以满足糕点不同切片厚度的需要。

（2）原始数据及设计要求。

① 糕点厚度：10～20mm。

② 糕点切片长度（即切片的高）范围：5～80mm。

③ 切刀切片时最大作用距离（即切刀的宽度）：300mm。

④ 切刀工作节拍：10 次/min。

⑤ 生产阻力很小，要求选用的机构简单、轻便、运动灵活可靠。

⑥ 电动机 90W、10r/min。

（3）设计任务。

① 设计能实现这一运动要求的机构运动方案，并用机构创新模型加以实现。

② 绘制出机构系统的运动简图，并对所设计的机构系统进行简要的说明。

（4）设计方案提示。

① 切削速度较大时，切片刀口会整齐平滑，因此，切刀运动方案的选择很关键；切口机构应力求简单适用、动作灵活、运动空间尺寸紧凑等。

② 直线间歇运动机构如何满足切片长度尺寸的变化要求，需认真考虑。调整机构必须简单可靠，操作方便。是采用调速方案还是采用调距方案，或者采用其他调整方案，均应对方案进行定性的分析比较。

③ 间歇运动机构必须与切刀运动机构工作协调，即全部送进运动应在切刀返回过程中完成。需要注意的是，切口有一定长度（即高度），输送运动必须在切刀完全脱离切口后方能开始进行，但输送机构的返回运动则可与切刀的工作行程运动在时间上有一段重迭，以提高生产率，在设计机器工作循环图时，就应按上述要求来选取间歇运动机构的设计参数。

4．洗瓶机

（1）工作原理及工艺动作过程。

为了清洗圆瓶子外面，需将瓶子推入同向转动的导辊上，导辊带动瓶子旋转，推动瓶子沿导轨前进，转动的刷子就将瓶子洗净。

它的主要动作：将到位的瓶子沿着导轨推动，瓶子推动过程利用导辊转动将瓶子旋转及将刷子转动。

（2）原始数据及设计要求。

① 瓶子尺寸：大端直径 $d = 80\text{mm}$，长 200mm。

② 推进距离 $l = 600\text{mm}$，推瓶机构应使推头以接近均匀的速度推瓶，平稳地接触和脱离瓶子，然后推头快速返回原位，准备进入进入第二个工作循环。

③ 按生产率的要求，返回的平均速度为工作行程速度的 3 倍。

④ 提供的旋转式电动机转速为 10r/min。

⑤ 机构传动性能良好，结构紧凑，制造方便。

（3）设计任务。

① 设计推瓶机构和洗瓶机构的运动方案，并用机构创新模型加以实现。

② 绘制出机构系统的运动简图，并对所设计的机构系统进行简要的说明。

（4）设计方案提示。

① 推瓶机构一般要求近似直线轨迹，回程时轨迹形状不限，但不能反方向拨动瓶子。由于上述运动要求，一般采用组合机构来实现。

② 洗瓶机构由一对同向转动的导辊和带动三只刷子转动的转子所组成，可以通过机械传动系统来完成。

项目四　机械创新设计

一、分拣机出货机构改进设计及制作

分拣机上的出货机构是最常用的块状物料送料装置，在很多自动化设备上得到了应用，但在香烟物流自动分拣机上采用该机构原理使用效果不好。主要原因是：储料槽比较长，槽内条烟比较多，在推块回程时，物料自由落体，冲击力比较大。因为条烟为纸板盒，使得槽内下层条烟变形比较大，要解决这一问题，就要对出料装置进行改进设计。

送料机构改进设计要求：

（1）送料平稳、动作可靠；

（2）槽内物体下落平稳，不得有较大冲击。

根据设计要求将出料机构的直线往复运动改为拨轮的旋转运动，如图 17-6 所示。

拨轮在推出物品的同时，将上面的条烟托住，随着旋轮的运动，上面的条烟随拨轮的弧面下降，从而解决了冲击问题。

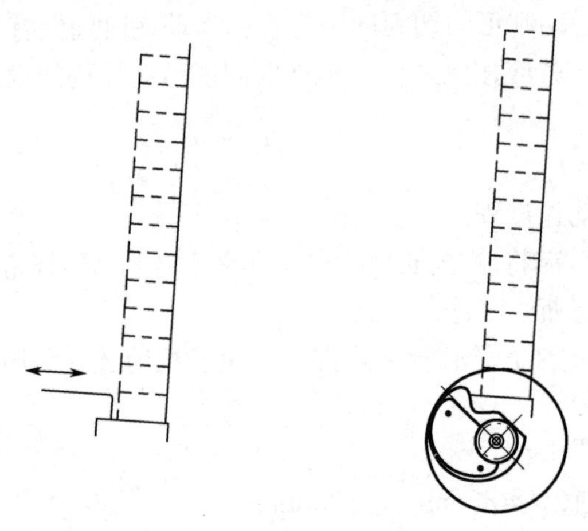

图 17-6　冲压及送料机构

二、绕管机绕辊盘的改进设计及制作

在铝塑复合管生产线上，绕管机是最后一道工序。它的作用是将拉出的铝塑复合管绕成盘。绕辊盘的绕辊直径是固定的铝塑管，在绕成盘后很难从绕辊上取下来。工人在操作时要使用撬杠将铝塑管取下来，这样劳动强度大，对产品质量也有很大影响。根据生产实践所出现的这一问题，设计一可变径绕辊，在绕管时辊径增大，取管时辊径减小，如图 17-7 所示。

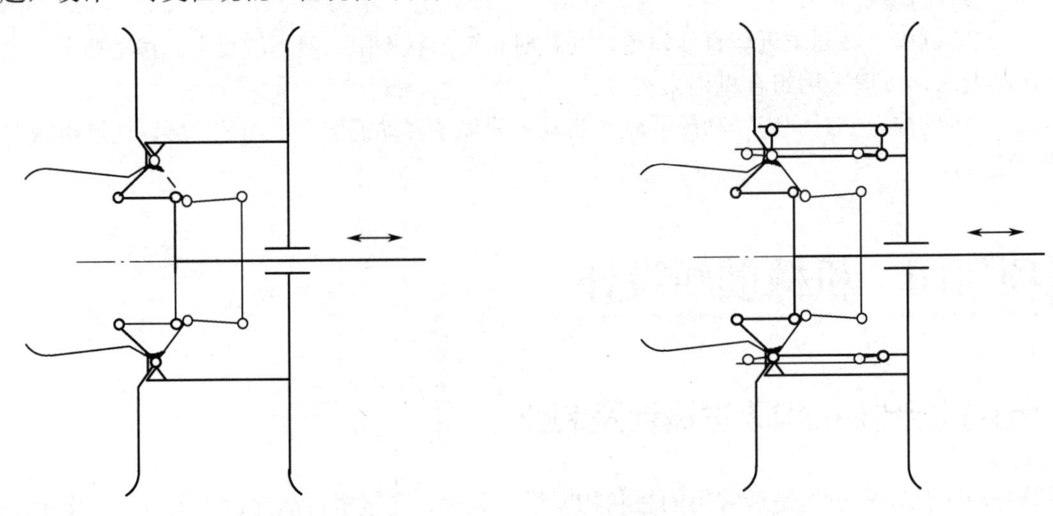

图 17-7　可变辊径的绕辊盘

三、运动场动感广告牌翻转机构设计及制作

运动场四周的广告牌如果用平面静止的广告，对人们的视觉无冲击效果，如果采用翻转式广告牌，大大扩大了广告资源。由于广告内容的翻转变化，加上不同广告在色彩上的变化，会大大吸引人们的注意力，从而增强广告效果。翻转广告牌平面要分割成若干平面，每一平面制成等边三角形，如图 17-8 所示。

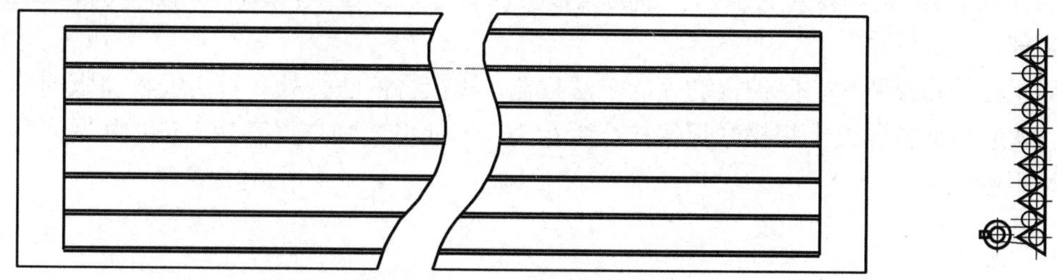

图 17-8　广告牌翻转机构设计

采用链传动方式相连，采用电动机驱动，每次旋转 120°，延时 40s 动作。这样一个广告位可承接三个广告，既提高了效益又完善了广告效果。如果能做到渐变翻转，效果会更好，值得研究设计（从上到下或从下到上一块一块地翻）。

【课后思考】

（1）设计一抓取机构、方案。

要求：

① 抓取物——篮球；

② 结构要简单、成本低。

（2）设计圆管道内爬行机构、方案。

要求：

① 行进平稳；

② 可携带一定质量的物体；

③ 爬行距离为 100m；

④ 进退自如。

（3）设计一轿车用雪地轮胎防滑器、方案。

要求：

① 装拆方便、质量轻；

② 坚固耐用；

③ 对车胎无损伤。

（4）恐龙模型动作设计、方案。

要求：

① 恐龙摇头，摇头 3 次/分；

② 摆尾 5 次/分；

③ 张嘴 3 次/分；

④ 站立 2 次/分；

⑤ 挥臂 4 次/分。

拟定出每种运动的运动方案，并作出机构简图。

举报电话：（010）88254396；（010）88258888

传　　真：（010）88254397

E-mail：　dbqq@phei.com.cn

通信地址：北京市万寿路 173 信箱

电子工业出版社总编办公室

邮　　编：100036